Michael Herczeg
Prozessführungssysteme

Weitere empfehlenswerte Titel

Software-Ergonomie
Michael Herczeg, 2009
ISBN 978-3-486-58725-8, e-ISBN 978-3-486-59540-6

Interaktionsdesign
Michael Herczeg, 2006
ISBN 978-3-486-27565-0, e-ISBN 978-3-486-59494-2

Einführung in die Medieninformatik
Michael Herczeg, 2006
ISBN 978-3-486-58103-4, e-ISBN 978-3-486-59346-4

i-com
Zeitschrift für interaktive und kooperative Medien
Jürgen Ziegler (Ed.), 3 Hefte pro Jahrgang
ISSN 2196-6826

Michael Herczeg

Prozessführungssysteme

————

Sicherheitskritische Mensch-Maschine-Systeme
und interaktive Medien zur Überwachung und
Steuerung von Prozessen in Echtzeit

DE GRUYTER
OLDENBOURG

Autor

Univ.-Prof. Dr. rer. nat. Michael Herczeg
Universität zu Lübeck
Institut für Multimediale und Interaktive Systeme (IMIS)
Ratzeburger Allee 160
D-23562 Lübeck
herczeg@imis.uni-luebeck.de

ISBN 978-3-486-58445-5
e-ISBN 978-3-486-72005-1
Set-ISBN 978-3-486-79087-0

Bibliografische Information der Deutschen Nationalbibliothek
Die Deutsche Nationalbibliothek verzeichnet diese Publikation in der Deutschen Nationalbibliografie; detaillierte bibliografische Daten sind im Internet über http://dnb.dnb.de abrufbar.

© 2014 Oldenbourg Wissenschaftsverlag GmbH
Rosenheimer Straße 143, 81671 München, Deutschland
www.degruyter.com
Ein Unternehmen von De Gruyter

Lektorat: Angelika Sperlich
Herstellung: Tina Bonertz
Coverabbildung: Autor; Grafik: Irina Apetrei
Druck und Bindung: CPI books GmbH, Leck

Gedruckt in Deutschland

Dieses Papier ist alterungsbeständig nach DIN/ISO 9706.

Meiner lieben und unvorstellbar tapferen Frau Christine.

Vorwort

Mit dem vorliegenden Buch sollen zwei bislang weitgehend getrennte Gebiete, nämlich das der interaktiven Medien und das der sicherheitskritischen und echtzeitfähigen Mensch-Maschine-Systeme, näher zusammengeführt werden. Verbindend kann dabei vor allem das inzwischen große Gebiet der Mensch-Computer-Interaktion dienen.

Die Bezeichnung „Prozessführungssysteme" stammt aus den Ingenieurwissenschaften, in denen lange Zeit primär Fragestellungen der Steuerungs- und Regelungstechnik und nur sekundär Fragestellungen der Informatik und dem Gebiet der Mensch-Maschine-Interaktion betrachtet wurden. Inzwischen hat sich diese Perspektive verändert. Die heute weit ausgereifte und inzwischen programmierte Steuerungs-, Regelungs- und Automatisierungstechnik wird nicht mehr in den Vordergrund gestellt. Vielmehr wird die komplexe Aufgabe von Operateuren, die sich mit einer Unmenge an mehr oder weniger gesicherten Informationen in oft kurzer Zeit zurechtfinden müssen, situations- und zeitgerechte Entscheidungen treffen müssen und geeignete Aktionen sicher ausführen müssen, in den Vordergrund gestellt. Die Lösung des sogenannten „Information-Overloads" bedeutet letztlich, die durch Sensor-, Mess- und Computersysteme bereitgestellten vielfältigen und komplexen Informationen mit den Fähigkeiten und Grenzen der Operateure in Einklang zu bringen sowie Fragen der Entscheidungsunterstützung (Decision Support) unter definierten und meist engen Zeitbedingungen (Echtzeit) schlüssig und umsetzbar zu beantworten. Nicht die vollständige Automatisierung, sondern die intelligente Mensch-Maschine-Arbeitsteilung ist inzwischen das Ziel. Hierzu können und müssen Felder wie Informatik, Psychologie, Ingenieur-, Arbeits- und Kognitionswissenschaften anwendungsübergreifend zu einem interdisziplinären Gebiet der „Sicherheitskritischen Mensch-Maschine-Systeme" zusammenwachsen.

Während Prozessführungssysteme früher vor allem im Zusammenhang mit großtechnischen Systemen wie Kraftwerken, verfahrenstechnischen Anlagen oder großen Transportsystemen und Fahrzeugen wie Raumschiffen, Flugzeugen, Schiffen oder Bahnen gesehen worden sind, finden sich heute komplexe computergesteuerte Prozesssteuerungs- und Prozessführungsaufgaben in jedem Haushalt, ob in Form der Heizung, der Waschmaschine, Kommunikations- und Entertainmentsystemen oder im Auto. Die Operateure sind in diesen Anwendungsfeldern weder besonders ausgewählt noch ausgebildet; es sind Laien, die teils komplexe, informationsreiche und hochdynamische Prozesse überwachen und steuern sollen. Dies ist eine neue und zusätzliche Herausforderung, die neue Lösungen erfordert. Aber auch in professionellen Anwendungsfeldern sollen immer komplexere Systeme von immer kürzer und schlechter ausgebildeten Menschen überwacht und gesteuert werden.

Den Aufbau dieses Buchs habe ich für diese Thematik wie folgt gewählt:

Kapitel 1: Einleitung mit einer ersten Klärung der zentralen *Begriffe* und *Lösungsansätze*

Kapitel 2: Klärung der Begriffe *Risiko* und *Sicherheit*

Kapitel 3: *Gefahren und Schadensereignisse* als Ausgangspunkt der Betrachtung sicherheitskritischer Domänen und Systeme

Kapitel 4: Diskussion der Begriffe *Fehler, Versagen und Verantwortung* als psychologische und kulturelle Konstrukte im Zusammenhang mit sicherheitskritischen Systemen

Kapitel 5: der *Faktor Mensch* in Form einer Modellierung wichtiger psychischer Zustände von Operateuren im Kontext von *Arbeitssystemen*

Kapitel 6: *mentale, konzeptuelle und technische Modelle* sowie ihre gegenseitigen Bezüge und Inkompatibilitäten

Kapitel 7: *Aufgabenanalyse und Aufgabenmodellierung* als Grundlage für Prozessführungssysteme im *Normal- und Routinebetrieb*

Kapitel 8: *Ereignisanalyse und Ereignismodellierung* als Grundlage für Prozessführungssysteme im Ausnahmebetrieb bei *Anomalien, Störungen und Störfällen*

Kapitel 9: *Arbeitsteilung und Automatisierung zwischen Mensch und Maschine* in komplexen Mensch-Maschine-Systemen und sicherheitskritischen Kontexten sowie Modelle und Konzepte der *Automation*

Kapitel 10: Diskussion der Problematik der *Situation Awareness*, d.h. der situationsgerechten Aufmerksamkeit, Entscheidungs- und Handlungsfähigkeit menschlicher Operateure

Kapitel 11: Methoden der *technischen Diagnostik und Kontingenz*, die von Operateuren und Fachexperten praktiziert werden, um Anomalien zu verstehen und zu beheben

Kapitel 12: Problemstellungen und Lösungsmöglichkeiten für *Interaktion in Echtzeit*

Kapitel 13: *Entwicklungsmethoden* zur Analyse, Konzeption, Gestaltung und Evaluation von Prozessführungssystemen

Kapitel 14: Fragen von *Zulassung, Betrieb* und *Beaufsichtigung* des Betriebs, sicherheitskritischer Systeme unter besonderer Berücksichtigung von Qualifizierung des Personals sowie des Qualitäts- und Sicherheitsmanagements

Das *Literaturverzeichnis* liefert Referenzen zu historischen und aktuellen Publikationen, vor allem auch Primärliteratur. Neben der Literatur finden sich Übersichten über einschlägige internationale *Normen und Industriestandards*. Das *Abkürzungsverzeichnis* soll helfen, Abkürzungen und Akronyme zu klären. Das *Glossar* stellt kurze Definitionen und Erläuterungen für wichtige Begriffe bereit.

Die *Abbildungen* im Buch stammen in einigen Fällen aus historischen Originalquellen und wurden im Einzelfall trotz geringer Auflösung und Druckqualität verwendet. Diese Entscheidung wurde getroffen, um den Lesern gelegentlich auch einen fachhistorischen Eindruck von der Entstehung des Gebiets und seiner Primärliteratur zu geben. Viele Graphiken finden sich in der Sekundär- und Tertiärliteratur in unterschiedlicher Darstellungsform. Solche Darstellungen werden vor allem dann verwendet, wenn sie eine inhaltliche Weiterentwicklung in Bezug auf die hier diskutierten Fragen repräsentieren.

Das Buch richtet sich neben einschlägig interessierten Lesern vor allem an Informatiker, Ingenieure, Arbeitswissenschaftler, Arbeitspsychologen und Systementwickler.

Hinsichtlich der inhaltlichen Fragen hatte ich die Möglichkeit, über viele Jahre mit Anwendern und Experten in sicherheitskritischen Domänen zusammenzuarbeiten und gemeinsam mit diesen die vorliegenden Fragen zu diskutieren. Ich danke hier insbesondere Fachleuten aus ziviler Luftfahrt (Peter Dehning, Vereinigung Cockpit), der Bundesluftwaffe (Michael Stein, Medizinischer Dienst der Bundesluftwaffe), der Universität der Bundeswehr (Axel Schulte, Johann Uhrmann), ziviler Schifffahrt (Werner Schleiter, AVECS), Marine/Uboot-Bau (Andreas Buchen, ThyssenKrupp Marine Systems), der Kerntechnik (Wolfgang Cloosters und Peter Scheumann, Bundesumweltministerium und Atomaufsicht Schleswig-Holstein) sowie einer Vielzahl von Fachleuten, Kolleginnen und Kollegen aus der Automobil-, Medizintechnik- und Telekommunikationsindustrie für die zahllosen fruchtbaren und spannenden Diskussion um Fragen der Prozessführung in sicherheitskritischen Mensch-Maschine-Systemen. Ohne diese herausfordernden Projektarbeiten, gemeinsamen Arbeitsgruppen, Seminaren, Workshops, Publikationen oder Dissertationen, in diesen sehr unterschiedlichen und dennoch hinsichtlich der hier vorliegenden Fragen ähnlichen Gebieten, wäre eine solche Betrachtung für mich nicht möglich gewesen.

Ich danke allen, die mir hilfreiche Hinweise und Verbesserungsvorschläge zu Text und Gestaltung des Buchs gegeben haben. Ich danke dem Verlag De Gruyter Oldenbourg, insbesondere Frau Angelika Sperlich, Herrn Leonardo Milla sowie Kolleginnen und Kollegen, die die Entstehung dieses und vorausgehender Bücher in mehreren Auflagen begleiteten und unterstützten. Desweiteren danke ich vielen für das freundliche Gegenlesen und Kommentieren des Manuskripts. Ich danke meinen Mitarbeitern und Studierenden im Institut für Multimediale und Interaktive Systeme (IMIS) der Universität zu Lübeck, die seit vielen Jahren wertvolle Ideen, Erfahrungen und Überlegungen zum Thema mit mir austauschen.

Besonderer Dank gebührt vor allem meiner mich stets unterstützenden Frau Christine und meinen lieben Freunden, die viel auf mich verzichten mussten, während ich an diesem und anderen Büchern gearbeitet habe.

Lübeck, Juni 2014   Michael Herczeg

Inhalt

1   Einleitung

Der Titel „*Prozessführungssysteme*" zusammen mit den Begriffen „*Sicherheitskritische Mensch-Computer-Systeme*" und „*Interaktive Medien*" sowie der Anforderung „*Echtzeit*" im Untertitel des vorliegenden Buchs muss erklärt werden. Diese Kombination ist weder allgemein verbreitet, noch folgt sie den Sprachregelungen einer einzelnen Fachdisziplin. Die Kombination aus Titel und Untertitel erklärt sich vor allem aus einer neuen Situation, nämlich der zunehmenden Nutzung interaktiver und multimedialer Computersysteme zum Betrieb sicherheitskritischer Anwendungen mit deren hohen Anforderungen. Zu Beginn werden die Begriffe im Einzelnen erläutert.

1.1   Prozessführung und Prozessführungssysteme

Prozessführung ist ein Begriff, der aus der Industrie stammt (siehe z.B. Schuler, 1999). Er wurde vor allem verwendet, um elektrotechnische Steuerungs-, Regelungs- und Automatisierungssysteme zu charakterisieren, die dazu dienen, komplexe Produktionsprozesse überwachen und führen zu können. Solche Produktionsprozesse finden wir beispielsweise in der Verfahrens-, Energie- oder Transporttechnik. Dabei werden Produkte hergestellt oder veredelt, Energie umgeformt oder Menschen und Güter transportiert. Die so weit wie möglich automatisierten Abläufe sowie der Zustand der Produktions-, Umwandlungs- oder Transportprozesse und ihre Gegenstände, werden dabei kontrolliert und verändert. Abweichungen vom Soll müssen zeitgerecht erkannt und beim Unter- bzw. Überschreiten von Toleranzen beseitigt werden. Schuler definiert (1999):

> „*Prozessführung ist die Gestaltung und Beherrschung des Verhaltens eines Prozesses durch zielgerichtete technische Maßnahmen (z.B. Verfahrenstechnik, Automatisierungstechnik und anderen technischen Disziplinen) sowie durch die Tätigkeit der Anlagenfahrer.*"

Die hier genannten „technischen Maßnahmen" nennen wir im Folgenden *Prozessführungssysteme*, gelegentlich auch *Prozessleitsysteme*. Sie sind die virtuellen Fenster und Einwirkmöglichkeiten in die Prozesse und erlauben es, hochdynamische und hochkomplexe Prozesse für Menschen sichtbar, verständlich und beeinflussbar zu machen. In den unterschiedlichen Anwendungsfeldern (siehe dazu Abschnitt 1.7) haben Prozessführungssysteme unterschiedliche Bezeichnungen erhalten; sie sind letztlich aber immer Mensch-Maschine-Systeme aus Aktoren, Sensoren, Steuerungs- und Regelungselementen, Übertragungs- und

Speichersystemen, Anzeige- und Eingabemodulen, die an den jeweiligen Einsatzzweck und Einsatzort angepasst werden. So spricht man u.a. von *Leitwarten*, *Leitständen*, *Cockpits*, *Brücken* oder *Kontrollzentren*. Gemeint ist vom Prinzip her immer dasselbe, allerdings fällt die jeweilige Ausprägung angesichts der unterschiedlichen physischen oder informationellen Prozesse sehr unterschiedlich aus. Leitwarten in Kraftwerken sind beispielsweise große Räume mit Tausenden von Anzeigen und Armaturen, die an Wänden oder Konsolen untergebracht werden und von einer größeren Zahl von Personen, einer ganzen Schicht, überwacht und bedient werden. Cockpits sind beispielsweise in heutigen Verkehrsflugzeugen zwei Arbeitsplätze für die beiden Piloten, die gewissermaßen körperlich in ihren Instrumenten, Armaturen und Kommunikationssysteme auf kleinstem Raum eingebettet sind. Andere Prozessführungssysteme, wie zum Beispiel Netzmanagementsysteme oder Notrufzentralen sind ein oder mehrere räumlich und logisch verknüpfte Bildschirm- und Kommunikationsarbeitsplätze. Selbst Überwachung und Steuerung eines Küchenherdes oder einer Heizung erfolgen meist über kleine Prozessführungssysteme, die nur aus wenigen kleinen Displays und Eingabeelementen bestehen und von Laien bedient werden können.

Die wichtigsten Aufgaben, die mit Hilfe von Prozessführungssystemen zu leisten sind, sind die *Überwachung* und die *Steuerung* von *Prozessen*. Diese Aufgaben werden arbeitsteilig von Mensch und Maschine, man kann heute sagen, von Mensch und Computer geleistet. Die Art der *Arbeitsteilung* zwischen diesen beiden Akteuren und damit gleichzeitig auch das Ausmaß der *Automatisierung,* ist dabei ein wichtiges Merkmal unterschiedlichster Formen der Prozessführung. Eine wichtige Prämisse in heutigen Prozessführungssystemen ist es, dem überwachenden und steuernden Menschen, dem *Operateur*, weitgehend unabhängig vom Grad der Automatisierung, einen angemessenen Überblick und einen bedarfsweise wirkungsvollen und zeitgerechten Einfluss auf das Prozessgeschehen zu ermöglichen, um die damit verbundene Verantwortung für den Prozess und die Prozessführung übernehmen und tragen zu können. In diesem Zusammenhang spricht Sheridan (1987) von *Supervisory Control*, dem Grundprinzip, dem Operateur die Möglichkeit zu geben, hoch automatisierte Prozesse auf einer für Menschen geeigneten Abstraktionsebene kontrollieren und bei Bedarf beeinflussen zu können.

Dies führt zu folgender Definition:

> *Prozessführung ist die Überwachung und Steuerung von Prozessen durch zielgerichtete Maßnahmen, die durch die Tätigkeit von Operateuren mit Hilfe von Prozessführungssystemen ausgeführt werden.*

Eine Definition für *Prozessführungssysteme* kann daher im engeren technischen Sinne lauten:

> *Ein Prozessführungssystem ist ein Arbeitsmittel zur arbeitsteiligen Prozessführung durch Mensch (Operateur) und Maschine (Automatisierung).*

Sieht man die menschlichen Operateure als Teil des Prozessführungssystems an und orientiert sich an der Definition von Arbeitssystemen nach ISO 6385:2004, so gelangt man zu einer weiter gefassten Definition:

> *Ein Prozessführungssystem ist ein Arbeitssystem, welches das Zusammenwirken eines einzelnen oder mehrerer Operateure mit den technischen Mitteln dieses Systems zur Prozessführung umfasst, um die Funktion des Prozesses unter den durch die Arbeitsaufgaben vorgegebenen Bedingungen zu erfüllen.*

1.2   Echtzeitfähige Prozessführungssysteme

Die Überwachung und Steuerung von Prozessen setzt voraus, dass die zeitliche Dynamik der Prozesse bewältigt wird. Das heißt zunächst, dass die Akteure, Operateure und Maschinen, die dazu benötigten Zustandsinformationen präzise, zeitgerecht und schnell bearbeitbar erhalten. Aus der oft großen Zahl von verfügbaren Prozessinformationen müssen geeignete ausgewählt, strukturiert und präsentiert werden. Die alte Weisheit *„mehr Information ist besser"* gilt spätestens seit der Verfügbarkeit von schnellen und verteilten computergestützten Sensorsystemen nicht mehr. Nach einer problem- und situationsgerechten Präsentation der relevanten Informationen, müssen die Operateure auch über geeignete Einwirkmöglichkeiten verfügen, die es ihnen ermöglichen, Entscheidungen in Aktionen umzusetzen und deren Auswirkungen wieder zeitgerecht erkennen und, wenn nötig, regulieren zu können.

Zeitgerechtes Präsentieren und zeitgerechtes Einwirken heißt nicht in *möglichst kurzer Zeit*, sondern in *angemessen kurzer Zeit* richtig erkennen und wirkungsvoll handeln zu können. Dies können Sekundenbruchteile beim Führen eines Autos oder Stunden und Tage bei langsamen biologischen Prozessen in Biokraftwerken sein. *Echtzeitfähiges Überwachen und Steuern* bedeutet, die Prozessdynamik in vorgegebener und hoffentlich dann auch verfügbarer Zeitspanne situations- und problemgerecht beherrschen zu können.

Die zeitlichen Randbedingungen sind bei *Echtzeitsystemen* nicht ausschließlich aus dem Prozess abzuleiten, sondern vor allem aus der Reaktionsfähigkeit der Akteure. Während ein Computerprogramm in Mikrosekunden reagieren kann, ist bei einem Menschen eher von mehreren hundert Millisekunden oder, bei neuen oder schwierigen Problemen, auch von Minuten, Stunden und Tagen auszugehen.

Ein *echtzeitfähiges Prozessführungssystem* fundiert maßgeblich auf einer Aufgabenverteilung zwischen Mensch und Maschine, die es ermöglicht, den Prozess in definierter Weise durch Interaktion zwischen Mensch und Maschine innerhalb zulässiger Zustandskorridore und Zeitfenster über den gesamten Prozessverlauf zu führen.

1.3   Sicherheitskritische Prozessführungssysteme

Wenn wir von den Anforderungen der Echtzeitfähigkeit sprechen, stellt sich gleichzeitig die Frage, was eine nicht zeitgerechte Einwirkung auf den Prozess zur Folge hat. Natürlich wird dies immer vom spezifischen Anwendungsgebiet abhängen; wir gehen aber grundsätzlich davon aus, dass die Echtzeitfähigkeit kein Selbstzweck sein soll und betrachten die Anwendungsfelder der Verfahrens-, Energie- und Transporttechnik. So leuchtet unmittelbar ein, dass wir es hier mit beträchtlichen Risikopotenzialen zu tun haben. Bei den in diesen Anwendungen bewegten Massen oder gewandelten Energien, besteht nicht nur die Gefahr eines hohen ökonomischen Schadens, sondern meist auch eine erhebliche Gefährdung von Mensch und Umwelt. Aber genauso die Überwachung rein informationeller Systeme ohne physische Repräsentation, wie z.B. das Finanzmanagement bei Banken oder Börsen, birgt hohe Risiken für Individuen aber auch für ganze Gesellschaften, wie wir seit dem Zusammenbruch der Finanzmärkte von 2008 wissen und ist daher nicht weniger sicherheitsbedürftig.

Sicherheitskritische Mensch-Maschine-Systeme[1] (Herczeg, 2000) und die dazugehörigen Prozessführungssysteme sind also heute lebensnotwendige und gleichzeitig lebensbedrohliche Systeme. Den Übergang vom „Segen zum Fluch" trennen oft nur Sekundenbruchteile und einige wenige Aktionen von Mensch oder Maschine. Der heutige Einsatz von computergestützten Technologien ermöglicht komplexe Entscheidungen aus umfangreichen Prozessdaten automatisch abzuleiten oder dem menschlichen Operateur Entscheidungshilfen zu präsentieren. Gleichzeitig entsteht eine Kluft zwischen schnellen und komplexen automatisierten Abläufen und den verantwortlichen Operateuren, die diese Systeme nur in ihren Effekten, meist aber nicht mehr in ihren inneren Mechanismen begreifen können. Bainbridge (1983) spricht hier von *Ironien der Automatisierung* zwischen menschlicher Kontrolle und Unkontrollierbarkeit komplexer teilautomatisierter Technologien. Je mehr technische Automatisierungen, Schutzmechanismen und Steuerungsebenen wir realisieren, desto weniger sind die menschlichen Operateure in der Lage, diese komplexen Systeme zu verstehen, um in kritischen Situationen erfolgreich und verantwortungsgerecht reagieren zu können.

1.4   Multimediale Prozessführungssysteme

Viele Jahrzehnte lang waren Prozessführungssysteme mechanische, elektromechanische oder elektronische Spezialsysteme, die im jeweiligen Anwendungsfeld über meist Jahrzehnte entwickelt und optimiert worden waren. Seit kurzer Zeit ändert sich dies drastisch. Die Grundlage für Prozessführungssysteme werden zunehmend multimediale Computersysteme und digitale Kommunikationsnetzwerke, die noch weit mehr Aufgaben als bislang übernehmen und gleichzeitig einerseits durch ihre *Multimedialität* eine noch intensivere Kopplung

---

[1] man spricht auch oft von *missionskritischen Systemen (mission-critical systems)*

und anderseits durch ihre algorithmische Komplexität eine stärkere Trennung und Entfremdung zwischen Mensch und Maschine mit sich bringen können.

So wurden inzwischen aus den klassischen Instrumentencockpits, den *„Uhrenläden"* in
Flugzeugen sogenannte *„Glass Cockpits"*, d.h. ausgeprägt bildschirmbasierte Arbeitsumgebungen (Abbildung 1). Aus dem klassischen Kraftwerksleitstand, bestehend aus ursprünglich
nur einfachen elektromechanischen Instrumenten und Stellgliedern, entwickelt sich zunehmend das *„Digitale Kraftwerk"*, ein computerbasiertes System, das in der Leitwarte nicht
nur die einzelnen zu überwachenden Anzeigen und Stellglieder zeigt, sondern eine Vielzahl
von Computerbildschirmen mit textuellen und graphischen Darstellungen, die Hinweise,
Kurven, Trends, Alarmlisten und viele neue multimediale Präsentationsformen zur Erkennung von Zuständen und Zustandsveränderungen bieten. Aus der Schiffsbrücke mit dem
altbekannten Steuerruder und einigen wenigen Instrumenten zur Navigation entwickelte sich
die *„Integrierte Schiffsbrücke"* mit Dutzenden von Bildschirmen und Computeranwendungen. Das alte hölzerne Steuerruder selbst ist einem kleinen Joystick gewichen. Kompass und
Seekarte sind von GPS, Navigationsdisplay und Autopiloten ersetzt worden.

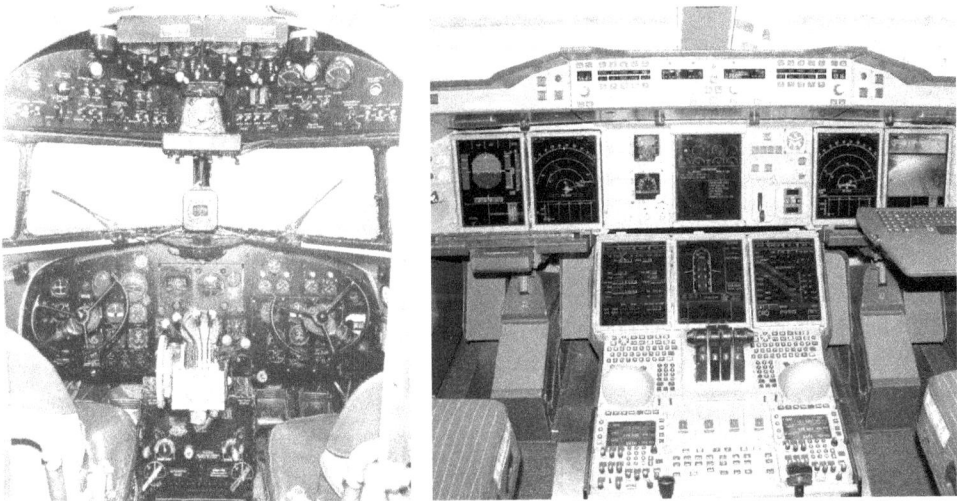

Abbildung 1.   vom „Uhrenladen" (DC3) zum „Glass Cockpit" (A380)

Während frühere Verkehrsflugzeuge dem Piloten eine Vielzahl einzelner Instrumente angeboten haben, überwiegen heute computergestützte integrierte
oder gar holistische Displays, die ganze Aufgabenspektren unterstützen.

Die Multimedialität der eingesetzten Technologie erlaubt zunehmend den Operateuren die
benötigten Informationen über unterschiedlichste menschliche Sinne (Sehen, Hören, Tasten)
präsentieren zu können (Herczeg, 2007). So wie wir die Menschen einerseits technisch von
den Prozessen entkoppeln, möchten wir ihnen auf diesem Weg wieder eine enge Ankopplung
ihrer Sinne ermöglichen. Die Fragen der multimedialen Gestaltungsmöglichkeiten dieser

interaktiven Systeme beantwortet man inzwischen im Rahmen des *Interaktionsdesigns* (Herczeg, 2006a).

1.5   Ergonomie und Human Factors

Angesichts der Bedeutung und Tragweite sicherheitskritischer Prozessführungssysteme und ihrer Anwendung, kommt man nicht umhin, die besonderen Faktoren zu berücksichtigen, die durch die *Arbeit* menschlicher Operateure in solchen *Mensch-Maschine-Systemen* auftreten. Diese Auseinandersetzung ist sehr eng mit dem traditionellen Wissenschaftsgebiet der *Ergonomie* verbunden, im angelsächsischen Raum auch *Human Factors* genannt. *Ergonomie*, die *Lehre von der Arbeit,* beginnt ihre Betrachtung bei den körperlichen und geistigen Eigenschaften des Menschen. Technische Hilfsmittel, wir können hier auch von Werkzeugen im weitesten Sinne sprechen, sind an diese Eigenschaften und Begrenzungen von Menschen anzupassen. Zu diesem Zweck wurden in der *Anthropotechnik* und der *Anthropometrie* Menschen untersucht, vermessen und bei der Arbeit beobachtet worden, um möglichst präzise Regeln für die Gestaltung von *Werkzeugen*, oder *Arbeitssystemen* im Allgemeinen, abzuleiten. Ergonomische Gestaltungsregeln dienen dem Ingenieur oder Designer, um die technischen Lösungen, Werkzeuge und Medien so auszuprägen, dass sie von Menschen möglichst natürlich und mühelos ohne Beeinträchtigungen oder gar Gesundheitsschädigungen genutzt werden können. Man spricht im Zusammenhang mit einer *ergonomischen Systemgestaltung* und von der *Gebrauchstauglichkeit der Systeme.*

Bei sicherheitskritischen Mensch-Maschine-Systemen müssen wir einen Schritt weitergehen. Die Sicherheit des entsprechenden Systembetriebs hängt letztlich davon ab, wie effektiv, effizient und sicher die Operateure mit dem Prozessführungssystem umgehen können. Selbst kleine Schwächen in der Gestaltung können verheerende Auswirkungen nach sich ziehen. Neben der ergonomischen Gestaltung ist es unabdingbar, dass die konstruierten Lösungen im Rahmen einer *ergonomischen Evaluation* auf ihre *Gebrauchstauglichkeit* sowie ihre *Betriebssicherheit* geprüft werden.

Während sich die Ergonomie in den früheren Jahren vor allem mit der menschlichen Physiologie, manuellen Handhabungsfragen, Körperpositionen oder dem räumlichen Umfeld auseinandergesetzt hat, müssen wir uns heute mit den Fragen der Gestaltung von Computerarbeitsplätzen, der Gestaltung interaktiver Softwaresysteme sowie der jeweils verwendeten Computerperipherie, den Ein- und Ausgabesystemen beschäftigen. Diesen spezifischen Fragen widmet sich vor allem die *Software-Ergonomie* (Wandmacher, 1993; Herczeg, 1994; Herczeg, 2009a). Im Anwendungsfall sicherheitskritischer Mensch-Maschine-Systeme, müssen die ergonomischen Kriterien insbesondere die Grenzbereiche von Mensch und Technik und ihrem Zusammenspiel in schwierigen Situationen ausgelotet werden. Dabei stellen sich insbesondere die Fragen der *kognitiven Leistungen,* vor allem der Fähigkeit von Operateuren, sich ein angemessenes *mentales Modell* vom Prozess sowie vom Prozessführungssystem zu machen, damit sie den jeweiligen Prozesszustand, die Verhaltensweisen der Automationen sowie ihre Einwirkmöglichkeiten in der jeweiligen Situation verstehen. Diese Fragen werden vor allem im Rahmen des *Cognitive Engineering* (Norman, 1986), des *Cognitive Systems Engineering* (Rasmussen et. al, 1994), der *Cognitive Work Analysis* (Vicente, 1999) sowie der *Situation Awareness* (Endsley & Garland, 2000; Endsley et al., 2003) erforscht und in praktische Lösungen überführt.

1.6   Interdisziplinarität

Wie sich schon aus den vorhergehenden Ausführungen erkennen lässt, ist die Entwicklung von Prozessführungssystemen eine Herausforderung, die nur im guten Zusammenwirken verschiedenster Disziplinen geleistet werden kann. Damit ist nicht nur die Zusammenarbeit von Ingenieuren mit Vertretern der jeweiligen Anwendungsdisziplin gemeint. Allein die Tatsache, dass wir es mit *Mensch-Maschine-Systemen*, heute fast immer in der Form von *multimedialen Mensch-Computer-Systemen* (Carroll & Olson, 1988; Herczeg, 2006b), in einem *organisatorischen Rahmen* in *komplexen Kontexten* zu tun haben, erfordert die Zusammenarbeit von Ingenieuren, Informatikern, Arbeitswissenschaftlern, Psychologen und Designern. Diese müssen das Mensch-Maschine-System zusammen mit den Anwendungsexperten möglichst gut an die Operateure, ihre Arbeitsumgebung, ihre Arbeitsbedingungen und vor allem an ihre Aufgaben anpassen.

Eine solche interdisziplinäre Arbeitsweise klingt naheliegend und scheint die Lösung der anstehenden facettenreichen Problemstellungen zu erleichtern. Dies deckt sich letztlich auch mit den Erfahrungen; allerdings erzeugt diese Art der fachübergreifenden Zusammenarbeit eine Vielzahl neuer und zusätzlicher Herausforderungen. So haben fast alle der beteiligten Disziplinen ihre eigene Fachsprache sowie ihre eigenen Methoden und Vorgehensmodelle entwickelt. Wir könnten versuchen die beteiligten Fachleute in den jeweils anderen Fachdisziplinen zu schulen. Zu einem gewissen Grad macht dies durchaus Sinn, um ein grundsätzliches Verständnis der anderen Kompetenzen und Arbeitsweisen zu vermitteln, jedoch ist jedes dieser Felder zu groß und komplex, als dass es wie zu Zeiten von Leonardo da Vinci durch Generalisten noch zu bewältigen wäre.

Für eng verknüpfte fachübergreifende Arbeiten ist es jedoch weder sinnvoll noch möglich, jede beteiligte Disziplin in ihren eigenen Begrifflichkeiten und Methoden arbeiten zu lassen. Stattdessen benötigen wir einheitliche Begriffe und Arbeitsweisen, die sich an der jeweils besonderen Problemstellung orientieren. So werden sich also die beteiligten Fachleute auf gemeinsame Begriffe und Methoden einigen müssen, die die Besonderheiten des komplexen Gebiets aufgreifen und die unterschiedlichen Kompetenzen zu einer gemeinsamen Vorgehensweise zusammenführen. Dies funktioniert nur, wenn solche Arbeitsweisen über längere Zeiträume entwickelt, erprobt und verfeinert werden. Es ist also gewissermaßen eine neue Fachkultur erforderlich, die die beteiligten Kompetenzen aufgreift und zu einer höherwertigen, kooperativ arbeitenden Disziplin verknüpft. Dies wurde bereits in den traditionellen Arbeitsweisen bei der Entwicklung früherer Prozessführungssysteme über Jahre hinweg

geleistet. Dort haben Fachleute aus dem Maschinenbau, der Elektrotechnik und den Arbeitswissenschaften gemeinsam mit den jeweiligen Anwendungsexperten beispielsweise Leitwarten für die Verfahrenstechnik oder Cockpits für Verkehrsflugzeuge entwickelt.

Zwischen den einzelnen Anwendungsgebieten der Prozessführung gab es kaum Beziehungen. So lernte die Automobilindustrie oder die Schifffahrt fast nichts aus der Luftfahrt und
die Verfahrenstechnik kaum etwas aus der Energietechnik. Seit der Entwicklung computergestützter Prozessführungssysteme ist offensichtlich, wie ähnlich die Problemstellungen bei
der Realisierung von echtzeitfähigen Mensch-Computer-Systemen letztlich sind. Seit der
breiten Einführung von Computerbildschirmen anstatt spezialisierter Anzeigesystemen, liegt
es für viele Fachleute zunehmend nahe, dass die entwickelten Technologien in möglichst
vielen Anwendungsbereichen Einsatz finden sollen. Auch wenn dies meist nicht auf der
Ebene der verwendeten spezifischen Hardware- und Softwaresysteme möglich ist, so können
doch die grundsätzlichen Überlegungen, beispielsweise über den Umgang mit informations-
reichen Kontrollsystemen unter kritischen Zeitbedingungen, zu allgemeinen Erkenntnissen
und Methoden der Informationsdarstellung und Informationsauswahl auf Computerbildschirmen anwendungsübergreifend Einsatz finden.

Wir befinden uns im Bereich der anwendungsübergreifenden Entwicklung von Prozessführungssystemen aber immer noch am Anfang einer neuen Disziplin, die hier Begriffe, Theorien, Methoden und Technologien für ein großes Spektrum von Anwendungen entwickeln
und bereitstellen kann. Das bereits interdisziplinäre Gebiet der *Mensch-Computer-Interaktion* verknüpft sich hierzu mit den bisherigen Disziplinen zur Entwicklung von Kontroll-
und Steuerungssystemen in sicherheitskritischen Anwendungsbereichen.

1.7   Anwendungsgebiete

Wir haben eingangs als erste grobe Charakterisierung der *Anwendungsgebiete für Prozessführungssysteme* mehrfach von *Produktions-, Energie-* und *Transportsystemen* gesprochen.
Diese Aufzählung sollte nur einen ersten Eindruck der Breite und Bedeutung des Gebiets
vermitteln. Mit jeder denkbaren Gruppierung wird es schwer fallen, die betroffenen Anwendungsfelder gut zu strukturieren. Im Folgenden soll zunächst ein pragmatischer Ansatz gewählt werden, der zumindest sicher stellen soll, dass die Schwerpunktgebiete des Einsatzes
von Prozessführungssystemen erkennbar sind. In Klammern stehen jeweils, soweit vorhanden, besondere Bezeichnungen für die dazugehörigen Prozessführungssysteme.

Transportsysteme und Fahrzeuge:

- Flugzeuge (Cockpits)
- Schiffe (Brücken)
- U-Boote (Leitstände)
- Bahnen (Leitstände)
- Kraftfahrzeuge (Cockpits)
- Raumschiffe (Cockpits)

Verkehrsüberwachung:

- Flugsicherung (ATC-Systeme)
- Bahnleitsysteme (Stellwerke)
- Schifffahrtsverkehrssicherung (Verkehrszentralen)
- Schleusen (Fernsteuer- und Leitzentralen)
- Straßenverkehrsleitsysteme (Einsatz- und Leitzentralen)

Versorgungsnetze:

- Energieversorgung (Leitwarten)
- Wasserversorgung (Leitwarten)
- Telekommunikation (Netzmanagementsysteme und Leitwarten)
- Computernetzwerke (Netzmanagementsysteme)

Kraftwerke:

- Verbrennungskraftwerke (Leitwarten)
- Kernkraftwerke (Kontrollräume und Leitwarten)
- Wasserkraftwerke (Leitwarten)
- Solarkraftwerke (Leitwarten)
- Gezeitenkraftwerke (Leitwarten)

Verfahrenstechnische Anlagen:

- chemische Anlagen (Leitzentralen)
- petrochemische Anlagen (Leitzentralen)
- Fertigungsanlagen (Leitwarten)
- Lagersysteme (Warehouse Management Systeme)
- Abfüll- und Verladeanlagen (Leitwarten)

Medizintechnische Systeme:

- rettungsdienstliche Dokumentationssysteme (Einsatzsysteme)
- mobile und modulare medizintechnische Systeme wie Infusoren, Perfusoren, Patientenmonitore, Defibrillatoren, etc. (Monitore)
- Anästhesiesysteme (Anästhesiemonitore)
- Intensivstationen (Überwachungsmonitore und Medikationssysteme)
- radiologische Diagnosesysteme (Labor- und Klinikarbeitsplätze)
- radiologische Therapiesysteme (Labor- und Klinikarbeitsplätze)

Diese Liste ist offensichtlich weder erschöpfend, noch stellt sie eine abschließende Strukturierung und Begriffsbildung dar. Für jeden dieser genannten Anwendungsbereiche sind jedoch bedeutsame Beispiele existierender Prozessführungssysteme zu finden, die uns Eindrücke und Erkenntnisse über die unterschiedlichsten Ansätze und Entwicklungen von Prozessführungssystemen geben. In diesem Buch finden sich eine Vielzahl von exemplarischen Einzeldiskussionen und Abbildungen aus diesem Anwendungsspektrum.

An dieser Stelle ist es wichtig zu vermerken, dass es aus heutiger Sicht nicht mehr sinnvoll ist, Prozessführung nur den genannten klassischen Anwendungsbereichen zuzuschreiben. Auch bei der Überwachung von Börsenkursen, der Steuerung häuslicher Heizungs-, Küchenoder Entertainmentsysteme oder der Überwachung und Sicherung von Gebäuden, Anlagen oder Kommunikationsnetzen vor unzulässigem Zugriff, haben wir es mit Prozessführungsaufgaben zu tun. Durch den zunehmenden Einsatz kostengünstiger Computersysteme in diesen Anwendungsbereichen finden Prozessführungsaufgaben auch im täglichen Leben einen breiten Raum. Die zunehmende Breite der Anwendungsfelder computergestützter Prozessführung sowie die Bedeutung dieser Systeme, auch für eine breite Bevölkerungsschicht im privaten Bereich, wird in diesem Buch auch angesprochen, ohne die klassischen Kernbereiche und ihre Weiterentwicklung dabei als Referenzanwendungen in den Hintergrund treten zu lassen.

1.8   Zusammenfassung

Wir haben in einer ersten Untersuchung des Gebiets den Begriff der *Prozessführung* als ein Aufgabengebiet kennengelernt, bei dem dynamische Abläufe meist physischer und zunehmend informationeller Natur überwacht und gesteuert werden müssen. Diese Überwachung und Steuerung findet arbeitsteilig durch Menschen und Maschinen, heute insbesondere Mensch und Computer, statt. Mit Hilfe eines *Prozessführungssystems* soll der menschliche Akteur, der *Operateur*, in die Lage versetzt werden, komplexe, schnelle und teils unsichtbar ablaufende Prozesse mit möglichst vielen Sinnen erfassen, verstehen und bei Bedarf beeinflussen können.

Prozesse warten selten auf die Operateure. Die Prozessführung von oft hochdynamischen Prozessen, erfordert diese unter definierten zeitlichen Randbedingungen zu überwachen und zu steuern, also letztlich in ausreichend kurzer Zeit Abweichungen erkennen und regulieren zu können. Man spricht deshalb auch von *echtzeitfähigen Prozessführungssystemen*.

Viele der betrachteten Prozesse bergen aufgrund der mit ihnen verbundenen Massen, Energien oder Informationen beträchtliche Risiken in sich. Man nennt diese Prozesse und ihre Prozessführungssysteme daher *sicherheitskritisch*. Die Prozessführung muss daher passend zu den Risiken zuverlässig und sicher vonstattengehen.

Die zunehmende Nutzung von *multimedialen Computersystemen* zur Realisierung von Prozessführungssystemen führt zu neuen Möglichkeiten, Herausforderungen und Risiken. Multimediale Systeme erlauben die für die Operateure wichtige Information in vielfältiger Form aufzubereiten und darstellen zu können. Gleichzeitig bergen komplexe Hardware- und Softwaresysteme neue Risiken in der Verlässlichkeit und Validierbarkeit der Systeme.

Bei der Realisierung von Prozessführungssystemen sind die Fähigkeiten und Grenzen des Menschen im Zusammenwirken mit den technischen Prozessen zu betrachten. Im Bereich der *Ergonomie*, besonders der hier zunehmend wichtigen *Software-Ergonomie,* werden die *menschlichen Faktoren (Human Factors)* einbezogen und finden bei der Gestaltung besondere Berücksichtigung.

Die Entwicklung von Prozessführungssystemen ist eine vielschichtige Aufgabe, die von Fachleuten aus unterschiedlichsten Disziplinen zu leisten ist. Neben den jeweiligen Fachleuten aus dem Anwendungsfeld müssen insbesondere Ingenieure, Informatiker, Arbeitswissenschaftler, Psychologen und Designer eng zusammenwirken. Diese *Interdisziplinarität* erfordert die Entwicklung gemeinsamer Begriffe und Vorgehensweisen.

Die *Anwendungsgebiete* für Prozessführungssysteme sind vielfältig. So finden sich Prozessführungssysteme typischerweise vor allem bei

- Transportsystemen,
- Verkehrsüberwachung,
- Versorgungsnetzen,
- Kraftwerken,
- verfahrenstechnischen Anlagen sowie bei
- medizintechnischen Systemen.

Durch die zunehmende allgemeine Verbreitung von Computersystemen finden wir aber viele neue informationstechnische wie auch private Anwendungssituationen.

Prozessführung bedeutet also komplexe, informationsreiche und hochdynamische Abläufe zielorientiert und sicher überwachen und steuern zu können. Zusammenfassend lässt sich für unsere weiteren Betrachtungen *Prozessführungssystem* folgendermaßen definieren:

Ein Prozessführungssystem ist ein Mensch-Maschine-System, das es ermöglicht, einen Prozess zielorientiert und zeitgerecht sicher zu überwachen und zu steuern. Die menschlichen und die maschinellen Funktionen und Einflussmöglichkeiten überlappen sich dabei in einer Weise, dass Mensch und Maschine gemeinsam und im Notfall jeweils alleine in der Lage sind, den Prozess in einem sicheren Zustand zu halten oder in einen solchen zu überführen.

2   Risiko und Sicherheit

Wenn wir im Folgenden über Sicherheitskritische Mensch-Maschine- oder vor allem Mensch-Computer-Systeme diskutieren wollen, benötigen wir eine Klärung der Begriffe *Risiko* und *Sicherheit*. Es gibt seit vielen Jahren umfangreiche Literatur zum Thema *Risiko*, in der der Begriff aus verschiedensten Perspektiven betrachtet wird. Grundlegende Betrachtungen zum Begriff und zur Konstruktion von Risiko und Sicherheit finden sich u.a. bei Luhmann (1991), Perrow (1992), Adams (1995) oder bei Heilmann (2002). Besondere Betrachtungen zu *Risikokommunikation* während und nach sicherheitskritischen Ereignissen, finden sich u.a. bei Gerling und Obermeier (1994, 1995) sowie bei Obermeier (1999).

Das Verständnis der heutigen, sehr unterschiedlichen Risikobegriffe ist wichtig für die verantwortungsvolle Entwicklung, öffentliche Kommunikation sowie den Einsatz und die Verbreitung sicherheitskritischer Technologien. Es ist insbesondere von Bedeutung, zwischen *subjektiven und objektiven Risiken* zu unterscheiden, da dies völlig unterschiedliche Konstrukte sind, die bewusst oder unbewusst die Entwicklung, Zulassung und Nutzung sicherheitskritischer Systeme begleiten und beeinflussen.

2.1   Risiko als subjektive Wahrnehmung

Risiko wird umgangssprachlich oft verstanden als *Möglichkeit, durch Gefahren Schaden zu erleiden*. Je höher das Risiko, desto höher die empfundene Wahrscheinlichkeit, dass ein solcher Schaden eintritt. Diese Art der Risikowahrnehmung ist höchst subjektiv. Jede Person wird selbst bei identischer Situation eine andere Wahrnehmung dieser Form des Risikos haben. Der Grund dafür besteht darin, dass diese Wahrnehmung von persönlichen Erfahrungen und Einstellungen abhängt.

Die Wahrnehmung von *Gefahr* ist nicht unabhängig von der subjektiven Risikowahrnehmung. Gefahren gehen von unserer natürlichen wie auch der künstlichen Umwelt aus. Die Wahrnehmung von Gefahr steht vor allem in Bezug mit dem Ausmaß einer *empfundenen Bedrohung*. Eine solche Bedrohung wird dabei als eher unbeeinflussbar empfunden. Das Risiko kann in dieser Form folgendermaßen definiert werden:

> *Risiko ist die Bereitschaft, sich einer subjektiv wahrgenommenen Gefahr auszusetzen.*

Risiko und *Gefahr* sind Kulturbegriffe, also *kulturelle Konstruktionen*, die in unserer Gesellschaft als eine wichtige Funktion für die Überlebensfähigkeit von Menschen wirken. Es gibt für das Risiko als Kulturbegriff keine festgelegten Bewertungen oder quantitative Skalen, sondern im besten Fall qualitative Bezeichnungen, wie *„eine große Gefahr"* oder ein *„geringes Risiko"*. Menschen sind gezwungen, bereits im Kindesalter eine angemessene Gefahren- und Risikowahrnehmung zu entwickeln. Dies ist eine Grundlage für das Überleben in einer Welt, die voller Gefahren ist. Diese und die damit verbundenen Risiken, werden dabei natürlich oft, vielleicht auch meistens, falsch eingeschätzt. Manchmal kommt es dann zu Schädigungen, die, sofern gewisse Größenordnungen des Schadens nicht überschritten werden, einen wichtigen Teil eines entsprechenden Lernprozesses darstellen. Im Zusammenhang mit sicherheitskritischen Technologien gilt grundsätzlich dasselbe. Auch dort müssen Erfahrungen für eine realistische Risikoeinschätzung gesammelt werden. Entscheidend ist hier, dass gewisse Größenordnungen nicht überschritten werden. Wo diese kritischen Größenordnungen liegen, ist mangels systematischer Quantifizierung und Referenzierung subjektiv wahrgenommener Risiken nicht festlegbar und nicht feststellbar. Dies zeigt sich am deutlichsten in den Geschehnissen, der Kommunikation und den Entscheidungen während und nach atomaren Katastrophen wie Tschernobyl oder Fukushima. Dort finden sich Meinungen und Einschätzungen von mehr oder weniger ausgewiesenen Fachleuten, die das ganze denkbare Spektrum von geringen bis hin zu nicht verantwortbaren Risiken der zivilen Anwendung der Kerntechnik überspannen.

Die *Subjektivität der Risikowahrnehmung* zeigt sich u.a. in folgenden Beobachtungen (Heilmann, 2002):

- Risiken, die die Leute durch ihr eigenes Verhalten glauben beeinflussen zu können (z.B. Fahren eines Automobils), werden geringer eingeschätzt und entsprechend eher hingenommen als solche, die vom Können oder den Entscheidungen Anderer abhängen (z.B. Fliegen eines Flugzeugs);
- freiwillig akzeptierte Risiken werden bei gleicher statistischer Verlustrate wesentlich geringer eingeschätzt und eher akzeptiert als aufgezwungene Risiken;
- Risiken werden höher eingeschätzt, wenn das Risiko einer Unternehmung die Allgemeinheit zu tragen hat, den Nutzen davon aber nur wenige haben.

Obwohl oder gerade weil subjektive Risiken nur eine individuelle Wahrnehmung sind, bilden sie doch einen wichtigen Aspekt der Gestaltung und Nutzung von Mensch-Maschine-Systemen. Der Mensch als Nutzer einer Technologie entscheidet während der Nutzung hauptsächlich aufgrund seiner persönlichen Risikowahrnehmungen über seine Aktivitäten mit und über diese Technologie. Im Bereich der professionellen, wohldefinierten Nutzung von Mensch-Maschine-Systemen möchte man diese subjektive durch eine *objektive, normative Risikowahrnehmung* ersetzen.

2.2   Risiko als objektive Größe

In der Welt von Technik und Wirtschaft werden subjektive Wahrnehmungen von Gefahren und Risiken nur ungerne akzeptiert. Gefahren sollen durch *Kausalitäten*, also durch *rationale Ursache-Wirkungsketten* beschrieben und erklärt werden. Risiken werden durch vergleichbare, d.h. *quantifizierte und objektivierte Maße* beschrieben. *Risiko* wurde in diesen objektivierten Kontexten in gewissen sprachlichen Varianten folgendermaßen definiert:

> *Risiko ist das Produkt aus Wahrscheinlichkeit des Eintritts eines Ereignisses und dem Schadensausmaß (Tragweite) des Ereignisses.*

Diese Definition geht davon aus, dass man die Eintrittswahrscheinlichkeiten sowie das Schadensausmaß (Tragweite) von Ereignissen quantifizieren kann. In manchen Fällen scheint dies sinnvoll und möglich. So lässt sich durch statistische Beobachtungen feststellen, wie wahrscheinlich der Ausfall eines technischen Systems, etwa eines Flugzeugtriebwerks ist. Angenommen ein Flugzeug besitzt zwei Triebwerke, von denen mindestens eines zum stabilen Fliegen benötigt wird. Dann lässt sich bei angenommener konstruktiver Unabhängigkeit der Triebwerke durch die Multiplikation der bekannten Ausfallwahrscheinlichkeiten der einzelnen Triebwerke, die Wahrscheinlichkeit des Totalausfalls des Antriebs und damit die Möglichkeit des Absturzes eines Flugzeuges errechnen. Nimmt man einen Absturz in unbewohntem Gebiet an, so muss man im schlimmsten Fall (Worst Case) vom Tod aller Passagiere und Besatzungsmitglieder sowie vom Totalverlust des Flugzeuges ausgehen. Das Risiko lässt sich dann quantifizieren, wenn auch nicht ausschließlich monetär, da Menschenleben betroffen sind.

Die Quantifizierung von Risiken dient der *prospektiven Bewertung der Risiken bestimmter Technologien (a-priori Risiken)*. Menschen, die als Operateure und andere Funktionsträger ein System betreiben, sind mangels Einsicht in die Konstruktionen und Randbedingungen der Nutzung nicht oder nur teilweise in der Lage, solche objektivierten Risikoabschätzungen vorzunehmen. Stattdessen werden sie, wie im vorausgegangenen Abschnitt beschrieben, ihre subjektiven Risikobewertungen treffen und vielfach zur Grundlage ihrer weiteren Entscheidungen und Handlungen machen.

Wir benötigen also möglichst objektivierte Verfahren und Maßstäbe für die Risikoanalyse vor und wenn möglich, auch während des Betriebs eines Systems.

2.3   Eintrittswahrscheinlichkeiten und Zuverlässigkeit

Ein entscheidender Faktor bei objektivierter Risikokalkulation ist die *Eintrittswahrscheinlichkeit* eines Ereignisses. Diese Eintrittswahrscheinlichkeit des Ausfalls von technischen Systemen lässt sich recht gut errechnen. So gibt es beispielsweise die Größe *MTBF (Mean*

Time Between Failures), die aussagt, wie lange ein technisches Gerät, statistisch gesehen, fehlerfrei funktioniert. Für dynamische Systemkonfigurationen im laufenden Betrieb wurden numerische Methoden wie *PSA (Probabilistic Safety Assessment)* entwickelt, die neben a-priori-Einschätzungen auch erlauben sollen, Risikobewertungen für momentane Betriebszustände zu errechnen.

Die Herausforderung bei der Berechnung der Zuverlässigkeit von Mensch-Maschine-Systemen ist, dass diese Geräte nicht einfach autonom laufen, sondern oft von Menschen bedient, gesteuert oder zumindest maßgebend beeinflusst werden. Dabei kann es durch typische Fehlbedienungen zu erheblich höheren Ausfallwahrscheinlichkeiten, als durch die Technik selbst kommen. So wurden beispielsweise in einigen Fällen Triebwerke versehentlich abgeschaltet, was in erster Näherung denselben Effekt wie ein technischer Ausfall haben kann, da diese nicht sofort wieder gestartet werden konnten. Man muss also die *menschliche Zuverlässigkeit* in irgendeiner geeigneten Weise einbeziehen.

Timpe (1976), auch zitiert und erläutert in Zimolong (1990), definiert *Zuverlässigkeit* als

> *„[...] die angemessene Erfüllung einer Arbeitsaufgabe über eine bestimmte Zeitdauer hinweg und unter zuverlässigen Bedingungen, die ebenfalls zeitveränderlich sein können".*

Eine ähnliche systemtechnisch verallgemeinerte Definition findet sich bei Bubb (1990):

> *„Zuverlässigkeit (Reliability) ist die Wahrscheinlichkeit, dass ein Element eine definierte Qualität während eines vorgegebenen Zeitintervalls und unter vorgegebenen Bedingungen erbringt."*

Nach diesen technischen und ingenieurpsychologischen Definitionen ist die Zuverlässigkeit eine *Stabilitätsgröße* hinsichtlich des qualitativ definierten Erbringens von Leistungen über bestimmte Zeiträume und unter bestimmten Randbedingungen.

Anders als *technische Zuverlässigkeit* wird die *menschliche Zuverlässigkeit* durch die Wahrscheinlichkeit beschrieben, eine Aufgabe unter vorgegebenen Bedingungen für ein gegebenes Zeitintervall im Akzeptanzbereich durchzuführen. Der grundsätzliche *Unterschied zwischen der technischen und der menschlichen Zuverlässigkeit* liegt im Unterschied zwischen der Ausführung einer Funktion durch technische Systeme und der Ausführung einer Aufgabe oder die Lösung eines Problems durch einen Menschen. Der Mensch arbeitet dabei typischerweise im Gegensatz zu einer Maschine zielorientiert und ist dabei in der Lage, trotz hoher Wahrscheinlichkeit fehlerhaften Ausführens einzelner Handlungsschritte, das Ziel dennoch mit hoher Wahrscheinlichkeit zu erreichen. Problematisch kann dabei in sicherheitskritischen Anwendungen sein, dass es Handlungsfehler mit großer Wirkung und Tragweite *(fatale Fehler)* gibt, die nicht durch nachfolgende Regulationen korrigiert werden können. Die hohe Wahrscheinlichkeit einzelner fehlerhafter menschlicher Handlungen kann somit die Sicherheit von Mensch-Maschine-Systemen grundsätzlich in Frage stellen. An dieser Stelle entsteht typischerweise der wenig hilfreiche Begriff des *menschlichen Versagens*. Geht man davon aus, dass menschliche Handlungen naturgemäß fehlerbehaftet sind, stellt sich die Frage, was menschliches Versagen überhaupt bedeuten soll.

Aber zunächst noch ein paar Größen für menschliche Fehlhandlungen. Die *menschliche Fehlerwahrscheinlichkeit HEP (Human Error Probability)* berechnet sich:

$$HEP = n/N$$

wobei n die Zahl der Fehler und N die Zahl der Gelegenheiten ist. Die *Zuverlässigkeit (Reliabilität, R)* einer menschlichen Handlung ist das Komplement der Fehleranfälligkeit einer Handlung

$$R = 1 - HEP = 1 - n/N$$

Fehlerwahrscheinlichkeiten im Sinne der HEP wurden mittels unterschiedlicher Methoden beispielsweise für Tätigkeiten von Operateuren in Kernkraftwerken erhoben. Die wichtigsten Methoden dafür sind *THERP (Technique for Human Error Rate Prediction)* (Swain & Guttmann, 1983) oder *OAT (Operator Action Trees)* (Hall et al., 1982). Die Erfassung von Fehlerwahrscheinlichkeiten kann für relevante Anwendungsfälle nur auf der Grundlage systematischer System- und Aufgabenanalysen erfolgen (Kirwan & Ainsworth, 1992; Heckos & Redish, 1998; Herczeg, 1999; Herczeg, 2001).

Für numerische Fehlerwahrscheinlichkeiten elementarer Fehlhandlungen im Kernkraftwerk wurden beispielsweise folgende Wahrscheinlichkeiten (auf einer Skala von 0 bis 1) erhoben (Swain & Guttmann, 1983; Zimolong, 1990):

- Analoganzeige falsch ablesen: 0,003
- Graphen falsch ablesen: 0,01
- Störanzeige übersehen: 0,003
- Stellteil unter hohem Stress in die falsche Richtung bewegen: 0,5
- Ventil nicht schließen: 0,005
- Checkliste nicht benutzen: 0,01
- Checkliste nicht in der richtigen Reihenfolge abarbeiten: 0,5

Aus diesen einfachen Analysen für elementare Aufgaben lässt sich bereits ableiten, dass die menschliche Zuverlässigkeit im Betrieb von Kernkraftwerken gerade in sicherheitskritischen Situationen äußerst begrenzt ist und daher zwangsläufig durch geeignete organisatorische oder technische Maßnahmen flankiert werden muss. Grundsätzlich kann festgestellt werden, dass völlig fehlerfreie Handlungen praktisch nicht auftreten und hohe Sicherheitsanforderungen (Zuverlässigkeit des Gesamtsystems) nur durch eine *fehlertolerante Gestaltung* von soziotechnischen Systemen (Mensch-Maschine-Systemen) erreicht werden können. Fehlertolerante Systeme kompensieren auftretende menschliche oder technische Fehler durch geeignete *technische oder organisatorische Schutz- oder Kompensationsmechanismen* (vgl. auch Johannsen, 1993). Viele Fehlhandlungen werden nur deshalb sichtbar, weil sie in bestimmten, vor allem sicherheitskritischen Systemen nicht durch Ausgleichshandlungen korrigiert werden können, bevor sie sich auswirken. Sichtbare Abweichungen (Störfälle und Unfälle) sind nach Rasmussen (1992) oft nur *„missglückte Optimierungsversuche, mit nicht akzeptablen Folgen"*.

Die Zuverlässigkeit in sicherheitskritischen Systemen muss über Arbeitsaufgaben (Normalbetrieb) hinaus auf Problemsituationen (Anomalien, Störungen, Störfälle) erweitert werden.
Hierzu kann der Begriff der *Aufgabe* gegenüber der gängigen Definition auf den geeigneten
Umgang mit unerwarteten Ereignissen erweitert werden. Während bei der Abarbeitung von
Routineaufgaben die Zuverlässigkeit vor allem aus der korrekten Bearbeitung der Aufgabe
zu sehen ist, besteht sie beim Umgang mit unerwarteten Ereignissen und Situationen aus der
systematischen und unvoreingenommenen Beobachtung und Identifikation der Situation, der
Bewertung der Ausgangssituation (Ist-Zustand) und der geeigneten Wahl einer Zielsituation
(Soll-Zustand) mit angemessenen, vor allem risikoarmen Handlungen (vgl. Rasmussen,
1984).

In vielen Zuverlässigkeitsbetrachtungen soziotechnischer Systeme, im Besonderen auch
Mensch-Maschine-Systemen, wird auf die Berücksichtigung der menschlichen Zuverlässigkeit verzichtet, da diese ungleich schwieriger als die technische Zuverlässigkeit zu
erheben oder zu schätzen ist. Auf ihre Berücksichtigung zu verzichten, heißt jedoch außergewöhnlich hohe Fehlerwahrscheinlichkeiten im Gesamtsystem außer Acht zu lassen und
dadurch letztlich erst nicht einschätzbare Risiken zu erzeugen. Die technische Zuverlässigkeit alleine wird dabei unter bestimmten Umständen nebensächlich oder sogar bedeutungs-
los. Eine objektive Risikokalkulation wird u.a. aus diesen Gründen von einigen Fachleuten
abgelehnt. Adams (1995) diskutiert diese Grundsatzfrage im Detail.

2.4   Risikomatrix

Die zweidimensionale Betrachtung von Risiko als Produkt aus der Eintrittswahrscheinlichkeit eines unerwünschten Ereignisses und dem Schadensausmaß bei Eintritt des Ereignisses
führt uns zu einer *Risikomatrix* und verallgemeinernd zu einer *Risikofunktion* oder einem
Risikographen. Eine Risikomatrix vergibt sprachliche Werte für die beiden Dimensionen,
Eintrittswahrscheinlichkeit und Tragweite. Man nennt solche Dimensionen auch *linguisti-
sche Variable*.

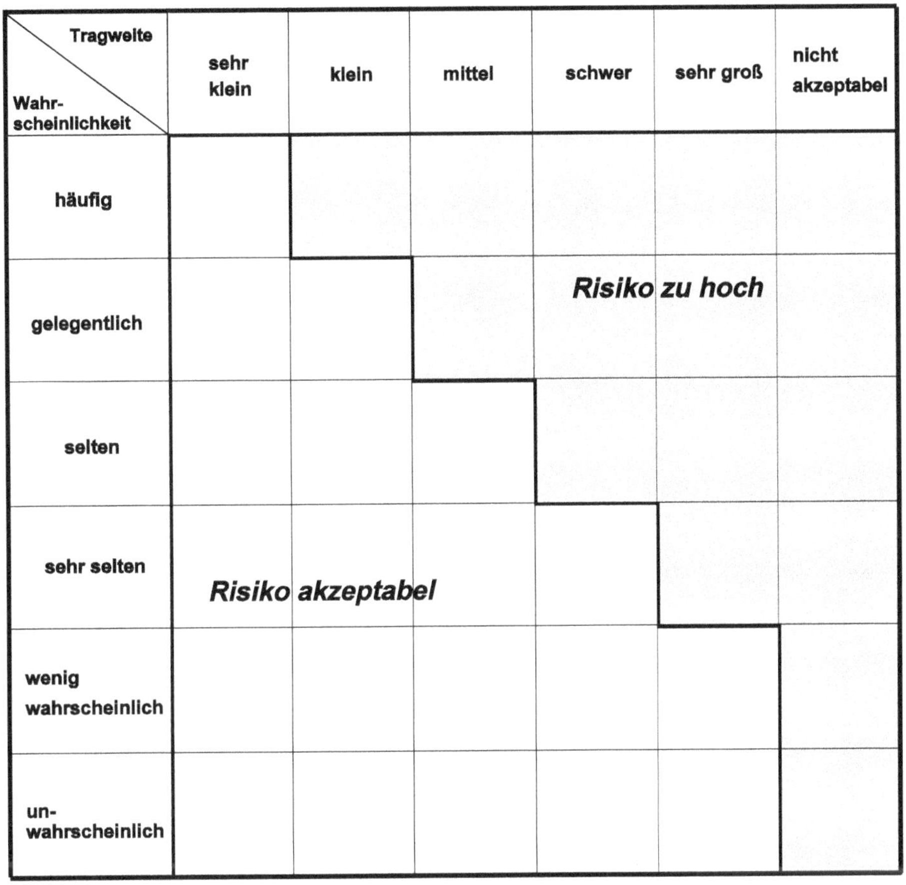

Tragweite / Wahr-scheinlichkeit	sehr klein	klein	mittel	schwer	sehr groß	nicht akzeptabel
häufig						
gelegentlich				*Risiko zu hoch*		
selten						
sehr selten	*Risiko akzeptabel*					
wenig wahrscheinlich						
un-wahrscheinlich						

Abbildung 2.   Risikomatrix

> Die Risikomatrix zeigt die beiden Dimensionen Eintrittswahrscheinlichkeit und Tragweite in linguistischen Größen. Für jede Kombination wird am konkreten Fall die Entscheidung über die Akzeptanz getroffen.

Die Verallgemeinerung einer solchen Risikomatrix zeigt eine Grauzone zwischen akzeptablen und zu hohen Risiken. Dieser Toleranzbereich ist vor allem von ökonomischen Entscheidungen und subjektiven Risikowahrnehmungen gekennzeichnet (siehe Abbildung 3). Ab einer bestimmten Tragweite sind Risiken, unabhängig von Eintrittswahrscheinlichkeit bzw. Häufigkeit, prinzipiell nicht mehr akzeptabel *(Grenzrisiko)*. Die Grenzen für *Restrisiken* scheitern aber meistens an problematischen Risikoberechnungen und ihrer Interpretation.

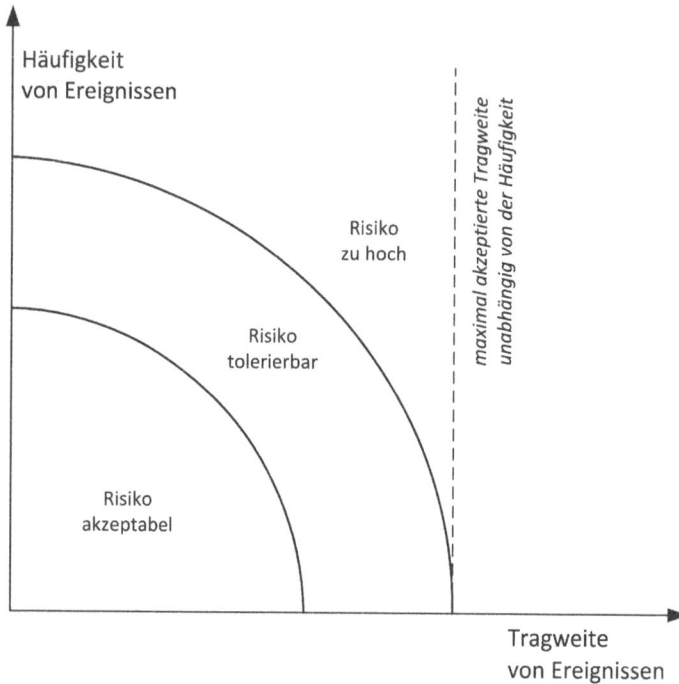

Abbildung 3.   Toleranz von Risiken

> Der Übergangsbereich zwischen akzeptablen und zu hohen Risiken (Tole-
> ranzbereich) ist im Allgemeinen fließend. Ab einer bestimmten Tragweite
> sind Risiken unabhängig von der Eintrittswahrscheinlichkeit bzw. Häufigkeit
> prinzipiell nicht akzeptabel (Grenzrisiko).

Technologien, die im Bereich zu hoher Risiken liegen, sollten gesellschaftlich vermieden
werden. Risiken, die bei sicherheitskritischen Systemen gesellschaftlich getragen und akzeptiert werden, werden auch *Restrisiken* genannt. Die damit verbundenen Wahrscheinlichkeitsberechnungen beziehen sich im Allgemeinen fast ausschließlich auf die Fehlerwahrscheinlichkeiten der technischen Komponenten. Die Grenzrisiken werden dabei selten explizit
definiert. Sie ergeben sich, wenn überhaupt, nur a posteriori aus der Risikoberechnung bereits eingeführter und akzeptierter oder tolerierter Technologien.

Für den Betrieb und die Optimierung von Kernkraftwerken wurden in Deutschland von der
Gesellschaft für Anlagen- und Reaktorsicherheit (GRS) zwei große Risikostudien angefertigt: Die *Deutsche Risikostudie Kernkraftwerke Phase A* im Jahr 1979 (GRS, 1979) und
anschließend die *Deutsche Risikostudie Kernkraftwerke Phase B*, fertiggestellt im Jahre 1989
(GRS, 1989). Die Risikostudie Phase A, die kurz vor ihrer Publikation noch um den Reak-
torunfall von Harrisburg ergänzt werden musste, kam zu der Einschätzung, dass die Wahrscheinlichkeit für einen nicht beherrschbaren Ereignisablauf mit Kernschmelze (einem größten anzunehmenden Unfall, kurz GAU) bei $8,6 \cdot 10^{-5}$ pro Anlage und Jahr läge. Die Berech-

nung wurde am Beispiel des Kernkraftwerks Biblis entwickelt. In der neu aufgelegten Risikostudie Phase B von 1989 nach der Katastrophe von Tschernobyl reduzierte man aufgrund neuer Betriebserfahrungen, Verbesserungen in den Sicherheitssystemen und Annahmen höherer technischer Auslegungsreserven diese Einschätzung auf $2{,}6 \cdot 10^{-5}$ pro Anlage und Jahr. Für einen GAU irgendwo auf der Erde über die gesamte Betriebszeit von Kernkraftanlagen kann diese Wahrscheinlichkeit mit der Anzahl der Anlagen (derzeit ca. 440 und 60 in Planung) und einem angenommenen gesamten Betriebszeitraum von kerntechnischen Anlagen (also etwa 80 Jahre von 1965 bis 2045 mit Anlagenersatz oder laufender Ertüchtigung) überschlagen und gemittelt werden. In einer ersten Approximation gerechnet, ergibt sich, über $2{,}6 \cdot 10^{-5}$ GAUs pro Anlage und Jahr bei 440 Anlagen und 80 Jahren etwa, eine Wahrscheinlichkeit von 0,92. Allein schon diese rein technische Betrachtung führt näherungsweise zu einem zu erwartenden GAU für die ersten 80 Jahre Betrieb von Kernkraftwerken. Bei der Risikoberechnung wurden vor allem Kühlmittellecks und technisch nicht beherrschbare Temperaturverläufe in einer Anlage zugrunde gelegt. Probleme und Fehler durch fehlerhafte Wartung wie in Harrisburg, fehlerhafte Betriebsabläufe wie in Tschernobyl, an Hochrisikostandorten gebaute Anlagen mit schlecht einschätzbaren Umwelteinflüssen wie in Fukushima, Flugzeugabsturz bei heutiger Verkehrsdichte und Flugzeugbauweise, Sabotage, Terrorismus (vgl. Anschlag 11.09.2001 auf das World Trade Center) oder Kriegseinflüsse, wurden bei solchen Berechnungen nicht berücksichtigt. Auch die teils noch unbekannte Auswirkung der Alterung der Anlagen, die zunehmend weit über die ursprünglich geplanten Betriebszeiten von etwa 30 Jahren betrieben werden, bleibt weitgehend unberücksichtigt. Die realen Risiken eines komplexen soziotechnischen Systems, wie einem Kernkraftwerk, sind durch die nicht berechenbaren und nicht vorhersehbaren Situationen somit zwangsläufig deutlich höher, als die berechneten und dokumentierten Risiken. Das Restrisiko bleibt also letztlich unkalkulierbar.

Vom Max-Planck-Institut für Chemie wurde eine Studie zur radioaktiven Verseuchung nach einem GAU durchgeführt (Levlieveld et al., 2011). Dort wurde abgeschätzt, dass alle 10 bis 20 Jahre ein GAU zu erwarten sei. Dies entspricht in der Häufung in etwa den schon genannten eingetretenen Kernschmelzen in Harrisburg, Tschernobyl und Fukushima und leitet sich als a-posteriori-Risikoabschätzung offenbar aus diesen ab.

Menschliche Fehler werden bei solchen Risikoanalysen ähnlich wie technisch-funktionale Fehler gesehen. Hier die Einschätzung dazu aus der „Deutschen Risikostudie Kernkraftwerke Phase B" (GRS, 1990, S. 176):

„Bei der Analyse und Bewertung menschlicher Handlungen in Zuverlässigkeitsunter-
suchungen und Risikostudien wird der Mensch wie ein Bestandteil des Systems, also
wie eine Systemkomponente behandelt. Er hat eine bestimmte Funktion innerhalb ei-
ner vorgegebenen Zeit zu erfüllen. Tut er dies nicht, so wird diese Funktion als ausge-
fallen betrachtet. Im Vergleich zu den technischen Komponenten des Systems zeichnet
sich der Mensch durch eine wesentlich größere Variabilität und Komplexität aus.
Diese an sich erwünschten Eigenschaften machen eine Beschreibung seines Verhal-
tens durch Zuverlässigkeitskenngrößen schwierig. Insbesondere umfangreiche, unter-

einander abhängige Handlungsabläufe unter Beteiligung mehrerer Personen oder Entscheidungssituationen sind einer probabilistischen Behandlung nur schwer zugänglich. Aufgrund dieser Problematik besteht gegenwärtig weitgehende Übereinstimmung, daß nur diejenigen Handlungen oder Handlungselemente durch Zuverlässigkeitskenngrößen hinreichend genau beschrieben werden können, die den Bereichen des fertigkeitsbedingten und regelbedingten Verhaltens zugeordnet werden können."

Die Autoren beziehen sich dabei auf das 3-Ebenen-Modell von Rasmussen (siehe Abbildung 23 in Abschnitt 6.9.3). Es wird also zumindest nicht berücksichtigt, dass ein oder mehrere Akteure in einem komplexen soziotechnischen System zu wissensbasierten Entscheidungen und Handlungen kommen, die keinem klaren Regelwerk folgen. Genau dies muss aber für komplexe sicherheitskritische Mensch-Maschine-Systeme angenommen werden, da die besonders kritisch eskalierten Fälle, bei positivem, wie auch bei negativem Ausgang, praktisch immer über die Ebene der Anwendung der Betriebs- und Notfallhandbücher hinausgehen. Dies ist im positiven Fall ja gerade die besondere Qualität menschlicher Operateure gegenüber Automatiken. Insofern sind die üblichen Risikoanalysen sehr optimistische Annahmen über das Verhalten der Operateure. Die realen Risiken werden also methodenbedingt und somit systematisch unterschätzt (Näheres siehe auch Herczeg, 2009b und Herczeg, 2013).

2.5   Risiko und Verantwortung

Entscheidungsprozesse laufen im Bereich sicherheitskritischer Systeme in soziotechnischen Kontexten ab. Im Falle formeller Organisationen, muss es mit den Funktionen in der Organisation verbundene *Zuständigkeiten* und damit verbundene *Verantwortungen* geben. Eine Entscheidung wird dadurch an eine Funktion oder Organisationseinheit und damit letztlich an eine oder mehrere Personen gebunden. Dies führt dazu, dass die Konsequenzen von Entscheidungen eine *Zuschreibung* finden. Sie wurden also von einem oder einer Gruppe von Verantwortlichen gefällt. Erfolge und Misserfolge, Gewinne und Verluste, Vorteile und Nachteile lassen sich somit später einer oder mehreren Personen zuschreiben. Eine solche Bindung von eingegangenen Risiken an Verantwortung und an Personen, führt eher zu einer persönlichen Abwägung von möglichem Nutzen gegen einen möglichen, zuzuschreibenden Schaden, als eine anonyme institutionelle Entscheidung (Balance der Risikowahrnehmung).

Bei der Anwendung sicherheitskritischer Systeme ist es von zentraler Bedeutung, klare Zuständigkeits- und Verantwortungsstrukturen zu besitzen. Am besten, es existiert genau eine Person, die eine Entscheidung trifft und dafür einstehen muss. Dies bedeutet nicht, dass diese Person einsame Entscheidungen ohne Einbeziehung anderer zu treffen hat. Sie kann und sollte sich mit allen benötigten Fachleuten in wichtigen Fragen beraten und bedarfsweise *Arbeits-* oder *Krisenstäbe* bilden. Die endgültige Entscheidung muss aber für das Prinzip „Verantwortung" eindeutig von einer Person getroffen werden.

Viele Organisationen weisen Schwächen in der Zuordnung von Entscheidungsgewalt und Verantwortung auf. Nach einer Fehlentscheidung findet sich dann niemand, der sich hinsichtlich der getroffenen Entscheidung erklären kann oder möchte. Es finden sich viele Beteiligte, von denen jeder beteuert, entweder nicht am Entscheidungsprozess beteiligt, oder eher anderer Ansicht gewesen zu sein. Das andere, symmetrische Problem. kann darin bestehen, dass niemand bereit ist, eine Entscheidung zu treffen, um dadurch womöglich Fehler zu machen. Dies entspringt der falschen Wahrnehmung, dass es einen wesentlichen Unterschied zwischen dem Ausführen und dem Unterlassen von Handlungen gäbe. Beides kann Ergebnis einer Risikoabwägung sein.

Eine klare Zuordnung von Zuständigkeit und Verantwortung führt im Allgemeinen dazu, dass es zumindest eine subjektive Abwägung von Alternativen mit ihren möglichen Vor- und Nachteilen gegeben hat. Verstärkt wird dies durch ein gemeinsames, fachlich arbeitsteiliges Abwägen von möglichem Nutzen, aber auch möglichen Schäden. In diesem Zusammenhang spricht man von *Arbeits-* oder *Krisenstäben*, die gemeinsam durch Analysen und vorbereitende Handlungen die Grundlagen für Entscheidungen und damit verbundene Aktivitäten oder „Nichtaktivitäten" legen.

Die systematische Organisation und Bewertung von Sicherheitsverhalten wird im Themenkomplex *Sicherheitsmanagement* in Abschnitt 14.3.2 näher betrachtet.

2.6   Sicherheit

Nachdem wir Definitionen für den Begriff *Risiko* vorliegen haben, sollte es leicht fallen, auch solche für den Begriff *Sicherheit* zu finden. Dies darf zunächst deshalb angenommen werden, da der Begriff Sicherheit im Bereich der Technologie sehr viel häufiger als der Begriff Risiko verwendet wird.

Leider entzieht sich der Begriff *Sicherheit* jedoch fast jeglicher Definition und Objektivierung. Sicherheit wird oft nur verstanden als die *„subjektive Gewissheit vor möglichen Gefahren geschützt zu sein"* (Heilmann, 2002). Intuitiv sollte Sicherheit das Gegenteil von Risiko oder Gefahr darstellen. Kulturell wird Sicherheit jedoch oft als Zustand angesehen. Dies ist aus den bisherigen Betrachtungen heraus kaum verständlich, würde es doch die subjektiv angenommene Abwesenheit von Risiken und damit verbundenen Gefahren bedeuten. Heilmann geht so weit, dass er feststellt, dass das Wort „Sicherheit" aus heutiger Sicht veraltet ist und seine Nützlichkeit verloren hat (Heilmann, 2002).

Für die praktischen Belange im Hinblick auf einen objektivierten Umgang mit Risiken, kann und muss man Sicherheit jedoch als eine Art qualitatives oder quantitatives Komplement zu Risiko betrachten, da sonst alle „sicherheitstechnischen" Konzepte und Methoden zur Abwendung von Schäden begrifflich ins Leere laufen würden. Dabei wird gewissermaßen die Eintrittswahrscheinlichkeit durch die Zuverlässigkeit ersetzt. Wenn ich in diesem Buch von

„sicher", „sicherheitskritisch" oder von „Sicherheit" spreche, meine ich eines solches Komplement.

2.7   Zusammenfassung

In diesem Kapitel wurden die Begriffe *Risiko* und *Sicherheit* in der heute verbreiteten Form diskutiert und definiert. *Risiko* wird dabei subjektiv, als die Möglichkeit verstanden, *Schaden durch Gefahren* zu erleiden. Je höher das Risiko, desto höher die Wahrscheinlichkeit Schaden zu nehmen. Objektiviert, obgleich aufgrund fehlender Daten oft nicht berechenbar, versteht man unter Risiko: *das Produkt aus Wahrscheinlichkeit des Eintritts eines Ereignisses und dem Schadensausmaß des Ereignisses*, d.h. also, Schadensausmaß und Eintrittswahrscheinlichkeit können sich gewissermaßen gegenseitig kompensieren.

Die *Eintrittswahrscheinlichkeit* eines Schadens in einem Mensch-Maschine-System setzt sich zusammen aus den einzelnen Wahrscheinlichkeiten von selbst erzeugten Fehlern des Systems. Diese werden durch verschiedene Methoden errechnet und bemessen. Verbreitet ist dabei als technisches Maß die *MTBF (Mean Time Between Failures)*. Wichtig für eine realistische Einschätzung der Eintrittswahrscheinlichkeit ist auch die Betrachtung des fehlerhaften Einwirken eines Menschen. Dies ist zwar prinzipiell in Form von menschlichen Fehlerraten für einzelne Handlungen als *HEP (Human Error Probability)* möglich, lässt sich aber in einem komplexen soziotechnischen Umfeld aus komplexem technischen System, sozialem Netzwerk von Personen und individuellen Fertigkeiten, Kenntnissen und Verhaltensweisen kaum realistisch abschätzen. Die Wahrscheinlichkeitsberechnungen reduzieren sich daher meist unrealistisch auf die Betrachtung des technischen Teilsystems unter Annahme, dass keine menschlichen Fehlhandlungen oder undefinierte Interaktionen zwischen Mensch und Maschine erfolgen.

Im Übrigen muss gesehen werden, dass der Begriff der *Sicherheit* eher irreführend ist. Jedes natürliche oder künstliche soziotechnische System birgt Risiken, die bei Mensch-Maschine-Systemen vor allem durch den Faktor Mensch und der komplexen Interaktion zwischen Mensch und Maschine nicht berechenbar sind. Wenn daher vom *„Beherrschen einer Technologie"* oder von *„sicheren Technologien"* gesprochen wird, ist meist ein methodisch objektives, aber optimistisch gerechnetes Modell mit einem subjektiv als tolerierbar empfundenem *Restrisiko* unterhalb eines nicht explizit definierten *Grenzrisikos* gemeint. Die Aussagen sind damit letztlich vor allem suggestiv und für Objektivierungen weitgehend wertlos, so wie der gesamte Begriff der *Sicherheit*. Verstanden als *Komplement von Risiko*, kann man Sicherheit in ähnlicher Weise wie *Eintrittswahrscheinlichkeit* versus *Verlässlichkeit (Technik)* oder *Zuverlässigkeit (Mensch, Organisation)* verwenden.

3   Incidents und Accidents

Der Betrieb sicherheitskritischer Technologien ist allein schon begrifflich gekennzeichnet von unliebsamen bis dramatischen Ereignissen mit beträchtlichem Schadenspotenzial. Man spricht im Falle des Eintretens von solchen Ereignissen von *Anomalien* oder *Abweichungen*, von *Störfällen, Beinaheunfällen* und *Unfällen*, manchmal auch von *Großschadenslagen* oder *Katastrophen*. Gängig sind in der Fachsprache die Begriffe *Incident* und *Accident,* um das erfolgreich bewältigte Ereignis vom Unfall zu unterscheiden. Die Kategorien und die Zuordnungen sind in der Praxis fließend, da sie einerseits vom Sprachgebrauch in den Anwendungsdomänen und andererseits von subjektiven Wahrnehmungen und späteren Bewertungen und Einstufungen abhängig sind.

Die in der Tragweite abgestuften Ereignisse können als Ausgangspunkt (potenzielle Gefahren) oder als Endpunkt (eingetretene Ereignisse) der Betrachtung sicherheitskritischer Technologien und damit verbundener möglicher oder eingetretener Ereignisse angesehen werden. Die betrachteten Gefahrenpotenziale sind letztlich ein Ausdruck für die Besonderheit und die Abgrenzung „sicherheitskritischer" von „normalen" Technologien.

Als Produkt aus Eintrittswahrscheinlichkeit oder Häufigkeit mit der Tragweite von Ereignissen, kennen wir den schon geklärten Begriff des quantifizierten *Risikos* (siehe Kapitel 2). Diese Kalkulation lässt sich mit bekannten und einschätzbaren Risiken durchführen. Alle weiteren denkbaren, nicht jedoch näher einschätzbaren Risiken, summiert man unter dem Begriff des *Restrisikos*. Bekannt ist dabei nur die mögliche Tragweite von Ereignissen, nicht jedoch die Wahrscheinlichkeit ihres Eintritts. Komplementär zu Risiko steht irgendwie, mehr oder weniger undefiniert, der vielverwendete Begriff der *Sicherheit* einer Technologie. Bei Mensch-Maschine-Systemen geht es letztlich darum, den menschlichen Operateur im Rahmen seiner Betriebsorganisation mit Hilfe eines Prozessführungssystems in die Lage zu versetzen, neben der Durchführung des normalen Betriebs neue und unbekannte Ereignisse und damit verbundene Gefahren zu bewältigen und Schaden abzuwenden. Sicherheitskritische Technologien dürfen nur dann akzeptiert, genehmigt und eingesetzt werden, wenn sowohl die berechenbaren Risiken, als auch die gesamte Tragweite des Restrisikos tolerierbar sind, selbst wenn sie schon morgen oder jetzt gerade eintreten würden.

Damit aufgetretene Ereignisse in der Kommunikation und in der Dokumentation nicht missverständlich gedeutet werden, hat man sich in verschiedenen Anwendungsfeldern Grade und Skalen definiert, um die *Tragweite* oder Folgenschwere eines Ereignisses zu charakterisieren und verschiedene Ereignisse vergleichen zu können.

So hat man im Bereich der friedlichen Nutzung der Kernkraft und anderer Technologien mit potenzieller radioaktiver Strahlenemission die sogenannte *INES-Skala (International Nuclear and Radiological Event Scale)* entwickelt, die alle gemeldeten Ereignisse dieser Art einordnet (Näheres siehe Abschnitt 8.3 und Abbildung 31). Man kommt dort zu folgenden Schweregraden oder Klassen von Ereignissen (deutsche Übersetzung vom Autor):

0. No Safety Significance (ohne Gefahrenpotenzial)
1. Anomaly (Anomalie, Abweichung)
2. Incident (Störung)
3. Serious Incidents (Störfall)
4. Accident with local Consequences (Unfall mit begrenzten Auswirkungen)
5. Accident with wider Consequences (Unfall mit nicht begrenzbaren Auswirkungen)
6. Serious Accident (Großschadenslage)
7. Major Accident (Katastrophe)

Offenbar werden in sicherheitskritischen Technologien, Risiken in teils erheblichem Umfang eingeplant und klassifiziert. Der Zweck dieser Klassifikation ist nicht nur die Vergleichbarkeit und Einstufung von Ereignissen, sie bildet auch eine informationelle Grundlage, um Beschreibungen von Ereignissen systematisch zu sammeln und zu analysieren. Die Analysen dienen vor allem dem Erkenntnisgewinn innerhalb eines Anwendungsfeldes, um die betreffenden Technologien und ihre Nutzung durch den Menschen zu verbessern. Das erste Ziel nach dem Eintreten eines unerwünschten oder schadensreichen Ereignisses ist dieses besser zu verstehen und geeignete Konsequenzen abzuleiten:

• Warum ist es aufgetreten?
• Wie kann es in Zukunft vermieden werden?
• Wie sollte man künftig damit umgehen, falls es erneut eintreten sollte?

Die Frage der künftigen Vermeidung ist oft Ausgangspunkt für die Weiterentwicklung von Prozessführungssystemen. Die Ereignisse sollen soweit untersucht werden, dass man das Zusammenspiel von Operateur, Prozessführungssystem und Prozess im Nachhinein ausreichend versteht und für zukünftige Fälle Gegenmaßnahmen entwickeln kann.

3.1   Menschliches und technisches Versagen

Es vergeht kein Tag, an dem nicht unzählige schadenreiche Ereignisse in sicherheitskritischen Technologien auftreten. Jeden Tag ereignen sich – grob statistisch betrachtet – allein in Deutschland etwa 1.000 Verkehrsunfälle mit Personenschäden, alle 14 Tage stürzt irgendwo auf der Welt ein Verkehrsflugzeug ab und etwa alle zehn Jahre ereigneten sich Atomunfälle mit Kernschmelze und Freisetzung von Radioaktivität in die Umwelt (GAU). In der Tagespresse findet man sehr schnell nach dem Eintreten eines solchen Ereignisses erste Interpretationen mit stereotypen Vermutungen wie *„technisches Versagen"* oder *„menschliches Versagen"*, meist lange bevor systematische Analysen begonnen haben oder gar abgeschlossen sind. Es scheint ein gesellschaftliches Grundbedürfnis zu sein, klarzustellen, ob die Technik oder der Mensch der Verursacher des Schadens war. Inwieweit das Zusammenspiel von Mensch und Technik in sicherheitskritischen Situationen eine Rolle gespielt hat, interessiert später meist nur die Fachleute; aber selbst von diesen, werden die Ergebnisse häufig immer noch auf die beiden Kategorien menschliches oder technisches Versagen reduziert.

Je umfassender und tiefer man ein Ereignis untersucht, des komplexer und reichhaltiger werden die Erkenntnisse der Ursachen und Begleitumstände. Inzwischen spricht man hierbei von *ganzheitlicher Ereignisanalyse* oder *Mensch-Technik-Organisationsanalyse (MTO-Analyse)*, um auszudrücken, dass man die Ursachen inzwischen nicht mehr in der Fehlhandlung einzelner Menschen oder im Ausfall einzelner technischer Komponenten sieht. Man ist sich inzwischen im Klaren, dass jede Ereignisanalyse durch umfassendere Analysen zu tieferen *Fehlerursachen* oder den *finalen Ursachen (Kernursachen, Root Causes)* führen wird und dass das Abbruchkriterium der Analyse, d.h. nicht weiter zu analysieren, eher eine ökonomische als eine fachliche Entscheidung darstellt.

Für die Verbesserung des Zusammenwirkens von Mensch und Technik ist es von großer Bedeutung, bei einer Ereignisanalyse den richtigen Betrachtungsrahmen zu verwenden, um die Probleme nicht an der falschen Stelle zu lösen und dabei möglicherweise eher neue Risikopotenziale zu schaffen, als bestehende zu beseitigen. Näheres zur Methodik der Ereignisanalyse findet sich Kapitel 8.

3.2   Gebrauchstauglichkeit und MTO

Wenn man Technik für die Nutzung durch den Menschen gestaltet, benötigt man Erkenntnisse über ihre Tauglichkeit zur Nutzung. In sicherheitskritischen Anwendungen wird dies nicht allein die *Gebrauchstauglichkeit* im Sinne der *Ergonomie*, oder der *Software-Ergonomie* (Herczeg, 2009a) sein, sondern auch die *Kritikalität* oder *Sicherheit* in der Nutzung.

Gebrauchstauglichkeit wurde in der ISO 9241-11 folgendermaßen definiert:

> *„Das Ausmaß, in dem ein Produkt durch bestimmte Benutzer in einem bestimmten Nutzungskontext genutzt werden kann, um bestimmte Ziele effektiv, effizient und zufriedenstellend zu erreichen."*

Bei sicherheitskritischen Systemen können Kriterien wie die *Effizienz* oder *Zufriedenstellung* aus der Gebrauchstauglichkeit zugunsten einer sicheren Nutzung in den Hintergrund treten. Trotzdem ist gerade die *Ergonomie eines Prozessführungssystems* unumstritten einer der großen Erfolgsfaktoren für die geeignete Gestaltung von Mensch-Technik-Schnittstellen in sicherheitskritischen Bereichen. Der Grund dafür, dürfte darin liegen, dass gebrauchstaugliche Systeme *benutzer-, anwendungs- und situationsgerecht* unter Berücksichtigung des Zusammenwirkens von *Mensch, Technik und Organisation (MTO)* gestaltet worden sind.

Über die Gebrauchstauglichkeit hinaus, müssen Kriterien gefunden werden, die die geplante oder erreichte *Sicherheit* in der Nutzung bzw. das mit der Nutzung der Technologie verbundene *Risiko* charakterisieren. Aufgrund der vielfältigen Faktoren für das Entstehen bzw. Vermeiden von Incidents und Accidents spricht man hier von *Risiko- und Sicherheitsmanagement* im Betreiben von solchen Technologien. Während man die Gebrauchstauglichkeit mittels *Usability-Engineering* (Nielsen, 1993; Mayhew, 1999; Herczeg, 2006a; Herczeg, 2008a; Herczeg, 2009a; Herczeg et al., 2013) systematisch herzustellen versucht, bemüht man sich durch das *Resilience-Engineering* (Hollnagel, Woods & Levenson, 2006) um die Entwicklung robuster Systeme, bei denen sich aus Incidents keine Accidents entwickeln (zu den verschiedenen Ansätzen für das Engineering siehe Kapitel 13).

3.3   Ganzheitliche Sicht

Selbst die weitreichende Betrachtung von Mensch, Technik und Organisation verkürzt die Sicht auf nur drei Faktoren. Moray (2000) hat mit Hilfe eines Schalenmodells versucht, eine noch umfassendere Sicht auf die gesamte Komplexität der Nutzung sicherheitskritischer Technologien herzustellen. Nach dem organisatorischen Kontext, werden hier auch die *Gesetzgebung und Regulation* sowie der gesamte *gesellschaftlich-kulturelle Rahmen* erfasst (siehe Abbildung 4). Diese beiden zusätzlich betrachteten Schalen können in vielen Ereignisanalysen bei tieferer Betrachtung als wichtige Faktoren für Risiko und Sicherheit im breiten Einsatz von Technologien erkannt werden. So entscheidet beispielsweise die Gesetzgebung wesentlich über die Ausgestaltung und die Qualität von Betriebsorganisationen und ihren Betriebsreglements. Der kulturelle Rahmen zeigt sich ebenfalls bei schweren Schadensereignissen als ein sicherheitsrelevanter Faktor. Man spricht in diesem Zusammenhang von *Sicherheitskultur*.

Eine ganzheitliche Sicht einzunehmen, erfordert mehr, als eine Fachdisziplin. Es ist also von besonderer Bedeutung, die Entwicklung, den Betrieb und die Aufsicht von sicherheitskritischen Technologien mit interdisziplinärer Kompetenz auszustatten.

SOCIETAL AND CULTURAL PRESSURES

LEGAL AND REGULATORY RULES

ORGANIZATIONAL AND MANAGEMENT BEHAVIOR

TEAM AND GROUP BEHAVIOR

INDIVIDUAL BEHAVIOR

PHYSICAL ERGONOMICS

PHYSICAL DEVICES

displays controls — lighting sound

motor skills anthropometrics

perception of responsibility

rank and chain of command

legal limitations on behaviour

economic pressures

work station layout

perception attention thought memory

bias communication and reinforcement

culture hierarchy of authority goal setting

constraints on system design and work practices

demands by members of society outside the system

political pressures

legal liability

fault reporting practices

work patterns

communication coordination cooperation

decision making educational level

rules and regulations

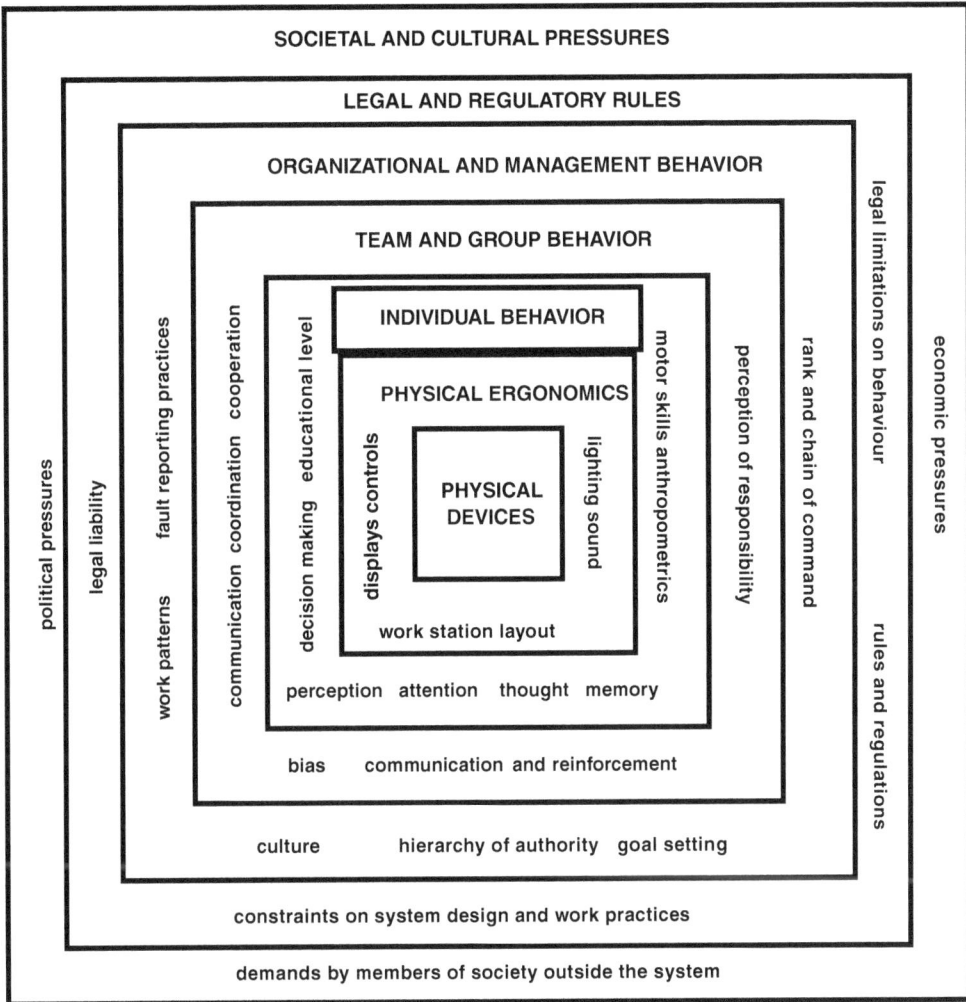

Abbildung 4. Schalenartige Kontexte für die Analyse von Ursachen und Wirkungen nach Moray (2000)

Man kann die Illustration von Moray als einbettende Schalen von Einflüssen oder umgekehrt als Auswirkungen interpretieren. Sie zeigen gleichzeitig auch die historische Entwicklung der Betrachtung des Verhältnisses von Mensch und Technik im Bereich der Prozessführung, wo zunächst nur das direkte Verhältnis von Operateur und Technik (Ergonomie, Human Factors), später dann die Betrachtung des Teams und der Organisation (Mensch-Technik-Organisation, MTO) Betrachtung gefunden hat. Die Wirkungen von rechtlichen und kulturellen Einflüssen werden insbesondere im Hinblick auf gesellschaftlich, d.h. vor allem politisch und ökonomisch akzeptierte Risiken und Technikfolgenabschätzungen für Hochtechnologien gesehen.

3.4   Die Herausforderung

Komplexe Technologien sind heute nur noch mit Hilfe von computergestützten Prozessführungssystemen handhabbar. Allein die Fülle von Sensordaten sowie die Echtzeitdynamik
überfordern die natürlichen menschlichen Fähigkeiten und Fertigkeiten. Das Verknüpfen von
Mensch, hier Operateur und Prozess, mittels einer Maschine, hier einem computerbasierten
Prozessführungssystem, das als interaktives Medium zwischen Mensch und Prozess fungiert,
ist eine neue Lösung und ein neues Problem in einem. Je komplexer und dynamischer der zu
führende Prozess, desto komplexer und schneller das Prozessführungssystem. Je komplexer
und kritischer die Prozesse, desto komplexer, autonomer und unverständlicher sind die
Technologien, mit denen sie bewältigt werden; offenbar ein *Dilemma der Automatisierung*
(Ironies of Automation) (Bainbridge, 1983), das sich immer weiter zuspitzt. Wir finden dieses Problem in Anwendungsfeldern mit einer Vielzahl kleiner Risiken (z.B. Millionen von
Autofahrern mit Assistenzsystemen), wie auch in einer kleinen Zahl großer Risiken (z.B.
kerntechnische Anlagen). Schadensereignisse, wie hier angedeutet, sind die Folge von Entscheidungen für Technologien, die Mensch und Technik zunehmend so eng zusammenführen, dass wir dringend über alte und neue Konzepte der Mensch-Maschine-Interaktion
nachdenken müssen. Wir müssen ansonsten mit einer zunehmenden Anzahl von Incidents
oder Accidents rechnen, die vermeintlich unverhofft auftreten, weil wir die Technologien
nicht mehr überblicken, wie im Falle von

- Pkws, deren Assistenzsysteme sich unerwartet verhalten (z.B. Antikollisionssys-
  teme, die unerwartet Vollbremsungen machen),
- medizintechnischen Systemen, die anscheinend falsch bedient worden sind (z.B.
  Therac-25),
- voll flugtauglichen Flugzeugen, die trotz zweier gut ausgebildeter Piloten abstür-
  zen (Birgenair Flug 301, Air France Flug 447),
- Versorgungsnetzen, die unangekündigt zusammenbrechen und ganze Städte oder
  Landstriche lahmlegen (Blackouts) oder auch
- Kernkraftwerken, denen man Stunden, Tage oder Wochen dabei zusehen muss,
  wie sie außer Kontrolle geraten (Harrisburg, Tschernobyl und Fukushima).

Die künftige Frage nach der Machbarkeit und vor allem Verantwortbarkeit von Technologien
wird sich zunehmend danach richten müssen, ob die Technologien von Menschen noch angemessen überwacht und gesteuert werden können. Mit zunehmender Komplexität, Automatisierung und gleichzeitiger Intransparenz der Funktion, benötigen wir immer wieder neue
Methoden zur Analyse, Konzeption, Realisierung und Evaluation sicherheitskritischer Systeme. Die Mensch-Maschine-Schnittstelle nimmt hierbei eine Schlüsselrolle ein. Es zeigt
sich, dass die Methoden der Entwicklung solcher Schnittstellen zunehmend unabhängig von
den Anwendungsbereichen und Technologien werden. Dies resultiert allein schon aus der
Tatsache, dass Prozessführungssysteme zunehmend von derselben Technologie Gebrauch
machen, nämlich interaktiver Computersysteme (interaktiver digitaler Medien). Die Heraus-

forderung besteht in der Ausprägung verlässlicher Mensch-Computer-Schnittstellen, bei denen die menschlichen Operateure eine mediale Maschine vorfinden, die ihnen im Normalbetrieb wie auch im Ausnahmefall, den Überblick und den Zugriff auf den Prozess in einer Weise bietet, wie es die Dynamik und Kritikalität der Anwendungsprozesse erfordern.

3.5 Zusammenfassung

Für die Entwicklung und den Betrieb von sicherheitskritischen Technologien muss man Schadensereignisse einplanen und beschreiben. Zu diesem Zweck hat man sich Begriffe und Ereignisskalen geschaffen, die das Ausmaß möglicher Schäden charakterisieren. Durch die Begriffe *Incident (Anomalie, Störfall oder Beinaheunfall)* und *Accident (Unfall, Großschadenslage, Katastrophe)* unterscheidet man Ereignisse, die beinahe oder tatsächlich zu Schäden geführt haben. In Skalen wie der *INES-Skala für nukleare Ereignisse* unterscheidet man noch feingliedriger innerhalb Incidents und Accidents und ergänzt mit den Begriffen *Anomalie* und *Katastrophe* noch die Vorstufe zum Incident bzw. die unbeherrschbare Form eines weitreichenden Accidents.

Beim Betrieb sicherheitskritischer Technologien treten *Gefahrenpotenziale* auf, die als sogenannte *Risiken* – als Produkt aus Eintrittswahrscheinlichkeit oder Häufigkeit mit der Tragweite von Ereignissen – quantifiziert werden.

Bei der fachlichen und öffentlichen Aufarbeitung von Schadensereignissen fallen oft die Begriffe *menschliches* oder *technisches Versagen*, um auszudrücken, wo die Ursache gesehen wird. Je nach Tiefe der Analyse wird man hierbei bei ein und demselben Ereignis zu unterschiedlichen Erkenntnissen gelangen, sodass es inzwischen wenig hilfreich erscheint, den Begriff des Versagens überhaupt weiterzuverfolgen. Viel wichtiger erscheint die Wahrnehmung, dass es um das komplexe Zusammenspiel von Mensch, Technik und Organisation (MTO) geht, das Schadensereignisse bei sicherheitskritischen Technologien erklärbar und für die Zukunft vermeidbar macht. Es macht für ein Ereignis keinen Unterschied, ob wir hinterher von menschlichem oder technischem Versagen sprechen. Einzig das Vermeiden von Schadensereignissen im *Zusammenwirken von Mensch, Technik, Team, Organisation, Gesetzgebung und Kultur* muss das Ziel sein und hier sind es meist viele Faktoren, die letztlich das Resultat herbeigeführt haben.

Die Herausforderung ist die Vermeidung von Schadensereignissen durch verlässliche Mensch-Computer-Schnittstellen. Bei diesen findet der menschliche Operateure im Prozessführungssystem ein Arbeitsmittel vor, das ihm im Normalbetrieb wie auch im Notfallbetrieb den Überblick und den Zugriff auf den Prozess in einer Weise bietet, wie es zur Kontrolle und Bewältigung von Dynamik und Kritikalität der Anwendungsprozesse erforderlich ist.

Die Definition von Prozessführungssystem lässt sich nun unter Betrachtung von Risiko und Sicherheit sowie dem möglichen Auftreten schwerer Ereignisse weiter verfeinern:

Ein Prozessführungssystem ist ein Mensch-Maschine-System, das es ermöglicht, einen Prozess zielorientiert, zeitgerecht und zuverlässig zu überwachen und zu steuern. Die menschlichen und die maschinellen Funktionen und Einflussmöglichkeiten überlappen sich dabei in einer Weise, dass Mensch und Maschine gemeinsam und im Notfall jeweils alleine in der Lage sind, den Prozess in einem sicheren Zustand zu halten oder in einen solchen zu überführen. Die mit der Prozessführung verbundenen Risiken sind im Einzelnen bekannt und inklusive der summarischen Restrisiken tolerabel.

4 Fehler, Versagen und Verantwortung

Wie wir bereits im vorausgehenden Kapitel schon festgestellt haben, liegen die Fragen nach *Fehler*, *Versagen* und *Verantwortung* immer sehr nahe beieinander, wenn wir von sicherheitskritischen Mensch-Maschine-Systemen sprechen. In der Presse finden sich oft sogar innerhalb eines Artikels mehrere dieser Begriffe, ohne dass eine klare Bedeutung oder Interpretation erkennbar wäre. Hier ein Beispiel im Nachgang zur Havarie des Kreuzfahrtschiffes Costa Concordia Anfang 2012, bei der von diversen Fehlern sowie menschlichem Versagen die Rede ist[2]:

> **„Reederei spricht von menschlichem Versagen**
>
> *Nach dem schweren Schiffsunglück in Italien geht die Reederei von menschlichem Versagen als Ursache aus. Ein ‚menschlicher Fehler' ist bei der Havarie des Kreuzfahrtschiffes nach Auffassung des Chefs der Genueser Reederei Costa Crociere, [...], nicht zu bestreiten. Bei der letzten Überprüfung der Technik und der Sicherheit des Schiffs im vergangenen Jahr habe es keine Beanstandungen gegeben, sagte [...].*
>
> *Er bekräftigte seine schweren Vorwürfe an den Kapitän, der seit 2002 für die Reederei arbeitet und 2006 zum Kapitän ernannt wurde. Er habe im Widerspruch zu den Regeln und Vorschriften der Reederei gehandelt. Die ‚Costa'-Reederei hatte sich zuvor bereits von Kapitän [...] distanziert. Es habe den Anschein, ‚dass der Kommandant Beurteilungsfehler gemacht hat, die schwerste Folgen gehabt haben', hieß es am Sonntagabend in einer Erklärung der in Genua ansässigen Gesellschaft ‚Costa Crociere'. Er sei anscheinend nicht den in der Notsituation üblichen Regeln gefolgt."*

Dass vor allem die beiden Begriffe „Fehler" und „Versagen" offenbar selbst in Fachkreisen sehr schwer zu fassen sind, zeigen beispielsweise Originaltitel und Fachübersetzung einer der wichtigsten Fachpublikationen zum Thema „Menschlicher Fehler" von James Reason (1990; 1994) (siehe Abbildung 5). Hier wird der Begriff „*Human Error*" in der deutschen Ausgabe seines Fachbuches unmittelbar mit „*Menschlichem Versagen*" übersetzt. Dies lässt sich hierbei nicht etwa eventuellen Unterschieden in den beiden betreffenden Sprachen und ihrer Verwendung zuschreiben. Es hätte nämlich im Englischen noch zumindest den Begriff „*Failure*" für Versagen, als Fehler samt Wertung und Zuschreibung gegeben. Reason hat

---

[2] Quelle ARD: http://www.tagesschau.de/ausland/costaconcordia156.html, Zugriff vom 13.03.2012

diesen Begriff für den Titel bewusst nicht verwendet. Es muss eher davon ausgegangen werden, dass die Begriffe *Fehler*, *Versagen* und letztlich auch *Verantwortung* ein umgangssprachliches Konglomerat bilden, das selbst unter Fachleuten immer wieder Verwirrung stiftet.

Abbildung 5.   Fehler oder Versagen? Begriffsverwirrungen selbst bei der Übersetzung von Fachliteratur (Reason, 1990; 1994).

Wir wollen im Folgenden versuchen, die Begriffe *Fehler*, *Versagen* und *Verantwortung* etwas präziser zu definieren und soweit möglich in eine begriffliche Ordnung zu bringen, um sicherheitskritische Mensch-Maschine-Systeme hinsichtlich Ursachen- und Folgenbetrachtung besser analysieren, verstehen und kommunizieren zu können.

4.1   Fehlhandlungen und Handlungsfehler

Man unterscheidet in der Arbeitspsychologie beim Menschen zwischen *Fehlhandlungen* und *Handlungsfehlern* (z.B. nach Hacker, 1986, S. 417ff.):

> *„Fehlhandlungen sind bei vorhandenen Qualifikationen vereinzelt, als seltene Ereignisse widerfahrende Mängel in der Ausführung bzw. Regulation von Handlungen."*

> *„Handlungsfehler sind die Folgen von Fehlhandlungen."*

Als Arbeitsdefinition für *menschliche Fehler* (engl. *human error*) im Allgemeinen wollen wir uns zunächst an einer Definitionen von Reason (1991) orientieren:

> *"Error will be taken as a generic term to encompass all those occasions in which planned sequence of mental or physical activities fails to achieve its intended outcome, and when these failure cannot be attributed to the intervention of some chance agency."*

Der Mensch schafft es bei menschlichen Fehlern also nicht, eine geplante physische oder geistige Aktivität in einer Weise durchzuführen, die das beabsichtigte Ergebnis zustande bringen würde und dieser Umstand keinem äußeren Einfluss oder Zufall zugeschrieben werden könnte.

Der Begriff der Fehlhandlung darf in diesem Kontext nicht verkürzt auf die physische Handlung beschränkt bleiben, sondern allgemein als *Fehlleistung*, ob nun in Form einer *Handlung* oder in Form von *Kommunikation* oder den jeweiligen Vorstufen kognitiver Art.

4.2   Fehlfunktionen und Funktionsfehler

Nachdem wir zunächst menschliche Fehler betrachtet haben, wollen wir nun die technischen Fehler in die Betrachtung einbeziehen. Wir können an dieser Stelle allerdings nicht die gesamte umfangreiche Literatur zu technischen Fehlern öffnen. Stattdessen werden wir im Hinblick auf das Verhältnis von Mensch und Technik, bzw. hier Mensch und Maschine, technische Fehler an die oben stehenden Definitionen für menschliche Fehlhandlungen und Handlungsfehler anlehnen. Seitens Technik, also bei maschinellen Akteuren, kann man zu diesem Zweck ganz analog zwischen *Fehlfunktionen* und *Funktionsfehlern* unterscheiden:

> *Fehlfunktionen sind bei vorhandenen Funktionalitäten vereinzelt, als seltene Ereignisse widerfahrende Mängel in der Ausführung bzw. Regulation von Funktionen.*

> *Funktionsfehler sind die Folgen von Fehlfunktionen.*

Nach diesen Definitionen für das Zustandekommen menschlicher und technischer Fehler, versuchen wir eine Definition für Fehler im Allgemeinen zu finden, die vom menschlichen Akteur (Operateur) und maschinellen Akteur (Maschine) abstrahiert.

4.3   Fehler

Abstrahiert man von Mensch und Technik und stützt sich dabei auf die Definitionen von Hacker und Reason, so könnte man für *Fehler* im Allgemeinen zur folgenden Arbeitsdefinition kommen:

Fehler sind Vorkommnisse, bei denen bei vorhandenen Fähigkeiten eine geplante Folge von Aktivitäten und Regulationen nicht das beabsichtigte Resultat liefert, sofern die Abweichungen vom beabsichtigten Resultat nicht auf Einflüsse anderer Akteure zurückzuführen sind.

Wir werden sehen, dass diese erste Definition noch ein paar Schwächen aufweist, insbesondere, wenn es um die Fragen nach *Planung, Absicht* oder *Intention* geht. Im folgenden Abschnitt werden wir den Aspekt der Absicht noch etwas näher beleuchten. Weiteres zum Zustandekommen von Fehlhandlungen, ausgehend von einer Intention, über die Handlungsplanung bis zur Handlungsausführung und Handlungsregulation finden wir in Abschnitt 6.9.2.

4.4   Menschliche Fehler

Reason unterscheidet aus Sicht der Psychologie, bei menschlichen Fehlern drei *primäre Fehlertypen* (Reason, 1991):

- *Mistakes* (Planungsfehler, *Irrtümer*),
- *Lapses* (Gedächtnisfehler, *Nachlässigkeit*) und
- *Slips* (Ausführungsfehler, *Ausrutscher*)

Diese Fehlleistungen werden noch nach *intendierten* (bewussten oder vorsätzlichen) sowie nach *unintendierten* (unbewussten oder unbemerkten) *Handlungen* kategorisiert.

Die drei genannten primären Fehlertypen werden noch ergänzt durch einen vierten Fehlertyp, der intendiert und damit vorsätzliches, fehlerhaftes Handeln charakterisiert:

- *Violation* (Anwendungsfehler, *Regelverstoß*).

Bei genauerer Betrachtung lässt sich ein weiterer Fehlertyp intendierter Art zwischen Mistake (Irrtum) und Violation (Regelverstoß) hinzufügen, nämlich

- *Risk* (Risikohandlung),

bei der zwar formal gesehen kein Regelverstoß vorliegt, jedoch bessere und sicherere Alternativen unter den verfügbaren Optionen aus unterschiedlichsten Gründen die Entscheidung zugunsten einer unnötig riskanten Option gefallen ist. Dies führt einem erweiterten Gesamtbild der Fehlerkategorien und Fehlertypen (Abbildung 6).

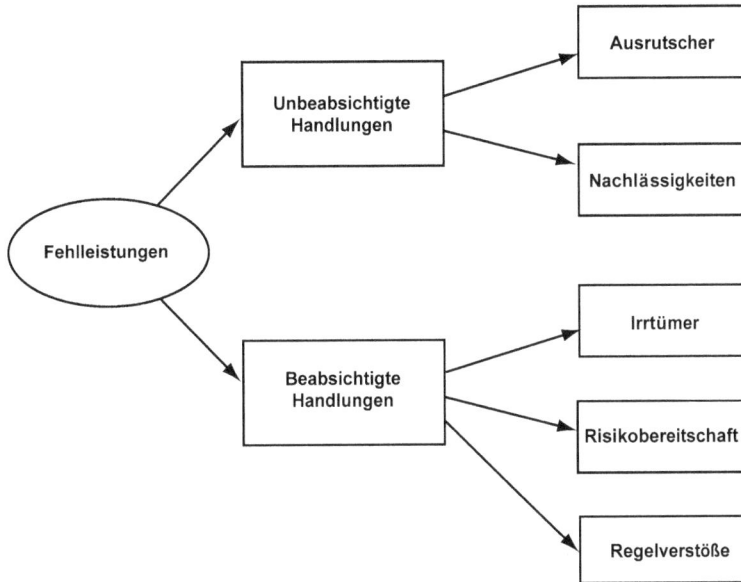

Abbildung 6.	Menschliche Fehlerkategorien und Fehlertypen (teils nach Reason, 1991)

Diese Fehlerkategorisierung von unsicheren menschlichen Handlungen unterscheidet zunächst nicht intendierte (unbeabsichtigte, unbewusste) von intendierten (beabsichtigte, bewusste) Aktionen. *Ausrutscher (Slips)* und *Nachlässigkeiten (Lapses)* sind Ausführungsfehler und finden nicht intendiert statt, während *Irrtümer (Mistakes), Risikohandlungen (Risks) und Regelverstöße (Violations)* bewusste Handlungen sind.

Es gibt eine Reihe von bewährten Methoden, um menschliche Fehler zu vermeiden oder zu reduzieren:

Syntaktische und semantische Prüfung von Eingaben: Die Eingabemethoden in das technische System (Prozessführungssystem) erfolgen in einer Weise, in der wenige syntaktische Fehler (Formfehler) möglich sind. Die Eingaben können darüber hinaus auf Plausibilität in der aktuellen Situation geprüft werden. Eine volle semantische Prüfung ist kaum möglich, sonst könnte die Aufgabe automatisiert werden.

Confirmations (Bestätigungsfunktionen): Die Operateure müssen Eingaben mit großen Tragweiten noch einmal bestätigen. Dies soll Flüchtigkeitsfehler vermeiden und den Operateuren deutlich machen, dass die Eingabe größere Folgen nach sich ziehen kann.

Checklisten: Die Operateure benutzen Checklisten für aufwändige und systematische Aktivitäten. Dies reduziert Gedächtnisfehler.

Alive-Funktionen: Die Operateure müssen in bestimmten Zeitintervallen Interaktionen durchführen, um sicherzustellen, dass sie noch einsatzfähig sind (z.B. Totmann-Taste in Bahnen).

Interlocks: Die Technik verriegelt kritische Funktionen, um versehentliche Fehlbedienungen zu vermeiden. Die Operateure müssen erst das Interlock überwinden, bevor sie die entsprechende Funktion ausführen können. Manche Interlocks lassen sich gar nicht überregeln (z.B. Einschalten des Umkehrschubs bei Landeautomatik und nicht ausreichendem Bodenkontakt).

aktiver Einbezug: Der Mensch soll auch bei hochautomatisierten Systemen immer in den Prozessverlauf einbezogen sein, um wachsam und einsatzfähig zu sein, wenn die automatischen Systeme nicht mehr wirken oder am Rande ihrer Funktionalität sind (z.B. Stickshaker vor Strömungsabriss im Cockpit).

gute Ausbildung, Fortbildung und regelmäßiges Training: es gibt keine bessere Grundlage, als Operateure gut für ihre Aufgaben auszubilden, laufend fortzubilden und wiederholt zu trainieren.

Es ist sehr wichtig festzustellen, dass   auftretende *menschliche Fehler nicht das Problem, sondern der Normalfall* sind. Allerdings ist die fehlende Berücksichtigung dieser natürlichen und daher zu erwartenden Fehler als Problem anzusehen. In einem sicherheitskritischen Mensch-Maschine-System müssen zumindest nicht beabsichtigte Fehler erlaubt sein, ohne das System als Ganzes zu gefährden.

4.5   Technische Fehler

Wie wir schon festgestellt haben, resultieren aus Fehlfunktionen technische Fehler. Ohne hier auf technische Fehler näher eingehen zu können, gibt es eine Reihe von Maßnahmen, um sich vor dem Eintreten oder den Auswirkungen technischer Fehler zu schützen:

Redundanzen in der Funktionalität: Die Systeme werden redundant ausgelegt, um im Falle von Fehlern Ersatzsysteme zur Verfügung zu haben. Oftmals werden diese Systeme unterschiedlich realisiert, um nicht dieselben Probleme mit den Ersatzsystemen zu erhalten *(Diversität)*. Die Redundanzen werden gelegentlich auch genutzt, um eine *Mehrheitsentscheidung*, also z.B. 2:1-Entscheidung bei drei alternativen Systemen zu erhalten.

Entkopplung von Komponenten: Die Systemkomponenten werden über Schnittstellen so miteinander verbunden, dass sie sich, außer hinsichtlich der ausge-

	tauschten Nutz- oder Kontrolldaten, möglichst nicht beeinflussen können. So werden Dominoeffekte bei auftretenden Fehlern reduziert.
Fail-Safe:	Falls Komponenten in Fehlerzustände gehen, geht das Teil- oder Gesamtsystem in einen sicheren Zustand. Das Prinzip wurde vor allem in der Bahntechnik entwickelt, wo im Fehlerfall Fahrstraßen blockiert werden oder Signale auf Stopp gehen. Andere Systeme schalten sich automatisch ab, falls kritische Fehlerzustände erkannt werden (z.B. eine Reaktorschnellabschaltung im Kernkraftwerk, RESA).
Accept-Funktion:	Der menschliche Operateur muss die maschinelle Entscheidung erst bestätigen, bevor sie wirksam wird. Auf diese Weise wird bei Automatisierungen großer Tragweite noch durch menschliche Kontrolle eine Schutzfunktion geschaffen.
Overruling:	Der menschliche Operateur kann die maschinelle Funktion überregeln, falls kritische Verläufe in automatisierten Funktionen erkannt werden. Der Mensch dient damit als funktionale Redundanz.

Generell sollen technische Fehler durch systematische Analyse, Konzeption, Realisierung und Validierung der technischen Systeme vermieden oder mindestens reduziert werden. Näheres dazu findet sich in Kapitel 13.

4.6   Organisationale Fehler

Wie wir schon aus dem vorhergehenden Kapitel ableiten können, dürfen sich die Betrachtungen und Analysen von Ursachen und die damit verbundenen Fehler nicht auf Mensch oder Technik beschränken. Insbesondere organisatorische Schwachstellen sind in den letzten Jahren in den Mittelpunkt der Betrachtungen gerückt. Selbst wenn einzelne Fehlhandlungen in einem ursächlichen Zusammenhang mit einem Ereignis stehen, sind es oftmals die organisatorischen Randbedingungen, die diese menschlichen Fehler erst möglich gemacht oder gar motiviert haben. Man spricht in diesem Zusammenhang zunehmend von *organisationalen Fehlern*.

Es gibt eine lange Tradition der Strukturierung von Ursachen und Fehlern mit besonderem Augenmerk auf die betreffende Organisation, in der die Operateure wirken. Aus dieser Betrachtung stammen Methoden, die unter dem Begriff *MTO (Mensch-Technik-Organisation)* eingeordnet worden sind (siehe dazu auch die Diskussion um Risiken in Kapitel 2).

Ein umfassendes Kriteriensystem, das *HFACS-System (Human Factors Analysis and Classification System)* unter Einbezug der organisatorischen Randbedingungen findet sich in näherer Ausführung bei Wiegmann und Shappell (2003) (siehe auch Abbildung 7).

Mit der Wahrnehmung der Organisation als mögliche Fehlerquelle ist die Entwicklung von Sicherheitskonzeptionen zu sehen, die solche Fehler vermeiden oder weniger begünstigen sollen. Unter den Begriffen *Sicherheitsmanagement* (siehe Abschnitt 14.3.2) und *Sicherheitskultur* (siehe Abschnitt 14.3.4) werden solche Methoden und organisatorische Strukturen entwickelt.

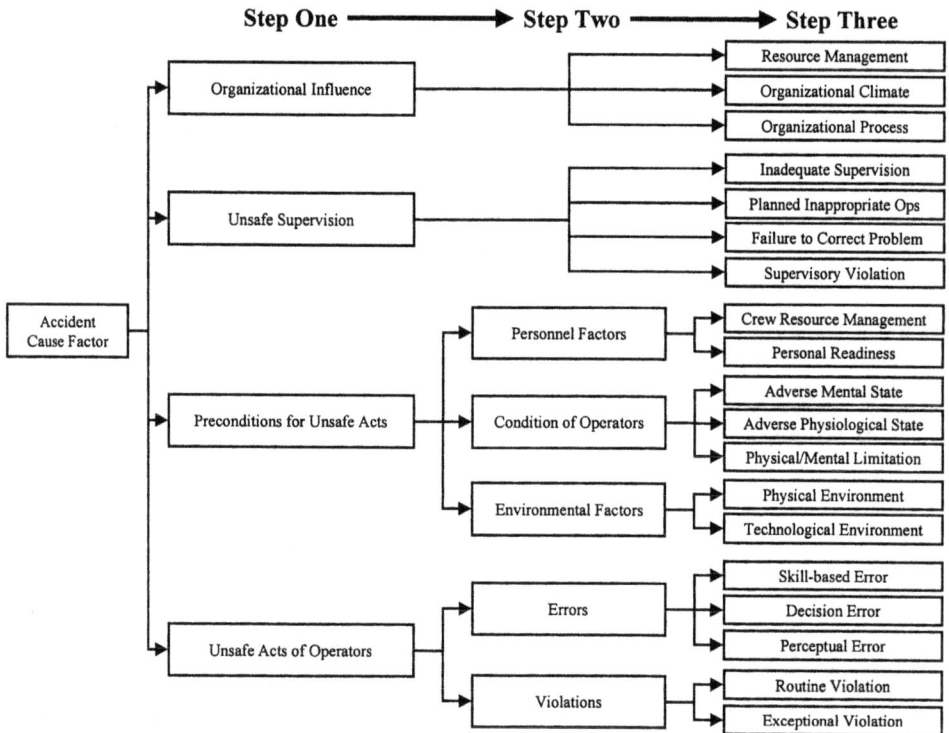

Abbildung 7.   Ursachen und Fehlerkategorien im HFACS-System (Human Factors Analysis and Classification System) (Wiegmann & Shappell, 2003)

Das HFACS-System stützt sich auf einige Konzepte von Reason (1991) und erweitert diese um organisationale Einflüsse. Es handelt sich um ein valides und objektives Kriteriensystem für die Analyse von Ereignissen mit organisatorischen Aspekten.

4.7   Interaktionsfehler

Wenn man sich mit dem Verhältnis von Mensch und Maschine (Technik) im gemeinsamen Einsatz zur Bewältigung von Prozessführungsaufgaben beschäftigen möchte, ist es naheliegend, gerade bei Fehlern das Zusammenspiel von Mensch und Maschine näher zu betrachten. Dies führt zu einer neuen Perspektive und einem Analysekonzept, bei dem nicht nur Mensch und Maschine als nebeneinander stehende Komponenten eines Gesamtsystems erscheinen:

1. die Mensch-Maschine-Schnittstelle (Benutzungsschnittstelle) selbst, wird als Systemelement betrachtet;

2. die Mensch-Maschine-Schnittstelle kann als Ursache für risikobehaftete Ereignisse identifiziert werden;

3. das Ende einer betrachteten Fehlerkette bildet u.U. die Mensch-Technik-Schnittstelle und damit das nicht erfolgreiche Zusammenwirken von Mensch und Technik.

Eine solche Zuordnung von Ursachen ist kulturtechnisch neu und daher zunächst schwer kommunizierbar. Ein Fehler kann in einem solchen System an der Schnittstelle zwischen Mensch und Maschine auftreten, also keinem der beiden Akteure, Mensch oder Maschine, alleine zugeschrieben werden.

Wenn man Fehler im Zusammenspiel von Mensch und Maschine sucht und identifiziert, benötigt man auch Maßnahmen gegen Interaktionsfehler:

Erstellen von Aufgabenmodellen und Szenarien: Es muss schon in der Konzeptionsphase klar sein, welche die anfallenden Aufgaben sind und wie das Zusammenspiel zwischen Mensch und Maschine in der Aufgabenstruktur vonstattengehen soll.

Abgleich der mentalen und konzeptuellen Modelle: Die der Systemkonzeption zugrunde liegenden Modelle müssen mit den mentalen Modellen der Operateure verträglich sein und bedarfsweise abgeglichen werden. Dabei müssen sich die Modelle möglichst weit annähern, was wiederum zu Änderungen seitens der Technik (Umbau) oder seitens der Operateure (Schulung, Training) führen kann.

zeitgerechte, gestufte und abschaltbare Automatisierungsfunktionen: Automatisierungen sollten, soweit vom Menschen ersatzweise leistbar, in gestufter Weise abschaltbar und vom menschlichen Operateur in ihrer Funktion bedarfsweise übernehmbar sein.

komplementäre Mensch-Technik-Redundanz: Die Eigenschaften von Mensch und Maschine sollten bestmöglich ausbalanciert werden, um die besonderen Eigenschaften der beiden Akteure zur Wirkung zu bringen. Automatisierungen sollten dort realisiert werden, wo Menschen Schwächen aufweisen und umgekehrt. Trotzdem sollen für den Notfall, soweit möglich, beide Akteure die Aufgaben der anderen Seite übernehmen können (z.B. manuelle oder automatische Steuerung bei einer Landung).

Intention-Based Supervisory Control: Der Mensch soll mit der Maschine auf einer möglichst anwendungs- und aufgabennahen Ebene kommunizieren und diese überwachen. Ideal ist ein Austausch von Intentionen oder Aufgabenstellungen anstatt nur einem Austausch von Objekten, Operationen oder Zustandsänderungen.

laufendes Incident-Reporting, dessen Auswertung und Umsetzung: Der Betrieb sicherheitskritischer Systeme sollte begleitet sein von der Beobachtung und Dokumentation mehr oder weniger kritischer Situationen und Betriebsverläufen. Daraus lassen sich Verbesserungsmöglichkeiten im Zusammenspiel von Mensch und Technik ableiten.

Wir werden bei der Betrachtung von Interaktionsmodellen wieder auf den wichtigen Ansatz der Interaktionsfehler stoßen (siehe Abschnitt 6.9.2).

4.8   Fehler und Versagen

Ein Versagen zu konstatieren heißt, zu glauben, die entscheidende Ursache identifiziert zu haben und dann „Ross und Reiter" zu nennen, also die Ursache für ein Ereignis a posteriori einer Systemkomponente, menschlicher oder maschineller Art, eines Gesamtsystems zuzuschreiben:

Menschliches Versagen: Die nach einem Ereignis erfolgte Zuschreibung eines Fehlers als Ursache für das Ereignis zu einem Menschen, der diesen Fehler aus Sicht des Betrachters hätte nicht begehen dürfen. Das Ende der betrachteten Fehlerkette bildet eine menschliche Fehlhandlung (oder Fehlkommunikation).

Technisches Versagen: Die nach einem Ereignis erfolgte Zuschreibung eines Fehlers als Ursache für ein Ereignis zu einer Technik, bei der dieser Fehler aus Sicht des Betrachters hätte nicht auftreten dürfen. Das Ende der betrachteten Fehlerkette bildet eine technische Fehlfunktion.

Nach diesen beiden bekannten Formen der Zuschreibung von Fehlern zu *Verantwortung*, neigt man inzwischen eher dazu, Fehler und Versagen nicht mehr einer einzelnen Instanz, sondern einem System von mehr oder weniger erfolgreich zusammenwirkenden Instanzen zuzuordnen. Der erste Schritt in diese Richtung war die Betrachtung der Organisation als Einbettung und Quelle von Fehlern:

Organisatorisches (organisationales) Versagen: Die nach einem Ereignis erfolgte Zuschreibung eines Fehlers als Ursache für ein Ereignis zur Betriebsorganisation, die diesen Fehler aus Sicht des Betrachters hätte nicht zulassen dürfen. Das Ende der betrachteten Fehlerkette bildet eine organisatorische Fehlfunktion.

Entsprechend unserer Betrachtung im vorausgehenden Abschnitt zu Interaktionsfehlern, sollten wir konsequenterweise auch Interaktionsversagen als Ursache akzeptieren, wenn das Zusammenspiel von Operateur und Prozessführungssystem nicht erfolgreich war:

Interaktionsversagen: Die nach einem Ereignis erfolgte Zuschreibung eines Fehlers als Ursache für ein Ereignis zu einer Mensch-Maschine-Schnittstelle (Benutzungsschnittstelle des Prozessführungssystems), die diesen Fehler aus Sicht des Betrachters hätte nicht ermöglichen dürfen.

An dieser Stelle sollte man sich noch einmal bewusst machen, dass Versagen nichts anderes als eine mehr oder weniger *willkürliche finale Zuschreibung eines Fehlers* zu einem menschlichen oder maschinellen Akteur darstellt. Dabei handelt es sich um das definierte Ende der betrachteten Fehlerkette *(Kernursachen, Root Causes)*. Der Problematik von Kernursachen oder Root Causes werden wir uns in Abschnitt 8.5.5 im Bereich der Ereignisanalyse wieder widmen.

4.9 Versagen und Verantwortung

Nachdem wir *Versagen* als die Zuschreibung von Fehlern als erste Ursache (Quellen, Root Causes) definiert haben, sollte man sich fragen, wie wir den Begriff *Verantwortung* in diesem Kontext fassen können.

Verantwortung: A-priori-Zuschreibung einer Pflicht, Fehler zu vermeiden bzw. für auftretende Schäden zuständig zu sein.

Pflichten können nur bei Personen, nie jedoch bei Maschinen liegen. Eine aktuelle und interessante Frage, die sich hier stellt, ist die, ob und wie Verantwortung an Organisationen übertragen werden kann und welche Konsequenzen dies hat. Nach verbreiteter Gesetzeslage werden Pflichten und damit Verantwortung vielfach auf Institutionen (Organisationen) verlagert. Eine Institution wird verpflichtet und damit verantwortlich gemacht für Sicherheit beim Betrieb sicherheitskritischer Technologien, d.h. technischer Anlagen und Geräte, Sorge zu tragen. Direkt damit verbunden werden entsprechend Haftungsfragen behandelt. Die Verantwortung und eine eventuelle Haftung werden damit einer juristischen und nicht mehr einer natürlichen Person übertragen.

4.10   Zusammenfassung

Die kulturtechnisch alten Konzepte und Zuschreibungen *„Menschliches Versagen"* und *„Technisches Versagen"* sind nicht ausreichend und nicht angemessen, um Ereignisse im Zusammenhang mit Mensch-Technik-Systemen hilfreich zu beschreiben.

Versagen ist die Zuschreibung von Fehlern zu einer *Kernursache (Root Cause)*. Als Fehlerkategorien finden wir *menschliche, technische und organisationale Fehler. Interaktionsfehler* sind eine weitere Kategorie, im Zusammenwirken von Mensch und Maschine. Entsprechend können Formen des Versagens auch vielfältiger und komplexer als bislang in der allgemeinen Kommunikation üblich auftreten.

Versagen dient im Zusammenhang mit *Verantwortung* als kulturelle, vor allem aber als rechtliche Grundlage für Haftungsfragen. Verantwortung ist mit einer Pflicht verbunden, Fehler zu vermeiden oder für die Konsequenzen einzutreten.

Fehler selbst werden verstanden als Vorkommnisse, bei denen eine geplante Folge von Aktivitäten und Regulationen nicht das beabsichtigte Resultat liefert, sofern die Abweichungen vom beabsichtigen Resultat nicht auf Einflüsse anderer Akteure zurückzuführen sind.

Fehler können die Konsequenzen von *Fehlhandlungen* von Operateuren oder von *Fehlfunktionen* von Technik sein. Dies kann zu Lösungsansätzen zur Vermeidung von Fehlern führen.

Wir werden im Weiteren betrachten, wie man aus Begriffen wie Fehler, Versagen und Verantwortung analytische und konzeptionelle Schlüsse zur Realisierung und zum Betrieb sicherheitskritischer Mensch-Maschine-Systeme ableiten kann.

5 Der Mensch als Faktor

Wie schon eingangs festgestellt, ist es für die Gestaltung von Prozessführungssystemen wichtig, die menschlichen Faktoren, d.h. die Fähigkeiten und Grenzen von Menschen zu kennen und zu berücksichtigen. In der englischen Sprache hat man deshalb den Begriff *Human Factors* gewählt. Wichtige Ausgangspunkte und Erkenntnisse für diese Sichtweise liefert dabei die *Arbeitspsychologie*, die sich seit etwa einhundert Jahren, ursprünglich als sogenannte *Psychotechnik*, mit der Wirkung menschlicher Arbeit beschäftigt (Hacker, 1986; Ulich, 2001).

Die besondere Bedeutung der physischen oder psychischen Zustände der Operateure von Prozessführungssystemen, für deren Leistungsfähigkeit, dürfte offensichtlich sein. Menschen befinden sich bei der Überwachung und Steuerung dynamischer Prozesse in einer besonders anspruchsvollen und beanspruchenden Arbeitssituation. Fehlleistungen, wie z.B. Fehlhandlungen oder Fehlkommunikation (siehe vorhergehendes Kapitel) können sich in Echtzeitsystemen sehr schnell schädlich auswirken. Bevor wir daraus besondere Schlussfolgerungen für die Gestaltung von Prozessführungssystemen ziehen können, werden wir einige Beobachtungen und Begrifflichkeiten aus der Arbeitspsychologie diskutieren, um den *Menschen als Faktor in einem dynamischen und sicherheitskritischen Mensch-Maschine-System* besser zu verstehen.

Detaillierte Modelle und Beschreibungen der grundlegenden physiologischen und psychologischen Eigenschaften des Menschen im technischen Kontext finden sich u.a. bei Salvendy (1987) oder auch bei Wickens und Hollands (2000).

5.1 Belastungen und Beanspruchungen

Die Durchführung von Tätigkeiten geht einher mit der *Aktivierung* einer arbeitenden Person, um *Aufgaben oder Ereignisse* zu bearbeiten. Dabei müssen Aktivitäten ausgeführt werden, bei denen die unterschiedlichsten *Erschwerungen* und *Hindernisse* zu bewältigen sind. Bei der Nutzung von Computersystemen in der Bearbeitung der Arbeitsaufgaben oder der Lösungen von Problemsituationen werden die Operateure, die Benutzer der Prozessführungssysteme auf vielfältige Art und Weise belastet. Wir müssen hierbei *körperliche und psychische Belastungen* unterscheiden.

Die *körperlichen Belastungen* durch eine solche Arbeit sind, neben den allgemeinen Wirkungen auf den menschlichen Körper, vor allem folgender Natur:

- Belastung von Nacken, Schultern und Rücken durch die jeweilige Körperhaltung, vor allem durch das Stehen oder das Sitzen in der Leitwarte oder im Cockpit,
- Belastung der Hände und Arme durch intensives Benutzen der Eingabesysteme,
- Belastungen des gesamten Stützapparates durch Bewegungsabläufe,
- Belastung des Sehvermögens durch lang andauernde Betrachtung der Ausgabesysteme, insbesondere durch ungünstige Displaydarstellungen,
- Belastung des Hörvermögens durch auditive Ausgaben und vor allem Störgeräusche sowie
- Belastungen mit weitgehend unbekannter Wirkung durch elektrostatische Felder und elektromagnetische Strahlung *(Elektrosmog)*.

Neben diesen körperlichen Belastungen treten *psychische Belastungen* auf:

- Belastung des Gedächtnisses (sensorische Speicher, Arbeitsgedächtnis, Langzeitgedächtnis),
- hohe Anforderungen an Aufmerksamkeit und Konzentration durch länger andauernde Tätigkeiten,
- ständige Suche und Orientierung durch unklare oder sich ändernde Informations- oder Funktionsstrukturen,
- Lösung neuer Aufgaben und damit verbundener Problemstellungen.

In der ISO 10075-1:2000 wird *psychische Belastung* wie folgt definiert:

„Die Gesamtheit aller erfassbaren Einflüsse, die von außen auf den Menschen zukommen und psychisch auf ihn einwirken."

Belastungen treten im Rahmen von Arbeit durch das *Überwinden von Schwierigkeiten und Behinderungen* auf. Man kann das Lösen von Problemstellungen und das Überwinden von damit verbundenen Schwierigkeiten auch als das Überführen einer Situation von einem Anfangs- in einen Endzustand ansehen. Dabei wird durch zielgerichtetes Ausführen und Regulieren von Handlungen versucht, Folgezustände zu erreichen, die näher an der Problemlösung liegen. Die Handlungen orientieren sich an den wahrgenommenen Zuständen des Arbeitssystems. Diese sogenannte *Handlungsregulation* und die damit verbundenen *Regulationsbehinderungen* sind eine wesentliche Ursache von Belastungen (vgl. Ulich, 2001).

In Abhängigkeit von der persönlichen Leistungsfähigkeit und den körperlichen und mentalen Ressourcen werden Belastungen von Individuen unterschiedlich wahrgenommen und bewältigt. Belastungen, die für das jeweilige Individuum spürbar werden, bezeichnen wir als *Beanspruchungen*.

In der ISO 10075-1:2000 wird *psychische Beanspruchung* folgendermaßen definiert:

> *„Die unmittelbare (nicht die langfristige) Auswirkung der psychischen Belastung im Individuum in Abhängigkeit von seinen jeweiligen überdauernden und augenblicklichen Voraussetzungen, einschließlich der individuellen Bewältigungsstrategien."*

Beanspruchungen sind zu einem gewissen Grad für ein Individuum wichtig und lebensnotwendig. Sie regen Körper und Geist zu ständigen Anpassungen und damit verbundenen Bewältigungen neuer Situationen an. Man kann solch einen ständig erfolgreichen Anpassungsprozess als eine Art *körperliches und geistiges Wachstum und Adaption* ansehen (vgl. Abbildung 8). Damit verbunden sind *positive Wirkungen* wie

- Freude,
- Motivation,
- Leistungssteigerung und letztlich auch
- Kompetenzerwerb und Qualifikation.

Werden Beanspruchungen nicht bewältigt, so können daraus *negative Wirkungen*, sogenannte *Beeinträchtigungen* resultieren, vor allem

- Ermüdung (Fatigue),
- Leistungsabfall,
- Ärger,
- Frustration,
- Angst sowie bei längerer Wirkung,
- komplexe Erkrankungen (z.B. psychosomatischer Art) und teils schwerwiegende und langfristige, über die Tätigkeiten hinaus wirkenden, Erkrankungen (chronische Erkrankungen).

Durch eine geeignete *Arbeitsgestaltung* lassen sich Belastungen und daraus resultierende Beanspruchungen unter normalen Bedingungen auf ein günstiges oder zumindest auf ein vertretbares Maß beschränken. Die vom Benutzer subjektiv empfundenen Beanspruchungen sollten nach Möglichkeit auf einem *motivations- und qualifikationsfördernden Niveau* stabilisiert werden (Hoyos, 1987). Das heißt, vor allem die mentalen, insbesondere kognitiven Beanspruchungen dürfen auf keinen Fall minimiert werden, wie es beispielsweise bei Fließbandarbeit nach tayloristischen Prinzipien der Fall ist (Taylor, 1913). Die Realisierung eines Arbeitsplatzes mit günstigen Belastungen, ist besonders bei dauerhaften Routinearbeiten schwierig, da durch Lerneffekte und anderen Anpassungsprozessen und damit verbundenen Effizienzverbesserungen in kurzer Zeit monotone Tätigkeiten entstehen können. Die Anreicherung solcher Routinetätigkeiten mit anspruchsvollen und veränderlichen Zusatzaufgaben (Mischtätigkeiten) wird sich daher im Allgemeinen günstig auswirken.

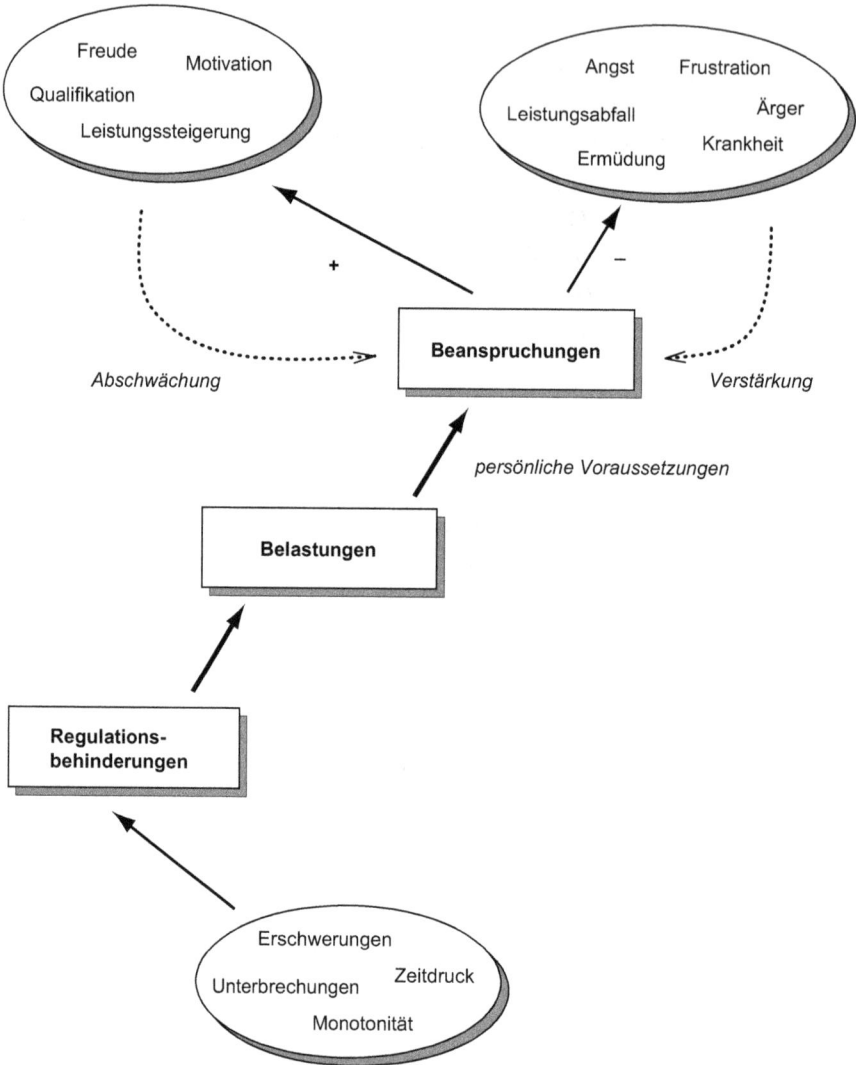

Abbildung 8.   Ursachen und Wirkungen von Arbeitsbelastungen

Belastungen sind objektiv auf einen Arbeitenden einwirkende Größen. Sie entstehen u.a. aus Regulationsbehinderungen bei der Bearbeitung von Aufgaben. In Abhängigkeit vom Zustand des Arbeitenden, führen sie zu subjektiv wahrgenommenen *Beanspruchungen*. Diese wiederum können in Abhängigkeit von Stärke und Einwirkdauer von Bearbeiter zu Bearbeiter zu positiven oder negativen kurz- oder langfristigen Wirkungen führen, die wiederum Rückwirkung auf die Beanspruchung haben.

Körperliche Belastungen treten immer und überall auf. Die Regulierung der körperlichen Belastungen bei Computerarbeitsplätzen auf ein gesundheitlich verträgliches Niveau ist u.a. Aufgabe der *Bildschirmarbeitsplatzgestaltung* und der *Hardware-Ergonomie*. Aus der klassischen Bildschirmarbeitsgestaltung wird bei Prozessführungssystemen und ihren Leitwarten, Cockpits, Brücken, etc. ein sehr anwendungsspezifischer Prozess, der im Allgemeinen über Jahrzehnte zu besonderen Systemlösungen durch ganze Systemgenerationen führt (vgl. z.B. Generationen von Pkw- oder Flugzeugcockpits).

Die Regulierung der geistigen, also perzeptiven und kognitiven Belastungen bei computergestützten Tätigkeiten ist vor allem Aufgabe der *Software-Ergonomie* im Rahmen der Entwicklung von Anwendungssystemen, hier Prozessführungssystemen.

Im Folgenden werden einige typische Wirkungen von Arbeit beschrieben, wie sie insbesondere an computergestützten Arbeitsplätzen auftreten (siehe Abbildung 8).

5.2 Ermüdung

Im Verlauf von Arbeitstätigkeiten tritt mit zunehmender Zeit der Zustand der Ermüdung (Fatigue) ein. Ulich (2001, S. 442) definiert Ermüdung folgendermaßen:

> *„Unter Ermüdung wird allgemein eine, als Folge von Tätigkeit auftretende, reversible Minderung der Leistungsfähigkeit eines Organs (lokale Ermüdung) oder des Gesamtorganismus (zentrale Ermüdung) bezeichnet."*

Ulich weist an derselben Stelle ergänzend darauf hin, dass Ermüdung nicht verstanden werden solle, als eine Minderung der Leistungsfähigkeit in Folge der *biologischen Tagesrhythmik*.

Man unterscheidet also bei Ermüdung, wie oben definiert, die

- *lokale Ermüdung*, die Ermüdung eines Organs (hier z.B. Hand oder Auge) sowie die
- *zentrale Ermüdung*, die Ermüdung des Gesamtorganismus.

Physiologische Indikatoren für Ermüdung sind

- Pulsbeschleunigung sowie eine
- flacher werdende Atmung.

Psychologische Indikatoren sind stattdessen die

- Abnahme der Konzentration und das
- Auftreten kognitiver Störungen.

Das subjektive Müdigkeitsgefühl ist kein sicherer Indikator für Ermüdung, da es mit Gefühlen der *Monotonie* (Abschnitt 5.3), der *psychischen Sättigung* (Abschnitt 5.4) oder der *Langeweile* (Abschnitt 5.5) verbunden sein kann.

Ulich (2001, S. 442) stellt des Weiteren fest:

> *„Zustände der Ermüdung sind immer mit Zuständen der Erholungsbedürftigkeit verbunden."*

Durch Ermüdung eingetretener Verlust an Leistungsfähigkeit kann also nur durch *Erholung*, vor allem in Form von *Pausen*, ausgeglichen werden. Entsprechend wird in § 5 der Bildschirmarbeitsverordnung gefordert:

> *„Der Arbeitgeber hat die Tätigkeit der Beschäftigten so zu organisieren, daß die tägliche Arbeit an Bildschirmgeräten regelmäßig durch andere Tätigkeiten oder durch Pausen unterbrochen wird, die jeweils die Belastung durch die Arbeit am Bildschirmgerät verringern."*

Die Ermüdung bzw. die Wirkung von Pausen zeigen eine Reihe von Charakteristika (Ulich, 2001; siehe Abbildung 9):

- der *Verlauf der Ermüdung* folgt einer exponentiell steigenden Funktion, d.h. die Ermüdung nimmt mit Fortsetzung der Tätigkeit stärker zu;
- der *Verlauf der Erholung* folgt einer exponentiell fallenden Funktion, d.h. die ersten Abschnitte einer Pause sind erholungswirksamer als die späteren Abschnitte;
- *Kurzpausen* (auch Mikropausen von wenigen Sekunden und Minuten) sind besonders erholungswirksam;
- *kürzere Tätigkeits- und Pausenzeiten* führen zu einer höheren Arbeitsleistung als in der Summe gleiche längere Tätigkeits- und Pausenzeiten;
- *selbst gewählte Pausen* sind im Allgemeinen weniger wirksam, da sie erst nach auftretendem Müdigkeitsgefühl und damit zu spät eingelegt werden;
- falls Pausen zu selten gewährt werden, werden *verdeckte Pausen* eingelegt.

Nach den aktuellen deutschen Arbeitsschutzgesetzen, hier dem § 4 „Ruhepausen" aus dem *Arbeitszeitgesetz (ArbZG)*, gilt:

> *„Die Arbeit ist durch im voraus feststehende Ruhepausen von mindestens 30 Minuten bei einer Arbeitszeit von mehr als sechs bis zu neun Stunden und 45 Minuten bei einer Arbeitszeit von mehr als neun Stunden insgesamt zu unterbrechen. Die Ruhepausen [...] können in Zeitabschnitte von jeweils mindestens 15 Minuten aufgeteilt werden. Länger als sechs Stunden hintereinander dürfen Arbeitnehmer nicht ohne Ruhepause beschäftigt werden."*

Diese gesetzliche Regelung wird den arbeitspsychologischen Erkenntnissen nur teilweise gerecht und regelt die Pausenzeiten nur hinsichtlich der zulässigen Grenzen. Eine hohe Arbeitsleistung lässt sich nicht bis zu sechs Stunden aufrechterhalten. Selbst Pausenzeiten von nur fünf Minuten, z.B. in jeder Stunde, zeigen an Bildschirmarbeitsplätzen positive Wirkungen auf die Beanspruchungen und die Gesamtleistung. Der zitierte Arbeitsschutz dient dazu *„die Sicherheit und den Gesundheitsschutz der Arbeitnehmer bei der Arbeitszeitgestaltung zu gewährleisten"* (§ 1 ArbZG). Er erhebt keinen Anspruch, die Beanspruchungen und die Arbeitsleistung zu optimieren. Die Pausenregelung im Rahmen von Prozessführungsaufgaben folgt abhängig vom Arbeitsgebiet teilweise eigenen Prinzipien und Gesetzen (z.B. Lenkzeiten in Lkws oder Schichtzeiten für Piloten und Fluglotsen).

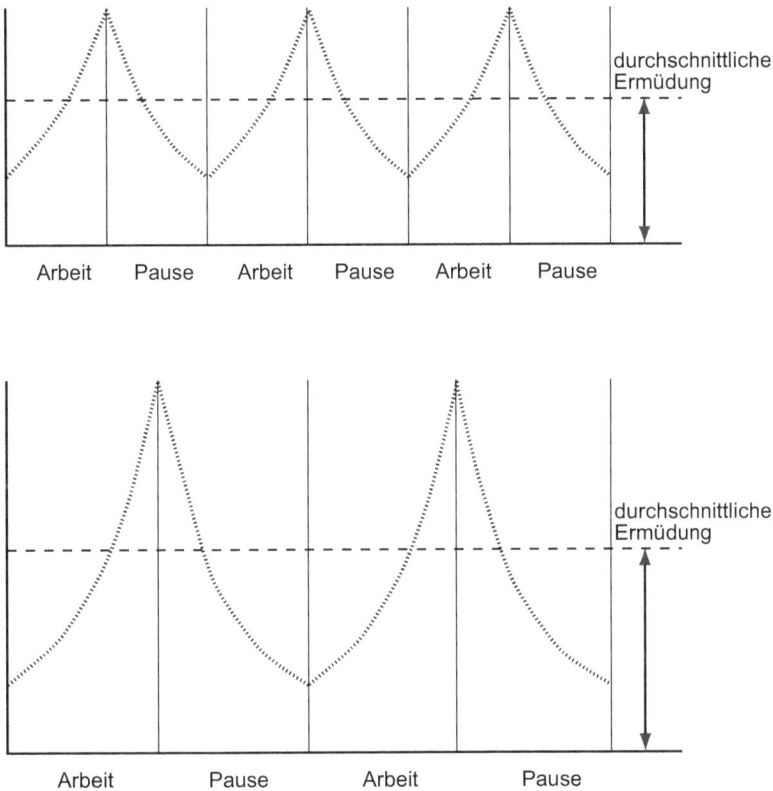

Abbildung 9.   Wirkung von Pausen (schematisch nach Ulich, 2001)

> Die schematische Darstellung zeigt, dass mehrere kurze Pausen bei gleicher Gesamtpausenzeit eine bessere Wirkung gegen Ermüdung erzielen, als weniger, aber längere Pausen. Der Grund liegt in den exponentiellen Verläufen von Ermüdung und Erholung. In den Diagrammen werden vereinfacht gleiche Pausen- und Arbeitszeiten dargestellt, um den Effekt zu verdeutlichen.

Im Zusammenhang mit Computerarbeit spielt Ermüdung insbesondere hinsichtlich der einseitigen körperlichen Belastung der Hände und des Stützapparates sowie der psychischen Belastung eine Rolle. Da Computerarbeit im Allgemeinen (z.B. im Büro) weniger zeitlich kontrolliert wird, als körperliche Arbeit (z.B. im Bereich der Produktion), können Ermüdungszustände durch fehlende oder falsch platzierte Pausen dort häufig beobachtet werden. Sie mindern die Leistungsfähigkeit bei der Computerarbeit erheblich. Die Arbeitszeiten in Leitwarten oder in Cockpits werden üblicherweise streng kontrolliert, was nicht bedeutet, dass sie günstig gewählt werden. Sie sind meist das Ergebnis von Tarifverhandlungen.

Hinsichtlich Ermüdungserscheinungen und Erkrankungen bei Computerarbeit wurde vor allem auf physische Schädigungen durch die anhaltende und intensive Nutzung von Tastaturen hingewiesen. Dies war schon vor der Verbreitung von Computerarbeit im Zusammenhang mit der Nutzung von Schreibmaschinen der Fall. Von solchen Erkrankungen wurde insbesondere das *RSI-Syndrom (Repetitive Strain Injury)*, auch als „Mausarm" oder „Sehnenscheidenentzündung" bekannt, das in vielen unterschiedlichen Ausprägungen und Körperbereichen auftreten kann. Vermeiden lassen sich diese Erscheinungen durch einen fachgerechten Aufbau des Bildschirmarbeitsplatzes, insbesondere der Ein- und Ausgabeperipherie, sowie durch das Einlegen von regelmäßigen Kurz- und Mikropausen (siehe z.B. Çakir, 2004).

Ermüdungen von Operateuren und ihre Auswirkungen auf deren Arbeit müssen sehr spezifisch untersucht werden. Jede Anwendung mit ihren besonderen räumlichen, zeitlichen und fachlichen Situationen und Anforderungen erzeugt ein eigenes Belastungssystem. Das Prinzip und die Funktionsweise menschlicher Ermüdung liegen aber allen zugrunde. Wie zum Beispiel erst in jüngerer Zeit im Rahmen von Tarifauseinandersetzungen publik gemacht worden ist, leiden zum Beispiel Piloten im Langstreckeneinsatz unter beträchtlichen und risikoreichen Ermüdungserscheinungen durch Dienstzeiten von 14 und mehr Stunden.

5.3   Monotonie

Operateure müssen in Leitwarten oft stundenlang einfache Überwachungstätigkeiten leisten. Bei solchen beanspruchungsarmen Routinearbeiten wird gelegentlich, ähnlich wie bei Fließbandarbeit in Fabriken, von *monotonen Tätigkeiten* gesprochen.

In der Arbeitspsychologie (Ulich, 2001, S. 447) wird *Monotonie* definiert als

> *„Zustand herabgesetzter psychophysischer Aktiviertheit [...] in reizarmen Situationen bei länger andauernder Ausführung sich häufig wiederholender gleichartiger und einförmiger Arbeiten".*

Monotonie wird verschiedentlich beschrieben als

- eine Art von „Dämmerzustand";
- Folgeerscheinung von zu geringer psychischer Beanspruchung;
- Einengung der Aufmerksamkeit auf einförmige Tätigkeit;
- Gefühl, immer das gleiche tun zu müssen;
- wenige erleichternde motorische oder erlebnisreiche Nebentätigkeiten;
- Zwang zur anforderungsgemäßen Ausführung einer Tätigkeit.

Monotonie wird leicht mit anderen psychischen Zuständen, wie z.B. *Ermüdung, Langeweile* und *herabgesetzter Vigilanz* verwechselt, die häufig als Begleitmerkmale oder als Folge von Monotonie auftreten.

Bei der Untersuchung der *Charakteristika und der Ursachen von Monotonie* wurde festgestellt, dass

- *zeitliche Gleichförmigkeit* eher entlastend wirkt, solange Leistungsgrenzen nicht erreicht werden, während
- *inhaltliche Gleichförmigkeit* eher Monotonie begünstigt.

Da die Arbeit im Bereich der Prozessführung kaum von außen getaktet wird und eher durch inhaltliche Gleichförmigkeit gekennzeichnet ist, lässt sich vermuten, dass diese leicht zum Auslöser von Monotonie werden könnte. Dies ist allerdings von Außenstehenden schwer einschätzbar.

Hugo Münsterberg stellte bereits 1912 fest (Ulich, 2001, S. 16),

„dass der Aussenstehende überhaupt nicht beurteilen kann, wann die Arbeit innere Mannigfaltigkeit bietet und wann nicht".

Andere Untersuchungen weisen auf *monotonie-anfällige und monotonie-resistente Personengruppen* hin (vgl. Diskussion in Ulich, 2001, S. 450). Dies scheint positiv mit der Extrovertiertheit bzw. der Introvertiertheit korreliert zu sein. Extrovertierte benötigen vielfältige Reize und sind daher eher monotonie-anfällig.

Das Auftreten von Monotonie ist aus verschiedenen Gründen zu vermeiden:

- es bewirkt Leistungsstörungen (Defizite in der Arbeitsleistung),
- es fördert Handlungsfehler (reduzierte Arbeitssicherheit) und
- es hemmt die Persönlichkeitsentwicklung (geringere Persönlichkeitsförderlichkeit und Qualifizierbarkeit).

Als Möglichkeiten zur Vermeidung von Monotonie werden genannt:

- planmäßige Tätigkeitswechsel,
- Angebot von Mischtätigkeiten,

- Aufgabenerweiterung (z.B. „Job-Enrichment-Programme"),
- Gruppenarbeit sowie
- ganzheitliche Tätigkeiten.

Durch den hohen Grad an Automation im Bereich der Prozessführung entstehen zunehmend Arbeitsplätze für Operateure, die neben Phasen hoher Belastung auch Phasen außerordentlich geringer Belastung aufweisen. Dies gilt besonders für sehr anspruchsvolle Einsatzbereiche, wie z.B. bei Piloten, wo zwischen stark belastenden und komplexen Tätigkeiten wie Start und Landung, Phasen wie dem stundenlangen Streckenflug unter Vollautomatisierung und sehr wenigen Aktivitäten liegen. Bainbridge (1983) sieht dies als *„Ironien der Automatisierung"* an, wo hoher Leistungsbedarf mit extrem geringem Leistungsbedarf vermischt wird und dementsprechend kritische mentale Zustände entstehen können.

5.4   Psychische Sättigung

Nicht zu verwechseln mit Ermüdung oder Monotonie ist eine weitere Wirkung von Arbeit, die einige Ähnlichkeiten mit diesen Zuständen aufweist, nämlich die *psychische Sättigung* (Ulich, 2001).

Die ISO 10075-1:2000 definiert *psychische Sättigung* folgendermaßen:

> *„Ein Zustand der nervös-unruhevollen, stark affektbetonten Ablehnung einer sich wiederholenden Tätigkeit oder Situation, bei der das Erleben des Auf-der-Stelle-Tretens oder des Nicht-weiter-Kommens besteht."*

Während Ermüdung und Monotonie in vielen Fällen mit einem ausgeprägten Arbeitswillen, möglicherweise sogar mit beträchtlichem Interesse und positiver Einstellung zur Arbeit verbunden sind, zeigt sich bei psychischer Sättigung ein *Widerwille gegen die Aufnahme oder Fortführung von Tätigkeiten.*

Psychische Sättigung ist in Verbindung mit dieser aversiven Einstellung gegen eine Tätigkeit meist begleitet von erhöhter physischer und psychischer Anspannung.

In der Prozessführung gibt es erfahrungsgemäß eine hohe Identifikation und ein hohes Motivationspotenzial bei Operateuren, das durch falsche Automatisierungskonzepte leicht gestört und infrage gestellt werden kann. Operateure, die zwar grundsätzlich eine hohe Technikaffinität aufweisen, können sich durch einen hohen Grad an Automation bevormundet oder womöglich überflüssig fühlen. Ein hoher Grad eines Berufsethos führt dann in eine zunehmende Geringschätzung der eigenen Tätigkeit.

Die Vermeidung oder Beseitigung von psychischer Sättigung dürfte im Allgemeinen weniger mit der Gestaltung eines Arbeitssystems als mit der grundsätzlichen Motivation, im Hinblick auf die wahrgenommene Sinnhaftigkeit oder dem Reiz einer Arbeit, in Verbindung stehen. Gegenmaßnahmen können also nur darin liegen, die Arbeit oder die Arbeitsbedingungen reizvoller, interessanter und anspruchsvoller zu gestalten. Die Bundesanstalt für Arbeitsschutz und Arbeitsmedizin (BAuA) empfiehlt einige Maßnahmen, die gegen psychische Sättigung wirken von denen einige für Operateure sicherheitskritischer Systeme besonders angemessen erscheinen (auszugsweise aus Joiko, Schmauder & Wolff, 2010):

- „automatisieren einfacher, sich wiederholender Aufgabenelemente,
- sinnvolle Arbeitsaufgaben erteilen: günstig sind Aufgaben, die als Einheit wahrgenommen werden (keine Bruchstücke einer Aufgabe). Dabei sollte dem Mitarbeiter die Bedeutung seines Anteils für die Gesamtaufgabenerfüllung bekannt sein.
- Arbeitsaufgaben, die die persönliche Entwicklung ermöglichen,
  - Aufgaben, bei denen etwas gelernt werden kann oder
  - oder Aufgaben, die abhängig von den Fähigkeiten und Fertigkeiten des Bearbeiters verschiedene Ausführungsweisen erlauben,
- Aufgabenbereicherung durch Kombinieren von verschiedenen Aufgabenelementen unterschiedlicher operativer Ebenen, Aufgabenerweiterung durch Kombinieren von verschiedenen Aufgabenelementen auf derselben operativen Ebene,
- Tätigkeitswechsel,
- zeitliche Strukturierung des Arbeitsablaufes durch das Einlegen von Erholungspausen,
- qualitative Strukturierung des Arbeitsablaufes durch das Setzen von Leistungszielen für eine schrittweise Leistungserfüllung sowie durch Rückmeldung über die erzielte Leistung,“.

Einige dieser Maßnahmen werden auch positive Auswirkungen auf die der psychischen Sättigung ähnlichen Zustände wie Monotonie (siehe Abschnitt 5.3), Langeweile (siehe Abschnitt 5.5) und herabgesetzte Vigilanz (siehe Abschnitt 5.6) haben.

5.5   Langeweile

Nicht zuletzt soll einer der am weitesten verbreiteten Zustände im Zusammenhang mit Arbeitstätigkeiten erwähnt werden, nämlich der Zustand der *Langeweile*.

Im Gegensatz zu den vorgenannten Wirkungen von Arbeit steht Langeweile immer im Zusammenhang mit einer *quantitativen oder qualitativen Unterforderung*. Menschen verbinden Langeweile mit dem Gefühl, zu wenig zu tun zu haben (Quantität) oder bei der Arbeit zu wenig gefordert zu werden (Qualität).

Insofern ist Langeweile weniger eine Frage der Gestaltung eines Arbeitsmittels als mehr eine Frage der fehlenden Beanspruchung eines Menschen. Mit Langeweile ist immer zu rechnen, wenn Menschen in einer Tätigkeit sehr geübt sind und sie mühelos ausführen. Als Gegenmaßnahme bietet sich an – neben der nahe liegenden quantitativen Erhöhung der Arbeitslast

– die Tätigkeit mit neuen qualitativen Anforderungen zu versehen oder das Aufgabenspektrum mit neuen Aufgaben anzureichern.

Führt man Menschen nicht zu geeigneten Beanspruchungen, so werden sie in verdeckter Weise mehr beanspruchende Aktivitäten, wie beispielsweise Herumspielen, Herumsuchen und Kommunizieren als Ersatz für fehlende oder für herausfordernde Aufgaben betreiben.

Bei Operateuren stellt sich die Frage der Langeweile vor allem in Arbeitsbereichen mit fast nur Überwachungs- und wenig Steuerungsaufgaben. Nur seltene Ereignisse führen zu Langeweile und verdeckte Ersatztätigkeiten (z.B. Lesen, Spielen, Kommunizieren). In anderen Domänen sind es lange Phasen mit geringer Belastung und wenigen Aktivitäten (z.B. Streckenflug bei Piloten oder Nachtzeiten bei Fluglotsen). Da diese Zeiten der Langeweile durchaus vorhersehbar sind, muss durch geeignete Schichtzeiten oder geplanten Zusatztätigkeiten (z.B. Wartung, Kommunikation, Dokumentation) ein ausgeglichenes Belastungsprofil angestrebt werden.

5.6   Herabgesetzte Vigilanz

Viele Tätigkeiten für Operateure stehen eher im Zusammenhang mit der Überwachung von Prozessen als mit der Bearbeitung von definierten Aufgaben. Solche Situationen finden wir vor allem bei hoch- oder vollautomatisierten Prozessen, wie bei der Führung von Fahrzeugen (z.B. Bahnen, Schiffen, Flugzeugen), bei der Überwachung von gut funktionierenden Verteil- oder Produktionsprozessen (z.B. Leitwarten) oder bei der Überwachung von sich langsam oder nur sporadisch ändernden Zuständen (z.B. Gebäudeüberwachung, Intensivstationen). Die Tätigkeit besteht vor allem darin, auf bekannte oder unbekannte Ereignisse zu warten und dann geeignet und zeitgerecht zu reagieren. Solche Tätigkeiten sind also zunächst vor allem durch eine hohe Aufmerksamkeit und Reaktionsfähigkeit *(Wachsamkeit, Vigilanz)* gekennzeichnet. Durch länger andauernde Überwachungsarbeiten nimmt die Wachsamkeit ab. Durch eine solche *herabgesetzte Vigilanz* (Ulich, 2001) werden die meist risikobehafteten Überwachungsaufgaben weniger zuverlässig ausgeführt, wodurch das *Risiko* für den Betrieb des Systems steigt.

Herabgesetzte Vigilanz (herabgesetzte Wachsamkeit) lässt sich nach ISO 10075-1:2000 folgendermaßen definieren:

> *„Ein bei abwechslungsarmen Beobachtungstätigkeiten langsam entstehender Zustand mit herabgesetzter Signalentdeckungsleistung (z.B. bei Radarschirm- und Instrumententafelbeobachtungen)."*

Aus dieser Erkenntnis heraus ist abzuleiten, dass in Abhängigkeit von den Anforderungen an Aufmerksamkeit und Reaktionsvermögen Überwachungsaufgaben (z.B. in Computerleitwarten) nur über eine zu bestimmende Zeit ausgeführt werden können. Unabhängig davon ist dafür Sorge zu tragen, dass die Vigilanz des Überwachungspersonals immer wieder geprüft und sichergestellt wird, wie z.B. durch die Sicherheitsfahrschaltung („Totmanntaste") in

Bahnen, die laufend nach einer definierten Zeit (z.B. 30 sec) gedrückt werden muss oder durch Zusatzsysteme, die bei Bedarf aktiviert werden (z.B. Alarmierungen).

5.7   Stress

Wenn von Wirkungen der Arbeit die Rede ist, wird meist auch von *Stress* gesprochen. Während die umgangssprachliche Bedeutung von Stress eher einer allgemeinen Beanspruchung nahe kommt, wurde *Stress* in der Arbeitspsychologie definiert als (Greif, 1989, S. 435):

> *„subjektiver Zustand [...], der aus der Befürchtung entsteht, dass eine stark aversive, zeitlich nahe und subjektiv lang andauernde Situation nicht vermieden werden kann. Dabei erwartet die Person, dass sie nicht in der Lage ist (oder sein wird), die Situation zu beeinflussen oder durch Einsatz von Ressourcen zu bewältigen. "*

Wesentliche Merkmale, die in Stresssituationen beobachtet werden können bzw. von den betroffenen Personen berichtet werden, sind:

- Auslösung durch *Stressoren* (z.B. Zeitdruck, Lärm, soziale Konflikte),
- angstbedingt erregte *Angespanntheit*, die als erlebte Bedrohung durch erwartete hohe Beanspruchung entsteht,
- *Kontrollverlust* (tatsächlich oder vermeintlich) in Verbindung mit Gefühlen
  - der Bedrohung,
  - des Ausgeliefertseins,
  - der Hilflosigkeit und
  - der Abhängigkeit.

Dabei ist festzustellen, dass dabei keine signifikanten Korrelationen mit qualitativer oder quantitativer Überforderung festgestellt werden konnten. Monotonie, herabgesetzte Vigilanz, Langeweile und Unterforderung führen normalerweise nicht zu Stress.

Zu *stressauslösenden Faktoren (Stressoren)* in einer Situation, gehören jedoch vor allem die Folgenden (Greif, 1989):

- subjektive Wahrscheinlichkeit der Aversität der Situation;
- Intensität der Aversität der Situation;
- Grad der Kontrollierbarkeit der Situation;
- subjektive Wichtigkeit, die Situation zu vermeiden;
- zeitliche Nähe der Situation;
- erwartete Dauer der Situation.

Bei den Auswirkungen von Stress, unterscheidet man kurzfristige sowie längerfristige Auswirkungen bei wiederholtem Auftreten einer Stresssituation.

Zu den *kurzfristigen Auswirkungen* von Stress gehören:

- Übersteuerung von sensomotorischen Handlungen mit hastigem Tempo,
- überzogener Kraftaufwand,
- Aufmerksamkeitsspaltung,
- Desorganisation,
- Konfusion,
- Wahrnehmungsverzerrung,
- Hilflosigkeit,
- Gereiztheit und Nervosität,
- unspezifische neuroendokrine Überaktivierung und
- erhöhter Genussmittelgebrauch.

Als *längerfristige Auswirkungen* von Stress werden vielfach genannt:

- Anspruchsreduktion,
- Verschiebung von Wertemaßstäben,
- dauernde Gereiztheit und Nervosität,
- psychosomatische Beschwerden und
- Herzinfarkt.

Stress entsteht im Rahmen komplexer mentaler Abläufe, die mit anderen Personen verbunden sein können. Ein kognitives, prozesshaftes Stressmodell findet sich in Abbildung 10. Aus diesem Stressmodell kann man nicht nur die negativen Folgen von Stress, sondern auch positive Wirkungen im Umgang bzw. der Vermeidung von Stress ableiten.

Dass aus einer Stresssituation auch *Kompetenzerwerb* bzw. *Kompetenzerweiterung* resultieren kann, sollte nicht dahingehend falsch interpretiert werden, dass solche positiven Wirkungen insbesondere über Stresssituationen erreicht werden könnten. Von sogenanntem *positivem Stress (Eustress)* gegenüber *negativem Stress (Disstress)* sollte daher besser nicht gesprochen werden. Für diese Differenzierung gibt es keine zuverlässigen wissenschaftlichen Befunde. Auch wären intendierte Stresssituationen an Arbeitsplätzen von Operateuren nicht verantwortbar. Allerdings werden Operateure oft in *Trainingsphasen* (z.B. in Simulatoren) durch schwierige künstliche Situationen, z.B. unfallträchtige Szenarien, in Stresszustände gebracht, um die Belastungsfähigkeit und Problemlösefähigkeit in solchen Situationen zu beobachten, zu bewerten und zu verändern. Dies sollte jedoch aufgrund der möglichen Nebenwirkungen von Stress nicht als reguläre Ausbildungsmethode praktiziert werden. Verantwortbar sind solche Szenarien nur insoweit, dass in sicherheitskritischen Domänen die Eignungen und Kompetenzen von Operateuren in Grenzsituationen überprüft werden und umgekehrt, den Operateuren ihr eigenes Leistungsvermögen oder ihre Leistungsdefizite vor Augen geführt und erschlossen werden. Desweiteren dienen solche Szenarien dazu, Unfallanalysen so zu nutzen, dass künftige Unfälle vermieden werden. Dies wird zwar in vielen

Fällen auch zu Stress führen, dabei darf jedoch kein leistungsverbessernder Effekt durch Stress, sondern ausschließlich das Vermitteln und Bewältigen einer möglichen kritischen Situation, Ziel der Übung sein. Damit wird gerade das Auftreten von Stress in der Realsituation versucht zu vermeiden. Solche Trainingssituationen werden jedoch immer eine Gratwanderung zwischen dem Bewältigen von Situationen und problematischer Überforderung sein. Es muss inzwischen befürchtet werden, dass es dabei zu bewussten oder unbewussten aversiven Einstellungen gegenüber Simulatoren und Simulatortraining kommen kann.

Aus den Auslösebedingungen, Merkmalen und prozessualen Abläufen von Stresssituationen, lässt sich ableiten, dass bei Arbeit von Operateuren leicht Stresssituationen erreicht werden können. Ein bedeuter Auslöser dafür ist die Intransparenz von komplexen, vor allem computergesteuerten Systemen und die daraus resultierende Unsicherheit oder gar Angst bei der Nutzung solcher Systeme. Weitere Stressoren können zeitlich systemgesteuerte Automatiken sein, bei denen durch nicht zeitgerechte Aktionen oder Reaktionen der Benutzer, unerwünschte Ergebnisse entstehen könnten.

Es ist offensichtlich, dass gerade in sicherheitskritischen Domänen Stress allein schon aufgrund möglicherweise beeinträchtigter physischer und psychischer Leistungsfähigkeit zu vermeiden ist. *Stressvermeidende Maßnahmen* wie die folgenden sind daher anzustreben:

- individuelle Selbstregulation (hohes Maß an selbst kontrollierter Arbeit),
- kollektive Selbstregulation (teilautonome Gruppenarbeit),
- Qualifikation (Kompetenzerwerb, Kompetenzerweiterung),
- Training (Vertraut machen mit der Situation und ihrer Meisterung),
- soziale Unterstützung (Hilfe, Teamarbeit) und
- technische Unterstützung (Werkzeuge, Hilfsmittel).

Prozessführungssysteme im weiteren Sinne (vgl. Definition in Abschnitt 1.1), also inklusive des Arbeitsumfeldes und der sozialen Strukturen, können somit nicht nur als stressauslösende, sondern auch als stressverhindernde oder zumindest stressreduzierende Systeme angesehen werden, sofern sie, wie oben angedeutet, geeignet gestaltet und genutzt werden.

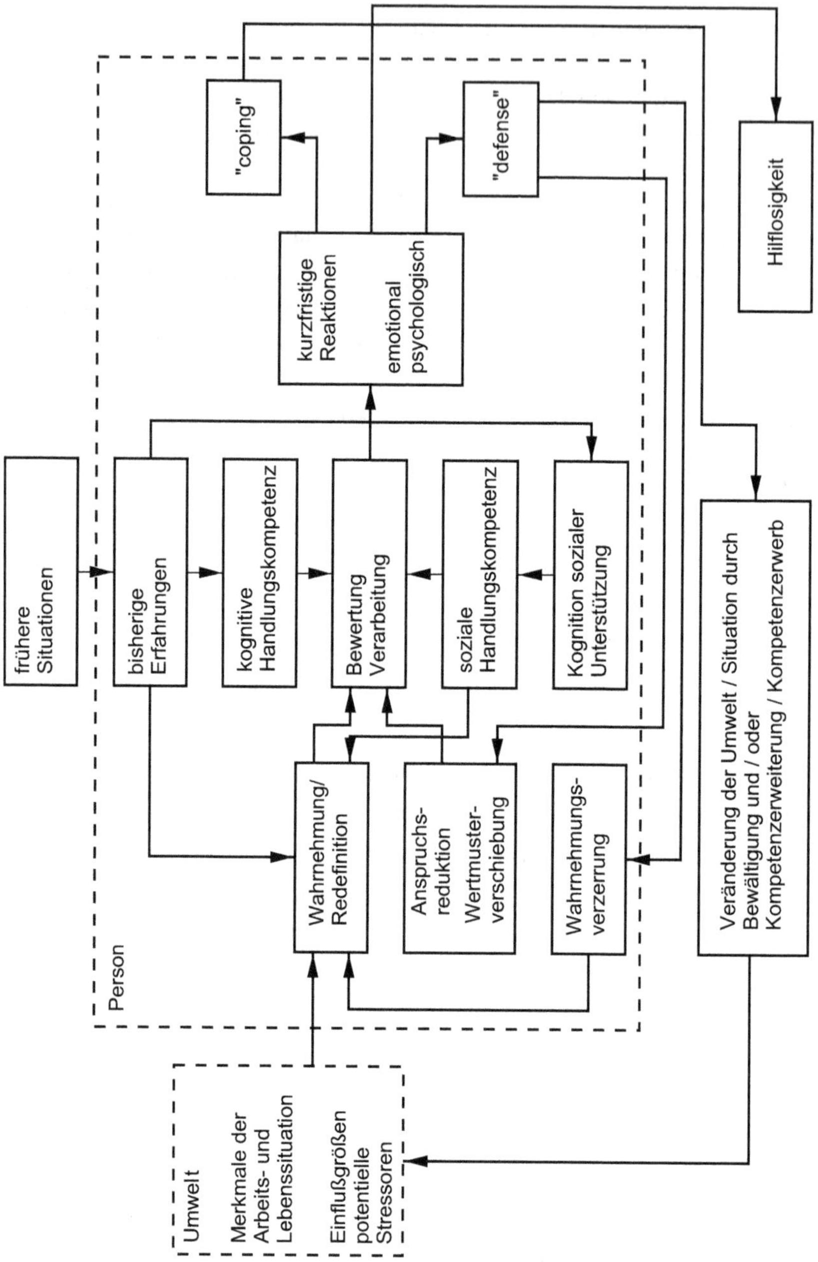

Abbildung 10. kognitives Stressmodell nach Orendi und Ulich (Ulich, 2001)

Vielfältige Einflussfaktoren und Rückkoppelungen erzeugen, verstärken oder lösen Stresssituationen auf. Der Fokus liegt hier im Bereich des bewussten Wahrnehmens und Handelns (kognitive Prozesse).

5.8   Persönlichkeitsentwicklung

Kompetenzentwicklung und damit verbundene Qualifizierung für bestimmte Aufgaben sind wirkungsvolle Methoden für eine *positive Persönlichkeitsentwicklung*.

Beanspruchungen im Rahmen von Tätigkeiten erzeugen und stärken Fähigkeiten und Fertigkeiten und letztlich auch das, was wir als „Intelligenz" bezeichnen. Dies wurde in der Arbeitspsychologie bei Betrachtung der persönlichen Entwicklung im Rahmen beruflicher Tätigkeiten über eine längere Lebensspanne hinweg vermutet und teilweise festgestellt (siehe Ulich, 2001 und dort weitere Quellen):

- der Abbau der intellektuellen Leistungsfähigkeit tritt bei Angehörigen mit Berufen, die nur geringe intellektuelle Anforderungen stellen, früher ein;
- arbeitsbedingte somatische Schädigungen sind als Moderatoren der Intelligenzentwicklung anzusehen;
- die geistige Leistungsfähigkeit im Erwachsenenalter wird entscheidend vom Niveau der beruflichen Tätigkeit bestimmt;
- unabhängig vom Niveau der früheren Schulbildung nähern sich die intellektuellen Leistungen von Beschäftigten desselben Tätigkeitsniveaus an.

Anspruchsvolle Tätigkeiten sind relevant für die langfristige intellektuelle Entwicklung von Menschen. Arbeitsgestaltende Entscheidungen bei der Konzeption und Entwicklung von Arbeitsplätzen und damit zusammenhängenden Tätigkeiten spielen somit auch eine Rolle bei der Persönlichkeitsentwicklung der Tätigen. Es ist davon auszugehen, dass besonders die hohen geistigen Beanspruchungen durch komplexe Computeranwendungen förderlich für eine positive geistige Entwicklung wirken.

Gerade im Bereich komplexer und hochdynamischer Prozessführungssysteme wie z.B. Schifffahrt, Luftfahrt, Raumfahrt oder Kerntechnik finden sich gut ausgebildete und hochmotivierte Operateure in anspruchsvollen und verantwortungsvollen Positionen, die ihre Arbeit in hohem Maße zu ihrem Lebensmittelpunkt gemacht haben. Oftmals können in diesen Bereichen eine außerordentlich hohe Form eines *Berufsethos* und der *Identifikation* mit ihren Tätigkeiten und den jeweiligen Organisationen vorgefunden werden. Umgekehrt findet man in diesen Domänen auch deutlich sichtbar den Bruch mit einer solchen Identifikation, wenn durch rein ökonomische Optimierungen, oft in Verbindung mit ungeeigneten Formen der Automatisierung, die Arbeitsplätze, die Ansprüche an die Arbeit und die Qualität der Leistungen soweit reduziert werden, dass die Operateure dies nicht mehr mittragen und mit verantworten möchten.

5.9   Soziale Interaktion

Neben den auf das einzelne Individuum bezogenen Wirkungen von Arbeit, darf nicht vergessen werden, dass beträchtliche Wirkungen von Arbeit auch von den Möglichkeiten *sozialer Interaktion* abhängen. Wir haben dies bereits beim Wirkmodell von Stress gesehen. Auch die Definition eines *Arbeitssystems* aus einem technischen und einem sozialen Teilsystem, weist darauf hin (siehe Abschnitt 7.1).

Eine Ebene der sozialen Interaktion wird durch die Gestaltung von Computerarbeitsplätzen im räumlich-technischen Umfeld der beteiligten Personen bestimmt. Hier spielen vor allem die Möglichkeiten der Interaktion mit Kolleginnen und Kollegen oder externen Personen eine entscheidende Rolle. Die Effekte waren bereits im Rahmen der *Hawthorne-Studie* im Zeitraum 1927–1932 entdeckt worden (siehe z.B. Ulich, 2001). Da neben informationsverarbeitenden Systemen auch Kommunikationssysteme zunehmend Verbreitung und Bedeutung an Arbeitsplätzen finden, sollten sie ebenso systematisch und kontrolliert in ihrem Zusammenwirken entwickelt und optimiert werden.

Ein beträchtlicher Teil der sozialen Interaktion wird aber nicht nur durch die direkte Kommunikationsmöglichkeit im Arbeitsraum bestimmt, sondern zunehmend durch die technischen Kommunikationsmittel. Technisch mediierte Kommunikation findet bei Prozessführungssystemen vielfältig statt. Hierbei ist die Ausgewogenheit zwischen formaler und informeller Kommunikation auszubalancieren, um einerseits Klarheit und Sicherheit in der Kommunikation zu garantieren, andererseits die sozialen Aspekte nicht zu sehr einzuschränken. So kann beispielsweise beim Sprechfunk, z.B. zwischen Cockpit und Flugsicherung oder im Bereich der Rettungsleitstellen beobachtet werden, wie das Verhältnis von Sachlichkeit und persönlicher Vertrautheit justiert werden muss. Hier wird deutlich, wie sehr der menschliche Faktor eine eigene Sicherheitsebene der Vertrautheit und Verlässlichkeit erzeugt, die eine zusätzlich stabilisierende Wirkung in sicherheitskritischen Systemen aufweist. Umgekehrt kann durch saloppe menschliche Kommunikation ein routiniertes Unterlaufen der formalen Sicherheitsstandards beobachtet werden.

Im *Crew Resource Management (CRM)* wird die soziale und fachliche Kommunikation in besonderer Weise thematisiert, um zu geeigneten Gesamtleistungen zu gelangen. Hierfür gibt es in der einschlägigen Literatur bei kritischen Ereignissen viele Beispiele, wie durch Gruppenleistung und Kommunikation fast aussichtslose Situationen in unkonventioneller Form gemeistert werden konnten (Hörmann, 1994; Flin et al., 2008; siehe Abschnitte 6.6, 11.5 und 14.4.3).

5.10   Zusammenfassung

In diesem Kapitel wurden vielfältige, teils positive und teils negative Wirkungen von Arbeit dargestellt und in ihren Wirkmechanismen diskutiert. Dies wurde insbesondere auf die Arbeit von Operateuren bezogen, die sich meist in sehr komplexen und belastenden Arbeitssituationen befinden.

Ausgehend von *Regulationsbehinderungen* haben wir *Belastungen* als wichtige objektive Größe kennengelernt. In Abhängigkeit von der subjektiven Erfahrung und Leistungsfähigkeit resultieren aus Belastungen individuelle subjektive *Beanspruchungen*. Solche Beanspruchungen sind wichtig, da sie bei geeignet bewältigbarem Ausmaß die individuelle Leistungsfähigkeit steigern und die Grundlage für *Qualifizierung* und *Persönlichkeitsentwicklung* bilden. Sind die Beanspruchungen zu gering oder zu reizarm, so können mentale Zustände wie *Langeweile, herabgesetzte Vigilanz, Monotonie* und *psychische Sättigung* entstehen. Sind die Beanspruchungen jedoch zu hoch, kann dies je nach deren Umfang, Form und Dauer in Zustände wie *Ärger, Stress* und zu unterschiedlichsten *Erkrankungen* führen, die die Leistung und die Sicherheit beeinträchtigen. Solche Nebenwirkungen von Arbeit sind neben der Hauptwirkung, der *effektiven und effizienten Bearbeitung von Aufgaben*, ebenso die Folge von Arbeitsgestaltung. Sie haben starke Auswirkung auf die *Zufriedenheit* und die *Gesundheit* der Arbeitstätigen. Dies muss vor allem bei der Konzeption neuer oder bei der Analyse und Verbesserung bestehender Prozessführungssysteme wahrgenommen und berücksichtigt werden. Wir konstruieren bei der Realisierung solcher Systeme also nicht nur Funktionalität, sondern gleichzeitig die Ursachen und Auslöser für negative psychische Zustände wie Monotonie und Stress, aber auch für positive Wirkungen wie Qualifizierung und Persönlichkeitsentwicklung.

Durch die Veränderung der subjektiven Wahrnehmung von Belastungen als Beanspruchungen ist es wichtig, Arbeitssysteme im Allgemeinen und Arbeitsplätze für Operateure in sicherheitskritischen Domänen im Besonderen, auf ihre Eignung und das Auftreten der genannten Wirkungen zu überprüfen und anzupassen. Dies muss ein stetiger Prozess sein, da die beteiligten Menschen, anders als Maschinen, laufend ihre Kompetenz und ihre Persönlichkeit verändern. Operateure in sicherheitskritischen Domänen müssen sich immer im Bereich der zu bewältigenden Aufgaben befinden. Die erfolgreiche Bewältigung von kritischen Ereignissen, hängt außer von den fachlichen Kompetenzen, auch von der Zufriedenheit und vom Berufsethos, das heißt von den Einstellungen der Operateure, ab. Dies kann nur durch *persönlichkeitsförderliche und ganzheitliche Arbeitsgestaltung* herbeigeführt und aufrecht erhalten werden. An dieser Stelle zeigt sich deutlich die asymmetrische Bedeutung von Mensch und Technik. Der Mensch darf nie Lückenfüller einer hoch- oder gar vollautomatisierten Technik werden. Umgekehrt spricht nichts gegen den Nutzen leistungsfähiger Technik, vor allem auch *Automatisierung zur Unterstützung menschlicher Tätigkeiten* gerade in sicherheitskritischen Domänen. *Technik darf und soll Lückenfüller menschlicher Schwächen und Leistungsgrenzen* sein.

6 Mentale, konzeptuelle und technische Modelle

Während wir uns im vorausgegangenen Kapitel mehr um die psychophysischen Zustände von *Operateuren* gekümmert haben, wollen wir nun die kognitiven Fähigkeiten und Arbeitsweisen betrachten. Operateure entwickeln im Laufe der Nutzung von Prozessführungssystemen mehr oder weniger geeignete mentale Vorstellungen von diesen Systemen. Auch die *Systementwickler*, im Folgenden gelegentlich auch *Systemdesigner* genannt, besitzen Vorstellungen, wie die Systeme, die sie realisieren, aufgebaut sein sollen. Diese Vorstellungen bilden sie dann teilweise in den *Anwendungssystemen* in Form von Hardware und Software ab.

Die Vorstellungen, die sich Menschen bilden, um die strukturellen und dynamischen Aspekte eines Problembereiches zu verstehen und Schlussfolgerungen ziehen zu können, nennen wir *mentale Modelle* (siehe Johnson-Laird, 1983, 1986, 1992; Gentner & Stevens, 1983; Dutke, 1994). Sie sind eine Form menschlicher Wissensrepräsentation von Ausschnitten aus der realen Welt, um dort wahrnehmungs-, urteils- und handlungsfähig zu sein. Johnson-Laird formuliert hierzu (1992, S. 932):

> *"A mental model is an internal representation of a state of affairs in the external world."*

Diese Definition ist sehr allgemein. Rouse und Morris (1986) liefern hingegen eine recht pragmatische Definition, die vor allem im Bereich der Ingenieursysteme, speziell der Prozessführungssysteme praktisch weiterhelfen kann:

> *"Mental models are mechanisms whereby humans are able to generate descriptions of system purpose and form, explanations of system functioning and observed system states, and predictions of future system states."*

Bei dieser Definition wird darauf hingewiesen, dass mentale Modelle dazu dienen, dass Menschen Funktionen von Systemen verstehen, erklären und vorhersagen können. Genau diese Eigenschaft wird für die Prozessführung benötigt. Ein Operateur soll über solche Modelle verfügen, um das ordnungsgemäße Funktionieren eines Prozesses und eines Prozessführungssystems soweit zu verstehen, dass er bei Abweichungen entsprechend auf den Prozess einwirken kann, sodass die geplanten Ziele soweit wie möglich erreicht werden.

Auf diese Eigenschaften mentaler Modelle sowie auf die Besonderheiten solcher Modelle im Kontexte von Mensch-Maschine- oder Mensch-Computer-Systemen wollen wir uns im Weiteren abstützen.

Die mentalen Modelle der Systemdesigner nennen wir zur Abgrenzung von den mentalen Modellen der Operateure *konzeptuelle Modelle*, da sie im Allgemeinen systematischer, tiefer und präziser strukturiert sind und im Sinne einer Systemkonzeption der Entwicklung einer Applikation dienen. Die im realisierten System selbst, d.h. im Prozess und Prozessführungssystem technisch abgebildeten Modelle nennen wir *technische Modelle* oder *Systemmodelle*. Diese Abgrenzungen dienen dazu, den jeweiligen Träger des Modells zu identifizieren.

Diese mentalen, konzeptuellen und technischen Modelle beziehen sich im Zusammenhang mit Prozessführungssystemen auf

- die Struktur und Dynamik des Anwendungsbereichs (überwachter und gesteuerter Prozess) und die damit verbundenen Arbeitsobjekte,
- die Funktionalität des Prozessführungssystems,
- die Arbeitsweisen und die Arbeitsverfahren im Anwendungsbereich,
- die Regeln zur Nutzung der Benutzungsschnittstelle des Prozessführungssystems (Bediensyntax),
- die für die Mensch-Computer-Kommunikation verwendeten Zeichen und Symbole sowie ihre Semantik und Pragmatik (Semiotik) sowie
- die physischen Ein- und Ausgabetechniken (sensomotorische Aspekte).

Es lässt sich leicht vermuten, dass die Qualität, vor allem die Transparenz und die Bedienbarkeit von interaktiven Anwendungssystemen im Allgemeinen und Prozessführungssystemen im Besonderen davon abhängen, wie gut die mentalen Modelle von Benutzer und Systemdesigner sowie das Systemmodell verträglich sind. Man spricht im Sinne der Modelle von *kompatiblen oder kongruenten Modellen* oder von *Isomorphismen* (aufeinander abbildbare Eigenschaften) oder *Homomorphismen* (aufeinander abbildbare Strukturen). In der Realität werden wir allerdings immer zu einem mehr oder weniger hohen Grad abweichende, d.h. *unverträgliche* oder *inkompatible Modelle* vorfinden.

Wir werden im Folgenden diese *Unverträglichkeiten* oder *Inkompatibilitäten* systematisch behandeln und erkennen, wie diese minimiert werden können. Im Weiteren werden wir uns mit den *Inhalten der mentalen und konzeptuellen Modelle* beschäftigen. Dazu müssen die Struktur des menschlichen Gedächtnisses und vor allem die im Langzeitgedächtnis zu beobachtenden Wissensformen näher betrachtet werden.

Mentale Modelle auf Grundlage menschlicher Gedächtnisstrukturen sind ein wichtiges Element im Verständnis menschlicher Wahrnehmungs- und Handlungsprozesse, gerade im Hinblick auf die Nutzung interaktiver und multimedialer Prozessführungssysteme. Vieles leitet sich bereits aus dem Bereich der Mensch-Computer-Interaktion ab (Herczeg, 2009a).

Die Konzepte und Methoden zu mentalen Modellen stammen vor allem aus den Kognitions-wissenschaften.

6.1   Mentale Modelle

Bei der Arbeit mit einem Prozessführungssystem hat ein Operateur bestimmte Vorstellungen von seinem Arbeitsgebiet, dem zu steuernden Prozess und der Funktionsweise des Prozess-führungssystems. Wir wollen diese geistigen Vorstellungen im Weiteren, wie schon einge-führt, *mentale Modelle* nennen. So besitzt jeder Operateur sein persönliches, sich im Laufe der Arbeit ständig änderndes und erweiterndes mentales Modell. Je besser die mentalen Mo-delle des Operateurs an das Anwendungsgebiet bzw. an das benutzte Prozessführungssystem angepasst sind, desto effizienter kann dieser seine Arbeitsaufgaben leisten oder auftretende Probleme lösen, soweit das Verständnis des Systems für die Bearbeitung einer Aufgabe oder eines Ereignisses überhaupt notwendig ist. Letzteres ist bei dieser Betrachtung wichtig, da es im Allgemeinen eben nicht notwendig ist, die detaillierten technischen Details des Systems zu kennen, um es erfolgreich nutzen zu können. Es geht somit um den Abgleich der Modelle, im Hinblick auf die Aufgaben des Benutzers und die für den Benutzer erkennbare Funktiona-lität bzw. das Verhalten des Systems.

Die Eignung eines mentalen Modells für die praktische Arbeit mit dem System, hängt davon ab, wie systematisch und korrekt ein solches Modell entstanden ist. *Schulungen, Handbücher* und *Online-Hilfen* sollen dabei unterstützen, ein geeignetes Modell geordnet aufzubauen. Dabei sollten zunächst die Grundprinzipien und die Basisfunktionalität und erst dann be-darfsweise die Feinheiten und die weniger häufig benötigten Funktionen und Eigenschaften des Systems erlernt werden.

Fachleute, also hier professionelle Operateure, besitzen üblicherweise ein gutes und detail-liertes Modell eines Anwendungsbereiches. Ist dieses Modell korrekt und korrespondiert es mit Prozess und Prozessführungssystem, so erleben sie das System als *verständlich* und *transparent*. Ein transparentes Modell vom System muss aber nicht zwangsläufig auf ein gutes System hindeuten, denn selbst ein schlecht konstruiertes System kann man unter Um-ständen nach längerer Zeit gut verstehen. Im Bereich der Prozessführung ist darauf zu ach-ten, dass die Systeme keine unnötige Komplexität, also keine Kompliziertheit aufweisen, die vom Operateur wahrgenommen und verstanden werden muss, um keine unnötigen Sicher-heitsrisiken durch Fehleinschätzungen zu verursachen. Aus diesem Grund muss das Ziel nicht nur die *Transparenz* eines Anwendungssystems, sondern vor allem seine *Aufgabenan-gemessenheit* sein (siehe ISO 9241-110).

6.2   Konzeptuelle Modelle

Mentale Modelle finden wir nicht nur bei den Benutzern eines Systems. Auch die Systemdesigner (Systementwickler) benötigen und bilden entsprechende Modelle zum Entwickeln
eines Prozessführungssystems. Solche Modelle seitens der Entwickler nennt man *konzeptuelle Modelle*, da sie im Allgemeinen wesentlich strukturierter und kleinteiliger als die der Benutzer sein müssen.

Damit ein möglichst aufgaben- und problemgerechtes System entsteht, sollten die Systemdesigner eine Vorstellung von den jeweils vorhandenen mentalen Modellen der Operateure
besitzen. Nur so sind sie letztlich in der Lage, das zu realisierende System auf zu erwartende
Anforderungen und Probleme der Operateure vorzubereiten. Diese Vorstellungen der Systemdesigner von den Modellen der Operateure sind gewissermaßen Modelle zweiter Ordnung, da ihnen als Gegenstandsbereiche wieder Modelle, hier die der Operateure, zugrunde
liegen.

Hinsichtlich des Anwendungsgebiets haben Systemdesigner oft das Problem, die Anwendungsbereiche deutlich schlechter zu kennen, als die Operateure durch ihre tägliche Arbeit.
Umgekehrt kennen und verstehen Operateure im Allgemeinen die Möglichkeiten der technischen Realisierung weniger gut. So findet sich hier eine asymmetrische Ausgangslage, die
eine wesentliche Ursache für viele Inkompatibilitäten der Modelle und folglich auch der
Prozessführungssysteme und ihrer Operateure bildet.

6.3   Technische Modelle

Neben den mentalen Modellen der Benutzer und der Systemdesigner kann man auch Modelle beim technischen System, hier dem Prozessführungssystem selbst identifizieren bzw.
realisieren. Das wichtigste technische Modell (Systemmodell) ist letztlich die Realisierung
des Prozessführungssystems selbst. Hierbei existiert ein programmiertes, also technisch
implementiertes Systemmodell der Anwendungswelt. Es bildet während der interaktiven
Nutzung gewissermaßen das Gegenstück zum mentalen Modell des Operateurs.

Neben dem Anwendungsmodell kann ein Prozessführungssystem in beschränkter Form über
ein Modell vom Benutzer verfügen, genauer gesagt, von dessen mentalem Modell. Auch dies
ist ein Modell zweiter Ordnung, da es ebenfalls ein Modell eines anderen Modells darstellt.
Ein solches Modell reicht von einfachen benutzerspezifischen Einstellungen des Systems bis
hin zu benutzerspezifischen Problemen, die bei der früheren Nutzung des Systems erkannt
und gespeichert wurden. Der Benutzer kennt zum Beispiel ein bestimmtes anderes System
oder begeht bestimmte, auch wiederholte Fehler. Solche Modelle können später dazu dienen,
dem Operateur spezifische Hilfestellungen zu geben. Diese Modelle sind vor allem Ausgangspunkt für sogenannte *adaptive Systeme*, also Systeme, die sich an die Bedürfnisse und
Eigenschaften der Benutzer soweit wie möglich anpassen. An dieser Stelle muss allerdings

festgestellt werden, dass es bislang wenige Systeme gibt, dies sich adaptiv auf einen Operateur einstellen. Am ehesten möchte man sich diese Unterstützung bei der Bedienung von
Systemen durch Laien wünschen, wie z.B. bei Pkws und ihren inzwischen sehr vielfältigen
und komplexen Assistenzsystemen. Bei professionellen Operateuren wird viel Wert auf
Stabilität und Konsistenz und weniger auf Adaptivität gelegt.

6.4   Klassifikation von Modellen

Wir haben gesehen, dass diverse Modelle bei Benutzer (Operateur), Designer (Systementwickler) und System (Prozessführungssystem) existieren, die Gemeinsamkeiten aufweisen
und sich teilweise aufeinander beziehen. Dies lässt sich mittels einer Klassifikation dieser
Modelle formal darstellen. Dazu dient der folgende Formalismus, der jedem Modell in Abhängigkeit vom Besitzer des Modells einen Namen gibt und den Gegenstandsbereich, also
den Bezugspunkt des Modells beschreibt.

Zur Bildung der Modelle werden die am System Beteiligten als *Operatoren* und der Gegenstandsbereich der Modelle als *Operanden* verwendet (vgl. Streitz, 1990; Herczeg, 2009a).
Wir wollen im Weiteren folgende Notation verwenden:

S: System (hier Prozessführungssystem)

B: Benutzer (hier Operateur des Prozessführungssystems)

D: Designer (hier Entwickler des Prozessführungssystems)

Durch Anwendung dieser Operatoren auf den Anwendungsbereich

A: Anwendungsbereich (Arbeitsgebiet, Zielsystem, Prozess)

lassen sich die *Modelle 1. Ordnung* formal benennen:

S(A): technisches Modell des Anwendungsbereiches (Prozess);
            entspricht hier dem Prozessführungssystem

B(A): mentales Modell des Benutzers vom Anwendungsbereich

D(A): konzeptuelles Modell des Systemdesigners vom Anwendungsbereich

	S	B	D	Ordnung
A	S(A)	B(A)	D(A)	1.

Tabelle 1.   mentale, konzeptuelle und technische Modelle 1. Ordnung

Aus den Modellen 1. Ordnung und den beschriebenen Operatoren lassen sich Modelle höherer Ordnung entwickeln.

Wichtige *Modelle 2. Ordnung* sind:

B(S(A)): Modell des Benutzers vom Anwendungssystem, d.h. der Operateur stellt sich vor, wie das System funktioniert. Ein solches Modell ist neben der eigentlichen Nutzung wichtig, um Problemfälle oder Systemgrenzen vorherzusehen und zu erkunden (*exploratives Arbeiten*).

D(B(A)): Modell des Systemdesigners vom Modell des Benutzers des Anwendungsgebiets, d.h. der Systemdesigner versetzt sich in die Situation des Operateurs als Fachgebietsexperte.

S(B(A)): Modell des Systems vom Modell des Benutzers des Anwendungsgebiets, d.h. das System baut ein Modell auf, das beschreibt, wie gut der Operateur das Anwendungsgebiet kennt. Das Modell kann dazu dienen, den Benutzer vor semantischen Fehlern (Anwendungsfehler) zu bewahren oder effizientes Arbeiten im Arbeitsgebiet zu unterstützen.

S(S(A)): Modell des Systems von der Implementierung des Systems, d.h. das System baut ein explizites Modell seiner eigenen Realisierung auf. Eine solche Selbstreflektion in Verbindung mit anderen Modellen ist Voraussetzung für *adaptive Systeme* (Systeme, die sich an ihre Benutzer anpassen) und *aktive Hilfesysteme* (Hilfesysteme, die selbst die Initiative zur Darbietung von Hilfe ergreifen).

Die unterstrichenen Modelle in Tabelle 2 sind wichtige Formen der *Selbstreflektion*, d.h. Modelle der jeweiligen Akteure von sich selbst.

	S	B	D	Ordnung
S(A)	S(S(A))	B(S(A))	D(S(A))	
B(A)	S(B(A))	B(B(A))	D(B(A))	2.
D(A)	S(D(A))	B(D(A))	D(D(A))	

Tabelle 2.   mentale, konzeptuelle und technische Modelle 2. Ordnung

Nach den Modellen 2. Ordnung lassen sich darauf aufbauend Modelle 3. Ordnung definieren, von denen etliche ebenfalls praktische Bedeutung aufweisen:

	S	B	D	Ordnung
S(S(A))	S(S(S(A)))	B(S(S(A)))	D(S(S(A)))	
B(S(A))	S(B(S(A)))	B(B(S(A)))	D(B(S(A)))	
D(S(A))	S(D(S(A)))	B(D(S(A)))	D(D(S(A)))	
S(B(A))	S(S(B(A)))	B(S(B(A)))	D(S(B(A)))	
B(B(A))	S(B(B(A)))	B(B(B(A)))	D(B(B(A)))	3.
D(B(A))	S(D(B(A)))	B(D(B(A)))	D(D(B(A)))	
S(D(A))	S(S(D(A)))	B(S(D(A)))	D(S(D(A)))	
B(D(A))	S(B(D(A)))	B(B(D(A)))	D(B(D(A)))	
D(D(A))	S(D(D(A)))	B(D(D(A)))	D(D(D(A)))	

Tabelle 3.   mentale, konzeptuelle und technische Modelle 3. Ordnung

Diese Vielfalt von Modellen ist nicht nur von theoretischer Natur. Die Modelle lassen sich in realen Anwendungssituationen meist recht gut erkennen und mit Benutzern und Systemdesignern diskutieren. Entscheidend ist ihre praktische Bedeutung bei der Analyse von Nutzungsproblemen bzw. ihrer Vermeidung. Hierbei stellt sich insbesondere die Frage der *Verträglichkeit* oder *Kompatibilität* dieser Modelle.

6.5   Differenzierung mentaler, konzeptueller und technischer Modelle

Für eine Analyse und Referenzierung der mentalen, konzeptuellen und technischen Modelle müssen wir Anwendungsbereiche, Benutzer, Systemdesigner und realisierte interaktive Anwendungssysteme dokumentarisch unterscheiden können. Außerdem benötigen wir eine Beschreibungsmöglichkeit des Zeitpunkts, zu dem ein Modell erfasst wird. Zu diesem Zweck werden wir im Folgenden die Notation für die Modelle noch etwas verfeinern.

6.5.1   Benennung von Modellen

Der Gegenstandsbereich der Modelle muss in bestimmten Analysesituationen besonders differenziert werden (Herczeg, 2006c; Herczeg, 2009a). So müssen wir zunächst die Anwendungsbereiche unterscheiden, bedarfsweise als abgegrenzte Teilanwendungen innerhalb eines Anwendungssystems:

$$A_1, A_2, ..., A_i$$

Analog zur Unterscheidung des Anwendungsbereichs müssen wir potenziell unterschiedliche einzelne Benutzer, Systemdesigner und Anwendungssysteme unterscheiden, also z.B.:

$$B_1, B_2, ..., B_k$$
$$D_1, D_2, ..., D_m$$
$$S_1, S_2, ..., S_n$$

Bei bestimmten Anwendungsbereichen, Benutzern oder Personas (fiktive konkrete Benutzer) oder bei bestimmten Softwareprodukten können wir pragmatisch deren abgekürzte Namen statt der numerischen Indizes verwenden, beispielsweise:

A_{FF} für den Anwendungsbereich *Flugführung (FF)*

$B_{Müller}$ für die Persona *Müller*

S_{PFD} für das Teilsystem *Primary Flight Display (PFD)*

S_{TCAS} für das *Traffic Alert and Collision Avoidance System (TCAS)*

Möchten wir Klassen von Benutzern unterscheiden, verwenden wir als Index ein Symbol für die Klassenbezeichnung, wie zum Beispiel:

B_{FO} für *First Officer*

B_{CPT} für *Flugkapitän*

6.5.2 Anwendungsfunktionalität vs. Benutzungsschnittstelle

Sobald die Nutzung eines interaktiven Anwendungssystems genauer untersucht werden soll, müssen wir bei diesem System die unterschiedlichen Systemaspekte unterscheiden, mit denen ein Benutzer konfrontiert wird. Dies gilt vor allem für die implementierte Systemfunktionalität sowie die Ausprägung der dazugehörigen Benutzungsschnittstelle.

Die *Anwendungsfunktionalität* (hier Prozess eines A380) soll wie folgt notiert werden:

$$S^{A380}$$

und seine *Benutzungsschnittstelle* (hier Prozessführungssystem, Cockpit, CP) mit:

$$S^{CP-A380}$$

Gelegentlich wollen wir nur abstrakt Teile eines Anwendungssystems referenzieren. Dies können Teilfunktionalitäten oder Teile des Prozessführungssystems sein. Wir wollen hierbei durch hochgestellte römische oder andere Ziffern folgendermaßen notieren:

$$S^I, S^{II}, ..., S^X$$

6.5.3 Zeitliche Differenzierung von Modellen

Die diskutierten Inkompatibilitäten von mentalen und konzeptuellen Modellen erzeugen eine Spannungssituation zwischen Benutzer und System, die seitens der Benutzer im Allgemeinen dazu führen wird, dass diese im Verlauf der Nutzung des Systems ihre Modelle verändern werden. Wir müssen bei der Benennung von Modellen diese also auf einen bestimmten Zeitpunkt beziehen. So können wir durch folgende Notation darstellen, dass die Benutzer mit ihren mentalen Modellen eine Entwicklung durchlaufen:

$$B(A)^{t1}, B(A)^{t2}, ..., B(A)^{tn}$$

bzw. die höheren Modelle, wie z.B. das mentale Modell des Benutzers vom System, in seiner zeitlichen Entwicklung darstellen:

$$B(S(A))^{t1}, B(S(A))^{t2}, ..., B(S(A))^{tn}$$

Die Zeitangaben können dabei absolute Zeiten wie Datum (1.12.2008) oder Uhrzeit (10:00), auch kombiniert (1.12.2008 10:00) oder relative Zeitangaben, also Zeitdauern wie zum Beispiel Jahre (2 a), Tage (3 d), Stunden (10 h), Minuten (5 min) oder Sekunden (40 sec) sein.

6.5.4   Konkretisierung von Modellen

Wir können mit der oben eingeführten erweiterten Notation nun sehr spezifische Modelle referenzieren, wie zum Beispiel

$$B_{\text{Müller}}(S_{\text{PFD}}^{\text{CP-A380}}(A_{\text{FF}}))^{1.12.2012}$$

als mentales Modell der konkreten Person oder Persona *Müller* vom Prozessführungssystem und dem Primary Flight Display *PFD* des Cockpits eines A380 *CP-A380* zum Zeitpunkt *1.12.2012*. Der Anwendungsbereich A_{FF} bezieht sich dabei auf das Gebiet der *Flugführung*.

Das folgende Modell

$$B_{\text{Müller}}(S_{\text{TCAS}}^{\text{CP-A380}}(A_{\text{FF}}))^{1a}$$

könnte interpretiert werden als das mentale Modell der Person *Müller* von der Funktionalität von TCAS nach einem Jahr Nutzung.

6.5.5   Kompatibilität von Modellen

Ein grundlegendes, immer wieder auftauchendes Problem und letztlich der Zweck unserer Betrachtungen ist die *Inkompatibilität von mentalen, konzeptuellen und technischen Modellen*. Die unzureichende Modellübereinstimmung behindert die effektive Nutzung oder verschlechtert die effiziente Nutzung eines Systems durch die ständig nötige Transformationsleistung.

Eine sehr grundlegende Inkompatibilität von Modellen ist diejenige, zwischen B(A) und A, z.B. hat der Benutzer den Anwendungsbereich nicht richtig verstanden und erwartet daher ein anderes Verhalten des Systems. Hier hilft nur eine Schulung des Benutzers im Anwendungsbereich. Eine Angleichung des Anwendungssystems wäre nicht sinnvoll. Fehlabstimmungen entstehen in vielen Fällen durch unverträgliche B(A) und D(A), d.h. die Systementwickler haben das Anwendungssystem mit anderen Vorstellungen vom Anwendungsbereich entwickelt. Oftmals zeigt sich während der Entwicklung, dass beide Modelle nicht korrekt sind, sodass eine Abstimmung auf beiden Seiten notwendig wird und die Systementwicklung auf diese Weise zu einer weiteren Klärung des Fachwissens von Benutzern und Systementwicklern führt. Ausgangspunkt dafür ist die Inkompatibilität von B(A) und S(A), d.h. der Benutzer hat eine andere Vorstellung vom Anwendungsbereich, als es das System realisiert.

Ein Problem mit ähnlicher Wirkung ist die Inkompatibilität von B(S(A)) und S(A), d.h. der Benutzer hat eine falsche Vorstellung vom Anwendungssystem, hier vom Prozessführungssystem. Dies lässt sich durch Schulung des Benutzers bezüglich des Anwendungssystems beseitigen. Auf diese Weise wird das B(S(A)) an die Realität S(A) angepasst, falls das S(A) nicht optimiert werden kann oder muss.

Eine andere Möglichkeit des Erkennens und Vermeidens inkonsistenter Modelle ist das frühzeitige Einbeziehen von Benutzern in den Prozess der Systementwicklung. Man nennt dies *Benutzerpartizipation* im Rahmen *formativer Evaluationen* (Herczeg, 2009a). Auf diese Weise kann das Entstehen inkompatibler Modelle früh erkannt und durch geeignete Maßnahmen korrigiert werden.

In realen Anwendungssituationen können viele weitere Inkompatibilitäten auftreten, die jeweils mit unterschiedlichen Mitteln behoben werden müssen. In den meisten Fällen werden die Inkompatibilitäten durch zeitlich gestaffelte Maßnahmen vor allem nach Einführung eines Systems beseitigt. Dies geschieht bspw. durch erste Testläufe, regelmäßige Revisionen oder laufendes Incident Reporting. Letztlich muss vor allem sichergestellt werden, dass das System es ermöglicht, die anstehenden Aufgaben zu lösen und dass die Benutzer ein ausreichend angenähertes Modell vom System besitzen,

$$\text{notiert als } B(S(A)) \cong S(A),$$

da Gleichheit (Isomorphismus und Homomorphismus) von Modellen,

$$\text{notiert als } B(S(A)) = S(A),$$

nur theoretisch existieren kann. Mit ausreichender Näherung ist gemeint, dass das mentale Modell des Benutzers vom Anwendungssystem es erlaubt, die Aufgaben zielgerichtet, ohne „herumzuprobieren" und ohne große Transformationsleistung zu erreichen. Das System ist damit ausreichend „transparent", ohne zwangsläufig auch effizient sein zu müssen; auch die Schwächen des Systems sind dem Benutzer dann bekannt. Dabei ist zu beachten, dass das reale mentale Modell des Benutzers vom Anwendungssystem $B(S(A))$ sowohl

- korrekte Modellelemente $S^{I}(A)$ enthält,
- vorhandene Modellelemente $S^{II}(A)$ des Systems nicht enthält,
- als auch Modellelemente $S^{III}(A)$ enthält, die im System (noch) nicht vorhanden sind.

Diese Problematik wird in Abbildung 11 visualisiert. Das Ziel ist also keine zu große Unter- oder Überabdeckung, sondern eine möglichst exakte Abdeckung, d.h. eine ausreichende Näherung wie oben beschrieben, meist schrittweise herbeizuführen.

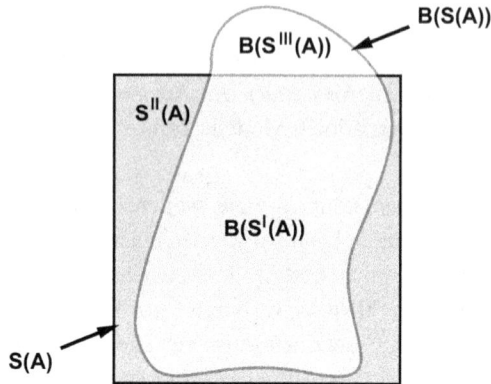

Abbildung 11. inkompatible mentale und konzeptuelle Modelle

> Das mentale Modell des Benutzers enthält Modellelemente $S^I(A)$, die im Systemmodell enthalten sind. Er glaubt an Systemelemente $S^{III}(A)$, die dort gar nicht existieren. Außerdem kennt der Benutzer einige Systemeigenschaften $S^{II}(A)$ nicht.

Dies wird im Allgemeinen schrittweise über eine zeitliche Entwicklung, einerseits durch Erlernen des Systems (Benutzer passt sich dem System an) und andererseits durch Verbesserungen des Systems (System wird den Benutzern angepasst), realisiert (siehe Abbildung 12):

$B(S(A)^{t1})^{t1} \neq S(A)^{t1}$ Zustand mit Inbetriebnahme

$B(S(A)^{t1})^{t2} \neq S(A)^{t1}$ Zustand nach ersten Lernschritten

$B(S(A)^{t3})^{t3} \neq S(A)^{t3}$ Zustand nach Änderung des Systems

$B(S(A)^{t3})^{tn} \cong S(A)^{t3}$ Zustand nach weiteren Lernschritten

   wobei $t1 < t2 < t3 < tn$

Die Entstehung und die Kompatibilität der mentalen, konzeptuellen und technischen Modelle ist ein dynamischer Prozess, der in einer angemessenen Näherung und Zeit konvergieren sollte. Anpassungen entstehen durch Lernprozesse bei Benutzern und Systementwicklern sowie durch die Veränderung und Weiterentwicklung des Systems.

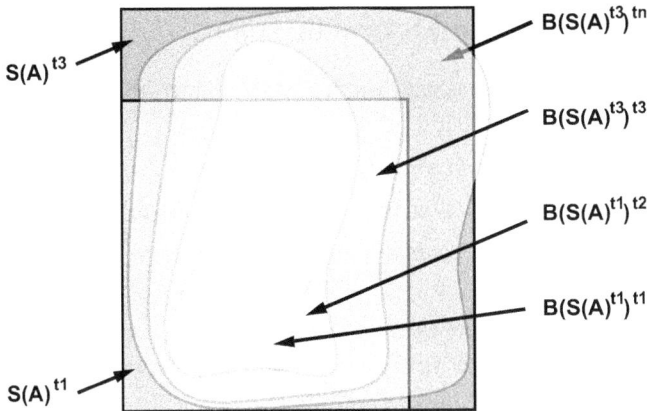

Abbildung 12. zeitliche Entwicklung von System und mentalem Modell

Das mentale Modell des Benutzers vom System $B(S(A))$ entwickelt sich mit der Zeit der Systemnutzung weiter und passt sich immer besser an das System an. Allerdings entwickelt sich das System während dessen von $S(A)^{t1}$ nach $S(A)^{t3}$ oftmals weiter, was wieder zu neuen Inkompatibilitäten führt.

6.6 Gemeinsame Mentale Modelle (Shared Mental Models)

In der Erforschung mentaler Modelle und ihres Nutzens wurde auch untersucht, wie mehrere Handelnde in der Lage sind, gemeinsam Situationen zu erkennen, Entscheidungen zu treffen und Probleme zu lösen. Hierbei wurde der Begriff der *„Shared Mental Models (SMM)"* geprägt. Die Zielsetzung hinter der Begriffsbildung SMM ist vielfältig und umfasst z.B.

- die erfolgreiche und produktive *Arbeitsteilung in Teams* in eng gekoppelten Arbeitsprozessen;
- *Shared Situation Awareness* in sicherheitskritischen Systemen (siehe auch Abschnitt 10.6) sowie
- *kongruente Modelle* zwischen Entwickler (Designer), Benutzer (und System) bei der Entwicklung gebrauchstauglicher Systeme (siehe Abschnitt 6.5).

In diesen und weiteren Fällen taucht der Begriff *Shared Mental Model* in wissenschaftlicher und praxisorientierter Literatur auf.

6.6.1   Shared Mental Models in Teams

Im Bereich der Organisationsforschung wurden SMM immer wieder postuliert, wie z.B. in (Rouse, Cannon-Bowers & Salas, 1992):

"Teams that perform well, hold shared mental models."

oder in (Cannon-Bowers, Salas & Converse, 1993; zitiert in Mathieu et al., 2000):

"shared mental models help explain how teams are able to cope with difficult and changing task conditions"

Der Ansatz postuliert gewissermaßen die Existenz von SMM und erklärt damit mehr oder weniger gute Teamleistung. Klarer wird dies in (Kennedy & Trafton, 2007) durch die Erklärung von Inhalten von SMM formuliert:

"... a good team-member has three knowledge components
(Cannon-Bowers, Salas & Converse, 1993):

> *(1) Knowledge of own capabilities [meta-knowledge],*
> *(2) Knowledge of the task, and*
> *(3) Knowledge about the capabilities of their teammates."*

Wissen über die eigenen Fähigkeiten, Wissen über die Aufgabe und Wissen über die Fähigkeiten anderer Teammitglieder soll zu guten Teamleistungen führen.

Weitere Definitionen von SMM heben besondere Aspekte hervor, wie z.B. Stout et al. (1999):

"Shared mental models provide team members with a common understanding of who is responsible for what task and what the information requirements are. In turn, this allows them to anticipate one another's needs so that they can work [...] in synchronicity."

Die AHRC (Agency for Healthcare Research and Quality) hebt hervor[3]:

"A mental model is a mental picture or sketch of the relevant facts and relationships defining an event, situation, or problem. When all members of a team share the same mental model, this is referred to as a 'shared mental model'."

Salas weist auf Inhalte solcher SMM hin:

"What effective teams do [...]. They hold shared mental models.

> *– [...] have members who anticipate each other."*
> *– [...] can coordinate without overt communication."*

---

[3]   http://www.ahrq.gov/professionals/education/curriculum-
tools/teamstepps/instructor/fundamentals/module5/igsitmonitor.html#m4SL13, letzter Zugriff: 08.05.2014

Ähnlich erläutern Espinosa et al. (2002) den Begriff des SMM:

> *"Most shared mental models (SMMs) can be classified as knowledge similarity about the task or about the team. [...] Thus, we measured SMM of the task (i.e., knowledge that team members share about the task) and SMM of the team (i.e., knowledge that team members share about each other)."*

Detaillierung von Typen und Inhalten von SMM finden wir bei Cannon-Bowers, Salas und Converse (1993):

Types of Model	Knowledge content	Comments
Technolo-gy/equipment	Equipment functioning Operating procedures System limitations Likely failures	Likely to be the most stable model in terms of content. Probably requires less to be shared across team members.
Job/task	Task procedures Likely contingencies Likely scenarios Task strategies Task component relationships	In highly proceduralized tasks, members will have shared task models. When tasks are more unpredictable, the value of shared talk knowledge becomes more crucial.
Team interaction	Roles/responsibilities Information sources Interaction patterns Communication channels Role interdependencies Information flow	Shared knowledge about team interactions drives how team members behave by creating expectations. Adaptable teams are those who understand well and can predict the nature of team interaction.
Team	Teammates' knowledge Teammates' skills Teammates' attitudes Teammates' preferences Teammates' tendencies	Team-specific knowledge of teammates helps members to better tailor their behavior to what they expect from team-mates.

Tabelle 4.   Typen und Inhalte von Shared Mental Models (Cannon-Bowers, Salas & Converse, 1993 in Mathieu et al., 2000)

Die Entwicklung von SMM in Teams wird u.a. durch sogenanntes *Crew Resource Management (CRM)* (siehe auch Abschnitt 14.4.3) unterstützt und gefördert. So wird insbesondere dem Kommunikationsverhalten eine besondere Rolle beigemessen:

> *"**Communications.** From the foregoing discussion on cognitive skills, it is evident that effective communication between crew members is an essential prerequisite for good CRM. Research has shown that in addition to its most widely perceived function of transferring information, the communication process in an aircraft fulfils several other important functions as well. It not only helps the crew to develop a shared mental model of the problems which need to be resolved in the course of the flight, thereby enhancing situational awareness, but it also allows problem solving to be shared amongst crew members by enabling individual crew members to contribute appropriately and effectively to the decision-making process."*

(CRM Standing Group of the Royal Aeronautical Society, 1999; http://www.raes-hfg.com/reports/crm-now.htm; letzter Zugriff: 08.05.2014)

6.6.2   Shared Mental Models in Shared Situation Awareness

Eine besondere Form des SMM wird im Bereich der *Situation Awareness (SA)* gesehen, was zum Konzept der *Shared Situation Awareness (SSA)* führt (siehe Abschnitt 10.6). Hierbei wird davon ausgegangen, dass mehrere Operateure eine Situation gleichartig wahrnehmen und verstehen, um daraus proaktiv kritische Entwicklungen durch frühzeitiges und vorausschauendes Handeln gemeinsam bewältigen oder gänzlich vermeiden.

Hierbei wird für die Modellbildung der Operateure angenommen (Endsley, Bolté & Jones, 2003):

> *"develop the same understanding and projections based on lower level data, without requiring extra communication"*

Existierten keine SMM, könnten bei den Operateuren folgende Probleme auftreten (ebd.):

- *"are likely to process information differently";*
- *"arriving at a different interpretation of what is happening";*
- *"considerable communication will be needed to arrive at a common understanding of information and to achieve accurate expectations of what other team members are doing and what they will do in future".*

SMM entstehen dabei vor allem durch (ebd.):

- gemeinsames Training;
- gemeinsame Missionserfahrungen;
- direkte Kommunikation.

6.6.3   Shared Mental Models in der Systementwicklung

Wie bereits in Abschnitt 6.5 dargestellt, finden sich unterschiedliche mentale bzw. konzeptuelle Modelle bei Benutzer und Systementwickler (Systemdesigner). SMM könnten die Grundlage für ein gemeinsames Verständnis der Problemstellung liefern, wodurch wiederum eine Systemlösung entstehen kann, die die mentalen Modelle von Benutzer und Entwickler geeignet widerspiegelt.

Näheres zum Prozess der Entwicklung eines Systems unter geeigneter Berücksichtigung des Verständnisses und der Erwartungen von Operateur und Entwickler, findet sich bei Rasmussen (1984) (siehe Abbildung 13). Er bezieht sich dabei auf den Prozess der Prozessführung selbst, den er in Form der Decision-Ladder verbildlicht (vgl. Abschnitt 8.2 und Abbildung 29) und bei dem sich die Frage der Arbeitsteilung zwischen Mensch und Maschine, also der Automatisierung stellt.

Es wird auf diese Weise deutlich, dass Systemdesigner, Operateur und Maschine (Computer) über unterschiedliche, teils überlappende Kompetenzen verfügen. Das Zusammenwirken der Kompetenzbereiche und die Verträglichkeit der Überlappungsbereiche sind der Kern der wichtigen Auseinandersetzung von Entwicklern, Operateuren und unterstützenden Anwendungsexperten während der Entwicklung eines neuen oder der Verbesserung eines bestehenden Prozessführungssystems.

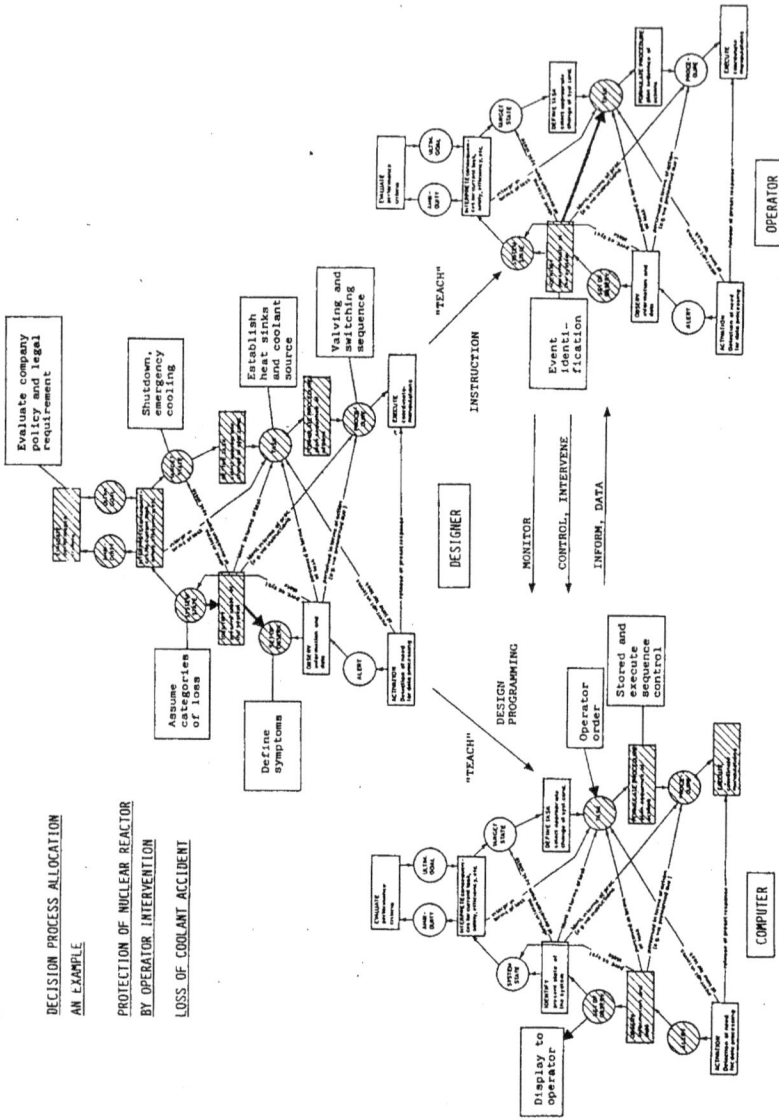

Abbildung 13. unterschiedliche, aber abgestimmte Kompetenzen bei Entwickler, Operateur und System (Rasmussen, 1984)

Durch geeignete kongruente mentale, konzeptuelle oder technische Modelle bei Benutzer (Operateur), Systementwickler (Designer) und System (Computer) kommt es später im Systembetrieb zur geeigneten Erkennung von Ereignissen und deren erfolgreiche Behandlung (vgl. Decision Ladder in Abbildung 29 für Details).

6.7   Gedächtnisstrukturen

Bevor wir die inhaltlichen Strukturen für mentale Modelle betrachten, soll im Folgenden zunächst noch ein grundlegendes Gesamtmodell des menschlichen Gedächtnisses dargestellt werden. Die Strukturen und Eigenschaften des menschlichen Gedächtnisses bilden gewissermaßen die Trägerebene, das Substrat der mentalen Modelle. Wir werden sehen, dass es in der Psychologie bislang nur grobe und unterschiedliche Vorstellungen über die Gedächtnisstrukturen und, darauf aufbauend, die mentalen Modelle gibt.

Zur Einschätzung menschlicher Wahrnehmung und Handlung wurden vielfältige psychologische Modelle der Repräsentation menschlichen Wissens entwickelt. Diese sind von unterschiedlicher Abstraktion und Detaillierung und zielen auf die Erklärung unterschiedlicher kognitiver Phänomene ab. Dabei muss beachtet werden, dass es sich bei den Modellen um starke Vereinfachungen handelt, die nur gut genug sein müssen, um die jeweils betrachteten kognitiven Phänomene beobachten, beschreiben oder vorhersagen zu können.

Wir bezeichnen die Repräsentationen von Daten, Information und Wissen im Menschen üblicherweise als das menschliche *Gedächtnis*. Hierbei wird in einem Basismodell (*Multi Store Memory* nach Atkinson & Shiffrin, 1968 und 1971) zwischen folgenden Unterstrukturen (Speichern) unterschieden:

1. *sensorisches Gedächtnis (sensorischer Speicher)*,
2. *Kurzzeitgedächtnis (Arbeitsgedächtnis)* und
3. *Langzeitgedächtnis*.

Diese drei Gedächtnisformen wurden zunächst bei Untersuchungen menschlicher Wahrnehmungsprozesse beobachtet und modelliert. Sensorische Reize gelangen zunächst in die *sensorischen Gedächtnisse*, bei denen vor allem das visuelle und das auditive Gedächtnis unterschieden worden sind. Nachdem Wahrnehmungen im sensorischen Gedächtnis festgehalten und aufbereitet worden sind, kann ein Teil davon in das *Kurzzeitgedächtnis* gelangen und bewusstseinsfähig werden. Dort werden sie im Rahmen eines Verständnis- und Problemlösungsprozesses verarbeitet und können dabei in das *Langzeitgedächtnis* gelangen. Das Kurzzeitgedächtnis wird aufgrund seiner zentralen Funktion bei Problemlöseaktivitäten gerne auch *Arbeitsgedächtnis* genannt.

Die Eigenschaften dieser Informationsspeicher können durch eine Reihe von meist informationstechnisch orientierten *Charakteristika* beschrieben werden:

Kapazität: Informationsmenge, die ein Speicher aufnehmen kann

Kodierungsform: Art und Weise, wie Information in einem Speicher abgelegt wird. Die größten zusammenhängenden Informationseinheiten (Sinneinheiten) werden als *Chunks* bezeichnet. Derartige Chunks können beispielsweise Zahlen, Buchstaben, Abkürzungen, Wörter oder beliebig größere begriffliche Einheiten sein. Chunks sind individuell.

Zugriffsgeschwindigkeit: Zeitdauer für das Ablegen bzw. das Auffinden von Information im Speicher

Zugriffsorganisation: Ordnung und Zugangswege zur gespeicherten Information

Persistenz: Zeitdauer, in der die gespeicherte Information erhalten bleibt (Behaltensleistung, Merkfähigkeit)

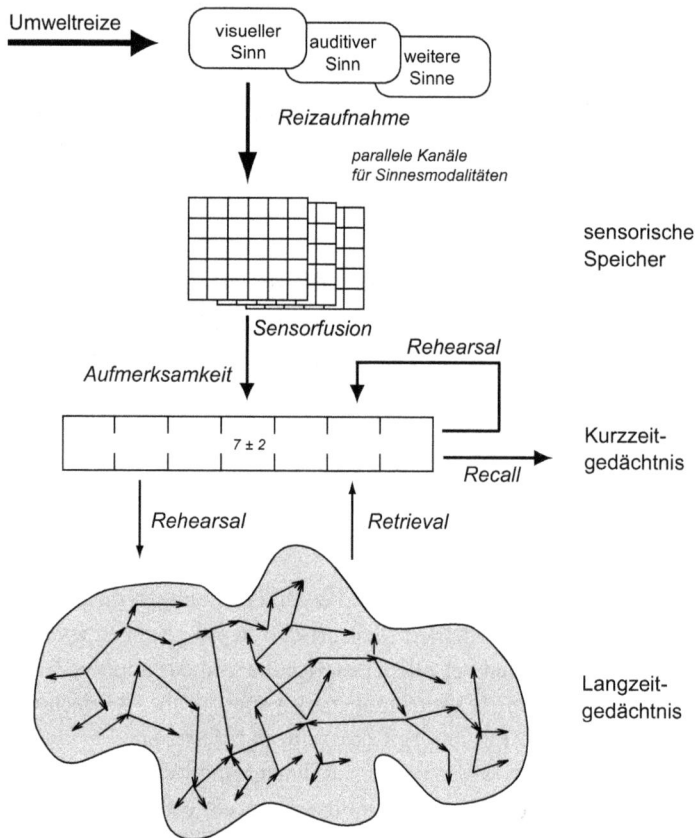

Abbildung 14. Modell des menschlichen Gedächtnisses (Herczeg & Stein, 2012)

Das dargestellte Modell wurde abgeleitet aus dem *Multi Store Model* von Atkinson und Shiffrin (1968, 1971). Die sensorischen Reize gelangen zuerst in die sensorischen Speicher (sensorisches Gedächtnis) und werden dort aufgearbeitet und in Form von abstrahierten Chunks selektiv in das Kurzzeitgedächtnis übergeführt. Dort werden sie im Zusammenspiel mit dem Langzeitgedächtnis zum Verständnis von Situationen sowie für Problemlöseaktivitäten mit dem Langzeitgedächtnis verknüpft.

Über die Eigenschaften und das Zusammenspiel dieser Gedächtnisstrukturen im Zusammenhang mit der Nutzung von Computern finden sich weitere Details u.a. bei Card, Moran und Newell (1983). Dabei ist ein bekanntes Modell, der *Model Human Processor* entstanden, das grundlegende Mechanismen bei der Mensch-Computer-Interaktion modelliert hat (siehe Abbildung 15). Das Modell wird bezüglich Fragen der Mensch-Technik-Gestaltung in seinen Grundzügen oft als nützlich angesehen. Die Integration weiterer Modalitäten, wie das Wahrnehmen haptischer Reize oder zeitbasierter Medien für multimediale Systeme, wäre allerdings heute hilfreich.

6.7.1   Sensorisches Gedächtnis

Bei der Reizaufnahme gelangen die registrierten Empfindungen zunächst in sensorische Speicher, bei denen insbesondere *ikonische (visuelle)* und *echoische (auditive) Speicher* unterschieden werden.

Der *ikonische (visuelle) Speicher* ist in der Lage, visuelle Information (~ 12 Chunks) für kurze Zeit (~ 0,5 sec) bei sehr schnellen Zugriffszeiten zwischenzuspeichern. Die Kodierungsform ist weitgehend ungeklärt.

Der *echoische Speicher* dient der Speicherung auditiver Informationen. Die Information verbleibt bis zu 5 sec in diesem Gedächtnis. Dies erklärt, warum akustische Ereignisse meist nach einigen Sekunden noch wahrgenommen werden können. Die Zugriffszeiten dieses Speichers sind ebenfalls sehr kurz. Die Kodierungsform ist ebenfalls weitgehend ungeklärt.

6.7.2   Kurzzeitgedächtnis (Arbeitsgedächtnis)

Nach den sensorischen Gedächtnissen gelangt die aufgenommene Information zunächst in das sogenannte *Kurzzeitgedächtnis (KZG)*. Aufgrund seiner Aufgabe als Puffergedächtnis für Problemlösungsprozesse nennt man das Kurzzeitgedächtnis auch *Arbeitsgedächtnis*. Hier spielt sich der größte Teil der *bewussten Denkarbeit* ab. Das Arbeitsgedächtnis bildet dabei gewissermaßen die Informationsdrehscheibe.

Die Grenzen der Kapazität des menschlichen KZG wurden erstmals von Miller (1956) formuliert. Er stellte in unterschiedlichsten Experimenten fest, dass es den meisten Menschen möglich ist, in kurzer Zeit immer etwa 7±2 Chunks über einen Zeitraum von etwa 15–30 sec zu speichern. Außerdem ist zu beobachten, dass der Zugriff umso unzuverlässiger wird, je mehr Chunks gespeichert werden.

Die Kodierungsform des KZG scheint in vielen Fällen auditiv zu sein, d.h. es werden teils mit und teils ohne bewusste oder unbewusste Sprechmuskelbewegung Klangbilder abgelegt. Außerdem werden auch visuelle Muster kodiert.

LONG-TERM MEMORY

$\delta_{LTM} = \infty$

$\mu_{LTM} = \infty$

$\kappa_{LTM} = semantic$

WORKING MEMORY

VISUAL IMAGE STORE

$\delta_{VIS} = 200\ [70\sim1000]$ msec

$\mu_{VIS} = 17\ [7\sim17]$ letters

$\kappa_{VIS} = Physical$

AUDITORY IMAGE STORE

$\delta_{AIS} = 1500\ [900\sim3500]$ msec

$\mu_{AIS} = 5\ [4.4\sim6.2]$ letters

$\kappa_{AIS} = Physical$

$\mu_{WM} = 3\ [2.5\sim4.1]$ chunks

$\mu_{WM*} = 7\ [5\sim9]$ chunks

$\delta_{WM} = 7\ [5\sim226]$ sec

$\delta_{WM}\ (1\ chunk) = 73\ [73\sim226]$ sec

$\delta_{WM}\ (3\ chunks) = 7\ [5\sim34]$ se

$\kappa_{WM} = Acoustic\ or\ Visual$

Cognitive Processor

$\tau_C = 70\ [25\sim170]$ msec

Perceptual Processor

$\tau_P = 100\ [50\sim200]$ msec

Motor Processor

$\tau_M = 70\ [30\sim100]$ msec

Eye movement = 230 [70~700] msec

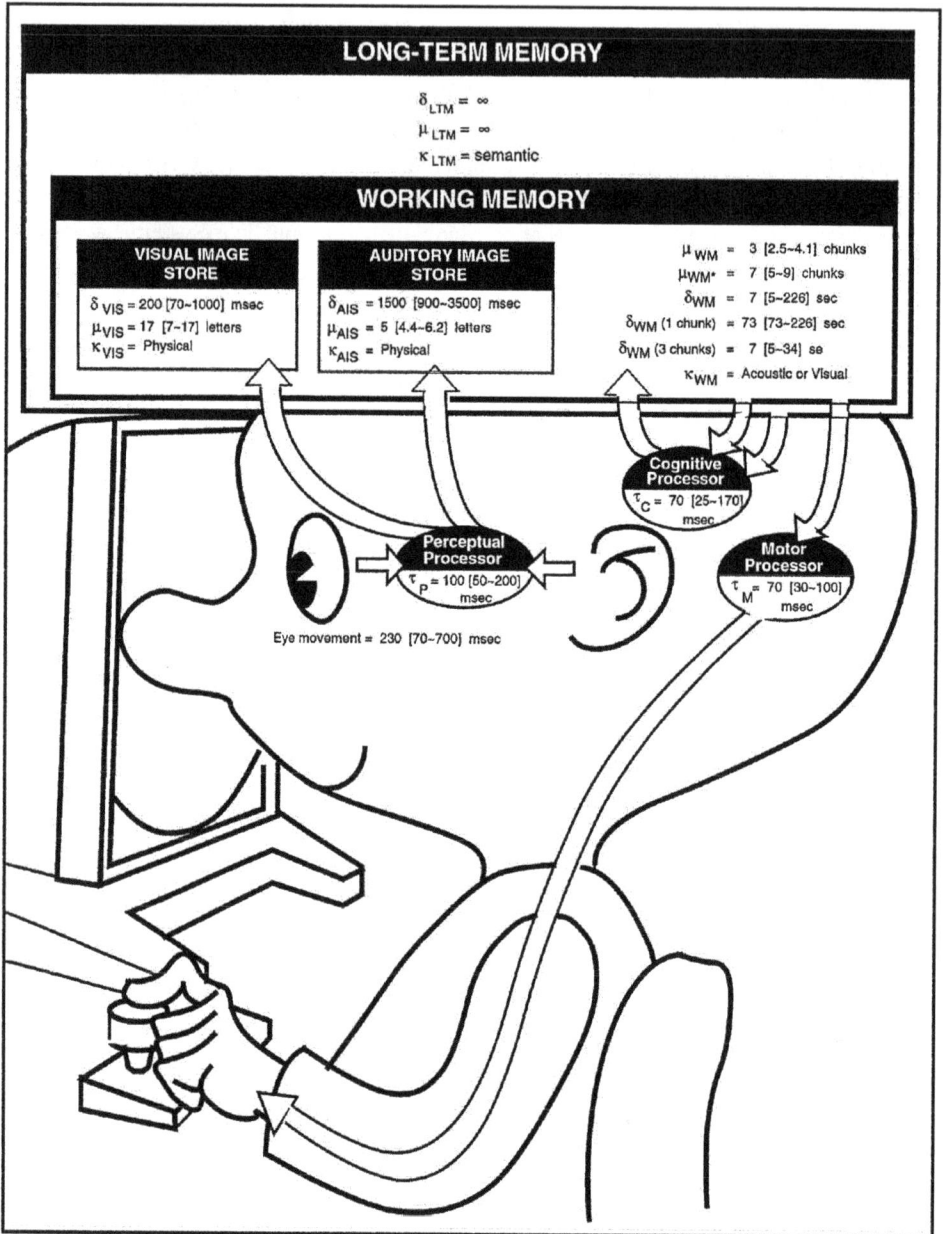

Abbildung 15. *Model Human Processor* von Card, Moran und Newell (1983)

Die menschlichen Gedächtnisse bilden die Grundlage menschlicher Informationsverarbeitung. Ihre *Kapazitäten (µ)*, *Zugriffsgeschwindigkeiten (τ)*, *Kodierungen (κ)* und *Persistenzen (δ)* sind an die Bedürfnisse menschlicher Wahrnehmungs-, Problemlösungs- und Handlungsprozesse angepasst.

Zur optimalen Ausnutzung des KZG lassen sich künstlich Chunks bilden, z.B. durch die Gruppierung von Information. Man versucht sich deshalb zum Beispiel lange Ziffernfolgen leichter in Ziffergruppen von zwei bis drei Ziffern zu merken. Im Allgemeinen sollten aber schon vorhandene und gut eingeführte Chunks genutzt werden, wie z.B. Elemente aus der Umgangs- oder Fachsprache sowie bekannte Bilder.

Das KZG funktioniert umso besser, je unterschiedlicher die Chunks sind. Es ist einfacher, eine bestimmte Anzahl unterschiedlicher Chunks als die gleiche Anzahl ähnlicher Chunks zu speichern. So hat man bei psychologischen Experimenten mit Fluglotsen festgestellt, dass es leichter fällt, die vier Daten Höhe, Geschwindigkeit, Richtung und Größe von zwei Flugzeugen nach einer kurzen Merkphase korrekt wiederzugeben, als nur die Höhe und die Geschwindigkeit von vier Flugzeugen, obwohl dies in beiden Fällen acht Chunks entspricht.

Die *Schreibzugriffsgeschwindigkeit* des KZG beträgt etwa 0,3 sec/Chunk. Die *Lesegeschwindigkeit* liegt bei 0,1–0,2 sec/Chunk.

Die *Zugriffsorganisation* ist streng sequentiell (First-in-First-out, FIFO). Die Wiedergabe beispielsweise einer Zahlenkolonne erfolgt also am einfachsten in der Reihenfolge, in der sie gespeichert wurde.

Die *Persistenz* des KZG ist mit 15–30 sec sehr gering. Dies sind darüber hinaus noch die günstigsten Werte, da das Kurzzeitgedächtnis sehr empfindlich gegenüber Störungen reagiert. Wird man auch nur kurz abgelenkt oder gestört, ist die gespeicherte Information ganz oder teilweise verschwunden. Dies kann zum Löschen von Informationen aus dem KZG bereits binnen 0,1–0,5 sec führen. Diese Störungen können sowohl externer als auch interner Art sein. Letztere äußern sich bekanntermaßen als *Konzentrationsschwächen* oder *Aufmerksamkeitsstörungen*.

Durch ständiges Wiederholen (z.B. „Vorsichhersagen" oder sich „bildlich Vorstellen"), sogenanntes *Rehearsal*, kann das KZG ständig aufgefrischt werden, sodass dort im Prinzip beliebig lange gespeichert werden kann, solange keine Störungen auftreten.

6.7.3 Langzeitgedächtnis

Die langfristige Speicherung menschlichen Wissens findet nach dem vorgestellten Modell im Anschluss an die Verarbeitung im Kurzzeitgedächtnis in einer weiteren Gedächtnisstruktur statt, dem *Langzeitgedächtnis (LZG)*.

Die Kapazität des LZG scheint nach bisherigen Erkenntnissen praktisch unbegrenzt zu sein. Schwächen, sich Neues merken zu können, hängen vermutlich eher mit einer Unfähigkeit zusammen, neue Information geeignet in das LZG einzufügen und zu vernetzen, als mit Kapazitätsengpässen.

Das Einfügen von Information in das LZG ist bekanntlich ein mühevoller Prozess. Im günstigsten Fall dauert das Eintragen neuer Information in das LZG etwa 8 sec/Chunk. Dieser Speicher ist also verglichen mit dem sensorischen Gedächtnis und dem KZG äußerst langsam. Der Lesezugriff ist mit 2 sec/Chunk deutlich schneller und kann bei laufenden Lesezugriffen auf bis auf 0,1–0,2 sec/Chunk reduziert werden. Bei diesen Abschätzungen muss allerdings vorsichtig mit dem abstrakten Begriff „Chunk" umgegangen werden. Die Chunks können beim LZG von anderer Art und Größenordnung sein, als bei den anderen Gedächtnissen.

Die Organisation des LZG scheint vor allem auf der Basis von *Assoziationen* zu beruhen. Diese Assoziationen kann man sich als gerichtete Zeiger von Chunks auf andere Chunks vorstellen. Die Assoziationen sind von unterschiedlicher Bedeutung und können Generalisierungen, Spezialisierungen, Ähnlichkeiten, Ausnahmen, Teilebeziehungen, aber auch beliebige, semantisch kaum greifbare Zusammenhänge darstellen. Aus diesen Assoziationen können flexibel komplexe Konstrukte gebildet werden, was die Qualität und Größe und damit die Wirksamkeit und Nützlichkeit von Chunks wesentlich steigern kann. Erkenntnisse über derartige Wissensstrukturen (im Gegensatz zu einfacheren Informationsstrukturen) haben wesentliche Beiträge zur formalen Repräsentation von Wissen in Computersystemen geleistet. Man versucht im Fachgebiet *Künstliche Intelligenz* (siehe z.B. Barr et al. 1981–1989, Charniak & McDermott, 1985; Winston, 1992) in sogenannten *wissensbasierten Systemen* und speziell *Expertensystemen* (siehe z.B. Puppe, 1988, 1990) dem menschlichen Gedächtnis ähnliche Strukturmodelle und Verarbeitungsprinzipien (Schlussfolgerungen, Inferenzen) in Computern technisch zu konstruieren und für komplexe, automatische Problemlösungsprozesse zu nutzen.

Die Persistenz des LZG ist nach heutigen Einschätzungen, wie schon die Kapazität, praktisch unbegrenzt. Wir können uns zu beliebigen späteren Zeitpunkten vermeintlich zufällig an lange zurückliegende Informationen erinnern. Leider ist diese prinzipielle Fähigkeit überlagert von einem Vergessensphänomen, das dazu führt, dass Wissen scheinbar verloren geht. Oftmals kommt dieses zunächst vermeintlich verloren gegangene Wissen irgendwann später doch wieder zum Vorschein, möglicherweise aber etwas verändert. Das Problem sind somit eher unzureichende oder verschüttete Zugriffspfade zum gesuchten Wissen. In diesem Zusammenhang taucht auch das Phänomen *Erinnerung (Recall)* im Gegensatz zu *Wiedererkennung (Recognition)* auf. Es ist für uns viel einfacher, uns an etwas zu erinnern, wenn wir die gesuchte Information ganz oder teilweise präsentiert bekommen (Recognition), als wenn wir versuchen, durch irgendwelche Assoziationen darauf zuzugreifen (Recall).

Es ist vor allem das LZG, das die Grundlage für mentale Modelle bildet. Die beobachteten Gedächtnisstrukturen, die als mentale Modelle in Erscheinung treten, werden im nächsten Abschnitt vorgestellt und diskutiert.

6.8   Wissensstrukturen

Die dem Langzeitgedächtnis zugrunde liegenden Repräsentationen menschlichen Wissens wurden vielfach untersucht. Daraus stammen vielfältige Modelle, die jeweils einzelne menschliche Gedächtnis- und Problemlösungsleistungen erklären. Diese Modelle weisen zwar Ähnlichkeiten und Beziehungen zueinander auf, trotzdem sind es nur Fragmente einer umfassenden Theorie mentaler Modelle (siehe dazu auch Dutke, 1994). Trotz der Unvollständigkeit dieser Theoriebildung sind die einzelnen Modelle tauglich und hilfreich, menschliches Verhalten, insbesondere auch in der Interaktion mit Technik, zu verstehen und das Zusammenwirken von Mensch und Maschine zu optimieren. Die vielfältigen Bezüge zwischen den einzelnen Theorien und Konzepten helfen dabei, diese auch in komplexeren Zusammenhängen anzuwenden.

6.8.1   Semiotische Modelle

Die *Semiotik*, die *allgemeine Wissenschaft von den Zeichen*, thematisiert den Bezug von *Zeichensystemen* zu Wahrnehmung, Kommunikation und Handlung von Menschen in ihrer Umwelt.

Das grundlegende *semiotische System* wird meist in Anlehnung an die Semiotik nach Charles Sanders Peirce und Charles William Morris durch die *Triade* aus wahrnehmbarem Zeichen *(Zeichenträger, Repräsentamen)*, seinem Objektbezug *(Referenzobjekt, Repräsentant),* der auch nicht materielle Objekte zulässt, und seiner pragmatischen Interpretation und Wirkung *(Interpretant, Bedeutung)* gebildet (Abbildung 16).

Während Peirce den Zeichenbegriff als universelles, von Lebewesen unabhängiges Konzept zur Beschreibung der Welt ansieht, war es vor allem Charles William Morris, der später aufbauend auf der Triade von Peirce, Zeichen und ihre Entstehung auf das Verhalten von Organismen (Mensch und Tier) in ihren Lebenskontexten bezieht. Die Semiotik wird so zu einer psychologisch orientierten Lehre, die geeignet auf artifizielle und vor allem technische Kontexte angewendet werden kann.

Morris erweitert den Peirceschen Zeichenträger auf ein syntaktisch beschreibbares Zeichensystem, in dem sich aus Zeichen, Zeichenklassen sowie höherwertige Zeichen nach bestimmten Bildungsregeln aus einfacheren Zeichen definieren lassen. Dies fundiert u.a. auch die heutigen linguistischen und informatischen Konzepte einer *Grammatik*. Geordnete *Zeichenbildungs- und Zeichennutzungsprozesse (Semiosen)* sind eine wichtige Grundlage bewusstseinsfähiger mentaler Modelle und der sich darauf stützenden Kommunikations- und Interaktionsprozesse. Zeichen sind mentale und konzeptuelle Repräsentanten von Objekten, Kategorien und Szenarien unserer Welt sowie ihrer Bedeutungen (Interpretationen) im Kontext von Kommunikation und Handlung. Zeichensysteme entstehen aus Relationen zwischen Zeichen und denotieren so komplexe Gegenstands- und Handlungskonstrukte in der Welt. Zeichen dienen als Bausteine von Kommunikation mittels Sprache. Sie werden lexikalisch und syntaktisch zu hierarchisch höherwertigen Zeichen, in Form von Wörtern, Phrasen und Sätzen aufgebaut.

Syntaktik

Zeichenträger
(Repräsentamen)

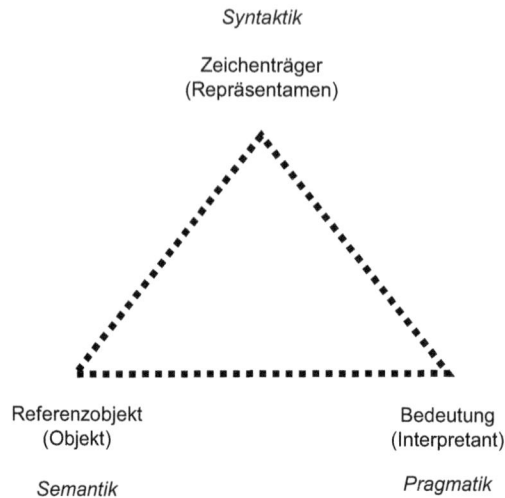

Referenzobjekt   Bedeutung
(Objekt)   (Interpretant)

Semantik   *Pragmatik*

Abbildung 16. semiotische Triade der Zeichen (in Anlehnung an Peirce und Morris)

> Ein Zeichen nach der Semiotik von Peirce und Morris ist eine triadische Relation aus einem Zeichenträger, dem Repräsentamen, einem dadurch repräsentierten Sachverhalt oder Objekt und einer interpretierenden Intelligenz (Bewusstsein).

Umberto Eco (1972) diskutiert und entwickelt kultur-, literatur- und sprachwissenschaftliche Formen der Semiotik. Er wendet sie u.a. auf Literatur, Film und Werbung an. Diese stark kommunikationsorientierten Formen einer *Kultursemiotik* könnten künftig möglicherweise im Bereich interaktiver und kommunikativer Computeranwendungen Anwendung finden, wenn es um *sprachgenerierende und sprachverarbeitende Systeme* (hier natürliche Sprache) geht. Die dort verwendeten *Kodes* basieren immer auf kulturellen Konventionen bei der Erzeugung und Nutzung der Zeichen und Zeichensysteme. Ecos Form der Semiotik findet schon länger Anwendung in Film, Fernsehen und Werbung.

Diverse Varianten semiotischer Modelle haben sich in Linguistik, Literatur, Musik, Informatik, Technik, Design und Kunst mit ähnlichen Begriffen und Modellen entwickelt. Eine ausführliche Darstellung der Semiotik, ihre Entstehung, ihre unterschiedlichen Modellbildungen sowie die diversen praktischen Bedeutungen und Anwendungsmöglichkeiten finden sich bei Nöth (2000).

Im Bereich der *Prozessführung* und dem *Systems-Engineering* finden sich ebenfalls semiotische Modelle (Rasmussen, 1983), die sich vor allem mit dem Erkennen von Zeichen, dem Ableiten und Bewerten von Systemzuständen und den nachfolgenden Reaktionen in dynamischen Systemen (Prozessen) befassen. Rasmussen diskutiert die stufenweise semantische Aufladung von Zeichen von der unteren Ebene der Mustererkennung (*Signals* als erkannte Muster), über die nächst höhere Ebene der Handlungsregeln (*Signs* als Auslöser von erlernten Bedingungs-Aktions-Paaren) bis zur oberen Ebene der bewussten Verarbeitung von Wissen (*Symbols* als Repräsentanten von Objekten und Zuständen bei Problemlöseprozessen). Näheres dazu findet sich im Abschnitt 6.9.3 und Abbildung 23.

Andersen (1997) und Nake (2001) bemühen sich im Rahmen der *Computersemiotik* um einen informatischen Zeichenbegriff, der die unterschiedlichen Interpretationen von Zeichen durch Mensch und Maschine in der Interaktion berücksichtigt. Die scheint notwendig, da die während der Mensch-Maschine-Interaktion „gemeinsam" genutzten Zeichenrepertoires von Mensch und Maschine auf zunächst völlig unterschiedlichen Zeichenbildungs- und Zeichen-interpretationsprozessen beruhen, letztlich auf der hard- und softwaretechnischen Ausgestaltung von Maschinen.

Der Charakter und die Bedeutung der Semiotik treten besonders bei der Realisierung multimedialer Systeme zutage, wenn man kulturellen Zeichen und ihrer Bedeutung eine externe Repräsentation in meist graphischer oder auditiver Form verleiht, wie beispielsweise bei der Gestaltung von Piktogrammen *(Icons)* (Smith et al., 1982; Brami, 1997; Marcus, 2003; MIL-STD-2525C) oder auditiven Elementen *(Earcons)* (Brewster, Wright & Edwards, 1993; Brewster, 1998). Dabei verzweigt sich der visuelle Kanal oft in textliche und bildliche Strukturen, die entweder Kommunikations- oder Handlungsprozesse reflektieren und vorantreiben. Kommunikationsorientierte symbolische Zeichensysteme finden sich in Computersystemen als *Sprachsysteme* wieder, die mit Hilfe von *Grammatiken* formale oder natürliche Sprachen *scannen* (Zeichenerkennung), *parsen* (Satzerkennung) und *synthetisieren* (Sprachgenerierung) können. Interaktive Zeichensysteme werden aber in Form von *Künstlichen Welten (Direkt Manipulative Systeme, Virtuelle Realitäten)* sichtbar, in denen mehr oder weniger abstrahierte bildliche (ikonische) Zeichen Objekte einer Handlungswelt durch visuelle und strukturelle Ähnlichkeit *(Metaphorik)* abbilden und mittels möglichst natürlichen Interaktionen zu manipulieren und zu interpretieren erlauben. Ihnen liegt, vergleichbar zu einer Sprachgrammatik, eine Handlungsgrammatik als Zeichen- und Regelstruktur zugrunde. Je nach Abstraktion entstehen mehr oder weniger wirkungsvolle *Analogien* und *Metaphern*, die helfen sollen, Systeme *unmittelbar (intuitiv) verstehen und bedienen* zu können, ohne längere Lernphasen voraussetzen zu müssen. Im Bereich der interaktiven und multimedialen Systeme, hier gerade der sicherheitskrischen Systeme, die von Laien bedient werden, wie z.B. Autos oder Haustechnik, erscheinen so die Mächtigkeit und die Bedeutung der semiotischen Theorien und Modelle bedeutungsvoller denn je.

6.8.2   Begriffe, Objektsysteme und Welten

Wie im vorhergehenden Abschnitt bei semiotischen Modellen schon beschrieben, stehen Zeichen für bedeutungstragende Dinge in der Welt. Wir wollen diese Dinge auch als *Objekte* und ihre Einbettungen als *Welten* und *Realitäten (Wirklichkeiten)* im weitesten Sinne bezeichnen. Wir sehen, erkennen, beobachten, verstehen, bewegen, verändern und erzeugen oder entfernen Objekte in unserer wahrgenommenen Welt. Objekte sind wichtige Bezugspunkte für unsere Orientierungs- und Problemlösefähigkeit. Sie sind die Gegenstände von Kommunikation und Handlung.

Unsere mentalen Modelle bestehen u.a. aus den Repräsentationen solcher Objekte. Sie werden dort in geordneten *Bezeichnungs-* und *Begriffssystemen (Thesauren)* sowie in meist hierarchisch strukturierten *Gegenstands-* und *Objektsystemen* beschrieben und geordnet (Carroll & Olson, 1988; Johnson-Laird, 1989; Preece et al., 1994). *Abstraktionen (Klassen, Kategorien)* und *Mengenmodelle (Gruppierungen, Kollektionen)* vereinfachen und ordnen die Objekte der Welt in *Generalisierungs-* bzw. *Spezialisierungsverbänden (Taxonomien, Ontologien)*. *Partonomien* zeigen Teilebeziehungen. *Assoziationen* stellen beliebige weitere Bezüge zwischen Objekten her. *Regeln* beschreiben die Beziehungen von Objektzuständen mit ihren räumlichen und zeitlichen Bedingungen zu Aktivitäten (Handlungen).

Menschen können sich in Kommunikations- und Problemlösungsprozessen sowohl auf reale, als auch auf fiktive Objekte beziehen. Für mentale Objekte macht es grundsätzlich keinen Unterschied, ob diese Objekte physisch existieren oder nur erdacht sind. Allein schon aus Gründen ihrer Fähigkeit zur Abstraktion sind Menschen in der Lage, reale oder abstrakte Objekte zu denken und zeichenhaft oder geformt („in-formiert"[4]) in Gedanken zu manipulieren. *Computersysteme als zeichen- und musterverarbeitende Systeme* setzen diese menschliche *Simulationsfähigkeit* konsequent technisch fort und verstärken und manifestieren diese. Die mit einem Anwendungssystem zu manipulierenden Arbeitsgegenstände können also entweder abstrakter Natur (z.B. Route in einem Navigationssystem) oder konkreter Natur (z.B. Triebwerksdrehzahlen im Cockpit) sein. Die mentalen Objektrepräsentationen werden entsprechend abstrakt aus *Struktur* und *Inhalt* bestehen, oder als Abbild einer mehr oder weniger naturalistischen Form *Gestalt* und *Muster* aufweisen.

Mit den Herausforderungen und Schwierigkeiten des Menschen zunehmend mit virtuellen Dingen konfrontiert zu werden und diese in den mentalen Repräsentationen geeignet zu manifestieren, um dann auf einer solchen Grundlage angemessen kommunizieren und handeln zu können, hat sich Vilem Flusser (1993) auseinandergesetzt. Er spricht von der zunehmenden Problematik, dass wir nicht mehr in einer Welt von Dingen, sondern in einer Welt von „Undingen" leben. In ähnlicher Weise hat Jean Baudrillard (1981, 1996) den zunehmenden Ersatz der realen Welt und des realen Lebens durch Zeichensysteme ohne Bezug auf reale Dinge kritisiert. Er nennt solche Zeichen *Simulacra*, Referenzen ohne Bezug auf die Wirklichkeit, Kopien ohne Originale (Baudrillard, 1981). Inwieweit die Entfremdung des Menschen von der Realität durch zunehmende Abstraktionen und virtuelle Welten, realisiert durch Computersysteme, zu einem Problem werden kann und wie man solchen Problemen ggf. begegnen kann, muss derzeit als weitgehend ungeklärt angesehen werden. Flusser sieht die beiden Pole „Ding" und „Unding". Baudrillard spricht vom Problem der unauflösbaren „Selbstreferenz". Hinsichtlich unserer Fragestellung, wie mentale Modelle aufgebaut sind, müssen wir ein semiotisches Phänomen annehmen, das der Mensch zwar grundsätzlich bewältigt, möglicherweise allerdings mit individuellen, sozialen oder kulturellen Begrenzungen und Folgen.

---

[4] Vilém Flusser spricht von „In-Formation" im Sinne von „etwas in Form bringen"

Paul Watzlawick findet bei psychologischen Untersuchungen mentaler Modelle eine ausgeprägte Neigung oder Fähigkeit des Menschen zu intersubjektiv stark abweichenden subjektiven Wirklichkeiten (Watzlawick, 1976). Diese nennt er *Wirklichkeiten 2. Ordnung*, im Gegensatz zur physischen, d.h. objektiven *Wirklichkeit 1. Ordnung*. Er stellt fest (1976, S. 236), dass oft:

> „ ... *Annahmen, Dogmen, Prämissen, Aberglauben, Hoffnungen und dergleichen wirklicher als die Wirklichkeit werden ...*“.

Wir können hier festhalten, dass mentale Modelle Repräsentationen von Dingen der realen Welt in vergleichbarer Form wie Repräsentationen von fiktiven Dingen enthalten. Mentale Modelle haben somit potenziell immer auch simulativen Charakter.

Gerade der zunehmende Einsatz von Simulatoren wirft hier neue Fragen auf. Wenn heute Militärpiloten zum Teil bereits 90% ihrer Ausbildung und ihres Routinetrainings im Simulator absolvieren, besteht trotz hoher Realitätstreue der Simulatoren die Gefahr einer zunehmenden Distanz von simulierter und realer Welt bei gleichzeitig hoher Transferleistung von der simulierten in die reale Welt. Der Simulator wird zum Simulacrum und Hyperfiktion, zur Ersatzwelt, die in Form des mentalen Modells des Operateurs zunehmend ihre eigene Realität erzeugt. Die aktuelle Diskussion um den Einsatz von bewaffneten, ferngesteuerten Drohnen im militärischen Einsatz zeigt die Brisanz dieser Problematik.

6.8.3 Assoziationen und semantische Netze

Wie schon im vorhergehenden Abschnitt angedeutet, stehen die Objekte unserer wahrgenommenen Welt mit anderen Objekten in vielfältigen Beziehungen. Wir nennen diese Objektbeziehungen auch *Assoziationen* oder *Relationen*.

In Abbildung 17 findet sich ein Beispiel für Assoziationen zwischen Objekten im Rahmen eines Denkprozesses. Dabei werden auch Gedankensprünge zu Objekten dargestellt, die aus einem Kontext heraus in einen neuen hineinführen, ohne dass dies zwangsläufig erkennbar sinnhafte Übergänge wären. Insofern unterstützen Assoziationen sowohl semantisches, d.h. auch zielgerichtetes, als auch unbestimmtes sprunghaftes, eher kreatives Denken.

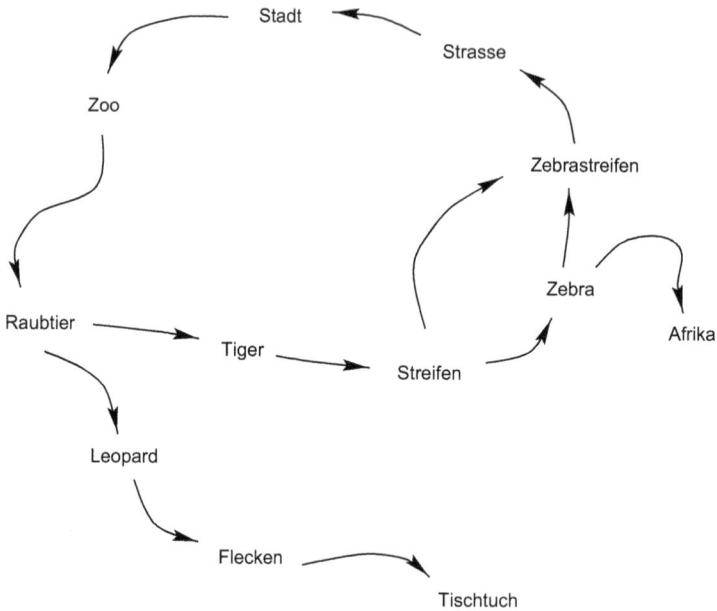

Abbildung 17. Beispiele für Assoziationen

> Menschliche Denkprozesse führen über Ketten von Begrifflichkeiten. Sie
> spiegeln eine Form des menschlichen Langzeitgedächtnisses und seiner Nut-
> zung als Assoziativspeicher wider. Dabei ist zu beobachten, dass die Assozi-
> ationen zwischen den Begriffen unidirektional sind.

Assoziationen erzeugen und unterstützen gedankliche Bezüge und Abläufe im Denken. Sie
führen von einer Begrifflichkeit zu ein oder mehreren anderen, die irgendwie mit dieser in
Beziehung stehen und treiben so den Denk- und Problemlöseprozess voran. Entscheidend für
die menschlichen *Assoziativspeicher* und ihre Nutzbarkeit in Denkprozessen ist ihre Bedeutung im Kontext einer Problemlösung. Objekte und bedeutungtragende Assoziationen bilden Netze. Jene mit sinnhaften Bezügen nennen wir auch *semantische Netze*. Sie verbinden
Objekte und stellen in geeigneten Kontexten bedeutungsvolle Bezüge zwischen diesen her.

Die Bedeutung von Assoziationen als Basisstruktur im menschlichen Langzeitgedächtnis
wird seit langem thematisiert. Hinweisend auf eine der frühsten Auseinandersetzungen mit
der technischen Realisierung vernetzter, multimedialer Informationsstrukturen, wird Vanne-
var Bush mit seiner Idee eines *Memory Extenders (MEMEX)* genannt (Bush, 1945). Insbesondere durch die Realisierung des *World Wide Web (WWW)* sind Hypermediasysteme in
das allgemeine Bewusstsein und in die breite Anwendung gelangt (Bogaschewsky, 1992).
Das WWW wird deshalb auch als externalisiertes globales Langzeitgedächtnis angesehen.

Vielfach wurden schon lange vor dem WWW elektronische Manuals in Form stark vernetzter Hypertext- und Hypermediastrukturen realisiert (Woodhead, 1990). Hypermediastrukturen ähneln damit menschlichen Gedächtnisstrukturen und entsprechend mentalen Modellen.

Für die Prozessführung sind Assoziativstrukturen insbesondere im Bereich der Ereignisanalyse und Problemlösung bei kritischen Ereignissen von Relevanz (siehe Kapitel 8). Operateure müssen in unbekannten kritischen Situationen nach Erfahrungsinhalten suchen, die zur Problemlösung beitragen können. Diese Assoziationsprozesse lassen sich insbesondere auch in Teams nutzen, sofern die Operateure ihre Ideen und Vorschläge geeignet zu kommunizieren in der Lage sind (vgl. Abschnitt 6.6).

6.8.4   Bedingungs-Aktions-Regeln und Produktionssysteme

Neben rein strukturellen Wissensmodellen auf der Grundlage semantischer Netze ist menschliches Wissen vor allem von Aktionsmodellen geprägt. Dies können im einfachsten Fall sogenannte *Bedingungs-Aktions-Paare (Wenn-Dann-Regeln)* sein, die von Bedingungen zu Aktionen oder Schlussfolgerungen führen (Newell & Simon, 1972; Rasmussen, 1983). Diese Art von Modellen werden im Bereich der Kognitionswissenschaft und Künstlichen Intelligenz auch *Produktionssysteme* genannt (Newell & Simon, 1972; Newell, 1973; Barr, Cohen & Feigenbaum, 1981). Sie sind in der Lage, aus beobachteten Systemzuständen, vor allem aus Objektzuständen, Erkenntnisse oder Aktivitäten abzuleiten.

Es existieren diverse Frameworks, um Produktionssysteme zu modellieren und zu simulieren, die menschlichen regelbasierten Problemlösungsstrategien ähneln. Eines der ersten Systeme dieser Art war *GPS, der General Problem Solver* (Newell & Simon, 1972), der aufgrund seiner Regelstruktur in der Lage ist, Probleme in Teilprobleme zu zerlegen und regelbasiert Teillösungen einer Gesamtlösung zuzuführen. Man spricht hier von *Mittel-Ziel-Analyse (Means-Ends-Analysis, MEA)*.

Als weiterentwickeltes System bildet *Soar* (Abk. stand ursprünglich für *State, Operator and Result*) eine auf ähnlichen Grundprinzipen basierende *kognitive Architektur*. Sie sieht einen Arbeitsspeicher vor, gegen den anwendbare Regeln geprüft werden, die dann wiederum Operatoren zur Anwendung vorschlagen. Die Operatoren werden entsprechend definierter Präferenzen ausgewählt oder werden zur Auswahl unterschiedliche Problemlösungsstrategien angewandt. In Form eines Lernprozesses können für künftige Fälle neue Regeln gebildet werden. Soar versucht die bewusste menschliche Problemlösungsarchitektur in wesentlichen Aspekten, vor allem Zustandsraum, Regelwissen und Problemlösungsheuristiken sowie Lernprozessen im Sinne einer einheitlichen Kognitionstheorie nachzubilden (Newell, 1990; Laird, 2012).

Ein ähnliches System, das neben dem Arbeitsspeicher über einen als semantisches Netz strukturierten deklarativen Speicher sowie dem Produktionsspeicher als prozeduralen Speicher verfügt, verfolgt die *ACT-Architektur (Adaptive Character of Thought)*, die in verschiedenen Ausprägungen wie ACT* (Andersen, 1983) oder ACT-R (Andersen, 1993) entwickelt und angewendet worden ist.

Diese regelbasierten kognitiven Architekturen versuchen, die beobachtbaren Prinzipien menschlicher Gedächtnis- und Wissensstrukturen sowie Inferenz- und Handlungsstrategien in einer einheitlichen Theorie zu beschreiben und zum Zweck der Simulation menschlicher

Problemlösungsleistungen maschinell zu realisieren (Schmid & Kindsmüller, 1996). Sie
eignen sich in besonderer Weise dazu, Prozessführung und vor allem arbeitsteilige Prozesse
zwischen Mensch und Maschine und Automatisierungen zu verstehen und zu modellieren.

6.8.5   Funktionale Modelle und Surrogate

Young (1983) unterscheidet seitens der Benutzer (hier Operateure) verschiedene Arten von
mentalen Modellen; er spricht hierbei auch von konzeptuellen Modellen. Eine wichtige Form
mentaler Modelle nennt er *Surrogates (Surrogate)* und meint damit *mechanistische Modelle,*
die dazu dienen können, stellvertretend für das reale System mentale Simulationen zu ermöglichen, um für bestimmte Inputs in das System, bestimmte Outputs vorherzusagen. Diese
Surrogates dienen so als funktionale Modelle zur mentalen Simulation. Sie sind Stellvertreter
des realen Systems.

Weitergehende funktionale mentale Modelle und vor allem die dabei auftretenden *Fehlhandlungen* wurden vor allem in der Kognitionspsychologie, der Systemtheorie (Ropohl, 1979)
und dem Cognitive Systems Engineering (Norman, 1981; Rasmussen, 1984, 1985a; Reason,
1990; Rasmussen, Pejtersen & Goodstein, 1994) ausführlich beschrieben (siehe dazu auch
die Kapitel 4 und 13).

6.8.6   Aufgabenbasierte Modelle und Mappings

Young (1983) beschreibt neben den funktionalen Surrogates auch aufgabenorientierte *Mappings*. Diese Mappings dienen dazu, vorhandene Aufgaben auf Eingaben in das interaktive
System abzubilden. Je besser die Mappings zu den Aufgaben passen, desto direkter können
die Aktivitäten geplant und praktiziert werden.

Es gibt eine Vielzahl von Theorien, Formalismen und Sprachen zur aufgabenbasierten Analyse und Modellierung (siehe dazu Kapitel 7). Für die Gestaltung interaktiver Systeme wird
in diesem Zusammenhang auch von der *Direktheit der Interaktion* gesprochen (Hutchins,
Hollan & Norman, 1986; Herczeg, 2009a; Näheres siehe Abschnitt 12.3.4.).

6.8.7   Skripts und Szenarien

In verschiedensten kognitionspsychologischen Untersuchungen wurde festgestellt, dass
Menschen nicht nur einzelne Objekte sowie relationale und funktionale Beziehungen zwischen diesen Objekten, sondern auch komplexe stereotype Situationen und Handlungsabläufe memorieren können.

Durch sogenannte *Szenarien (Skripts)* werden kausale, handlungsorientierte und episodische
Objektstrukturen und Aktivitäten abgebildet, die den Menschen befähigen, in einer kom-
plexen Welt orientiert, effizient und kontextgerecht zu agieren (Schank & Abelson, 1977).
Solche Szenarien beschreiben meist typische Lebenssituationen, in die wir häufiger gelan-

gen, die wiedererkannt werden und in denen sich Menschen dann auf typische Weise verhalten.

Beispiele für solche Szenarien sind eine Geburtstagsfeier oder das Einkaufen in einem Supermarkt. Menschen gehen auf Grundlage solcher memorierter Skripts in einen bestimmten Verhaltensmodus und nutzen ihre Erfahrungen aus vorherigen, vergleichbaren Situationen, um im aktuellen Kontext zielführend und sozial angemessen zu agieren.

Im Bereich der Prozessführung sind es gerade die Critical Incidents die als konkrete Ereignisse Hinweise auf generell kritische Kontexte geben, die dann in Ausbildungs- und Trainingsprogramme umgesetzt werden können. Durch das Training werden neue Skripts mental programmiert und für ähnliche künftige Problemsituationen als Lösungsrahmen vorgehalten.

6.8.8   Strukturelle Modelle und Metaphern

Eine wichtige Rolle bei multimedialen interaktiven Systemen spielen *Metaphern*, die den Benutzern ein Abbild einer schon bekannten Welt über den Computer liefern (Carroll, Mack & Kellog, 1988; Dutke, 1994). Durch Metaphern können Benutzer in die Lage versetzt werden, Systeme zu verstehen und zu benutzen, die sie bislang nicht kennengelernt haben. Durch die Ähnlichkeit zwischen einer bekannten Realität und einer gewählten Systemmetapher wird vorhandenes Wissen im Sinne einer *Analogie* auf das System angewandt und kann so zu einer unmittelbaren oder zumindest schnellen Verständlichkeit eines Systems führen. Diese Fähigkeit stützt sich auf Betrachtungen zur Kompatibilität von mentalem Modell und Systemmodell (Abschnitt 6.5.5).

Die bekannteste im Kontext von Computersystemen angewandte Metapher findet sich im Bereich der Bürosysteme. Es handelt sich um die sogenannte *Desktop-Metapher* (Smith et al., 1982), die den Benutzern ein Abbild eines Büroschreibtisches liefert. Sie wird inzwischen von vielen Computerbetriebssystemen (z.B. Microsoft Windows, Apple Macintosh, Unix KDE) als Standardbedienoberfläche angeboten und führt zumindest bis einem praktisch noch relevanten Punkt zum schnellen Erlernen und Erinnern von Interaktionsmöglichkeiten.

Bei Computerspielen sowie in Simulatoren werden stattdessen oft naturalistische 3-dimensionale Handlungsräume verwendet, in denen die Benutzer agieren können (Dodsworth, 1998). Die Entwicklung *metaphorischer Systeme* haben die Multimedialität von Computeranwendungen durch hohe Ansprüche an realitätsgetreue Abbildung deutlich gefördert.

Metaphern sind *Analogien*, die zwangsläufig auch ihre Grenzen haben. An diesen Grenzen kommt es zu fehlerhaftem Verhalten, da die Analogie ihre Wirkung und Schlüssigkeit verliert und dann falsche Annahmen und Konsequenzen getroffen bzw. gezogen werden. Man spricht beim Überschreiten dieser Grenzen vom *Bruch einer Metapher*.

6.8.9   Materielle Modelle

Mit zunehmend ausgeprägter Multimedialität versucht man Computersysteme bzw. ihre Modellierungen nicht nur strukturell an die abgebildete Welt anzugleichen *(homomorphe Modelle*, Abschnitt 6.8.8), sondern diese u.a. über haptische Schnittstellen auch materiell und analog physisch wirken zu lassen *(isophyle Modelle)* (vgl. Stachowiak, 1973; Dutke, 1994).

Eine solche Analogiebildung durch materielle Ähnlichkeit wird in Konzepten der *Tangible Media* und *Tangible User Interfaces (TUIs)* verfolgt (Ishii & Ullmer, 1997). Dabei werden meist physische Objekte um geeignete digitale Eigenschaften erweitert. So können beispielsweise Kunststoffbausteine (z.B. eines Architekturmodells) auf einem Tisch von Hand bewegt und neu positioniert werden, während ein bilderkennendes Computersystem dies beobachtet und daraus Aktionen (z.B. Veränderung des 3D-CAD-Modells einer Bebauung mit Beamerprojektion in das Handlungsmodell) ableitet. Die Benutzer eines solchen Systems haben das Gefühl das Architekturmodell manuell direkt manipulieren zu können (Ishii et al., 2002). Eine herkömmliche Benutzungsschnittstelle ist dabei nicht vorhanden. Auf diese Weise wird ein vorhandenes mentales Modell, das in der physischen Welt gebildet worden ist, direkt auf das Systemmodell abbildbar und erspart somit das Erlernen von speziellen Funktionen eines interaktiven Computersystems.

Seit vielen Jahren wird auf amerikanischen Flugzeugträgern an mechanischen Lagetischen[5] und kleinen haptischen Objektmodellen das Planen der Flugzeuge auf dem Flight Deck praktiziert. So werden einfach geformte Modellflugzeuge als Repräsentanten der realen Flugzeuge und diverse Attribuierungen wie z.B. bunte Stecknadeln oder Schraubenmuttern als Hinweis auf Betankung oder Wartungsarbeiten an einem Flugzeug verwendet (Abbildung 18). Dies lieferte den diensthabenden Operateuren (Plane Directors, Deck Handlers) ein sehr plastisches und haptisch spürbares (greifbar und begreifbares) Abbild der Realität auf dem Flight Deck. Es wird von den Praktikern seit langem bezweifelt, dass moderne interaktive Bildschirmdarstellungen als Lagedisplays dieselbe Wahrnehmungsqualität und Sicherheit liefern können.

---

[5] nach verwandtem historischem Ursprung auch *Hexenbretter* oder *Ouija Boards* genannt

Abbildung 18. Flight Deck Quija Board (cc: U.S. Navy, Freigabe: ID 050316-N-7405P-111, Foto von Gregory A. Pierot)

Der *Flight Deck Handler* überwacht und plant die Geschehnisse auf dem Flight Deck eines Flugzeugträgers mit Hilfe eines *Quija Boards*, auf dem einfache Miniaturen der Flugzeuge positioniert und mit Hilfe von Schrauben, farbigen Nadeln und weiteren Gegenständen attribuiert (z.B. in Betankung oder Wartung) werden. Das mentale Abbild vom Prozess wird damit greifbar und damit auch leichter begreifbar.

6.8.10 Räumliche Modelle und räumliches Schließen

Menschen bilden sich Modelle von räumlichen Verhältnissen, die es ihnen erlauben, sich möglichst sicher und zielstrebig in Räumen zu bewegen. Dazu existieren viele Konzepte und Begrifflichkeiten, wie z.B.

- Orte,
- Routen,
- Pläne,
- Karten,
- Wegweiser,

- Landmarken oder

- Meilensteine.

Außerdem erlauben solche Modelle, Objekte mit räumlichen Positionen zu versehen, diese dann wiederzufinden und sie in ihrem räumlichen und möglicherweise daraus ableitbaren semantischen Bezug zu anderen Objekten zu sehen und zu verstehen. Näheres zu mentalen Modellen, vor allem im Zusammenhang mit räumlich-visueller Informationsgestaltung, Orientierung und Raummetaphern findet sich bei Dutke (1994) und Rauh et al. (1997).

Derartige Modelle waren hinsichtlich der Realisierung von Computeranwendungen schon früh sowohl für Natürlichsprachige Systeme (z.B. Winograd, 1972) als auch für handlungsorientierte und räumlich metaphorische Systeme (z.B. Smith, et al., 1982) untersucht und als Mittel zur Systemgestaltung berücksichtigt worden (Haack, 2002, S. 131). Zur Bedeutung von Räumlichkeit und Materialität im Hinblick auf menschliches Wahrnehmen und körperliches Handeln finden sich Ausführungen bei Hayles (1999).

6.8.11   Zeitliche Modelle und temporales Schließen

Neben und in Kombination mit räumlichen Modellen repräsentieren Menschen auch Wissen über zeitliche Abläufe und Strukturen. Dies findet sich in Form *räumlicher und zeitlicher Schlussfolgerungsfähigkeiten (räumliches und temporales Schließen)* (Habel, Herweg & Pribbenow, 1995). Diese Fähigkeiten nutzen menschliche Problemlöser zur Klärung und Einschätzung dynamischer Zustände und zeitlicher Abläufe. Sie dienen so als wesentliche Grundlage für die Handlungsplanung, bei der erdacht werden muss, was, wann und in welcher Reihenfolge stattzufinden hat, um eine bestimmte Situation herbeizuführen oder zu vermeiden. Entsprechendes gilt für die Bedeutung von Raum-Zeit-Modellen, auch für Kommunikation.

Neben einer eher logikorientierten Repräsentation zeitlicher Verhältnisse finden sich in menschlichen Gedächtnisstrukturen zeitliche Repräsentationen oftmals in Form von Geschichten *(narrative Strukturen)* (Haack, 2002, S. 132). Diese dienen sowohl als Grundlage für das Erkennen und Generieren von Handlungsabläufen sowie als Gedächtnisstützen und motivationale Elemente. Laurel (1993) beschreibt Konzepte von Computeranwendungen, die sich an dramaturgischen Strukturen orientieren *(Computer als Theaterbühnen)*. Murray (1997) bezieht sich auf narrative Strukturen, wie wir sie von Film und Spiel kennen und erläutert welche Rolle das Erzählen oder Schreiben von Geschichten *(Storytelling)* auf menschliche *Motivation* und *Einbezogenheit* in Handlungskontexten spielen kann. Keller beschreibt die pädagogische Bedeutung eines dramaturgischen Spannungsbogens im sogenannten *ARCS-Modell* für Lernsysteme (Keller, 1987). Die grundlegenden Konzepte des *Narrativen* und der *Dramaturgie* als Formen menschlicher Wissensvermittlung und Wissensrepräsentation gehen bereits auf Aristoteles zurück. Sie zeigen heute im Bereich des *Digital Storytelling* aktuelle Bedeutung (Hoffmann, 2010).

Gerade im Training für Prozessführungssysteme werden mit Hilfe von narrativen Methoden Situationen vermittelt und dann in Übungsszenarien simuliert, um *Situation Awareness* (siehe Kapitel 10) und situationsgerechtes Handeln zu erlernen. Gerade im Bereich der benutzerzentrierten Systemanalyse werden Szenarien als narrative Strukturen verwendet, um typische oder besondere Situationen zu beschreiben.

6.8.12 Subsymbolische Modelle und Automatismen

In den vorausgegangenen Abschnitten haben wir Wissensformen diskutiert, die eine Grundlage des bewussten Denkens und Handelns eines Menschen bilden. Unterhalb dieser bewussten Wissensformen liegen solche, die sich dem bewussten Denken ganz oder teilweise entziehen. Die wichtigsten dieser Wissensformen für die Fragen der Prozessführung sind automatisierte Wahrnehmungs- und Handlungsprozesse, die auch ohne unser Bewusstsein ablaufen (Rasmussen, 1983).

Diese automatisierten Wahrnehmungs- und Handlungsprozesse erlauben schnelle Reaktionen auf sensorische Wahrnehmungen. Rasmussen (1985b) spricht hierbei von *Shortcuts* (siehe Abschnitt 8.2 und Abbildung 29). Beispiele dafür sind Reaktionen, wie wir sie beim Autofahren beobachten können, wo ein plötzlich aufleuchtendes Bremslicht des vorausfahrenden Wagens zu einer automatischen Bremsreaktion führt.

Erlernte Automatismen entstehen vor allem durch ständiges Trainieren und Wiederholen von gleichförmigen bewussten Handlungen (Kyllonen & Alluisi, 1987). Wahrnehmungs- und Handlungsfähigkeiten werden also bei häufigem Praktizieren zu effizienten Automatismen. Man nennt Wissen dieser Gestalt auch *Fertigkeiten (Skills)* oder *kompiliertes Wissen*.

6.8.13 Schichtenmodell menschlichen Wissens

Die in den vorhergehenden Abschnitten dargestellten Wissensformen des menschlichen Langzeitgedächtnisses lassen sich in einer geschichteten Form zusammenfassen (Abbildung 19). Diese Schichtung lehnt sich u.a. an die Systemtheorie von Jens Rasmussen an (Rasmussen, 1983, 1985), der die menschliche Problemlösefähigkeit auf den drei Ebenen Automatismen, Regeln und Problemlösungswissen unterschieden hat (vgl. Abschnitt 6.9.3).

Im gewählten Schichtenmodell wird in einer ersten Dimension unterschieden zwischen *automatisiertem Wissen* (Signale, Reize und Reiz-Reaktions-Muster), *syntaktischem Wissen* (Zeichen, Regeln, Raum- und Zeitstrukturen) sowie *semantischem Wissen* (Begriffe, Symbole und semantische Netze) zusammen mit *pragmatischem Wissen* (räumliche, zeitliche und episodische Problemlösungsmodelle).

In einer zweiten Dimension werden die Wissensformen strukturiert in *deklaratives Wissen* (Muster, Zeichen, Symbole), das Bezug nehmend vor allem auf Objekte (Dinge) eher dem Verstehen dient, und *prozedurales Wissen* (Reiz-Reaktions-Muster, Bedingungs-Aktions-Regeln, Skripte und Episoden), das für die Planung und Ausführung von Handlungen (Aktivitäten) benötigt wird (vgl. hierzu die regelbasierten kognitiven Architekturen in Abschnitt 6.8.4).

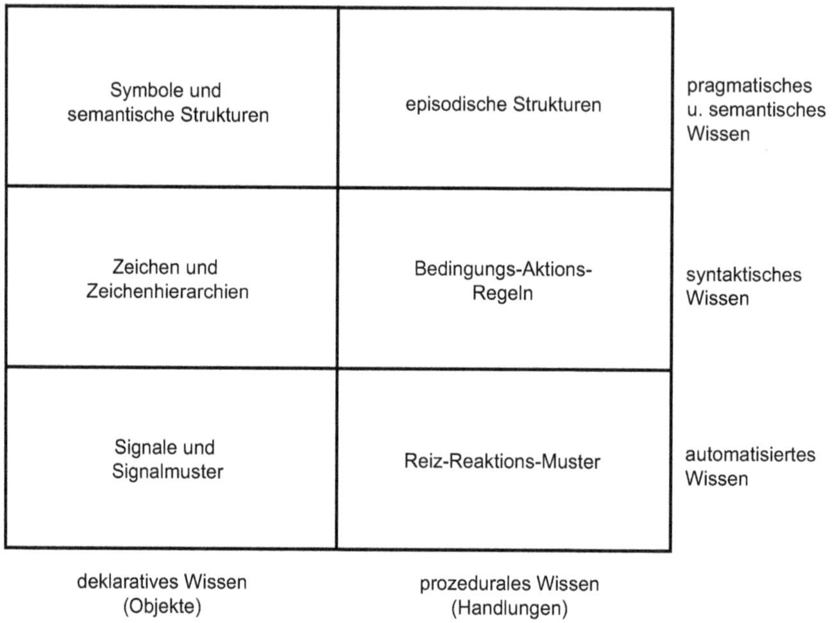

Symbole und semantische Strukturen	episodische Strukturen	pragmatisches u. semantisches Wissen
Zeichen und Zeichenhierarchien	Bedingungs-Aktions-Regeln	syntaktisches Wissen
Signale und Signalmuster	Reiz-Reaktions-Muster	automatisiertes Wissen
deklaratives Wissen (Objekte)	prozedurales Wissen (Handlungen)	

Abbildung 19. Schichtenmodell menschlichen Wissens

> Das Schichtenmodell des menschlichen Langzeitgedächtnisses unterscheidet die Ebenen der Automatismen, der Regeln und Strukturen sowie des bewussten Problemlösens. Orthogonal dazu kann zwischen deklarativem (statischem) Erklärungswissen und prozeduralem (dynamischem) Handlungswissen unterschieden werden.

Bei Darstellungen wie diesem Schichtenmodell ist natürlich zu bedenken, dass wir es hier mit einer vereinfachten Klassifizierung zu tun haben, die selbst wieder die unterschiedlichsten, teilweise bereits dargestellten Modelle enthält. Dieses Metamodell kann aber dabei helfen, menschliches Kommunizieren und Handeln mit Computersystemen systematischer und besser zu untersuchen, zu verstehen oder zu konstruieren. Es erhebt nicht den Anspruch, alle menschlichen Verhaltensweisen und damit verbundene Gedächtnisprozesse zu beschreiben und zu erklären. Über das menschliche Gedächtnis hinausgehende Modelle zur Beschreibung von Kommunikations- und Handlungsprozessen im Zusammenspiel mit Computersystemen finden sich bei Herczeg (2006c, 2009a) sowie bei Herczeg und Stein (2012).

Als Arbeitsgrundlage sind die schon historischen Gedächtnismodelle durchaus hilfreich:

1. *sensorisches Gedächtnis* (sensorischer Speicher) als Mechanismus für die basalen Wahrnehmungsprozesse (Zeichen- und Mustererkennung),

2. *Kurzzeitgedächtnis* (Arbeitsgedächtnis) für Analyse- und Problemlösungsprozesse und das

3. *Langzeitgedächtnis* als langfristiger, praktisch endloser Speicher.

So finden sich vor allem im Langzeitgedächtnis Repräsentationen der Welt, die es Menschen ermöglichen, unterschiedlichste Problemstellungen unter vorgegebenen zeitlichen und räumlichen Bedingungen zu lösen. So werden u.a. die folgenden Formen der menschlichen *Wissensrepräsentation* unterschieden:

- *Begriffs- und Objektsysteme* als Gerüste bewusster Wissensstrukturen mit der Möglichkeit, einzelne Objekte sowie Abstraktionen von Objekten zu repräsentieren;

- *Assoziationen (Relationen)* zwischen Objekten, die *semantische Netze* und damit Bezüge zwischen Objekten bilden;

- *funktionale Modelle* zur Repräsentation von vor allem *Bedingungs-Aktions-Strategien* für Problemlösungsverfahren;

- *Skripts* und *Szenarien* zur Repräsentation von typischen Situationen und Verhaltensweisen;

- *strukturelle Modelle* und *Metaphern* als Analogie- und Ähnlichkeitsmodelle zur Übertragung von Wissen von vorhandenen in neue Wissensbereiche;

- *materielle Modelle* zur Herstellung einer auch haptischen Beziehung zwischen physischer und geistiger Welt;

- *räumliche und zeitliche Modelle* zur Problemlösung und Handlung in Raum-Zeit-Systemen sowie

- *subsymbolische Modelle* und *Automatismen* für die schnelle Reaktion auf wichtige und zeitkritische Situations- und Aufgabenmuster.

Die Grundlage der Wissensrepräsentationen und der darauf aufbauenden Problemlösungs- und Kommunikationsprozesse bilden *Zeichen* und *Zeichensysteme*, die es erlauben, sensorische Wahrnehmungen mit repräsentierten Objekten zu verknüpfen, zu interpretieren und zu bewerten sowie diese wieder in Handlungen umzusetzen. Diese Zeichensysteme sowie die dazugehörigen Zeichenentstehungs- und Zeichennutzungsprozesse (Semiosen) werden daher in vielen Disziplinen durch unterschiedlichste *semiotische Modelle* beschrieben und genutzt.

In der Prozessführung spielen all die genannten mentalen Konstrukte eine große Rolle und sollten bei der Realisierung von Prozessführungssystemen als Grundlage menschlichen Wahrnehmens, Bewertens, Problemlösens und Handelns jederzeit Berücksichtigung finden.

6.9   Vom Prozess zum mentalen Modell

Aufgabe und Situation eines Operateurs bei der Prozessführung bestehen darin, den Prozess mit Hilfe des Prozessführungssystems zu beobachten und zu steuern. Dabei wirkt das Prozessführungssystem in erster Linie als *Medium*, also als Vermittler, zwischen Prozess und Operateur. Bevor sich der Prozess im mentalen Modell des Benutzers niederschlagen kann, wird er vielfach transformiert und dadurch verändert und auch deformiert.

6.9.1   Deformation von Prozessen

Bei der medialen Vermittlung von Prozess zu Operateur kann es nie zu einer korrekten oder eindeutigen Übertragung von Information kommen. Die technischen Systeme, das Medium und auch der Mensch verändern und verfälschen ständig die Prozessrealität. Der Prozess wird gewissermaßen deformiert. In Abbildung 20 wird diese Transformation in den wesentlichen Punkten dargestellt (Herczeg, 2000).

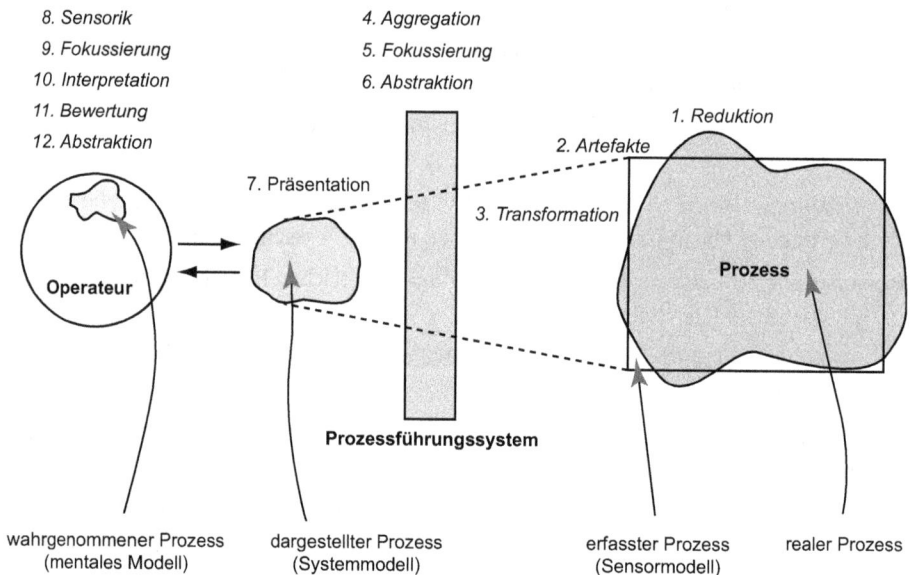

Abbildung 20. Transformation und Deformation des zu überwachenden und zu steuernden Prozesses auf das mentale Modell des Operateurs (Herczeg, 2000, S. 8)

> Die Graphik zeigt rechts den Prozess und links den menschlichen Operateur. Dazwischen steht das Prozessführungssystem als Medium oder Vermittler, das mit Hilfe der Prozesssensorik die Prozessdaten liefert und diese in eine Präsentation (Displays) mit interaktiven Einwirkmöglichkeiten (Controls) transformiert.

Die Schwächen der Transformation und damit die *Deformation des Prozesses*, die in Abbildung 20 verdeutlicht werden soll, bestehen aus den folgenden Einzelproblemen:

1. *Reduktion* durch maschinelle Sensorik erzeugt Lücken in der Abbildung;

2. *Artefakte* durch maschinelle Sensorik lassen nicht Vorhandenes erscheinen;

3. *Transformation* durch maschinelle Funktionen verfälscht die Sensordaten;

4. *Aggregation* durch maschinelle Funktionen fasst mehrere Komponenten zu einer vom Operateur wahrnehmbaren Komponente zusammen;

5. *Fokussierung* durch maschinelle Funktionen reduziert auf einen Ausschnitt des Prozesses;

6. *Abstraktion* durch maschinelle Funktionen vereinfacht die Realität durch Bildung abstrakter Prozessgrößen;

7. *Präsentation* durch maschinelle Funktionen visualisiert auch Virtuelles mit weitgehend unklaren Konsequenzen hinsichtlich mentaler Modellbildungen;

8. *Sensorik und Wahrnehmung* des Operateurs mit ihren Beschränkungen erfassen nur einen Teil des Präsentierten;

9. *Fokussierung* durch den Operateur reduziert den präsentierten Ausschnitt durch weitere Verengung;

10. *Interpretation* durch den Operateur versucht die semantische Dekodierung des Wahrgenommenen zur Extraktion von Information und damit zur Erkennung von Systemzuständen;

11. *Bewertung* durch den Operateur beurteilt die Bedeutung von Systemzuständen unter Berücksichtigung der Vergangenheit und der Prognose der Entwicklungen;

12. *Abstraktion* durch den Operateur führt zu einer weiteren Vereinfachung des Wahrgenommenen.

Durch diesen komplexen Transformationsprozess werden die Wahrnehmung und die Möglichkeit zur Einflussnahme auf den realen Prozess in vielfältiger Weise eingeschränkt und verändert. Dies ist notwendig, da die menschliche Perzeption, Informationsverarbeitung sowie Handlungsfähigkeit in der Relation zum Prozessgeschehen stark begrenzt ist. Die besondere Aufgabe, man könnte sagen, die „Kunst" der Entwicklung eines aufgaben- und benutzergerechten Mensch-Maschine-Systems besteht nun darin, die richtigen Funktionen seitens der Maschine zu realisieren und diese mit den vorhandenen oder trainierten Wahrnehmungs- und Handlungsprozessen (mentale Modelle) seitens des Menschen zu verknüpfen. Dies dient dann der geeigneten gegenseitigen Anpassung von Mensch und Maschine in einem solchen System im Sinne einer problemgerechten Arbeitsteilung (siehe Kapitel 9).

6.9.2   Interaktionsmodelle

Wir haben im vorausgegangenen Abschnitt gesehen, wie ein Prozess über ein Prozessführungssystem für einen Operateur abgebildet und präsentiert wird. Dieser Vorgang ist nicht statisch, sondern läuft mit jeder Aktivität des Operateurs bzw. mit jedem gemeldeten Ereignis im Prozess erneut ab. Dieses dynamische Prozessgeschehen soll im Folgenden näher betrachtet werden.

In Abbildung 21 ist der schrittweise Verlauf der vom Operateur praktizierten Umsetzung von einer Aufgabenstellung bis zur motorischen Handlung dargestellt. Umgekehrt nimmt der Operateur Ausgaben des Systems wahr und verarbeitet diese analytisch, um zu verstehen, inwieweit die Aufgabenbearbeitung erfolgreich verläuft, bzw. in welchen veränderten Zuständen sich das System befindet. Solche Modelle wurden im Rahmen der Arbeits- und Kognitionswissenschaften entwickelt und beschreiben die wesentlichen Wahrnehmungs- und Handlungsschritte bei der Umsetzung eines Ziels durch einen Akteur in die Handlungen und Wahrnehmungen bei der Nutzung eines interaktiven Systems.

In Abbildung 22 findet sich das Entsprechende als systemseitige technische Realisierung, die zum Ziel hat, die wesentlichen kognitiven und sensomotorischen Schritte eines Menschen nachzubilden, um eine möglichst kongruente Denk- bzw. Systemstruktur zwischen Mensch und Maschine zu realisieren (zur Kongruenz und Kompatibilität von mentalen Modellen vgl. Abschnitt 6.5.5).

Erfolgreiches Handeln setzt neben einem räumlichen und gegenständlichen mentalen Modell die Fertigkeit voraus, Aktivitäten unmittelbar nach Wahrnehmung der Wirkungen hinsichtlich ihres erfolgreichen Abschlusses zu beurteilen und bei Bedarf zu korrigieren oder ergänzen. Man spricht in diesem Zusammenhang von der *Handlungsregulation*.

Im 6-Ebenen-Modell in Abbildung 21 sieht man die Schleifen, die von den unterschiedlichen Wahrnehmungsebenen zurück in die jeweiligen Aktivitätsebenen führen. Dieses mehrstufige Zurückführen zu den Aktivitäten auf den verschiedenen dargestellten Ebenen dient der effizienten Korrektur oder Ergänzung von Aktionen, sofern diese nicht wie geplant zu den erwarteten oder akzeptierten Wahrnehmungen von Wirkungen (Ergebnissen) geführt haben.

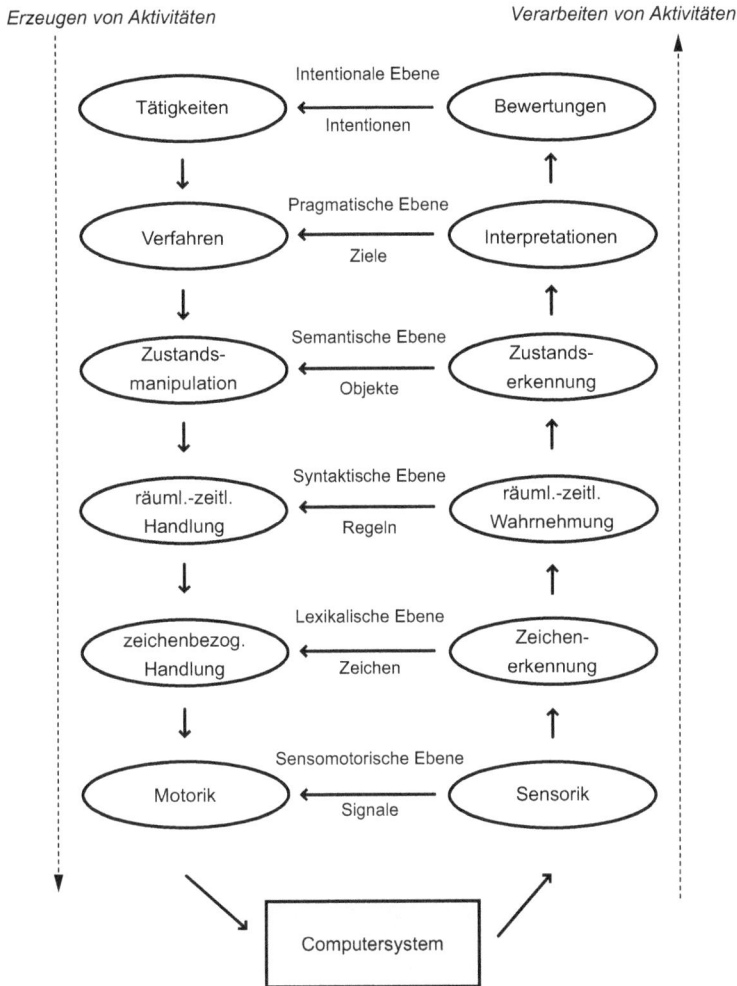

Erzeugen von Aktivitäten   *Verarbeiten von Aktivitäten*

Intentionale Ebene

Tätigkeiten ← Intentionen ← Bewertungen

Pragmatische Ebene

Verfahren ← Ziele ← Interpretationen

Semantische Ebene

Zustands-manipulation ← Objekte ← Zustands-erkennung

Syntaktische Ebene

räuml.-zeitl. Handlung ← Regeln ← räuml.-zeitl. Wahrnehmung

Lexikalische Ebene

zeichenbezog. Handlung ← Zeichen ← Zeichen-erkennung

Sensomotorische Ebene

Motorik ← Signale ← Sensorik

Computersystem

Abbildung 21. benutzerseitiges (mentales) Interaktionsmodell von Herczeg (1994, 2006b)

Dieses 6-Ebenen-Modell zeigt den stufenweisen Ablauf einer durchzufüh-renden Aufgabe bzw. der Verarbeitung von Systemausgaben durch einen Operateur mit Hilfe eines interaktiven Systems, also in unserem Betrach-tungsfall, einem Prozessführungssystem.

Der linke, absteigende Ast zeigt die schrittweise Zerlegung der Aufgaben-stellung über die Arbeitsprozeduren und einzelne Operationen sowie ihre Abbildung auf die syntaktischen Eingabemöglichkeiten, die verwendeten Eingabezeichen und die motorischen Eingaben.

Der rechte, aufsteigende Ast zeigt die Verarbeitung der Ausgaben des Sys-tems von der untersten Signalebene, über zunehmend höhere Ebenen der Bedeutung bis hin zu den Bewertungen des Beobachteten.

Erzeugen von Aktivitäten   Verarbeiten von Aktivitäten

Intentionale Ebene

Strategien ← Intentionen ← Bewertungen

↓   ↑

Pragmatische Ebene

Prozeduren ← Ziele ← Interpretationen

↓   ↑

Semantische Ebene

semantische ← Objekte ← semantische
Synthese   Analyse

↓   ↑

Syntaktische Ebene

Raum-Zeit- ← Regeln ← Raum-Zeit-
Synthese   Analyse

↓   ↑

Lexikalische Ebene

Ausgabe- ← Zeichen ← Eingabe-
generierung   erfassung

↓   ↑

Sensomotorische Ebene

Signal- ← Signale ← Signal-
generierung   erfassung

Mensch

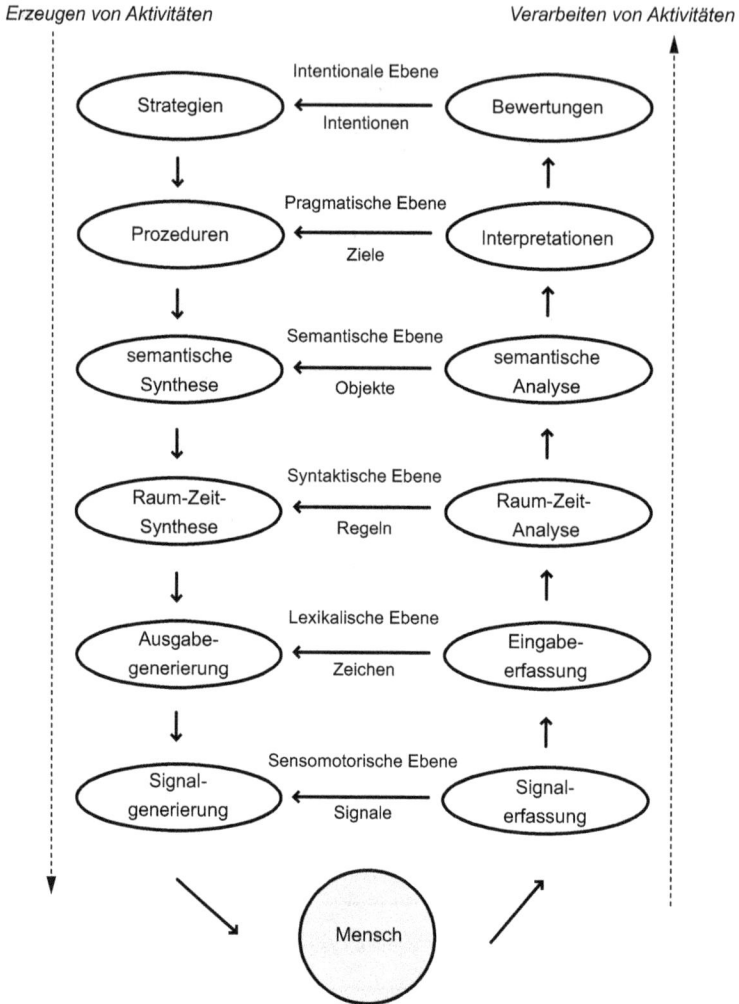

Abbildung 22. systemseitiges (technisches) Interaktionsmodell von Herczeg (1994, 2006b)

Dieses 6-Ebenen-Modell zeigt analog zu Abbildung 21 dieselben Vorgänge aus Systemsicht. Es stellt die Architektur eines interaktiven Systems, hier eines Prozessführungssystems dar.

Der rechte, aufsteigende Ast zeigt die Verarbeitung von Benutzereingaben. Die Benutzereingaben werden in ähnlich strukturierter Weise verarbeitet, wie ein Operateur die Systemausgaben wahrnimmt und interpretiert.

Der linke, absteigende Ast zeigt die Generierung von Systemausgaben. Die Systemausgaben können sich durch dieses Modell an den Strukturen und Denkweisen (mentale Modelle) der Operateure auf den jeweiligen Ebenen orientieren.

Ein geeignetes *Interaktionsdesign* (Herczeg, 2006a) hat dafür Sorge zu tragen, dass die Operateure mit möglichst wenigen Regulationen zum Ziel kommen. Notwendige Regulationen sollten so ablaufen, dass die Operateure ein hohes Maß an Feedback und Kontrolle über den Regulationsprozess besitzen und die Zielerreichung sowie die Art und Richtung der Steuerung beurteilen können. Fehlhandlungen sind zu vermeiden bzw. beim Training in der Regulation als Auslöser für Lernprozesse zu empfinden, um steigende Kompetenzen in der Nutzung des Systems entstehen zu lassen. Die Sicherheit in der Bedienung eines Prozessführungssystems hängt direkt davon ab, wie gut diese Handlungsregulationen der Operateure unterstützt und Fehler vermieden werden.

6.9.3 Wissensformen in der Prozessführung

Bei der Nutzung eines Prozessführungssystems kommen seitens des menschlichen Operateurs unterschiedliche Wissensformen zum Einsatz. Rasmussen (1983) beschreibt diese Wissensstrukturen in einem 3-stufigen Handlungsmodell mit den folgenden Wissensformen:

Skills: Anwendung menschlicher Fertigkeiten, die beim Menschen durch Trainingsprozesse weitgehend automatisiert ablaufen. Der Mensch ist dabei in der Lage, in Bruchteilen von Sekunden zu reagieren. Diese Fertigkeiten sind weitgehend automatisiert (vgl. subsymbolische Modelle in Abschnitt 6.8.12).

Rules: Anwendung von erlernten Regeln, die in bestimmten Situationen angewendet werden. Sie werden dabei nicht immer hinterfragt. Der Mensch ist in der Lage, innerhalb einiger Sekunden oder weniger Minuten regelbasiert zu reagieren (vgl. Produktionssysteme in Abschnitt 6.8.4).

Knowledge: Anwendung von symbolischem Wissen in einem Problemlösungsprozess. Der Mensch benötigt dazu Minuten bis Stunden, bis die Problemlösung erarbeitet und validiert ist.

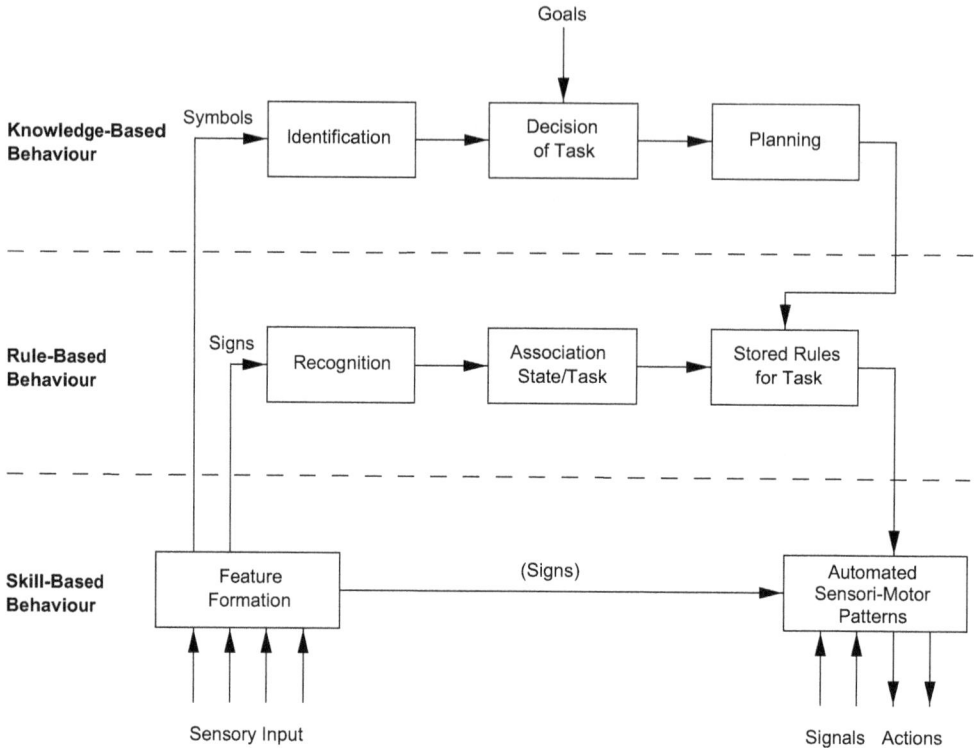

Abbildung 23. Das 3-stufige Handlungs- und Wissensmodell von Rasmussen (1983)

Das sensorische System des Menschen erkennt bestimmte Muster und kann dann fertigkeitsbasiert sehr schnell, weitgehend automatisch und meist unbewusst handeln. Dabei können sehr enge und schnelle Regulationsschleifen von Signalen zu Aktionen erfolgen (z.B. Sehen und Lenken im Straßenverkehr). Treten komplexere Situationen auf, kann der Mensch bestimmter Zeichen erkennen, dass bestimmte Bedingungen erfüllt sind und handelt dann regelbasiert (z.B. Halten vor einer roten Ampel). Existieren keine Automatismen oder Regeln, müssen Problemlösungsprozesse durchlaufen werden (z.B. Routenplanung bei Umleitungen).

Der Mensch nutzt in der Prozessführung typischerweise alle drei Handlungsformen. In der Ausbildung und im Training von Operateuren müssen diese Formen unterschieden und durch geeignete Trainingsprogramme erlernt werden. Dabei können durch Wiederholung (Routine) aus wissensbasierten Handlungen regelbasierte Handlungen und aus regelbasierten Handlungen fertigkeitsbasierte Handlungen entwickeln. Dies steigert die Effizienz erheblich. Man kann diese Kompetenzen gezielt durch Ausbildung und Training herbeiführen (Vermitteln von Fachwissen, Lernen von Regeln, Trainieren von Fertigkeiten).

Prozessführungssysteme müssen unter Berücksichtigung dieser drei Handlungsweisen und ihren kognitiven und sensomotorischen Randbedingungen konzipiert werden. Jede Bedienfunktion muss daraufhin überprüft werden, unter welcher dieser Handlungsformen sie zu nutzen ist. Die besonderen Zeitbedingungen (Echtzeit) müssen dabei geeignet technisch unterstützt werden. So können Betriebshandbücher (Papier-Manuale, Online-Handbücher) durchaus für regelbasierte, nicht jedoch für fertigkeitsbasierte Handlungen als Unterstützung dienen.

6.10   Zusammenfassung

Die erfolgreiche Nutzung interaktiver multimedialer Systeme, und dies gilt insbesondere für Prozessführungssysteme, hängt wesentlich davon ab, wie gut die *mentalen Modelle* der Benutzer zu den *technischen Modellen* der zu benutzenden Systeme passen. Damit die Systeme überhaupt geeignet gestaltet werden können, ist es notwendig, dass die Systementwickler geeignete *konzeptuelle Modelle* vom Anwendungsgebiet und den Tätigkeiten der Benutzer entwickeln und umsetzen.

Die *Verträglichkeit (Kompatibilität, Kongruenz)* bzw. die *Unverträglichkeit (Inkompatibilität, Inkongruenz)* dieser Modelle kann auf verschiedenen Ebenen betrachtet werden. So zeigt sich neben den Modellen von Benutzer, Systementwickler und System, jeweils vom Anwendungsbereich, die Relevanz und Abstimmung höherer Modelle, wie beispielsweise die Modelle des Operateurs vom Prozessführungssystem, um festzustellen, wie angemessen die Vorstellung eines Operateurs vom vorhandenen System ist. Andere potenzielle höhere Modelle sind Modelle des Prozessführungssystems von mentalen Modellen des Operateurs, um diesen individuell unterstützen zu können.

Weitere Differenzierungen werden benötigt, um den Prozess der Entwicklung und des Erlernens von Systemen oder Teilsystemen betrachten zu können. Die Herstellung der Kompatibilität zwischen Benutzer und System ist ein dynamischer Prozess, bei dem durch Veränderung des Anwendungssystems sowie durch Lernprozesse der Benutzer eine zunehmende Annäherung der Modelle von Mensch und Maschine erreicht werden muss. Dabei ist durch genaue Analyse und Zuordnung eventueller Fehlabstimmungen darauf zu achten, dass jeweils die richtigen Anpassungen und Korrekturen vorgenommen werden. So wenig sinnvoll eine Anpassung des Prozessführungssystems an ungeeignete Vorstellungen der Operateure ist, so unangemessen sind Anpassungen der Operateure an die Tätigkeit mit einem ungeeignet modellierten Prozessführungssystem.

Die mentalen Modelle der Benutzer bestehen letztlich aus Gedächtnisinhalten innerhalb der *menschlichen Gedächtnisstrukturen*. Es werden hierbei Modelle unterschiedlicher Art je nach Inhalt und Nutzungsweisen des Wissens unterschieden.

Wir haben gesehen, welche prinzipiellen *Transformationsschritte* vom Prozess über das Prozessführungssystem bis zum Operateur durchlaufen werden. Dabei wird die vorhandene

Prozessinformation vielfältig verfälscht. Im dynamischen mentalen Modell des Operateurs existiert am Ende nur eine grobe und immer auch fehlerbehaftete Näherung an den laufenden realen Prozess. Es ist wichtig, dies bei der Realisierung von Prozessführungssystemen zu berücksichtigen, den Operateuren bewusst zu machen und, soweit möglich, durch maschinelle Funktionen zu kompensieren.

In den sogenannten *Interaktionsmodellen* haben wir gesehen, wie der Operateur von der Aufgabe bis zur motorischen Umsetzung Ideen in Handlungen übersetzt und die Reaktionen des Systems wieder auf mehreren Ebenen wahrnimmt, interpretiert und bewertet. Analog kann man dies im Prozessführungssystem aufbauen und realisieren, um so eine möglichst hohe Übereinstimmung vom mentalen Modell und Systemmodell zu erreichen. Im Rahmen des *Interaktionsdesign* bemüht man sich dann, den Operateuren die Systemfunktionen in einer Weise anzubieten, dass sie diese leicht verstehen sowie effektiv und effizient nutzen können. Die interaktive Technik soll in der Lage sein, sich in Strukturen und Begriffe der mentalen Modelle der menschlichen Operateure zu präsentieren.

Bei der Realisierung von Prozessführungssystemen muss man mindestens drei *handlungs-relevante Wissensformen* beim menschlichen Operateur berücksichtigen:

Skills: Anwendung menschlicher Fertigkeiten;

Rules: Anwendung erlernter Regeln;

Knowledge: Anwendung von Wissen in einem Problemlösungsprozess.

Diese Wissensformen werden mehr oder weniger simultan von Operateuren eingesetzt, um die verschiedenen Teilprozesse in einer Prozessführung zu überwachen und steuern. Durch Praxis und Training können Wissensmodelle in Regeln und Regeln in automatisierte Fertigkeiten umgesetzt werden. Die Effizienz der Bedienung kann sich dadurch erheblich erhöhen.

7 Aufgabenanalyse und Aufgabenmodellierung

Der Normalbetrieb der Prozessführung ist gekennzeichnet von Tätigkeiten der Operateure und des weiteren Betriebspersonals, die mit Hilfe des Prozessführungssystems einzelne Aufgaben ausführen. Die Aufgaben sind im Normalbetrieb im Voraus bekannt. Sie bringen das System von einem bestimmten Ausgangszustand in einen Zielzustand. Das gesamte Betriebspersonal ist im Allgemeinen geschult, diese Aufgaben fach- und zeitgerecht unter vorgegebenen Bedingungen auszuführen. Die Ausführung der Aufgaben erfolgt dabei mehr oder weniger routiniert auf der Grundlage erlernter Aktionssequenzen in Form von diversen Handlungen und der dazugehörigen Kommunikation. Diese Aktionssequenzen werden oft als *Arbeitsverfahren oder Prozeduren (Standard Operating Procedures, SOPs)* bezeichnet.

Die Aufgaben sind für diese Tätigkeiten vorhersehbar und planbar. Die Ausführungsbedingungen sind bekannt und die Ziele werden normalerweise wie geplant erreicht. Wir sprechen von *aufgabenorientierten Arbeitsprozessen*. Die Analyse und die Modellierung der zu erfüllenden Aufgaben ist eine wesentliche Grundlage für die funktionale Gestaltung von Prozessführungssystemen, die es ermöglichen müssen, die Aufgaben *effektiv*, *effizient* und *sicher* auszuführen. Die Operateure werden geschult, diese Aufgaben erfolgreich zu leisten. Die Wirkung jeder einzelnen Aktion und jeder zusammenhängenden Aktionssequenz muss dabei von den Durchführenden erkannt und überprüft werden können, sodass das System von einem Ausgangszustand definiert und vorhersehbar in einen geplanten Folgezustand überführt werden kann. Die dabei erfolgte Ausführung der einzelnen Aktionen kann und muss bei sicherheitsrelevanten Aufgaben kontrolliert und auch protokolliert werden.

Die Analyse und Bewertung computergestützter aufgabenorientierter Systeme wurde bislang vor allem im Rahmen der Software-Ergonomie geleistet (Herczeg, 1994; Herczeg, 2005; Herczeg, 2009a), wobei vor allem Kenntnisse aus den Arbeitswissenschaften sowie der Kognitions- und Arbeitspsychologie (Hacker, 1986; Rasmussen et al., 1994; Vicente, 1999; Ulich, 2001) herangezogen worden sind.

In diesem Kapitel werden einige grundlegende Modelle und Methoden für die Analyse und Konzeption aufgabenzentrierter Systeme beschrieben. Hierbei soll davon ausgegangen werden, dass die Initiative vom Operateur ausgeht, der eine vorgesehene Aufgabe plant und schrittweise durchführt. Das Prozessführungssystem unterstützt ihn bei der Wahrnehmung des Systemzustandes sowie der Ausführung der einzelnen Aktivitäten.

7.1   Arbeitssysteme

Wie wir in den vorausgehenden Kapiteln gesehen haben, müssen wir uns für den Normalbetrieb eines Systems mit der Ausübung von *Tätigkeiten* im Rahmen einer *Arbeitssituation*
beschäftigen. Daher benötigen wir zunächst geeignete Klärungen für die Begriffe *Tätigkeit*
und *Arbeit*.

Hacker (1986, S. 61) definiert *Tätigkeiten* folgendermaßen:

> *„Tätigkeiten sind Vorgänge, mit denen Menschen ihre Beziehungen zu Aufgaben und*
> *ihren Gegenständen, zueinander und zur Umwelt verwirklichen."*

Diese Definition führt uns zu zentralen Begriffen wie: *Aufgaben*, die durchzuführen sind, zu
den *Gegenständen (Arbeitsgegenstände, Arbeitsobjekte)*, die durch die Tätigkeiten im Zustand erhalten oder in bestimmter Weise verändert werden sollen sowie zur *Arbeitsumgebung*, in der die Tätigkeiten stattfinden. Durch diese Zusammenhänge entstehen sogenannte
Arbeitssysteme. Nach ISO 6385 wird ein *Arbeitssystem* folgendermaßen definiert:

> *„System, welches das Zusammenwirken eines einzelnen oder mehrerer Arbeitender/*
> *Benutzer mit den Arbeitsmitteln umfasst, um die Funktion des Systems innerhalb des*
> *Arbeitsraumes und der Arbeitsumgebung unter den durch die Arbeitsaufgaben vorge-*
> *gebenen Bedingungen zu erfüllen."*

Bereits in diesen kurzen Definitionen wird eine Vielzahl von Komponenten erwähnt, die ein
Gesamtsystem bilden. Dies liefert uns schon den wichtigen Hinweis, dass Arbeit nicht durch
die alleinige Betrachtung eines Benutzers, hier des Operateurs, und seines computerbasierten
Anwendungssystems (Prozessführungssystem) erfasst werden kann. Stattdessen müssen
weitere Komponenten eines komplexen Gesamtsystems zusammenhängend und als sich
gegenseitig beeinflussend betrachtet werden. Gerade für die Gestaltung eines computerunter-
stützten Anwendungssystems müssen all diese Komponenten im Zusammenhang und Zusammenwirken, ihrer gegenseitigen Beeinflussung und Interaktion gesehen werden. Arbeitssysteme bestehen aus technischen und sozialen Komponenten und bilden im Zusammenwirken ein sogenanntes *soziotechnisches System* (siehe z.B. Ulich, 2001; Oechsler, 2006).

7.2   Soziotechnische Systeme

Die Verwendung technischer Arbeitsmittel im organisatorischen, meist betrieblichen Umfeld erzeugt ein System, das sich aus *Mensch, Technik und Organisation (MTO)* zusammensetzt. Wir sprechen daher von *soziotechnischen Systemen*. Arbeitssysteme, wie wir sie oben definiert haben, sind soziotechnische Systeme. Sie bestehen zum einen aus einem *technischen Teilsystem*, wie vor allem den Arbeitsmitteln, technischen Anlagen und den räumlichen Ressourcen. Zum anderen bestehen sie aus einem *sozialen Teilsystem*, das durch die Benutzer, also verallgemeinert die Arbeitenden und ihre formellen und informellen Strukturen (formelle und informelle Organisation), bestimmt wird (siehe Abbildung 24).

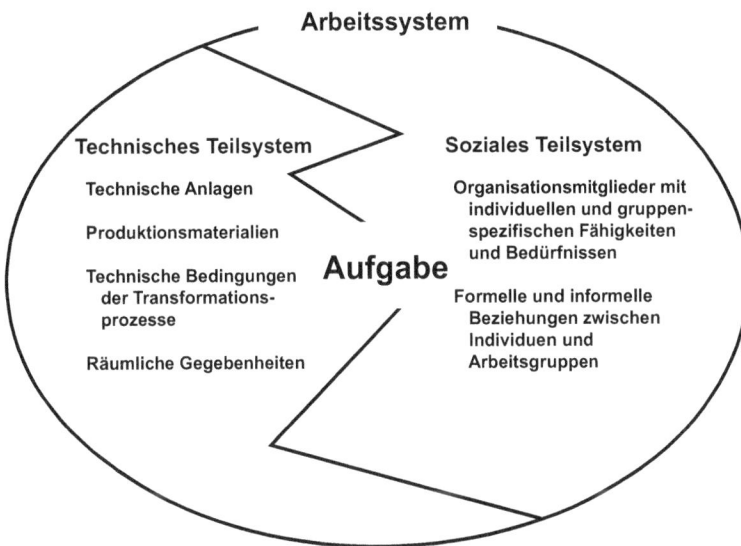

Abbildung 24. Komponenten eines Arbeitssystems (nach Ulich, 1994)

Soziotechnische Systeme setzen sich aus einem sozialen und einem technischen Teilsystem zusammen. Diese Teilsysteme treffen sich bei den Aufgaben, die von den Benutzern mit Hilfe der technischen Anlagen, in unserer Betrachtung vor allem mit Hilfe von Prozessführungssystemen, zu bearbeiten sind.

7.3   Modelle aufgabenzentrierter Arbeitssysteme

Aufgabenzentrierte Arbeitssysteme lassen sich durch eine Reihe von Entitäten und ihren Merkmalen beschreiben, die sich um eine organisatorische Einheit, die sogenannte *Rolle*, ranken (Herczeg, 1999; Herczeg, 2001). Eine solche Rolle wird am Ende von einem menschlichen oder maschinellen Akteur eingenommen. Menschliche Akteure, die eine solche Rolle einnehmen, müssen bestimmte Fertigkeiten, Fähigkeiten und Kenntnisse, also *Qualifikationen* verfügen, um mit Hilfe von *Werkzeugen* die vorgegebenen *Aufgaben* erfüllen zu können. Die Aufgaben bestehen vor allem darin, die *Arbeitsobjekte* zu überwachen und bei Bedarf zu beeinflussen, sie also zu steuern oder in ihren Eigenschaften zu verändern.

Im Rahmen einer Prozessführungsaufgabe wird ein solches Arbeitssystem typischerweise durch einen Operateur *(Rolle)* repräsentiert, der mit seinen Fachkenntnissen und Fertigkeiten *(Qualifikationen)* die technische Komponente *(Arbeitsobjekte)* eines Systems mit Hilfe eines Prozessführungssystems *(Werkzeuge)* überwacht und in ihren Zuständen verändert.

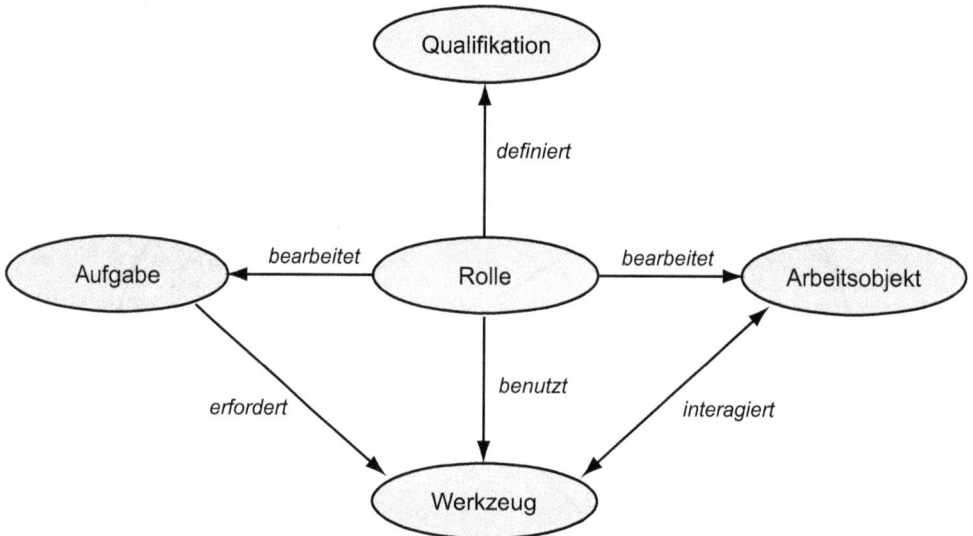

Abbildung 25. Modell eines aufgabenzentrierten Arbeitssystems (nach Herczeg, 2001)

> Ein aufgabenorientiertes Arbeitssystem basiert auf vorgegebenen Aufgaben, die von menschlichen Akteuren mit bestimmten Qualifikationen in ihren Rollen mit Hilfe von Werkzeugen durchgeführt werden. Die Aufgaben beziehen sich auf den Zustand von Arbeitsobjekten, die von Ist- in Sollzustände gebracht werden sollen.

Ein Beispiel für aufgabenzentriertes Arbeitssystem ist ein Verkehrsflugzeug, das von seinen beiden Operateuren in den Rollen Pilot und Copilot mit Hilfe der Cockpitsysteme (Werkzeuge) vom Ausgangs- zum Zielflughafen gebracht wird. Die einzelnen Hauptaufgaben wie Start, Streckenflug oder Landung werden mit Hilfe der einzelnen interaktiven Werkzeuge (Flugführungsinstrumente, Kommunikationseinrichtungen und Systemüberwachung im Cockpit) und der damit gesteuerten technischen Komponenten (z.B. Triebwerke, Ruder, Tanks, Fahrwerke) des Flugzeuges (Arbeitsobjekte) ausgeführt. Die dafür benötigte Qualifikation ist eine erfolgreich abgeschlossene Ausbildung zum Verkehrspiloten mit einer Zulassung für den jeweiligen Flugzeugtyp sowie die bewältigten regelmäßigen Leistungs- und Flugtauglichkeitstests. Im Normalfall (Normalbetrieb, SOPs) führt die Ausführung der vorgesehenen Aufgaben zu einem zeitlich und räumlich effektiven und effizienten Ablauf eines Fluges (Prozess). Nur in wenigen Prozessführungsbereichen sind die Aufgaben der Operateure so exakt und eindeutig definiert, geplant und trainiert wie in der Luftfahrt. Deshalb wird dieses sicherheitskritische Arbeitssystem, das über Jahrzehnte verfeinert und optimiert worden ist, oft als Vorbild für die Analyse, Konzeption, Praxis und Qualifizierung in der Prozessführung benannt.

7.4   Tätigkeiten und Aufgaben

Einstiegspunkt für das Verständnis soziotechnischer Systeme sind also die *Tätigkeiten* von Menschen. Nach ISO 6385:2004 versteht man unter einer Tätigkeit:

> *„[...] die Organisation und die zeitliche und räumliche Abfolge der Arbeitsaufgaben einer Person oder die Kombination der gesamten menschlichen Arbeitshandlungen eines Arbeitenden/Benutzers in einem Arbeitssystem".*

Bei der Analyse von Arbeitssystemen stehen demnach zunächst die einzelnen *Arbeitsaufgaben* im Vordergrund, die ein Akteur, hier Operateur, zu bewältigen hat. Arbeitsaufgaben definieren sich über eine Reihe von Charakteristika, die im Rahmen einer *Aufgabenanalyse* zu erfassen sind. Die Struktur und die Eigenschaften von Aufgaben sowie ihre Analyse und Modellierung wurden in unterschiedlichster Weise beschrieben (u.a. bei Kirwan & Ainsworth, 1992; Dunckel et al., 1993; Seamster, 1994; Hackos & Redish, 1998; Vicente, 1999; Herczeg, 1999; Herczeg, 2001; Herczeg, 2009a). Diese vielfältigen Methoden zur Aufgabenanalyse und Aufgabenmodellierung unterscheiden sich vor allem in ihren formalen Ausprägungen, weniger in ihren prinzipiellen Elementen.

Bei der *Aufgabenanalyse* müssen die einzelnen Aufgaben erfasst und zueinander in Beziehung gesetzt werden. Eine grundsätzliche Methodik ist dabei die Entwicklung und Optimierung der *Aufgabenstruktur*. Die meisten Methoden zur Aufgabenanalyse gehen von hierarchischen Aufgabenstrukturen aus. Eine der bekanntesten Methoden dieser Vorgehensweise ist die *HTA (Hierarchical Task Analysis)* , die sich anwendungsspezifisch ausprägen und mit vielen anderen Methoden kombinieren lässt (Annett & Duncan, 1967; Kirwan & Ainsworth, 1992; Shepherd, 1998; Dix et al., 2004; Hone & Stanton, 2004; Stanton, 2006). Ein klassisches Beispiel für eine HTA findet sich in Abbildung 26. In einer HTA werden die einzelnen Aufgaben bzw. Teilaufgaben in einer baumartigen Struktur erfasst. Aufgaben werden in Teilaufgaben hierarchisch verfeinert. Dabei werden für die jeweiligen Teilaufgaben Pläne für deren Ausführung formuliert, beispielsweise die bedingte, sequenzielle oder wiederholte Ausführung einzelner Teilaufgaben. Diese Pläne sind gewissermaßen die Beschreibungen der Arbeitsverfahren (Prozeduren).

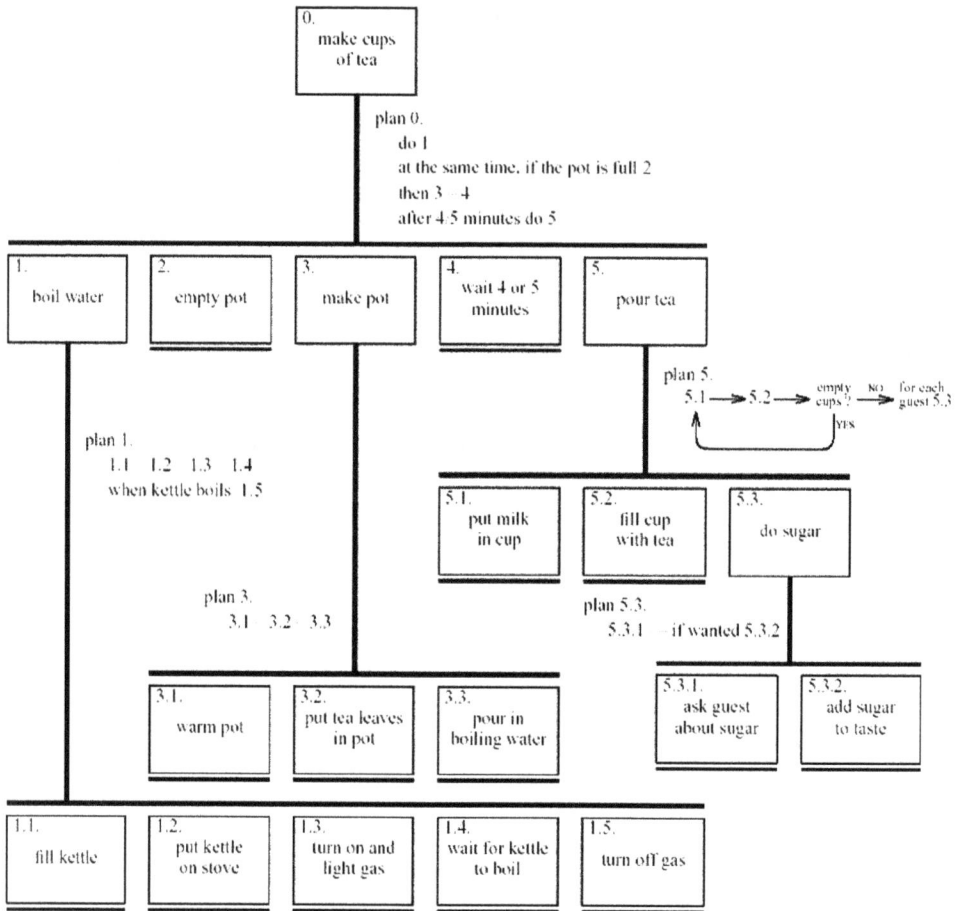

Abbildung 26. Beispiel für eine Hierarchical Task Analysis (aus Dix et al., 2004)

> Eine Hierarchical Task Analysis (HTA) beschreibt eine schrittweise Verfeinerung von Aufgaben bis auf eine elementare, nicht weiter zergliederte Stufe. Die Beschreibung von Teilaufgaben wird von Plänen ergänzt, die beschreiben, wie die einzelnen Teilaufgaben auszuführen sind.

Im Prinzip können bei einer HTA durch gleiche, nur einmal dargestellte Unterstrukturen auch gerichtete Graphen (Verbände) statt Baumstrukturen entstehen. Die gängigen Methoden neigen aber aus Gründen der Übersichtlichkeit, leider zu Lasten der Pflege solcher Strukturen, zu reinen Baumstrukturen.

Nach der Benennung und Strukturierung von Aufgaben sind die wichtigsten Merkmale der einzelnen Aufgaben zu beschreiben:

Ziel: mit der Durchführung der Aufgabe verfolgtes Ziel (Arbeitsergebnis)

Grund: Grund oder Ursache für die Durchführung der Aufgabe

Inhalt: Inhalte der Aufgabe, insbesondere die Bearbeitung von Arbeitsobjekten

Teilaufgaben: hierarchische Aufgliederung und Verfeinerung der Inhalte der Aufgabe in Teilaufgaben (HTA) sowie Regeln oder Prozeduren zur Abarbeitung der Teilaufgaben (sequenziell, parallel, wiederholt, bedingt, alternativ, etc.)

Bedingungen: besondere Randbedingungen bei der Durchführung der Aufgabe hinsichtlich des Zustandes des Arbeitsumfeldes und der Arbeitsgegenstände (Vorbedingungen, Nachbedingungen)

Frequenz: Häufigkeit der Aufgabe in einem Aufgabenspektrum über einen betrachteten Zeitabschnitt (z.B. Stunde, Tag, Monat, Jahr)

Repetitivität: Auftreten direkter Wiederholungen der Aufgabe

Wichtigkeit: inhaltliche Priorität (Bedeutsamkeit) der Aufgabe in einer Menge von Aufgaben

Dringlichkeit: zeitliche Priorität der Aufgabe in Bezug zu anderen, gleichzeitig anstehenden Aufgaben

Kritikalität: Anforderungen zur Vermeidung von Fehlern bei der Durchführung der Aufgabe zur Erreichung des benötigten Sicherheitsniveaus

Durchführungszeit: zeitliche Anforderungen an die Durchführung der Aufgabe (Zeitpunkt des Beginns und/oder des Abschlusses, Zeitdauer der Durchführung, Wartezeiten)

Handlungsspielraum: Spielräume der Bearbeiter bei der Zergliederung der Aufgabe und der damit verbundenen Wahl der Arbeitsmittel zur Durchführung der Aufgabe (Offenheit)

Die Merkmale von Aufgaben bilden die Grundlage für die problemgerechte Ausprägung von Arbeitsmitteln, also in unserem Fall für die Gestaltung eines Prozessführungssystems. So müssen beispielsweise Aufgaben, die häufig auftreten, besonders gut unterstützt und effizient ausgeführt werden. Aufgaben mit hoher Kritikalität wiederum sollten eher in einfachen Schritten mit geeigneten Kontrollschritten ausgeführt werden. Aufgaben, die unter unterschiedlichsten Bedingungen auftreten, können durch mehrere unterschiedliche Arbeitsmittel unterstützt werden, die der Operateur situationsbezogen auswählt (Handlungsspielraum). Aufgaben, die unter bestimmten zeitlichen Bedingungen ausgeführt werden müssen, werden durch Hilfsmittel unterstützt, die den Operateuren den Zeitverlauf verdeutlichen und Hinweise auf geeignete weitere Arbeitsschritte geben. Sehr zeitkritische Aufgaben, die über die menschliche Handlungsfähigkeit hinausgehen, müssen automatisiert oder unterstützt werden.

7.5 Rollen

Den einzelnen Akteuren in einer Betriebsorganisation werden organisatorische Einheiten, sogenannte *Rollen,* zugewiesen. Diesen Rollen werden die jeweils zu bewältigenden Aufgaben zugeordnet. Die Menge aller zugeordneten Aufgaben bestimmt die Tätigkeit einer Rolle.

Rollen stehen wiederum in Bezug zu anderen Rollen, denen sie zuarbeiten oder von denen ihnen zugearbeitet wird. So entsteht ein Netzwerk von Akteuren, die innerhalb der Betriebsorganisation gemeinsam in systematischer und zeitlich geordneter Weise die Leistungen des Betriebs erbringen. Durch die Bearbeitung der einzelnen Aufgaben und die Weitergabe der Arbeitsergebnisse an andere Rollen, entsteht ein Fluss von Aktivitäten und Arbeitsergebnissen, auch *Workflow* genannt.

Rollen können in einer Organisation mehrfach vorkommen. Dies wird durch *Stellen* modelliert. Mehrere Stellen existieren für eine Rolle. Die Stellen werden dann von konkreten Personen (Akteuren) eingenommen. Es ist wichtig, Rollen von diesen konkreten Akteuren zu unterscheiden, da über die Stellen, eine Rolle durch unterschiedliche Personen eingenommen werden kann. So werden zum Beispiel bei einem Schichtwechsel die Personen ausgetauscht, während die Rollen erhalten bleiben. Auch der Einsatz von Ersatzkräften beim Ausfall geplanter Akteure erhält die Rollenstruktur.

Eine Rolle kann prinzipiell ganz oder teilweise von einer Maschine, also einer Automatik eingenommen werden. So ersetzt der Autopilot als maschinelle Funktion einzelne Aufgaben der Rolle des Piloten.

7.6 Qualifikationen

Damit die Akteure in den diversen Rollen ihre Aufgaben fachgerecht zu bearbeiten im Stande sind, müssen sie über bestimmte *Qualifikationen* verfügen. Die Qualifikation einer Rolle resultiert aus den notwendigen Einzelkompetenzen zur Bearbeitung der ihnen zugeordneten Aufgaben. Bei der Zuordnung von Aufgaben zu Rollen, ist es also nicht nur wichtig, alle Aufgaben zu verteilen, sondern gleichzeitig Sorge zu tragen, dass die Rollen mit Aufgaben betraut sind, die zu einer sinnvollen und realistischen Tätigkeit mit einem realistischen und ausgewogenen *Qualifikationsprofil* führen. Ist dies nicht der Fall, entstehen „Patchwork-Rollen", die den Akteuren abverlangen, die unterschiedlichsten Qualifikationen zu erfüllen, oder Rollen, die spätestens bei hohen Belastungen nicht mehr unter den Anforderungen zu leisten sind. Die systematische und durchdachte Definition von Rollen und Zuordnung von verträglichen Aufgaben ist also eine wichtige Voraussetzung für eine erfolgreiche Organisation und einen reibungslosen und risikoarmen Systembetrieb. Man spricht hinsichtlich dieses wichtigen Arbeitsplanungsprozesses von *Aufgabensynthese* und *Arbeitsgestaltung* (siehe z.B. Wöhe, 1996; Oechsler, 2006).

Mit der Änderung von Aufgaben ändern sich Rollen und Arbeitsmittel und damit letztlich auch die notwendigen Qualifikationen für die Wahrnehmung dieser Rollen. Eine laufende Analyse der Kompetenz- und Leistungsanforderungen an das Personal, der vorhandenen Kompetenzen sowie die daraus folgende Ermittlung eines Qualifizierungsbedarfs ist notwendig, um durch daraus abgeleitete Qualifizierungsmaßnahmen und Erfolgskontrollen einen effizienten und sicheren Betrieb zu ermöglichen. Hierzu gibt es neben den Ausbildungsberufen auch systematische Modelle und Methoden für die Fortbildung in den unterschiedlichen Anwendungsfeldern. Beispielsweise wurde im Bereich der Kernkraft von der IAEA der *Systematic Approach to Training (SAT)* entwickelt (IAEA TECDOC 1057, IAEA TECDOC 1063, IAEA TECDOC 1170). In der Luftfahrt hat man das *Crew Resource Management (CRM)* insbesondere für die soziale Kooperation entwickelt (siehe auch Abschnitt 14.4).

7.7   Arbeitsobjekte

Die Prozessführungsaufgaben beziehen sich oft auf *Arbeitsobjekte*, die mit Hilfe von Werkzeugen überwacht und manipuliert, d.h. im Ist-Zustand erhalten oder vom Ist- in einen Soll-Zustand überführt werden müssen. Man spricht hierbei vom „*Managen der Objekte*", entsprechend auch von *Managed Objects*.

Die für eine Prozessführungsaufgabe relevanten Objekte sind typischerweise die Komponenten des zu überwachenden und zu steuernden Systems, das den Prozess bestimmt. Ihre Zustände und Zustandsänderungen müssen über das Prozessführungssystem und seine Hilfsmittel (Werkzeuge, Funktionen) beobachtet und beeinflusst werden. Sie werden zu diesem Zweck durch *multimediale und multimodale Werkzeuge* präsentiert und gesteuert.

In der Informatik werden Arbeitsobjekte durch *Informationsmodelle* repräsentiert, die durch geeignete Benutzungsschnittstellen multimedial präsentiert und interaktiv manipuliert werden. Hier ist jedoch darauf hinzuweisen, dass Arbeitsobjekte diejenigen Objekte in einem Informationssystem sind, die vom Benutzer, hier Operateur, wahrgenommen werden und deren *mentale Modelle* bestimmen (vgl. Abschnitt 6.8.2).

In der Prozessführung können die Arbeitsobjekte oder Systemkomponenten eines zu steuernden dynamischen Systems in beliebiger Detaillierung durch eine wie im folgenden Abschnitt erläuterte zweidimensionale Abstraktions- und Dekompositionshierarchien beschrieben werden (Rasmussen, 1985a; Rasmussen, 1988; Rasmussen et al., 1994; Vicente, 1999).

7.8   Werkzeuge

Zur Ausführung von Aufgaben werden *Arbeitsmittel* benötigt (vgl. Definition eines Arbeits-systems). Oft werden diese als *Werkzeuge* bezeichnet. Wir wollen hier unter Werkzeug jede Form interaktiver Repräsentation eines Prozesses mit seinen Arbeitsobjekten und Einfluss-möglichkeiten zu ihrer Präsentation und Manipulation verstehen. Die Summe der so für die Prozessführung verfügbaren Arbeitsmittel ist letztlich das *Prozessführungssystem*.

Verbreitet sind hierzu vor allem Visualisierungen der zu überwachenden Systemkomponen-ten, unterstützt durch auditive Signale beim Erreichen wichtiger oder vor allem kritischer Zustände. Prinzipiell stehen neben Visualisierungen natürlich alle von menschlichen Sinnen wahrnehmbaren multimedialen Präsentationsformen zur Verfügung. Neben visuellen Präsen-tationen finden sich im Bereich der Prozessführungssysteme, wie schon erwähnt, auch audi-tive und haptische Ausgaben. Unerwünscht, aber nicht weniger wichtig und gelegentlich hilfreich, können Nebenwirkungen der Prozesse wie Gerüche, Feuchtigkeit, Beschleunigun-gen oder Drücke als Zustandsänderungen der Arbeitsobjekte wahrgenommen werden.

Die Manipulation der Objektzustände muss über die interaktiven Werkzeuge entsprechend durch die menschlichen Artikulationsmöglichkeiten erfolgen, typischerweise vor allem durch die menschlichen Extremitäten (Hände, Füße, Kopf) sowie durch die menschliche Sprache (Sprachsteuerung).

Nähere Ausführungen zur Konzeption und Ausgestaltung (Design) der Werkzeuge im Rah-men eines Prozessführungssystems finden sich in Kapitel 12; die entsprechenden Vorge-hensweisen und Entwicklungsprozesse in Kapitel 13.

Werkzeuge werden oft abstrahiert als *Funktionen* bezeichnet. Sie stehen in einem direkten Zusammenhang mit den Arbeitsobjekten, oder eben deren Zustände beschrieben durch die Daten. Rasmussen hat hierzu ein zweidimensionales Modell mit den Dimensionen *Abstrakti-on* und *Dekomposition* entwickelt (Rasmussen, 1985a; Rasmussen, 1988; Rasmussen et al., 1994; Vicente, 1999). Die *Abstraktionshierarchie* beschreibt die Umsetzung vom *Warum (Why = Zielsetzung)* über das *Was (What = aktuelle Problemstellung)* zum *Wie (How = Funktion oder Dysfunktion)* (siehe Abbildung 27). Diese funktionale Abstraktion lässt sich als eigene Dimension orthogonal mit der Objektstruktur der Arbeitsobjekte verbinden (siehe Abbildung 28). In objektorientierten Modellierungen werden die Funktionen immer zusam-men mit den Objekten als Methoden der Manipulation dieser Objekte verstanden.

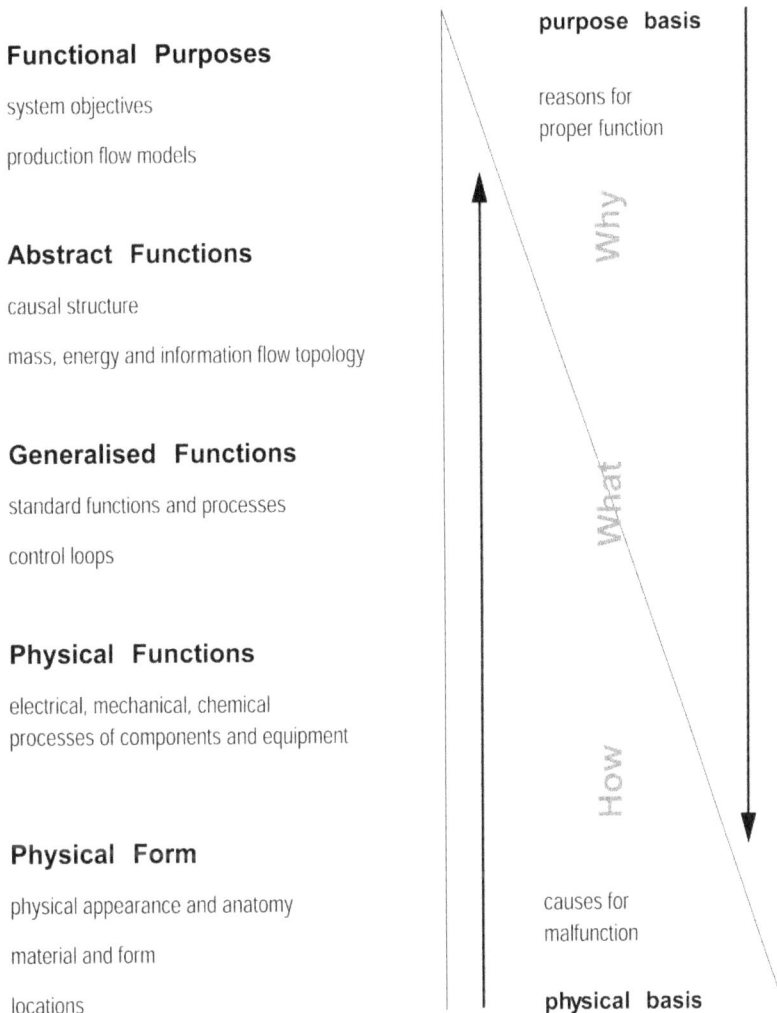

Functional Purposes

system objectives

production flow models

Abstract Functions

causal structure

mass, energy and information flow topology

Generalised Functions

standard functions and processes

control loops

Physical Functions

electrical, mechanical, chemical
processes of components and equipment

Physical Form

physical appearance and anatomy

material and form

locations

purpose basis

reasons for
proper function

Why

What

How

causes for
malfunction

physical basis

Abbildung 27. Abstraktionshierarchie nach Rasmussen (z.B. in Rasmussen, 1985a)

Die funktionale Abstraktionshierarchie erfolgt in fünf Abstraktionsstufen vom Zweck bis zur Physikalität eines Systems. Je nach Problemstellung oder Aufgabe bewegen sich die Operateure auf einer der Abstraktionsebenen. Im Normalbetrieb werden vor allem die höheren Ebenen des Zwecks und der abstrakten Funktion im Vordergrund stehen, während sich die Operateure beim Lösen von Problemen und Abweichungen vom Normalzustand bedarfsweise der detaillierten Funktionsweise und physischen Ausprägung nähern.

Aggregation - Decomposition

Physical - Functional

	Whole System	Subsystems	Components
Functional Purpose	Output to Environment		
Abstract Function		Mass/Energy Topology	
Generalized Function		Liquid Flow & Heat Transfer	Liquid Flow & Heat Transfer
Physical Function			Component States
Physical Form			Appearance & Location

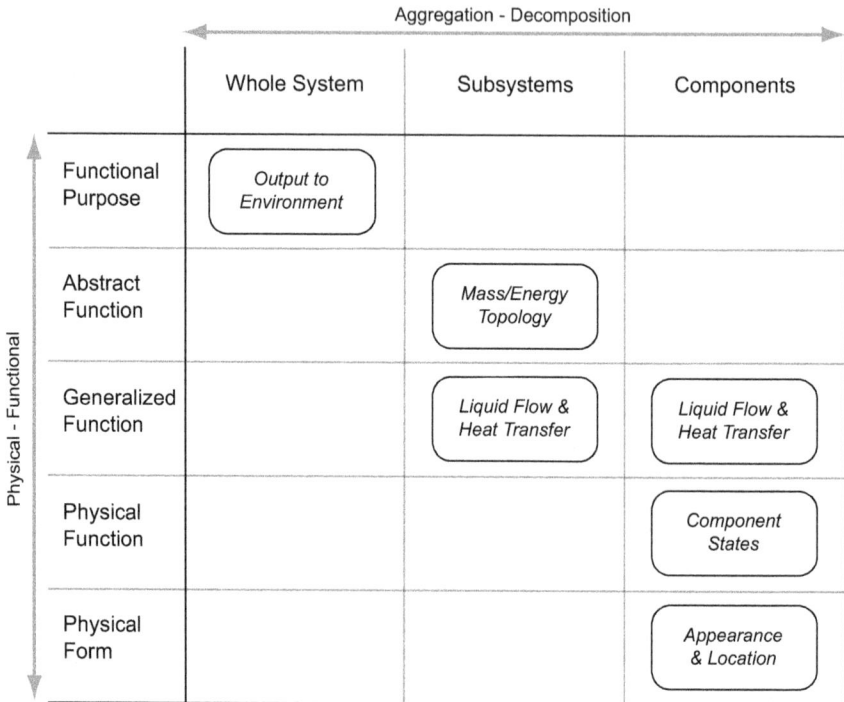

Abbildung 28. Beispiel einer Abstraktions- und Dekompositionsstruktur für eine Anlage

Die Anlage wird in der zweidimensionalen Struktur in funktionale und strukturelle Komponenten zerlegt, die später zum Beispiel die Grundlage für Fehlersuche und andere diagnostische Prozesse darstellen. Das System wird dabei hierarchisch in seine Teile zergliedert (horizontale Dimension) und funktional in fünf Stufen abstrahiert (vertikale Dimension).

7.9   Zusammenfassung

Im Normalbetrieb der Prozessführung werden von den Operateuren geplante Aufgaben durchgeführt. Sie verstehen das Verhalten des Prozesses, der sich in einem meist stabilen Zustand befindet und seinen vorgesehenen Zweck erfüllt.

Die Prozessführung findet im Rahmen eines *soziotechnischen Arbeitssystems* statt, in dem die Aufgaben mittels eines *technischem Teilsystems* (Anlagen, Produktionsmaterialien, technische Randbedingungen, räumliche Gegebenheiten) und *sozialem Teilsystem* (Organisationsmitglieder, formale und informelle Beziehungen) geleistet werden.

Aufgabenorientierte Arbeitssysteme bestehen aus den folgenden Entitäten:

* *Rollen:* Organisationseinheiten, die im Rahmen von Tätigkeiten Aufgaben zu bearbeiten haben und im realen Betrieb durch konkrete Akteure (hier Operateure) besetzt werden; mehrere gleichartige Rollen werden durch *Stellen* definiert, die dann wieder durch *konkrete Personen* besetzt werden;

* *Aufgaben:* die Akteure der einzelnen Rollen bearbeiten mit Hilfe von Werkzeugen die Arbeitsobjekte;

* *Qualifikationen:* Menge der Fertigkeiten, Fähigkeiten und Kenntnisse, die nötig sind, um eine Rolle erfolgreich auszufüllen und dabei deren Aufgaben sachgerecht und zielführend auszuführen;

* *Arbeitsobjekte:* zustandsbehaftete Komponenten des zu überwachenden und zu steuernden Systems;

* *Werkzeuge:* zur Bearbeitung von Aufgaben, d.h. hier zur Beobachtung und Manipulation von Arbeitsobjekten (Werkzeug ist hier das Prozessführungssystem).

Die Aufgabenanalyse und die Aufgabenmodellierung haben den Zweck, ein Arbeitssystem problem- und benutzergerecht zu konzipieren oder, schon vorhandene Systeme, arbeitstechnisch zu optimieren. Mängel in der Aufgabenanalyse und Aufgabenmodellierung spiegeln sich typischerweise in betrieblichen Mängeln wider. Dies können im besten Fall Ineffizienzen im Betrieb sein, in kritischen Fällen jedoch, können daraus erhöhte Risiken und unsicherer Betrieb resultieren.

8 Ereignisanalyse und Ereignismodellierung

Nicht immer findet der Systembetrieb in geplanter Form statt. Oftmals zwingen besondere *externe oder systeminterne Ereignisse* die Operateure das zu betreibende System, den Prozess, aus einem unerwünschten oder gar gefährlichen Zustand wieder in einen definierten und sicheren Zustand überzuführen. Dabei stehen nicht die normalen und geplanten Aufgaben, sondern der Ist- und der Soll-Zustand eines Systems im Vordergrund der Betrachtungen.

Nach der Wahrnehmung eines Ereignisses muss der aktuelle Systemzustand identifiziert werden. Aus einer Abweichungsanalyse zwischen Ist- und Soll-Zustand sowie aus Trendabschätzungen zu diesen Zuständen folgen Planungsprozesse, aus denen wiederum Prozeduren und Aktivitäten abgeleitet werden, die das System in einen geeigneten Zielzustand überführen sollen. Im Unterschied zu den im vorausgegangenen Kapitel beschriebenen Aufgaben, müssen hier erst Handlungs- und Kommunikationsabläufe geplant werden, die den unerwünschten momentanen oder antizipierten Zustand korrigieren bzw. vermeiden sollen. Dabei werden allerdings oft Teilaktivitäten in Form bekannter Teilaufgaben realisiert werden.

Routine entsteht bei ereignisorientierten Problemstellungen eher selten, da Abweichungen vom Soll-Zustand eher unregelmäßig und variationsreich auftreten werden. Wenn unerwartete Ereignisse jedoch gehäuft oder gar regelmäßig auftreten, können sie wiederum zu einer aufgabenorientierten Arbeitsweise führen. Sie werden dann de facto als Normalfall behandelt, was letztlich nicht im Sinne der Systemkonzeption ist und zu einer Vielzahl von Problemen im längerfristigen Systembetrieb führen kann.

Die im Betrieb auftretenden Ereignisse werden in sicherheitskritischen Technologien dokumentiert und in sogenannten *Ereignisanalysen* näher untersucht. Dies dient zum Zweck

- der Vorhersage,
- zum näheren Verständnis der Ursachen,
- zur nachhaltigen Behebung der Folgen, sowie
- zur künftigen Vermeidung

von unerwünschten und sicherheitskritischen identischen oder ähnlichen Ereignissen und ihren Folgen.

8.1   Ereignisse

Was sind eigentlich Ereignisse? Je nachdem, ob man in Geschichte, Systemtheorie, Technik, Informatik, Psychologie oder Medizin nach einer Erklärung sucht, wird man sehr unterschiedliche Definitionen finden, die uns in der Fragestellung der Prozessführung nur wenig nutzen. Wir wollen deshalb hier unter *Ereignis im allgemeinen Sinne* Folgendes verstehen:

> *Ein Ereignis ist eine Situation, in der äußere Einflüsse (Umwelt, externe Akteure) oder innere Einflüsse (Prozessdynamik, Automatiken, Operateure) zu wahrnehmbaren Zustandsänderungen in einem zu führenden dynamischen System (Prozess) führen, die für die kontrollierte Führung des Prozesses durch Operateure oder Automatiken von besonderer, vor allem auch sicherheitskritischer Bedeutung sind oder werden können.*

Ereignisse sind aber nicht auf eng begrenzte Zustandsänderungen beschränkt, sondern umfassen auch längere Ketten von Ursachen und Wirkungen. Deshalb wollen wir unter einem *Ereignis im speziellen sicherheitskritischen Sinne* Folgendes verstehen:

> *Ein Ereignis ist die Verkettung von Ursachen und Wirkungen, ausgehend von betrachteten Kernursachen (Root Causes) über mehrere, auch parallel ablaufende Zustandsketten bis zu betrachteten intermediären oder finalen sicherheitskritischen Zuständen und ihren Auswirkungen.*

Wenn wir uns vor Augen führen, dass sich Systeme ständig in Zuständen befinden, die sich dynamisch ändern und zu neuen Zuständen führen, müssen wir uns fragen, was zu diesen Änderungen führt und welche der Zustandsänderungen Operateure erkennen und behandeln müssen. Zustandsänderungen in einem Prozess können unterschiedlich verursacht werden. Zum einen wirken externe Bedingungen auf die Systeme ein und führen zu Zustandsänderungen und zum anderen können sich Prozesse von innen heraus langsam oder auch spontan ändern. Dies sind zunächst völlig normale Vorgänge, die letztlich gerade die Dynamik und die Funktionsweise eines Prozesses ausmachen. So ändert sich die Fluglage eines Flugzeuges durch die externen Einwirkungen der Schwerkraft und der umgebenden Luftströmung oder die Piloten ändern Schub, Ruder oder Klappen, um den Flugzustand zu verändern.

Bei der Auslegung eines Systems werden bestimmte, durch externe oder interne Einflüsse bewirkte Zustandsänderungen erwartet und das Gesamtsystem aus Prozess, Prozessführungssystem und Operateuren entsprechend konzipiert. Treten Einflüsse und, als Folge davon, Systemzustände auf, die nicht der Auslegung des Systems entsprechen oder nicht erwünscht sind, so müssen diese von den Operateuren wahrgenommen, interpretiert, bewertet und behandelt werden. *Ereignisorientierte Arbeitsprozesse* versuchen gerade mit derartigen Situationen umzugehen. Sie geben den Operateuren über die Prozessführungssysteme und deren Anwendungs- oder Betriebsregeln Hinweise auf solche Ereignisse und unterstützen sie bei deren Analyse und Behandlung.

8.2   Modelle ereigniszentrierter Arbeitssysteme

Die Systematik und Methodik der Erkennung von Abweichungen und den daraufhin zu entwickelnden Handlungsabläufen wurde im Bereich der Prozessführung immer wieder in unterschiedlicher Weise modellhaft beschrieben. Als besonders tragfähiges Modell für Analyse und Konzeption hat sich ein Phasenmodell von Rasmussen erwiesen (siehe Abbildung 29). Hierbei wird der Prozess des Wahrnehmens und Erkennens eines Ereignisses, der Planungsprozess und die nachfolgenden korrektiven Handlungen in Form einer auf- und absteigenden Leiter, der sogenannten *Decision-Ladder,* dargestellt (Rasmussen et al., 1994; Rasmussen, 1985b).

Diese Decision-Ladder zeigt die einzelnen Phasen der Erkennung eines Ereignisses als einen *perzeptiven und kognitiven Wahrnehmungsprozess.* Die Beobachtungen müssen dabei schrittweise von *Signalen,* über *Symptome,* zu *kausalen Wissensstrukturen* verarbeitet werden. In einem Problemlösungsprozess werden dann Handlungspläne entwickelt, bewertet und ausgewählt, die den Systemzustand wieder in einen sicheren Zustand regulieren sollen. Anschließend können die Pläne schrittweise, bis auf die Ebene der Kommunikations- oder der sensomotorischen Handlungsprozesse kontrolliert, abgearbeitet werden.

Neben dem vollständigen Bearbeitungsweg über die gesamte Entscheidungsleiter gibt es die Möglichkeit, bei Wiedererkennung bestimmter Beobachtungen oder Zustände direkt in bestimmte Handlungsweisen überzugehen, ohne diese im Detail neu zu planen. Rasmussen spricht hier von *Shortcuts,* also gewissermaßen *Abkürzungen in den Wahrnehmungs- und Handlungsprozessen.* Dies kann die Problemlösung durch die Nutzung bereits gesammelter Erfahrungen deutlich beschleunigen. Solche effizienten Shortcuts bergen gleichzeitig aber die Gefahr, dass die Situation nur verkürzt oder falsch wahrgenommen wird und die gewählten Handlungen suboptimal oder sogar gefährdend sind. Es liegt in der Ausbildung von Operateuren und der Gestaltung von Alarmsystemen innerhalb von Prozessführungssystemen, Operateure vor falschen und gefährlichen Shortcuts zu bewahren.

Ein weiteres Modell von Rasmussen verdeutlicht die unterschiedlichen Verfahrensweisen von Operateuren bei der Umsetzung von Wahrnehmungen zu Handlungen. Das 3-Ebenen-Modell (Rasmussen, 1983) zeigt die unterschiedlichen Auslöser von Handlungen, beginnend beim einfachen perzeptiven *Signal oder Muster,* über das erkannte *Zeichen* bis hin zum semantisch aufgeladenen *Symbol* (siehe Abbildung 30). Wir haben dieses Modell schon aus der Perspektive der Wissensformen für die Prozessführung kennengelernt (siehe Abschnitt 6.9.3 und Abbildung 23).

Data processing
activities

States of knowledge
resulting from data
processing

KNOWLEDGE-BASED ANALYSIS

KNOWLEDGE-BASED PLANNING

EVALUATE
performance
criteria

which goal to choose?

AMBI-
GUITY

ULTIM.
GOAL

which is then
the target state?

INTERPRETE
consequences of current
task, safety, efficiency, etc.

what's the effect?

interpr. terms
of task

SYSTEM
STATE

TARGET
STATE

which is the appropriate
change in oper. cond?

ident. in terms of
deviation from syst. state

IDENTIFY
present state of
the system

DEFINE TASK
select appropriate
change of syst. cond.

interpr. in terms of task

what's lies behind?

ident. in terms of proc.
(e.g. via instructions)

SET OF
OBSERV.

TASK

perc. as syst. state

how to do it?

OBSERV
information an data

perceived in terms
of task

FORMULATE PROCEDURE
plan sequence of
actions

what 's going on?

perceived in terms of action
(e.g. via prelearned cue)

ALERT

PROCE-
DURE

interrupt in terms
of time to task

ACTIVATION
Detection of need
for data processing

release of preset response

EXECUTE
coordinate
manipulations

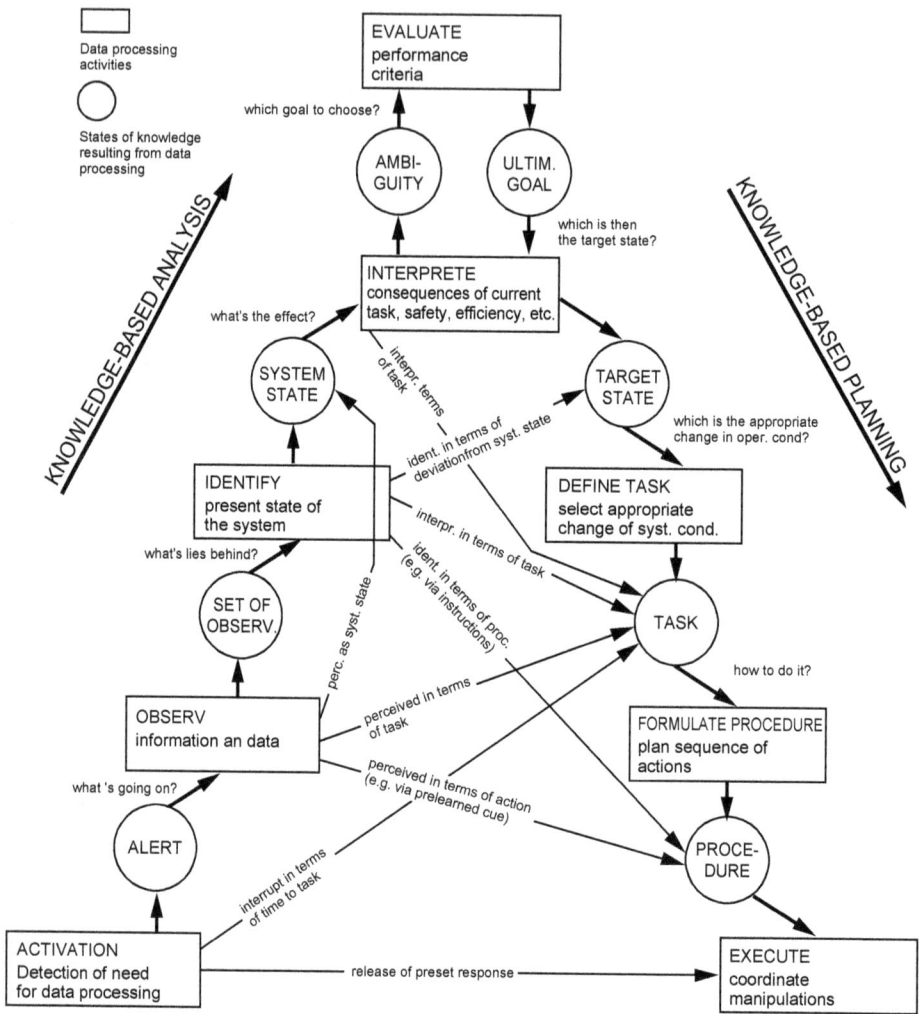

RULE - BASED SHORTCUTS

Abbildung 29. Decision-Ladder (Rasmussen, 1985b)

Die *Decision-Ladder* (Entscheidungsleiter) zeigt anschaulich den Prozess
der Wahrnehmung eines Ereignisses, Identifikation des Problems (Ist-
Zustand des Systems), Planung der korrektiven Handlungen und Durchführung der Maßnahmen zum Erreichen des Zielzustands (Soll-Zustand). Die
dargestellten Linien in der Mitte des Modells, von links nach rechts gehend,
sind sogenannte *Shortcuts*, also *Abkürzungen* oder *Verkürzungen* im Pro-
zessablauf, die erfahrungsbasiert gewählt werden, aber auch Quellen diverser Fehlhandlungen sein können.

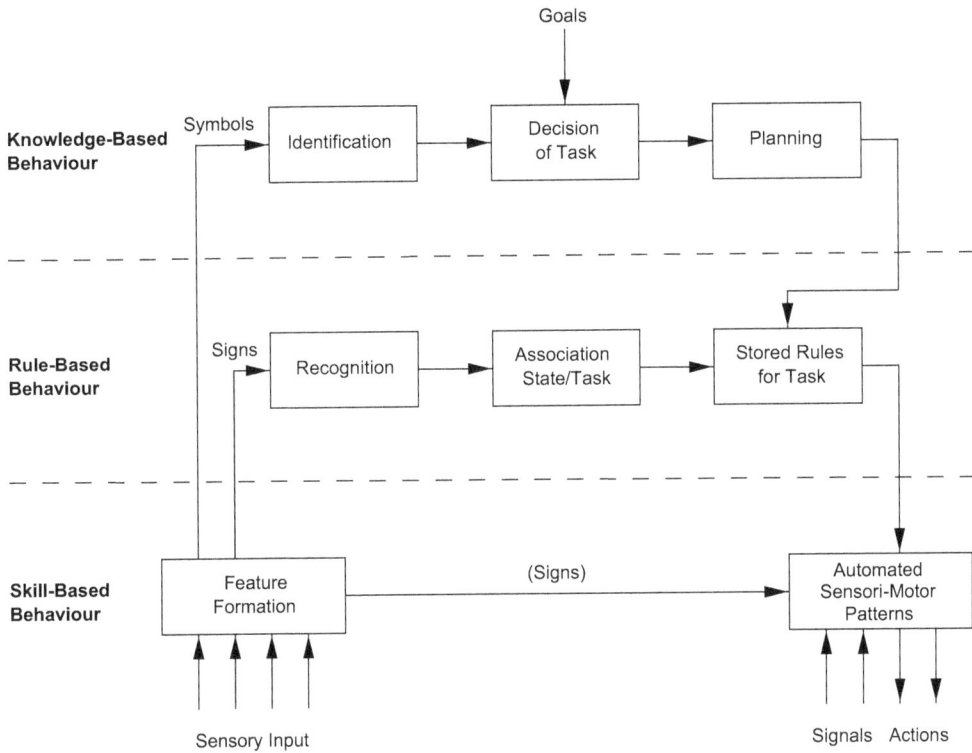

Abbildung 30. 3-Ebenen-Modell (Rasmussen, 1983)

Das 3-Ebenen-Modell von Rasmussen (vgl. auch Abbildung 23) beschreibt drei alternative Formen der Handlungskompetenz, mit denen ein Operateur den Prozess steuern kann. Auf der *Ebene der Skills (Fertigkeiten)* dienen wahrgenommene (perzeptive) *Signale* oder *Muster* als Auslöser für bereits automatisierte Handlungen (z.B. Bremsen bei Bremslicht des vorausfahrenden Pkws). Die *Ebene der Regeln* setzt voraus, dass bestimmte *Zeichen* erkannt werden und dann eine erlernte Regel ausgeführt wird (z.B. zügiges Anhalten, sobald die Öldrucklampe leuchtet). Die oberste *Ebene des wissensbasierten Verhaltens*, setzt einen Problemlösungsprozess in Gange, nachdem entsprechende Auslöser *(Symbols)* erkannt worden sind (z.B. Umplanung der Weiterfahrt, nachdem im Verkehrsfunk auf einen langen Stau auf der geplanten Strecke hingewiesen wird). Die in das Modell eingespeisten *Signale*, *Zeichen* oder *Symbole* sind wahrnehmbare Effekte von Zustandsänderungen.

8.3   Klassifikation von Ereignissen

Ereignisse in sicherheitskritischen Anwendungsbereichen werden in den diversen Anwendungsbereichen nach ihrer *Kritikalität*, vor allem dem tatsächlichen bzw. potenziellen Schadensausmaß klassifiziert. Wir hatten das in einer ersten Klassifikation in Kapitel 2 diskutiert. Eine Basisklassifikation sieht die Trennung mit diversen Varianten in der Anzahl der Stufen und den Bezeichnungen in folgende Kategorien mit steigender *Kritikalität* vor:

1. *Anomalien (Anomalies)*
2. *Störungen (Incidents)*
3. *Störfälle (Serious Incident)*
4. *Notfälle und Beinaheunfälle (Emergencies, Critical Incidents)*
5. *Unfälle (Accidents)*
6. *Schwere Unfälle (Serious Accidents)*
7. *Großschadenslagen (Major Accidents)*
8. *Katastrophen (Disasters)*

In der Kerntechnik finden wir solche Kategorien in der sogenannten *INES-Skala (International Nuclear and Radiological Event Scale)* der IAEA (siehe Abbildung 31). In anderen Anwendungsgebieten findet man ähnliche skalenartige Klassifikationen. Die Begrifflichkeiten variieren dabei etwas. Manche Abstufungen werden je nach Anwendungsgebiet in einer Kategorie zusammengefasst.

8.3.1   Anomalien und Störungen

In einem Systembetrieb wird es immer wieder Ereignisse geben, die unvorhergesehen oder unerwünscht sind. Diese Ereignisse führen zu *Abweichungen (Anomalien)* von den normalen und gewünschten Systemzuständen. *Anomalien* wird man meist noch dem *Normalbetrieb* unter laufender Produktion, *Störungen* eher einem *Ausnahmebetrieb* mit reduzierter oder ausgefallener Produktion zuschreiben. Die Trennung ist aber eher theoretischer Natur.

In komplexen Systemen wird es sogar recht häufig vorkommen, dass Anomalien auftreten. Für viele dieser Anomalien muss es daher vordefinierte Vorgehensweisen im Rahmen des Normalbetriebs geben, nach denen diese zu behandeln sind. Dies hat viel Ähnlichkeit mit den beschriebenen Aufgaben. Es hat jedoch den Unterschied, dass nicht immer klar ist, ob die Vorgehensweisen wirklich zielführend sein werden. Derartige Prozeduren zur Abhilfe, auch *Contingeny Procedures* genannt, sind gewissermaßen konzeptionsbasierte Methoden oder erfahrungsbasierte Heuristiken, die das System in den meisten Fällen wieder in einen normalen Zustand, also den Normalbetrieb zurückbringen.

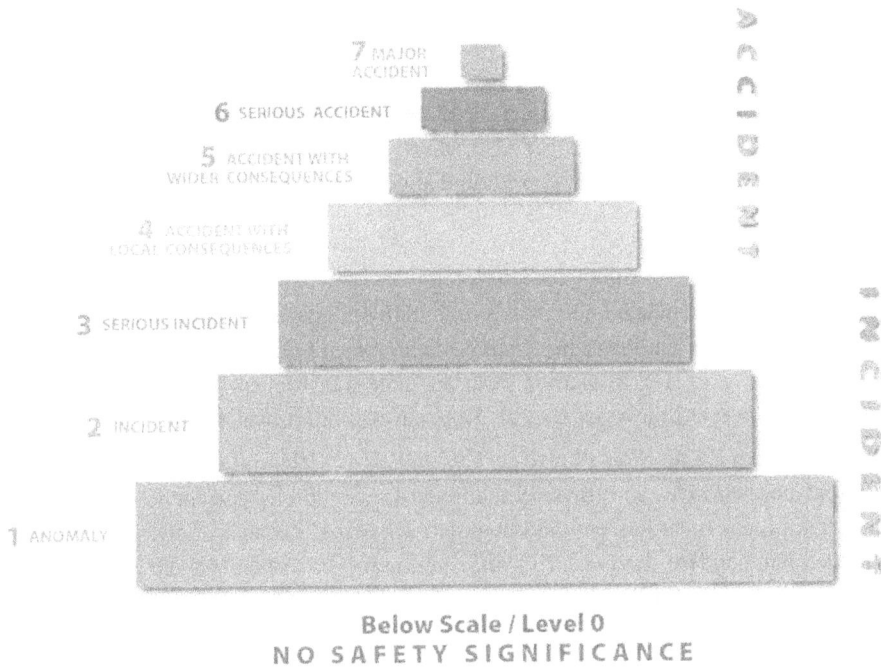

Abbildung 31. INES-Skala (IAEA und OECD;
http://www-ns.iaea.org/tech-areas/emergency/ines.asp)

Die INES-Skala im Bereich radioaktiver Anwendungen sieht 7 Stufen der Signifikanz eines nuklearen und radiologischen Ereignisses vor. Die Stufe 0 definiert Ereignisse ohne Sicherheitsbedeutung, die Stufe 7 schwerwiegende nukleare Unfälle wie Tschernobyl (1986) und Fukushima (2011). Was die pyramidenartige Darstellung bedeuten soll, bleibt dabei ungeklärt. Möglichweise soll die Eintrittswahrscheinlichkeit dargestellt werden, also dass Ereignisse mit hoher Tragweite seltener auftreten als solche mit geringer Tragweite. Die Darstellung ginge so jedoch am formalen Risikobegriff vorbei, der das Produkt aus Eintrittswahrscheinlichkeit und Tragweite vorsieht.

Der Umgang mit Anomalien ist ein kritischer Bereich des Systembetriebs, da Anomalien, von den Operateuren oft schon wie normale Situationen wahrgenommen werden. Je häufiger Anomalien auftreten und je einfacher sie üblicherweise zu beheben sind, desto gefährlicher sind sie. Der Grund dafür ist, dass Anomalien zwar im Grenzbereich, aber zunächst noch innerhalb der Systemauslegung liegen. Diese Grenze kann schnell überschritten werden. Die Wahrnehmungs- und Interpretationsseite der Decision-Ladder von Rasmussen (siehe linke Seite der Abbildung 29) muss daher sehr sorgfältig und sicher durchlaufen werden, um soweit wie möglich zu gewährleisten, dass der anormale Systemzustand richtig erkannt und bewertet wird. Jede Verkürzung dieser Analyse erhöht das Risiko einer Fehleinschätzung und Fehlbehandlung. Aus diesem Grund stellen die in der Decision-Ladder dargestellten Shortcuts zwar möglicherweise eine hilfreiche Beschleunigung der Bearbeitung einer Abweichung dar, erzeugen gleichzeitig aber beträchtliche Risiken in der Fehldiagnose und Fehlbehandlung. Systeme müssen daher Operateure vor ungeeigneten Shortcuts bewahren, indem diese verhindert oder geeignet geprüft und abgesichert werden.

8.3.2   Störfälle

Können Anomalien nicht wieder in sichere und stabile Zustände rückgeführt werden oder haben die Abweichungen ein kritisches Maß erreicht, haben wir es mit einem *Störfall (Serious Incident)* zu tun. Der Begriff stammt zwar aus großindustriellen Anwendungen, wie der Verfahrens- oder Energietechnik, ist aber als Konzept generell hilfreich.

Wir befinden uns bei einem Störfall also im Zustand einer nicht einfach behandelbaren Störung. Obwohl unerwünscht, sind diese Situationen in sicherheitskritischen Systemen nicht unerwartet. Dies muss nicht heißen, dass man den kritischen Zustand in allen Details genau vorhergesehen hat, sondern dass man *Störfallprozeduren* vorbereitet hat, um aus diesen Zuständen wieder in sichere Zustände zu gelangen. Dabei bleiben ökonomische Randbedingungen weitgehend unberücksichtigt. Deshalb sind typische Verfahrensweisen das Abschalten von Systemen oder Teilsystemen, was je nach Anwendung, unterschiedlich aufwändig und teuer sein kann. Für eine Produktionsmaschine kann diese Maßnahme aus dem Betätigen des Not-Aus-Knopfes, für ein Flugzeug aus dem Abschalten eines brennenden Triebwerks oder einer Notlandung und für ein Kernkraftwerk aus einer Reaktorschnellabschaltung (RESA) bestehen.

Unabhängig von der Erfolgsquote der Störfallprozeduren sind Störfälle immer ein schlechtes Zeichen für die Systemqualität. Sie zeigen, dass ein aufgabenorientierter, geplanter und sicherer Betrieb und damit die Auslegung eines Systems an Grenzen gestoßen sind. Dies kann Hinweise auf Mängel in der Qualität des Systems, Qualifikation der Operateure, Zusammenspiel zwischen Operateur und Prozessführungssystem oder schlicht auf die Grenzwertigkeit einer Anwendung geben. Das Verharmlosen oder Ignorieren von Störfällen ist oft die Grundlage für dauerhafte und schwerwiegende Probleme sicherheitskritischer Systeme und nicht etwa ein Zeichen besonderer Professionalität des routinierten Umgangs mit diesen Systemen und ihren Störungen. Auch der Abschluss höherer Versicherungen für Betriebsausfälle oder Schadensregulierung anstatt systemtechnischer oder organisatorischer Maßnahmen ist ein Zeichen des Verfalls von Sicherheitskultur (siehe Abschnitt 14.3.4).

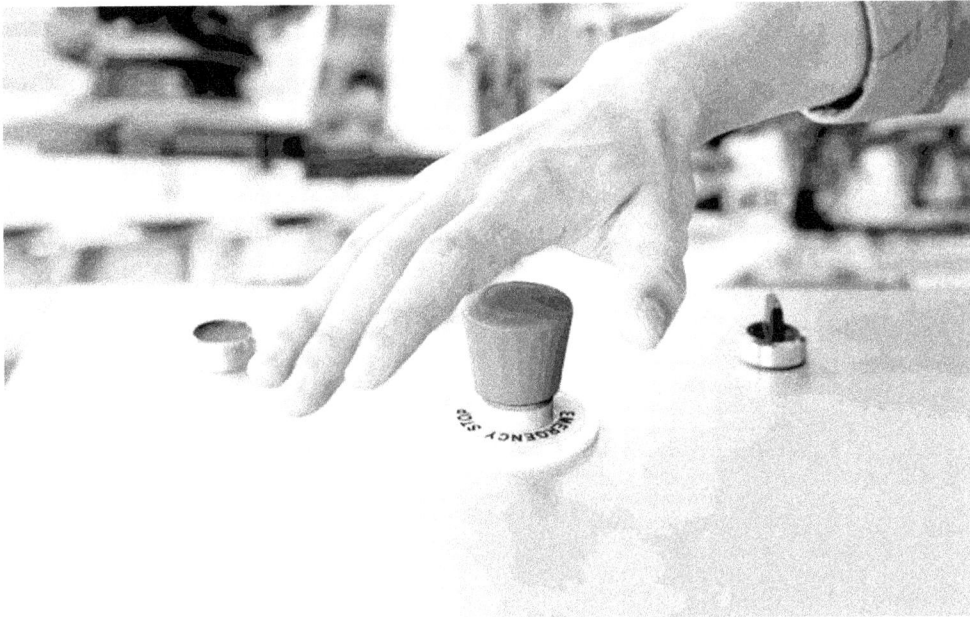

Abbildung 32. Not-Aus-Knopf;
http://www.industry.siemens.com, letzter Zugriff: 29.12.2012

Der Not-Aus-Knopf ist die einfachste und am wenigsten spezifische Form einer Notfall-Prozedur im Störfall. Sie soll das System in einen sicheren und möglichst energiearmen Grundzustand bringen. Dabei ist in der realen Situation das Erinnern, Erkennen oder Finden dieses Schalters insbesondere für nicht oder wenig geschultes Personal nicht immer einfach.

8.3.3 Notfälle und Beinaheunfälle

Eskalierte oder besonders kritische Störfälle werden *Notfälle oder Beinaheunfälle, (Emergencies, Critical Incidents)* genannt, um darauf hinzuweisen, dass bereits ein gefährliches Schadenspotenzial gesehen werden muss. Sie umfassen Ereignisse, die ein hohes Risiko tragen und leicht zu Unfällen werden können. Sie besitzen angesichts ihres Schadenspotenzials eine besondere Bedeutung. Erkenntnisse aus solchen Ereignissen werden eher zu betrieblichen Konsequenzen führen, als diejenigen aus Anomalien, Störungen oder Störfällen. Dies geschieht oft schon aus rechtlichen Gründen. Ihr besonderer Nutzen liegt also in ihrer organisatorischen und rechtlichen Bedeutung, umfangreiche Untersuchungen durchzuführen und aus den Erkenntnissen Änderungen abzuleiten. Eine Trennung zwischen Störungen (Incidents), Störfällen (Serious Incidents) und Notfällen (Critical Incidents) kann nur schwer formal getroffen werden, obwohl der Begriff bereits seit dem zweiten Weltkrieg in Gebrauch ist und später mit der *Critical Incident Technique (CIT)* erste formale Analyseverfahren für Critical Incidents entwickelt worden sind (Flanagan, 1954).

Abbildung 33. Feuerknöpfe (in der Realität rot gefärbt) im Overhead-Panel eines Airbus
A320-Cockpits

Ein Feuerknopf (Engine/Fire Push-Button) dient zum Löschen eines brennenden Triebwerks. Dabei wird zunächst keine nähere Ursachenanalyse
mehr betrieben, sondern nur das Ausbreiten eines Feuers und der Schaden
begrenzt.

8.3.4   Unfälle

Sicherheitskritische Systeme bergen, wie schon ihr Name ausdrückt, beträchtliche Risiken.
Ereignisse, die nicht kontrolliert und reguliert werden können, können außer Kontrolle geraten und zu Unfällen (Accidents) führen. So problematisch dies auch sein mag, so selbstverständlich ist es. Man spricht in diesem Zusammenhang auch vom *Restrisiko* einer Technologie oder von einer *„Unvermeidbarkeit der letzten Risiken"*. Tausende von Verunglückten im
Straßenverkehr, in Betrieben oder in der Freizeit zeugen bei hohen Zahlen von Eintrittsfällen
mit hoher statistischer Belastbarkeit von diesem Restrisiko, das man mit bestimmten Technologien einzugehen bereit ist.

Robert Sullivan, ein ehemaliger Offizier des amerikanischen Flugzeugträgers USS Midway,
einem Schiff mit gewaltigen Mengen an Treibstoff, explosiven Flüssiggasen und Munition
an Bord, hat es folgendermaßen ausgedrückt (Quelle: Audiodokumentation auf dem Muse-
umsschiff USS Midway, 10.08.2007):

"*An aircraft carrier is an accident, looking for a place to happen.*"

Dieser Kommentar soll hier nicht der Diskussion der Sicherheit von Flugzeugträgern oder anderen großen Transportsystemen dienen, sondern als Hinweis verstanden werden, dass in Risikosituationen Schwachstellen jeder Art und Größe zu Auslösern von Unfällen werden können. James Reason hat dies etwas detaillierter mit seinem *„Schweizer-Käse-Modell (Swiss Cheese Model)"* erklärt (Reason, 1990). Das Modell geht davon aus, dass Anomalien im Betrieb normalerweise durch eine Reihe von *Schutzmechanismen (Barrieren)* eingefangen werden (siehe Abbildung 64). Nur wenn alle Barrieren gleichzeitig, zufällig oder durch Kopplungen bei einem Ereignis gewissermaßen überlappende Lücken aufweisen, kommt es zum Unfall. Nähere Ausführungen zu Risiko- und Sicherheitsbegriffen und dem Umgang mit Risiken finden sich in Kapitel 2.

Unfälle werden im Allgemeinen nach ihrem Schadenausmaß prospektiv wie auch retrospektiv eingestuft in:

1. *Unfall*

2. *Schwerer Unfall*

3. *Großschadenslage*

4. *Katastrophe*

Die genauen Kriterien für die Einstufung unterscheiden sich in unterschiedlichen Anwendungsfeldern. Beispielsweise finden sich für Rettungsdienste Definitionen in der DIN 13 050.

8.4   Formen der Ereignisanalyse

Im Zusammenhang mit ereignisorientierten Systemen spielen aufgetretene Incidents, Accidents sowie deren Übergangszone eine bedeutende Rolle im Verständnis und der Verbesserung dieser Systeme. Jedes gerade noch erfolgreich behandelte Ereignis ist ein wichtiges Beispiel über das Verhalten eines Gesamtsystems im Grenzbereich und jeder Unfall ist zumindest auch eine Chance, einen Unfall ähnlicher Art künftig zu vermeiden. Dies alles setzt eine detaillierte Analyse des Ereignisverlaufs voraus, um zu erkennen, wie und warum die vorhandenen Sicherheitsbarrieren versagt haben. In den meisten sicherheitskritischen Bereichen werden solche *Ereignisanalysen* von öffentlichen Aufsichtsbehörden zusammen mit Herstellern, Betreibern und Sachverständigen durchgeführt und dokumentiert. Von dort aus gehen sie z.B. als sogenannte *Weiterleitungsnachrichten*[6] an andere Hersteller und Betreiber sicherheitskritischer Systeme, um entweder erkannte Schwächen zu beseitigen oder vertiefte Analysen zur weiteren Klärung und Absicherung in ähnlichen Kontexten durchzuführen.

---

[6] Begriff aus der Kerntechnik

Ereignisanalysen verfolgen aber bei genauer Betrachtung neben der Unfallanalyse weitere vielfältige und unterschiedliche Ziele und unterscheiden sich daher deutlich in den theoretischen Grundlagen, Methoden und Werkzeugen. Übliche *Zielsetzungen für Ereignisanalysen* sind Folgende[7]:

Risikoanalysen: Welche Risiken sind mit einer Technologie verbunden?

Reporting: Wie genau verlief ein in der Vergangenheit eingetretenes Ereignis?

Zustandsanalysen: In welchem Zustand und in welcher Kritikalität befindet sich ein System aktuell oder zu einem bestimmten Zeitpunkt?

Ursachenanalysen: Welches sind die Ursachen eines Ereignisses?

Systemoptimierung: Wie kann man ein System verbessern, um das künftige Auftreten ähnlicher Ereignisse zu verhindern?

Komplexe Ereignisanalysen und Entscheidungsprozesse erfordern bei oder nach dem Auftreten von Ereignissen Unterstützungssysteme für die aufwändige kooperative diagnostische Arbeit.

Eine Untersuchung von Incidents und Accidents basiert auf einer *Konkretisierung von Ereignissen* in Bezug auf

- *Zeitpunkte und Zeiträume* von Aktivitäten oder Einflüssen (Zeit),

- *örtliche Begebenheiten* (Ort),

- *Akteure* sowie ihre Handlungen und Kommunikation (Personen),

- *Systemkomponenten* und ihr Verhalten (Technik),

- direkte *externe Einflüsse und Einwirkungen* (direkte Einwirkungen) sowie

- *Umwelt- und Rahmenbedingungen* (beitragende Faktoren).

Ereignisanalysen unterscheiden sich in den diversen Anwendungsfeldern hinsichtlich der verfolgten Ziele und werden entsprechend unterschiedlich theoretisch fundiert und unterschiedlich methodisch und praktisch ausgeprägt. Darüber hinaus wurden spezielle Methoden in bestimmten Anwendungsfeldern entwickelt und dort auch bevorzugt eingesetzt. Inzwischen versucht man Methoden zur Ereignisanalyse anwendungsübergreifend zu entwickeln und einzusetzen, da die grundsätzlichen *Fragen und Prinzipien,* die sich bei den oben genannten Konkretisierungen ergeben, praktisch immer dieselben sind:

1. *Zeit (Chronologie):* Was genau ist zu welchen Zeitpunkten passiert?

2. *Ort (Lokalität):* Wo genau ist was passiert?

3. *Ursachen:* Warum ist ein Ereignis oder eine Ereigniskette eingetreten?

---

[7] Zu dieser Einordnung siehe auch die Diskussion der Kommission für Anlagensicherheit beim BMU (KAS, GFI Geschäftsstelle) im KAS-8 Leitfaden: Empfehlungen für interne Berichtssysteme als Teil des Sicherheitsmanagements gemäß Anhang III Störfall-Verordnung, 28.10.2008.

4. *Handlungen und Verhaltensweisen:* Wer war zu welchem Zeitpunkt in welcher Weise beteiligt (Mensch und Technik)?

5. *Mechanismen und Zusammenhänge:* Wie konnte das Ereignis eintreten?

6. *Barrieren:* Welche Kontroll- und Schutzmechanismen wurden genutzt und wie haben diese gewirkt oder warum haben sie versagt?

7. *Ist-/Soll-Abweichungen:* Wie waren die Abläufe *(Ist-Verlauf)* und wie hätten sie sein sollen *(Soll-Verlauf)*? Wie hätte man das Ereignis durch anderes Verhalten von Akteuren oder Systemkomponenten verhindern können?

8. *Maßnahmen:* Wie kann man künftig ähnliche Ereignisse vermeiden?

Die Bezeichnungen für Ereignisanalysen mit unterschiedlichen Zielen in den verschiedenen Anwendungsbereichen sind durch die unterschiedliche Historie, die weitgehend unabhängige Entwicklung und vor allem durch unterschiedliche Ziele und Ausprägungen der Methoden und Werkzeuge entsprechend vielfältig. So finden sich *Bezeichnungen* wie

- Accident Analysis (AA)
- Accident Investigation (AI)
- Critical Incident Reporting Systems (CIRS)
- Events und Causal Analysis (ECFA)
- Events und Conditional Factors Analysis (ECFA+)
- Ganzheitliche Ereignisanalyse (GEA)
- Human Error and Accident Management (HEAM)
- Human Factors Analysis (HFA)
- Human Factors Investigation Tools (HFIT)
- Incident and Accident Reporting
- Incident Analysis Systems (IAS)
- Root Cause Analysis (RCA)
- Safety Reporting Systems (SRS)
- Störfallablaufanalyse (SAA)
- Why-Because-Analysis (WBA)

Die Entwicklung all dieser Methoden und Werkzeuge wurde aufgrund der Anlässe und Zielsetzungen von unterschiedlichsten Institutionen und Fachleuten durchgeführt oder zumindest stark beeinflusst. Viele davon vor allem durch

- Wissenschaftler und wissenschaftlichen Einrichtungen (Hochschulen, Forschungsinstitute),
- Behörden (Bundesämter, Aufsichtsbehörden),
- Sachverständigenorganisationen und technische Überwachungsdienste oder auch
- einzelne Praktiker und Berater im Bereich der Ereignisanalyse.

Entsprechend unterschiedlich wie diese Analytiker, sind die Formen und der Nutzen der jeweiligen Ereignisanalysen.

Konkrete Verfahren zur Durchführung von Ereignisanalysen gibt es in großer Zahl und Vielfalt. Diese werden im Folgenden jeweils unter den einzelnen Analysekategorien ohne nähere Quellen oder Erläuterungen genannt. Die meisten der Verfahren lassen sich hinsichtlich ihres Zwecks in Verfahren zur Analyse *vor, während oder nach dem Eintreten von Ereignissen* unterscheiden. Auf Angabe der umfangreichen Quellen mit Beschreibungen und kritischen Auseinandersetzungen mit den einzelnen Verfahren wird im Folgenden verzichtet.

8.4.1   Risikoanalysen

Verfahren zur Analyse von Ereignissen, die bei der Nutzung sicherheitskritischer Technologien auftreten können, dienen vor allem zur

- *Modellierung von Zustandsräumen* (Ausloten und Verstehen der Möglichkeiten), insbesondere kritischer Zustände;

- *Strukturierung und Beschreibung von Aufgaben der Operateure* (Aufgabenanalyse) (Hackos & Redish, 1998; Herczeg, 1999; Vicente, 1999; Herczeg, 2001), insbesondere kritischer Aufgaben oder Aufgaben zur Behebung von kritischen Zuständen;

- *Simulation von kritischen Abläufen und Wirkungen* (Zustandsänderungen, Transienten, Belastbarkeiten);

- *Realisierung und Überprüfung von Schutzmechanismen und Barrieren* (Vermeidung von kritischen Zuständen) (Reason, 1990; Hollnagel et al., 2006).

Verfahren zum Verfolgen solcher Zielsetzungen bezeichnet man oft als *Risikoanalysen*, da sie den *a-priori-Risikoeinschätzungen* dienen, bevor eine Technologie realisiert wird oder in Anwendung geht. Die Methodik sieht neben der Betrachtung technischer Ausfallwahrscheinlichkeiten gerade auch die möglichst systematische Vorhersage von Abweichungen vom Normalbetrieb vor und betrachtet potenziell schädliche Auswirkungen und ihre Tragweiten.

Risikoanalysen dienen so der *Einschätzung, Vorhersage und Vermeidung* späterer unerwünschter Ereignisse. Damit dienen sie auch zur a-priori-Einschätzung des Risikopotenzials eines sicherheitskritischen Systems. Teilweise werden sie entsprechend verwendet, um die Einsatzfähigkeit und Akzeptanz von Technologien zu prüfen, bevor diese realisiert oder zur Nutzung freigegeben werden.

Bekannt, aber sehr unterschiedlich verbreitet, sind u.a. folgende Methoden:

- Cause-Consequence Analysis (CCA)
- Cognitive Reliability and Error Analysis Method (CREAM)
- Contextual Task Analysis (CTA)
- Digraph/Fault Graph
- Dynamic Event Logic Analytical Methodology (DYLAM)
- Dynamic Event Tree Analysis Method (DETAM)
- Event Tree Analysis (ETA)
- Fault Tree Analysis (FTA)
- Failure Mode and Effects Analysis (FMEA/FMECA)
- Go Method
- Hazards and Operability Studies (HAZOP)
- Management Oversight Risk Tree (MORT) (siehe Abbildung 34)
- Markov Modeling (MM)
- Safety Management Organization Review Technique (SMORT)

8.4.2   Reportingsysteme

Ereignisanalysen dienen zunächst nur der *Meldung und Dokumentation von Ereignissen*:

- anonyme und vertrauliche Meldungen (Incident-Reporting);
- Meldungen im Rahmen gesetzlicher Vorgaben (meldepflichtige Ereignisse);
- Dokumentation von Ereignissen.

Diese Berichts- oder Reportingverfahren dienen in erster Linie dazu, die Datenlage zu eingetretenen Ereignissen für spätere Untersuchungen systematisch festzuhalten. Dies ist eine wichtige Funktion, da die Verfügbarkeit und Verlässlichkeit von Daten, Aussagen und Bewertungen zu Ereignissen mit der Zeit sehr schnell abnimmt. Betroffene vergessen die Kontexte und Verläufe von Ereignissen schnell und damit gehen wichtige Sachverhalte verloren. Dies kann, je nach Zeitverlauf und Komplexität eines Ereignisses schon innerhalb weniger Minuten, Stunden oder Tage der Fall sein. Spätere Rekonstruktionen aus dem Gedächtnis sind meist in beträchtlichem Maße verfälscht und daher nur sehr bedingt verwertbar. Es ist daher wichtig, dass effiziente und verlässliche Reportingsysteme mit einer definierten Berichtsstruktur bereit stehen, um aufgetretene Ereignisse so präzise wie möglich dokumentarisch festhalten zu können.

In zweiter Linie können Reportingsysteme nach Erfassung der Ereignisse auch der Vorbereitung der Ursachenanalyse oder systematischen, differenziellen Bewertung von Ereignissen dienen. Hierzu dienen aber im Allgemeinen eher spezifische Methoden und Hilfsmittel der Ursachenanalyse. Die Reportingsysteme sind dabei wichtige Quellen.

Die Form und Zugreifbarkeit der Berichte in Reportingsystemen sind von vornherein kritisch zu prüfen, da diese mit den dort verzeichneten Daten mehr Schaden durch Missbrauch, als Nutzen bei der späteren Analyse, anrichten können (Dekker, 2007). Reason (2008) spricht dazu von einer *Reporting Culture* für einen vertrauensvollen und konstruktiven Umgang mit solchen Berichten, da sie sonst nicht, verkürzt oder verfälscht erstellt werden.

Hier nur eine kleine Auswahl größerer Reportingsysteme; viele weitere solcher Systeme sind proprietär und nicht publiziert:

- Accident/Incident Data Reporting (ADREP) für die Luftfahrt der ICAO (http://www.skybrary.aero/index.php/ICAO_ADREP)
- Aviation Safety Reporting System (ASRS) für die Luftfahrt der NASA (http://asrs.arc.nasa.gov)
- Major Accident Reporting System (MARS) für allgemeine Meldungen größerer Unfälle der EU (http://www.eea.europa.eu/data-and-maps/data/external/major-accident-reporting-system-mars)

Domänenspezifisch wurden die Methoden unter diversen Begriffen zusammengefasst, wie z.B. Critical Incident Reporting Systems (CIRS) im Bereich der Medizin.

8.4.3   Zustandsanalysen

Ereignisanalysen sind oft notwendig oder zumindest hilfreich, um den bestehenden Zustand eines Systems während eines Ereignisverlaufs überhaupt erst einschätzen und erkennen zu können (Rasmussen, 1984). Dies kann der Fall sein bei

- technischen Störungen bei der Instandsetzung oder Ersatzschaltung;
- personellen Schwachstellen wie Sozialverhalten, Arbeitsleistung oder Schulungsbedarf beim Betriebspersonal;
- organisatorischen Defiziten zur verbesserter Kommunikation, organisatorischer Restrukturierung oder Reglementierung.

Auf Grundlage der präzisen Feststellung von technischen, personellen oder organisatorischen Zuständen, können Maßnahmen abgeleitet werden, um das Gesamtsystem verstanden als Arbeitssystem (Ulich, 1994; Herczeg, 2009a; siehe Abschnitt 7.1), d.h. Personal, Technik und Organisation, wieder in einen geeigneten sicheren, zulässigen und stabilen Zustand zu überführen.

Komplexe Zustandsanalysen und Entscheidungsprozesse erfordern Unterstützungssysteme für eine kooperative diagnostische Arbeit während oder kurz nach dem Auftreten von Ereignissen (Herczeg, 2003b). Dabei ist zu beachten, dass die Dauer eines Ereignisses lang sein kann. So müssen komplexe Anlagen und Systeme in kritischen Fällen zum Teil über Tage, Wochen oder Monate hinsichtlich ihres Zustandes untersucht und kontrolliert werden. Beispiele finden wir bei Ereignissen in der Kernkraft oder großen Produktionsanalagen, wo komplexe und langfristige Schadenslagen entstehen können.

Methoden zur Zustandsanalyse eines Systems müssen fester Bestandteil des betrieblichen Handelns sein. Sie sind daher deutlich domänenspezifisch. Es gibt aber nur einige wenige allgemeine Methoden zur Problemanalyse und Entscheidungsfindung in kritischen Situationen, die domänenübergreifend Anwendung gefunden haben. Dazu zählen:

- Facts, Options, Risks, Decision, Execution, Check (FORDEC)
- Fault Tree Analysis (FTA)

8.4.4   Ursachenanalysen

Nachdem ein Ereignis in seinen wesentlichen Abläufen und Sachverhalten dokumentiert wurde, lässt sich eine Analyse der *Ursache-Wirkungsketten* vornehmen. Man spricht hierbei auch von *Ursachenanalysen (Causal Analysis)*. Dabei sollen Ursachen und Wirkungen im zeitlichen und logischen Verlauf erkannt und klassifiziert werden. Ursachen können u.a. kategorisiert in

- menschliche Ursachen,
- technische Ursachen,
- organisatorische Ursachen und
- Ursachen im Zusammenwirken von Mensch – Technik – Organisation
  (Ganzheitliche Ereignisanalysen).

Auf Grundlage der Ursache-Wirkungsbeschreibungen lassen sich Gründe *(direkte Ursachen)* sowie Vor- oder Randbedingungen *(indirekte Ursachen)* erkennen, die ein Ereignis ermöglicht oder in seiner Wirkung verstärkt haben. Die *direkten Ursachen* werden oft als „Fehler" bezeichnet und vielfältig klassifiziert (Rasmussen, 1982; Rasmussen, 1985a; Reason, 1990; Zimolong, 1990; Rasmussen, 1994; Reason, 1997; Reason, 2008). Näheres zum Fehlerbegriff findet sich in Kapitel 4. Darüber hinaus werden Ursachen in Form sogenannter *beitragender Faktoren* identifiziert, die das Ereignis zwar nicht ausgelöst, aber dessen Eintreten dennoch begünstigt haben.

Faktoren- und Fehlerklassifikationen sind eine wichtige Grundlage für die spätere Ableitung von Maßnahmen. Auch können je nach eingenommener Perspektive (Rasmussen et al., 1994) prinzipiell *Zuschreibungen dieser Fehler oder Defizite* zur Klärung von *Verantwortung, Haftung oder Regress* vorgenommen werden. Wichtiger als die Bewertung und Zuschreibung ist aus heutiger Sicht jedoch das Erkennen von Schwachstellen für Verbesserungen und Vermeidung künftiger Ereignisse. Dies ist das typische Ziel *Ganzheitlicher Ereignisanalysen* (siehe Abschnitt 8.6). Ursachen sind letztlich aber immer auch als Symptome potenziell tiefer liegender und stärker vernetzter Probleme zu verstehen und zu verwerten (Dekker, 2006).

Methoden der Ursachenanalyse dienen vor allem zur Untersuchung von Ursache-Wirkungsketten nach dem Auftreten von Ereignissen. Folgende Methoden wurden in verschiedenen Domänen zur Ursachenanalyse angewandt:

- A Technique for Human Event Analysis (ATHEANA)
- Cause Mapping
- Confidential Incident Reporting & Analysis System (CIRAS)
- Critical Incident Technique (CIT)
- Functional Resonance Analysis Method (FRAM)
- Human Error in Air Traffic Management (HERA)
- Human Factors Analysis and Classification System (HFACS)
- Human Factors Investigation Tool (HFIT)
- Prevention and Recovery Information System for Monitoring and Analysis (PRISMA)
- SPAD Bow Ties and Storybuilder
- Systems-Theoretic Accident Modelling and Processes (STAMP)
- Sequentially Timed Events Plotting Method (STEP)
- Sicherheit durch Organisationelles Lernen (SOL)
- TRIPOD Beta und Black Bow Ties

8.4.5   Systemoptimierung

Ereignisanalysen können und sollen vor allem dazu dienen, vorhandene Systeme zu verbessern, um künftige unerwünschte Ereignisse zu vermeiden. Verbessert werden sollen:

- technische Konzepte und Systeme,
- Betriebsabläufe und Betriebsreglements,
- Organisations- und Kommunikationsstrukturen,
- Qualifizierung von Personal sowie letztlich die
- Sicherheitskultur.

Gerade das laufende systematische Erfassen und Auswerten von kritischen Ereignissen ermöglicht ein tiefgehendes Verständnis und darauf folgende Behebung von Schwachstellen eines Systems, bevor Accidents (Unfälle) oder andere Ereignisse mit einer hohen Tragweite entstehen können (RSK, 2002; Hollnagel et al., 2006; Dekker, 2007). Man könnte dies als *proaktives Sicherheitsmanagement* bezeichnen (siehe Abschnitt 14.3.2). Es existieren praktisch keine sicherheitskritischen Technologien, die ohne eine solche Methodik reifen und damit die bestehenden Risiken sukzessive reduzieren können.

Der offene Umgang mit dem Melden und Untersuchen von Störfällen und Unfällen ist also eine Voraussetzung für die angemessene Entwicklung sicherheitskritischer Technologien, insbesondere hinsichtlich der Funktionsweise von sicherheitskritischen Mensch-Maschine-Systemen. Für jeden bedeutenden Anwendungsbereich sicherheitskritischer Systeme gibt es spezifische Formen und Vorschriften des Meldens von Störfällen und Unfällen, des sogenannten *Incident-* und *Accident-Reporting* (siehe Abschnitt 8.4.2). Ein vertrauensvolles Zusammenspiel von Herstellern, Betreibern und Aufsichtsbehörden ist dabei die Voraussetzung für die richtigen Schlussfolgerungen nach solchen Ereignissen. Jede Art von Verharmlosung oder vereinfachter Kategorisierung ist dabei schädlich. So ist die verbreitete Kategorisierung in *menschliches* oder *technisches Versagen* und die damit verbundene Zuordnung von Fehlern eine untaugliche Form der Bewertung, die an der Problematik der komplexen Interaktion zwischen Mensch und Maschine vorbeigeht (siehe dazu Abschnitt 3.1). Leider findet man solche Bewertungen nicht nur in der Presse, sondern häufig auch in offiziellen Ereignisanalysen. Diese Verkürzung zeigt einerseits den zunehmenden Bedarf und die Bedeutung, die Mensch-Maschine-Schnittstelle besser zu verstehen, sowie anderseits auch den Wunsch von Öffentlichkeit und Politik nach einfachen Antworten.

Auch die Methoden zur Systemoptimierung hängen stark mit den jeweiligen Anwendungsfeldern zusammen. Als abstrakte Formen der laufenden Analyse und Optimierung von Systemen kann man aber folgende Verfahren ansehen, die teils auch Methoden der Risikoanalyse sind:

- Failure Mode and Effects Analysis (FMEA) (siehe Abschnitt 13.3)
- Management Oversight Risk Tree (MORT) (siehe Abbildung 34)

Prinzipiell soll ein sogenanntes Sicherheitsmanagement (SMS) zur laufenden Systemanalyse- und Systemoptimierung konzipiert werden. Dazu gibt es aber keine festen Methoden, sondern eher allgemeine Anforderungen an solche Verfahren (siehe Näheres dazu in Abschnitt 14.3.2), die dann spezifisch entwickelt werden müssen.

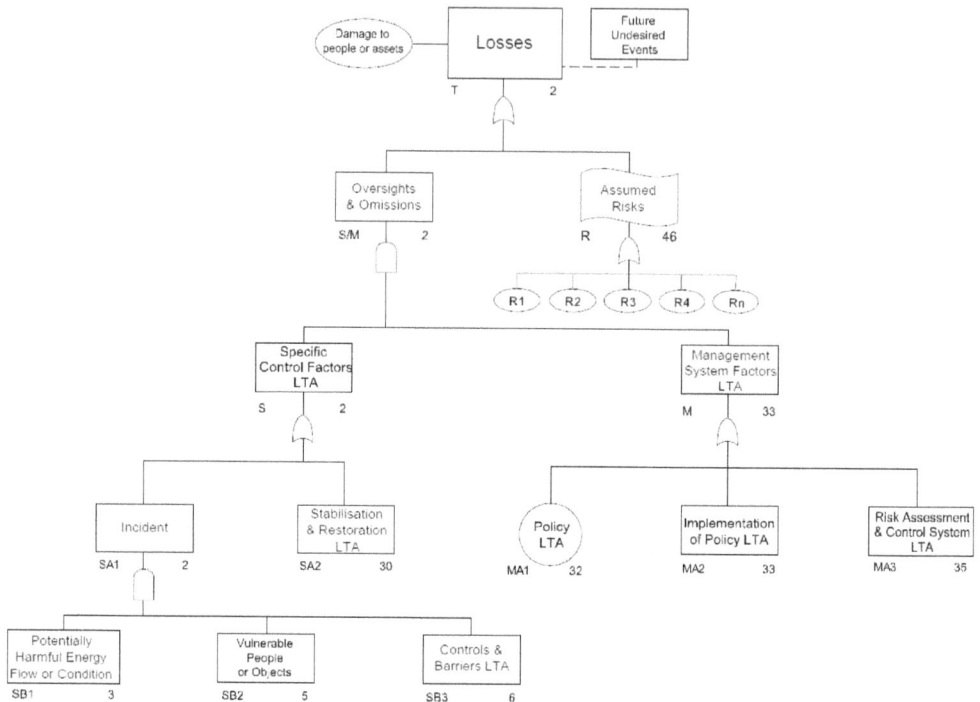

Abbildung 34. Beispiel eines MORT-Charts (NRI, 2002)

MORT-Charts zeigen die prinzipiellen Möglichkeiten, wie es in einem System aus Mensch, Technik und Organisation zu unerwünschten Ereignissen kommen kann und schaffen damit neben der prospektiven Risikoanalyse die Grundlage für eine systematische, laufende Optimierung. *„LTA"* im Diagramm steht für *„Less than Adequate"*. Es gibt diverse syntaktische Varianten eines solchen Diagramms (vgl. auch NRI, 2009).

8.5 Methodische Randbedingungen für Ereignisanalysen

Die Durchführung von Ereignisanalysen kann methodisch sehr unterschiedlich erfolgen. Wesentliche Unterschiede in der Vorgehensweise resultieren aus den folgenden Fragen:

1. Welche Problematik und welche Ziele liegen vor und welche grundsätzlichen Ansätze für Ereignisanalysen eignen sich dafür am besten?

2. Von welcher Natur sind die konkret betrachteten Ereignisse und Symptome und welche Analysearten eignen sich dafür?

3. In welchen Phasen oder Schritten sollen die Analysen durchgeführt werden?

4. Wie sollen Ist- und Soll-Ereignisverlauf behandelt werden und inwieweit wird eine Abweichungsanalyse benötigt?

5. Wie tief und wie umfassend sollen die Analysen durchgeführt werden?

6. Wie war beim Ereignis das Verhältnis oder Spannungsfeld zwischen sicherheitsgerichtetem und ökonomischem Verhalten?

7. Welche Hilfsmittel und Ressourcen werden zur Analyse benötigt bzw. welche stehen zur Verfügung?

8. Welche Qualitätskriterien sollen an die Ereignisanalyse angelegt werden?

9. Wer sind die Autoren und wer die Nutzer der Ereignisanalysen?

Im Folgenden werden diese Fragen näher erläutert, um die methodischen Eckpunkte kennenzulernen, die für die Auswahl einer konkreten Methode von Bedeutung sind.

8.5.1   Ansätze zur Ereignisanalyse

Je nach Zielsetzungen gibt es unterschiedliche Ansätze von Ereignisanalysen. Dekker (2006) unterscheidet:

1. *Sequentielle Ereignismodelle:* Bei diesem Ansatz geht man davon aus, dass das Ereignis aus einer sequentiellen Folge von Handlungen und Systemreaktionen zustande gekommen ist. Man spricht hier von sogenannten *Root Causes (Kernursachen)*, die es zu finden und mit Maßnahmen zu adressieren gilt.

2. *Epidemiologische Modelle:* Bei diesem Ansatz geht man davon aus, dass ein System mit Schwachstellen vorliegt, die begünstigen oder erst ermöglichen, dass sich unerwünschte Ereignisse ereignen können. Man spricht hierbei von *pathologischen Systemen* und *Pathogenen* (Reason, 1990; Strauch, 2002), also gewissermaßen „kranken" Systemen, die es zu „heilen" oder zu „reparieren" gilt. Dieser Ansatz war früher auf Technik bezogen, wird aber in neuerer Zeit auch im Zusammenhang mit der Zuverlässigkeit von Organisationen gesehen.

3. *Systemische Modelle:* Dieser Ansatz geht von vielfältigen Interaktionen zwischen technischen, menschlichen und organisatorischen Komponenten aus, die aufgrund ihrer Komplexität nur teilweise verstanden werden und daher weiter optimiert werden müssen, um ein System als Ganzes sicherer zu machen (Perrow, 1987). Systemische Modelle bilden vor allem die Grundlage für Komplexitätsbetrachtungen an Systemen und ihren Folgen.

Keiner dieser Ansätze wird als Königsweg für die Ereignisanalyse angesehen, da die jeweiligen Denkschemata selbst wieder zu Problemen in Analyse, Interpretation, Bewertung und Behandlung von Ereignissen führen können. Am ehesten wird empfohlen, bedeutungsvolle Ereignisse aus mehreren oder allen diesen Perspektiven zu betrachten, um methodisch be-

dingte einseitige Wahrnehmungen zu vermeiden. Die Analyse von Ereignissen beginnt üblicherweise mit einer sequenziellen chronologischen Analyse. Werden mehrere Ereignisse und
Ereignisanalysen für ein ganzes und hinlänglich komplexes System betrachtet, wird man
zusätzlich epidemiologische und systemische Modelle anwenden.

8.5.2   Eignung von Ereignissen für die Ereignisanalyse

Bei Ereignisanalysen wird oft unterschieden zwischen *Incident- und Accident-Reporting*.
Näheres zu dieser Klassifikation von Ereignissen findet sich in Abschnitt 8.3.

Incidents, also unerwünschte oder unerwartete Abweichungen im Betrieb, die aber zu keinen
wesentlichen Schäden an Mensch oder Umwelt geführt haben, eignen sich am besten für
Ereignisanalysen, die zu nützlichen Optimierungen führen sollen (Redmill & Rajan, 1997).
Hierbei befürchten die beteiligten Akteure weniger Schuldzuweisungen, Regress oder gar
strafrechtliche Folgen, da meist kein großer Schaden eingetreten ist. Die Information, die aus
Gesprächen oder Berichten erhoben werden kann, ist daher meist präziser und korrekter, man
könnte auch sagen, ehrlicher. Das Analysieren von Incidents kann zu einem hohen Grad von
den Anwendern (Betreibern) selbst im Rahmen von Sicherheitsmanagementsystemen (SMS)
durchgeführt werden (siehe dazu Abschnitt 14.3.2). Es bieten sich hier systematische Report-
ing- und Auswerteverfahren an, die vor allem dazu dienen, die technischen und organisatorischen Sicherheitsstandards sowie die Qualifizierung des Personals zu verbessern. Der Erfolg
hängt vor allem von den Anreizen zur Meldung (siehe Abschnitt 8.4.2), der kompetenten
Auswertung, der schlüssigen Ableitung von Maßnahmen und der konsequenten Umsetzung
ab. Intensives und laufendes Incident-Reporting mit nachfolgender Incident-Analyse ist ein
wesentlicher Baustein für eine gelebte erfolgreiche Sicherheitskultur (RSK, 2002; Dekker,
2007) (Näheres zu Sicherheitskultur siehe Abschnitt 14.3.4).

Die Analyse von *Accidents* (Unfällen) ist im Allgemeinen eine rechtliche Konsequenz, die
von Behörden eingeleitet und von staatlich bestellten Sachverständigen durchgeführt wird.
Die Analysen können sich auf Voranalysen der Betreiber und Hersteller stützen; Gutachter
werden diese dann oft differentiell zur Überprüfung und zur Korrektur oder Untermauerung
der eigenen Analysen und Hypothesen nutzen.

Critical Incidents sind eine wichtige Zwischenkategorie zwischen Incidents und Accidents.
Sie umfassen Incidents, die beinahe zu Unfällen geführt hätten oder zumindest ein hohes
Risikopotenzial getragen haben. Hier sollten die Analysen sowohl von Anwendern als auch
von unabhängigen Sachverständigen durchgeführt werden.

Die Unterscheidung von Incidents, Critical Incidents und Accidents ist prinzipiell schwierig
und über verschiedene Anwendungsfelder nicht eindeutig (siehe Abschnitt 8.3 sowie
Strauch, 2002 und Cacciabue, 2004). Entsprechend weisen die verschiedenen Anwendungsdomänen unterschiedliches Incident- und Accident-Reporting und Analyseverfahren auf. Die
Vorgehensweise der Luftfahrt kann als Best Practice angesehen werden, da hier seit Jahr-
zehnten weltweit weitgehend transparente und gut kommunizierte Analysen und Maßnahmen

zu sehen sind. Dies hat sicherlich dazu beigetragen, dass die Luftfahrt trotz ihrer hohen Komplexität, ihrem beträchtlichen Verkehrsaufkommen und ihrer umkämpften Ökonomie zu einer der objektiv risikoärmsten Technologien entwickelt hat.

8.5.3 Phasen und Schritte einer Ereignisanalyse

Wie jeder geordnete Arbeitsprozess, sollte auch eine Ereignisanalyse bestimmte Phasen oder Arbeitsschritte durchlaufen. Die IAEA empfiehlt in ihrem Regelwerk NS-G-2.11 (2005) die folgenden Schritte:

1. Erhebung eines vollständigen *Ereignisablaufes* (was und wann es passiert ist);
2. Feststellung der *Abweichungen* (wie es passiert ist);
3. *Ursachenanalyse*:
   a. *Direkte Ursachen* (Direct Causes; warum es passiert ist),
   b. *Kernursachen* (Root Causes; warum es geschehen konnte);
4. Feststellung der *Sicherheitsbedeutung* (mögliche Folgen);
5. Feststellung der *Verbesserungsmöglichkeiten* (Corrective Actions).

In der Praxis sollte eine Ereignisanalyse all diese Punkte adressieren. Wie genau der Analyseprozess verläuft und welche weiteren Aspekte untersucht und dargestellt werden, wird aber letztlich durch die jeweils spezifisch gewählte Analysemethode bestimmt werden.

Die Verbesserungsmöglichkeiten *(Corrective Actions)* sind hier weniger die Regulationshandlungen zur Korrektur des Systemzustandes *(Contingency Procedures)* im Rahmen des Ereignisses selbst, als vielmehr die technischen, personellen und organisatorischen Maßnahmen zur Verbesserungen des Gesamtsystems nach dem Ereignis zu verstehen, die als Teil eines umfassenden Feedbackprozesses erkannt und umgesetzt werden.

8.5.4 Ereignisverläufe

Dokumentierte Ereignisverläufe resultieren vor allem aus den üblichen sequenziellen Analyseansätzen. Woran orientieren sich nun die Durchführung und die Bewertung von Ereignisverläufen?

Zunächst wird es als grundsätzlich wichtig angesehen, den Verlauf des Ereignisses chronologisch darzustellen (Kletz, 2001; Dekker, 2006). Dieser *Ist-Verlauf des Ereignisses* führt zu einer zeitlichen Folge von Einzelschritten, einer sogenannten *Timeline,* die entweder aus dokumentierten Aktivitäten der Operateure, durch äußere Einflüsse oder durch Reaktionen des Systems besteht. Die Einzelschritte können in der Granularität der Beschreibung bedarfsweise jederzeit verfeinert werden.

Aufzeichnungsgeräte zum automatisiertem *Logging* der Schaltvorgänge und Systemreaktionen (Prozessrechner, Data-Recorder) sowie Audio- und Videoaufzeichnungssysteme für Cockpits und Leitwarten (Video- und Voice-Recorder) werden in vielen Domänen als hilf-

reich für eine objektive und detaillierte Analyse angesehen (Strauch, 2002) und werden inzwischen zunehmend auch dort eingesetzt, wo man anfänglich bewusst darauf verzichtet hat
(z.B. Schifffahrt, Kerntechnik). Dies setzt immer klare Grundsätze zum Daten- und Persön-
lichkeitsschutz voraus. Die Aufzeichnungen sollen nur den Zweck erfüllen, beim Unfall oder
Beinaheunfall zur sicherheitstechnischen und rechtlichen Klärung der Geschehnisse beizu-
tragen. Diesen Zweck erfüllen verschlossene und versiegelte Systeme mit einem geeigneten
Verfallsdatum der Inhalte, z.B. durch Überschreiben nach weiterem normalem Betrieb.

Die Rekonstruktion des *Ist-Verlaufes* sollte so schnell wie möglich nach dem Ereignis erfolgen, da die Erinnerung der beteiligten Akteure schnell verblasst, was in kürzester Zeit zu
lückenhaften oder falschen Darstellungen führt. Auch daraus leitet sich die Forderung nach
der Einführung von Aufzeichnungsgeräten ab. Das Auslesen von Aufzeichnungssystemen
muss zeitnah erfolgen, da diese, wie oben dargestellt, oft über eine begrenzte Speicherdauer
oder Persistenz verfügen. Ereignisverläufe können sowohl chronologisch, als auch hinsichtlich des prozessorientierten Verlaufes der Informationsverarbeitung und der Handlungen
abgebildet und untersucht werden. Solche Verläufe beginnen spätestens mit den beobachteten Symptomen eines Ereignisses (meist aus den Datenbeständen schon vor dem Sicht-
barwerden eines Ereignisses), über die Problemanalyse und die Entscheidungsprozesse bis zu
den Maßnahmen und Handlungen. Hier bietet sich das Modell der Decision-Ladder von
Rasmussen an (Rasmussen, 1984; Vicente, 1999) (siehe Abschnitt 8.2 und Abbildung 29).
Die Klassifikation von Aktivitäten entlang eines solchen Modells dient zur Erkennung von
Schwachstellen und Verkürzungen (Shortcuts) in der systematischen Bearbeitung von Abweichungen und Ereignissen.

Neben der Dokumentation des Ist-Verlaufes wird für die spätere Bewertung des Ereignisses,
seiner Entstehung, aber auch der noch wichtigeren Verbesserungspotenziale, ein *Soll-Verlauf*
als hilfreich angesehen. Dieser beschreibt auf Grundlage der Systemkonzeption und der
betrieblichen Vorgaben und Regularien wie der Handlungsverlauf hätte sein sollen. Die
Vorgaben werden im Allgemeinen aus dem Betriebshandbuch (BHB), den internen Anweisungen sowie den Fachkunderichtlinien abgeleitet.

Die Ist- und die Soll-Analyse können nach Erstellung in einer Art *Abweichungsanalyse* verglichen werden. Die ableitbaren Unterschiede, die *Verlaufsdifferenziale*, können wichtige
Anhaltspunkte für Ursachen und Verbesserungsmöglichkeiten liefern. Vor Abschluss der
Abweichungsanalyse ist offen zu halten, ob Ist- oder Soll-Verlauf eine letztlich nachvoll-
ziehbare und geeignete Arbeitsweise beschreiben. In manchen Fällen zeigt sich, dass im
Betrieb von geeigneten Betriebsvorschriften abgewichen worden ist, in anderen Fällen ist zu
erkennen, dass die Betriebsvorschriften nicht korrekt, nicht ausreichend präzise oder ungeeignet waren und eine Abweichung geboten war.

In den meisten Fällen wird man bei komplexen Gesamtsystemen feststellen, dass weder der
Ist-, noch der Soll-Verlauf ideal waren. In diesen Fällen sind das System und sein Betrieb
weiterzuentwickeln. Dies ist letzlich eines der wichtigsten Ziele von Ereignisanalysen.

An dieser Stelle ist zu bedenken, dass die Bewertung der Ist-Verläufe aus dem jeweiligen personellen und betrieblichen Kontext heraus erfolgen sollte. Es ist vor allem zu untersuchen, warum die Verhaltensweisen aus Sicht der Operateure oder anderer Beteiligter *zum Zeitpunkt ihrer Durchführung* für richtig oder geeignet angesehen worden sind. Eine rückblickende Einschätzung, was man zum Zeitpunkt der Handlungen hätte stattdessen tun sollen, führt oft mangels der Fähigkeit, sich in die Situation hineinzuversetzen, zu falschen Schlussfolgerungen. Man spricht hierbei vom *Hindsight Bias,* der Problematik, dass mit oder nach der Analyse des Ereignisses alles irgendwie klar erscheint, während dies in der Situation angesichts des Verlaufs nicht der Fall war (Fischhoff, 1975, Dekker, 2006; Dekker, 2007; Reason, 2008). Gerade das Verständnis, *warum die beteiligten Personen so gehandelt haben, wie sie gehandelt haben*, ist von besonderer Bedeutung, um die Sicherheit eines Systems und seines Betriebs verbessern zu können. Nachträgliche und unter völlig anderen Randbedingungen entstandene Erkenntnisse zum richtigen Verhalten sind im Allgemeinen wenig hilfreich: *„Hinterher ist man immer schlauer".* Das entscheidende für die Bewertung des Ereignisses, sind die Umstände und Verhaltensweisen im Kontext zum Zeitpunkt des Ereignisses (Dekker, 2006).

8.5.5 Breite und Tiefe einer Ereignisanalyse

Ereignisanalysen sind prinzipiell nie vollständig. Es besteht immer die Möglichkeit, eine Handlung oder eine Systemreaktion tiefer zu analysieren. Zu Beginn der Entwicklung von Ereignisanalysemethoden wurde der Begriff der *Root Cause (Kernursache)* verwendet. Der Begriff suggeriert, dass in einer bestimmten Tiefe der Analyse die „eigentliche Ursache" des Ereignisses zu finden sei. Aus dieser „eigentlichen Ursache" sollten dann die Konsequenzen, möglicherweise auch die „Schuldigen" identifiziert werden. Inzwischen distanziert man sich zunehmend von diesem Ansatz. Root Causes sind allenfalls wichtige Gegebenheiten, die zu besonderen Erkenntnissen und Maßnahmen auf einer bestimmten Betrachtungsebene führen können. Sie sind damit letztlich nur eine Konstruktion der Analyse (Kletz, 2001; Dekker, 2006). Wird zum Beispiel bei einer Analyse festgestellt, dass ein Operateur einen Bedienfehler begangen hat, so könnte man diesen als Root Cause einstufen und die Analyse abbrechen. Analysierte man tiefer, könnte sich jedoch zeigen, dass dieser Operateur schlecht ausgebildet wurde, überlastet war oder von seinem Arbeitgeber mit unzulänglichen Betriebsunterlagen versorgt worden war und daher fast zwangsläufig einen Bedienfehler begangen hat. Dies könnte bei tieferer Analyse wieder neue Ursachen und kritische Randbedingungen zutage fördern.

Inzwischen geht man davon aus, dass man die Ursachen und beitragenden Faktoren für ein Ereignis so weit untersucht, wie es notwendig ist, um die Zusammenhänge zu erkennen, die es erlauben, wirkungsvolle Maßnahmen für eine künftige Vermeidung ähnlicher Ereignisse zu ergreifen (z.B. Barrieren, Betriebsregeln und Schulungen) (Ipsen, 1998; Hollnagel, 2004). Es geht dabei vor allem um Erkenntnisse, die den Rahmen *Mensch, Technik und Organisati-*

on (MTO) in sogenannten *Ganzheitlichen Ereignisanalysen* erfassen und es geht um Analysen, die nicht bereits bei den ersten einfachen monokausalen Ursachen enden.

Grundsätzlich muss vor Beginn einer Ereignisanalyse klargestellt werden, dass diese durch weitere Vertiefung im Allgemeinen immer zu weiteren, auch wichtigen Erkenntnissen führen kann. Das Abbruchkriterium ist letztlich nicht formal fassbar und daher eher durch die verfügbare Information, von Erkenntnismustern oder Standardlösungen gekennzeichnet oder durch rechtliche, ökonomische oder politische Randbedingungen bestimmt (Rasmussen et al., 1994).

Es ist zu beobachten, dass Ereignisanalysen, die umfassende organisatorische, ökonomische, politische oder gar rechtlich beitragenden Faktoren erarbeiten, als weniger operational und verwertbar angesehen werden, als solche, die einfache Faktoren und Ursachen liefern. Die eigentlich zu ergreifenden Maßnahmen sind oft komplex, teuer oder sie werden von Betroffenen zugunsten einfacherer und kostengünstigerer Maßnahmen abgelehnt. So scheint es oft einfacher, einige betroffene Personen als „Schuldige" zu identifizieren und in der Betriebsorganisation zu ersetzen, als den ökonomischen Druck auf einen Betrieb zu reduzieren, der zu entsprechenden kritischen Verhaltensweisen geführt hat (Dekker, 2006). Auch wurde beobachtet, dass Analytiker oft zu verkürzten Analysen neigen, nachdem sie favorisierte Ursachen gefunden haben (Shaklee & Fischhoff, 1982; Wilpert et al., 1997; Wiegmann & Shappell, 2003).

8.5.6   Ökonomie versus Sicherheit

Nach den Erfahrungen mehrerer Sicherheitsforscher (z.B. Rasmussen, 1994; Dekker, 2006; Hollnagel, 2009) ist bei Ereignisanalysen im Besonderen zu beachten und zu untersuchen, wie die Beeinflussung von Sicherheitsaspekten durch vor allem ökonomische Randbedingungen beeinflusst werden. Hollnagel (2009) beschreibt beispielsweise in Form seines *ETTO-Prinzips (Efficiency-Thoroughness Trade-Off)*, dass sicherheitsgerichtetes Handeln teils beeinflusst von, teils sogar als konträr zu ökonomischem Handeln angesehen werden muss. Die Akteure (Operateure, Betriebsleitungen) haben – praktisch gesehen – primär für die wirtschaftliche Produktion und nicht für etwas Virtuelles wie Sicherheit zu sorgen. Dies ist der Grund der Existenz ihrer Produktionsanlagen in Form von privaten oder öffentlichen Wirtschaftsbetrieben. Anzunehmen, dass die Betreiber und das Betriebspersonal ständig Sicherheit vor Effizienz stellen werden, wird als nicht sehr realistisch angesehen. Viele Ereignisse, auch solche mit hoher Tragweite, lassen sich nach Ansicht von Hollnagel und Anderer allein auf Grundlage dieses Prinzips erklären.

An anderer Stelle wird festgestellt, dass selbst hohe eigene Verluste und Schadensersatzfolgen auf der Ebene der unternehmerischen Entscheidungsträger (z.B. Vorstände, CEOs, Geschäftsführungen) wenig Einfluss auf Investitionen in Sicherheit zur Folge haben (Rasmussen et al., 1994). Über die Gründe gibt es eine Reihe von Hypothesen, wie beispielsweise kurzfristige „Shareholder Values". Es ist leicht vorstellbar, wie sich solche kurzfristigen Profitorientierungen auf betriebliche Verhaltensweisen auswirken, wie z.B. minimalistisches oder vorgetäuschtes Sicherheitsmanagement, Produktionsoptimierung vor Sicherheitsoptimierung, Sparmaßnahmen in Qualitäts- und Sicherheitsabteilungen, kostengünstigere Ersatzteile und Wartung oder Ähnliches.

Viele Handlungen und Verhaltensweisen lassen sich besser verstehen, wenn man sie nicht einfach als Fehler klassifiziert, sondern reflektiert, unter welchen realen, für die Akteure möglicherweise auch widersprüchlichen Anforderungen sie zustande gekommen sind. Auch hier zeigt sich deutlich, dass Analysen von Accidents weniger tauglich als die von Incidents sind. In kritischen Fällen würde das Betriebspersonal später kaum zugeben, bestimmte Verhaltensweisen unter ökonomischem Druck praktiziert zu haben. Es muss im Bereich der Ereignisanalysen als die derzeit größte Herausforderung angesehen werden, Analysen unter Rahmenbedingungen durchzuführen, bei denen die ökonomischen Randbedingungen in die Untersuchungen geeignet einbezogen werden können.

8.5.7   Hilfsmittel zur Ereignisanalyse

Wie soll man Ereignisanalysen methodisch und technisch durchführen?

Es gibt in Abhängigkeit von Anwendungsbereich, Zielen und Ereigniskategorien eine Vielfalt von Verfahren zur Ereignisanalyse, die sich prinzipiell eignen. Etliche dieser Verfahren sind generisch konzipiert, d.h. sie sollen in möglichst vielen oder allen Domänen sicherheitskritischer Anwendungen einsetzbar sein. Da jedes der Analyseverfahren Besonderheiten aufweist und Ereignisanalyse selbst eine ausgeprägt erfahrungsbasierte Aufgabe darstellt, sollte jeder, der Analysen durchführt, bevorzugt mit einer Methode arbeiten, die sich schon in anderen Fällen bewährt hat und die der Analytiker bereits kennt. Jede andere Vorgehensweise wird zu Beginn zu schwachen oder fehlerhaften Analysen führen. Zur Objektivität von Ereignisanalysen siehe auch Wiegmann und Shappell (2003).

Die Komplexität von Ereignisanalysen spiegelt die Komplexität der Ereignisse wider und kann in Umfang und Struktur entsprechend aufwändig werden. Da es sich bei Analyseergebnissen um komplexe Informationsmodelle handelt, ist die Verwendung von Computerunterstützung zur Ereignisanalyse empfehlenswert. Hierbei sind vor allem Methoden zu bevorzugen, die nicht nur die Dokumentation in elektronischer Form ermöglichen, sondern vorstrukturierte und klassifizierte Inhalte unterstützen. Dies kann von einem vernetzten System von Tabellen bis hin zu speziellen Computeranwendungen führen. Dabei ist darauf zu achten, dass das Unterstützungssystem (Analysetool) die Erfassung von Informationen und Analysestrukturen nicht einschränkt. Die Analysen und ihre Resultate würden sonst vom Unterstützungssystem möglicherweise wesentlich beeinflusst. Auch eine automatisierte Auswertungsmöglichkeit durch Strukturdarstellungen (z.B. Bäume oder Netze) oder statistische Darstellungen (z.B. Häufungen, generierte Listen, errechnete Kenngrößen) können hilfreich sein. Hier ist jedoch darauf zu achten, dass die Informationen nicht in einer Form abstrahiert oder verrechnet werden, die für die Analytiker oder für bewertende Personen nicht mehr verständlich oder hinterfragbar sind. Beschreibungen von Kausalketten, Handlungsfolgen und ihren Begründungen oder Erklärungen sind daher statistischen oder anderen mathematischen Methoden vorzuziehen, es sei denn, es geht um Aspekte, die nur durch eine solche mathematische Betrachtung erkennbar werden (z.B. epidemiologische Modelle).

Sind für epidemiologische Modelle mehrere Ereignisse zu analysieren und auszuwerten, können Klassifikationen von Fehlhandlungen und aufgetretene Häufungen Hinweise auf systematische Schwächen (Pathologien, Pathogene) im Betrieb geben. Hierbei sollte jedoch vor allem anschaulichen statistischen Kenngrößen wie Quotienten, Mittelwerten und Streuungen der Vorzug gegeben werden. Abstraktere Größen wie Varianzen, Signifikanzen, Ränge, etc. führen vom Verständnis von Ursachen und ihren Wirkungen weg und ersetzen verständliche Schwachstellen durch bewusst oder unbewusst manipulierbare abstrakte Zielgrößen.

In der Historie wichtiger Ereignisse und ihren Analysen konnten die besten Erkenntnisse aus zwar vernetzten, aber letztlich immer noch verständlichen zeitlichen Verläufen, Abhängigkeiten und verbalen Erklärungen abgeleitet werden. Komplexe Werkzeuge verstellen leicht den Blick auf die Sach- und Problemlage und erzeugen durch eine werkzeugspezifische Abstraktion von Indikatoren eine nicht mehr verständliche oder nicht mehr für Maßnahmen relevante Pseudorationalität.

8.5.8 Qualitätsmerkmale und Gütekriterien für Ereignisanalysen

Ereignisanalysen, insbesondere die sogenannten *Ganzheitlichen Ereignisanalysen*, können hinsichtlich ihrer personellen, methodischen und inhaltlichen Qualität mit Kriterien der empirischen Forschung beurteilt werden. Dies kann helfen, ihre Korrektheit, Relevanz und Aussagekraft zu beurteilen. Es wird seit Beginn der Entwicklung von Methoden zur Ereignisanalyse die Frage gestellt, inwieweit die Ergebnisse durchgeführter Ereignisanalysen von Personen oder den gewählten Methoden abhängig sind und inwieweit die Untersuchungen die eigentliche Problemstellung wirklich adressieren.

Man spricht im Zusammenhang mit der Unabhängigkeit von durchführenden Personen auch von der *Objektivität* von Analysen. Zimbardo definiert (1995): *„Die Objektivität bezieht sich auf das Ausmaß, in dem die Resultate der Diagnose vom Untersucher abhängig sind."*. Als konkretes Kriterium mit dieser Zielrichtung wird vor allem die *Inter-Rater Reliability* genannt (Wiegmann & Shappell, 2003).

Es muss davon ausgegangen werden, dass Betroffene (Akteure, Vorgesetzte, Betriebsorganisationen) in kritischen Fällen wenig objektiv sein werden. Sie werden dazu tendieren, das eigene Verhalten als „damals" angemessen anzusehen und entsprechend darzustellen oder postulierte Schwächen zu relativieren. Insofern sind Ereignisanalysen durch die betroffenen Operateure oder Betreiber immer als subjektiv einzustufen. Trotzdem liefern sie im Sinne von Selbstberichtsverfahren als primäre Quellen wichtige Erkenntnisse, die auf andere Weise kaum zu erhalten wären (Zimbardo & Gerrig, 2008). Wichtig an einer solchen subjektiven Eigenanalyse ist das Potenzial einer solchen Analyse, nämlich darzustellen, wie die innere

Sicht der Betroffenen in der jeweiligen Situation war und warum man genau so gehandelt hat, wie man gehandelt hat, auch und gerade wenn dies von außen gesehen damals oder später als Fehler wahrgenommen wird.

Im Sinne empirischer Studien ist die Objektivität einer Analyse um die Gütekriterien *Reliabilität* und *Validität* zu ergänzen. Während die Frage der Objektivität die Unabhängigkeit der Ergebnisse vom Beobachter und Analytiker fordert, zielt die *Reliabilität* auf die Zuverlässigkeit des eingesetzten Verfahrens ab. Zimbardo definiert hierzu (1995): *„Reliabilität oder Zuverlässigkeit bezeichnet das Ausmaß, in dem ein Diagnoseverfahren genau misst."*. Dies ist eine der Kernfragen bei den gewählten Ereignisanalyseverfahren.

Validität bezieht sich auf die Relevanz und letztlich Gültigkeit und Aussagekraft der Analysen hinsichtlich des konkreten Ereignisses und seiner Ursachen. Nach Zimbardo (1995): *„Die Validität oder Gültigkeit ist das Ausmaß, in dem ein Test das misst, was er messen soll."*. Es kann nicht davon ausgegangen werden, dass ein Ereignisanalyseverfahren für die Analyse jedes Ereignisses in einem Anwendungsgebiet geeignet ist. Eine sorgfältige Klärung, Auswahl und Ausprägung der Verfahren vor der Analyse ist daher geboten. Formal ist die Validität bei Ereignisanalysen aber schon aufgrund der Problematik des Abbruchkriteriums bei Analysen (vgl. Abschnitt 8.5.5) kaum zu fassen.

Eine Ganzheitliche Ereignisanalyse (siehe Abschnitt 8.6) versucht aus den Perspektiven Mensch, Technik und Organisation sehr breit auf ein Ereignis zu blicken, um zu vermeiden, dass vermeintlich randständige, aber letztlich doch wichtige kontribuierende Faktoren übersehen werden. Nur selten können Ganzheitliche Ereignisanalysen aufgrund ihrer Komplexität und Offenheit die Qualität von sogenannten *kontrollierten Experimenten* mit formal nachgewiesener Objektivität, Reliabilität und Validität besitzen. Dennoch sollten diese Qualitäten bei einer Analysemethode und einer Analyse hinterfragt werden (Strauch, 2002). Grundsätzliche Zweifel, vor allem nach einer ersten Analyse, sollten Anlass für weitere oder verbesserte Untersuchungen sein.

Selten wurden bei Verfahren zur Ereignisanalyse die drei genannten Gütekriterien *Objektivität*, *Reliabilität* und *Validität* systematisch untersucht. Wiegmann und Shappell (2003) haben mit dem Verfahren *HFACS (Human Factors Analysis and Classification System)* eine der wenigen Methoden entwickelt, geprüft und optimiert, die wenigstens ansatzweise Aussagen über Gütekriterien wie die Objektivität liefert. Dieses Verfahren wurde ursprünglich für die Luftfahrt entwickelt, kann aber in einem hohen Maß als anwendungsunabhängig angesehen werden, da nur wenige Besonderheiten aus der Luftfahrt im Verfahren erkennbar sind. Nötige Verfeinerungen für andere Anwendungsfelder können durch Verfeinerung der Basiskategorien hinzugefügt werden, ohne die wichtigen validierten Basiskategorien selbst in Frage zu stellen. Es ist schwierig Verfahren zu finden, die die genannten Gütekriterien erfüllen oder nachweisen können. Am ehesten kann man Verfahren als bewährt bezeichnen, die über viele Jahre in einem Anwendungsfeld systematisch vermittelt, angewandt und verbessert worden sind und in dem die Analytiker geschult sind und regelmäßig Ereignisse analysieren und diskutieren.

8.5.9   Autoren und Nutzer von Ereignisanalysen

Ereignisanalyen können nicht unabhängig von den späteren Nutzern dieser Analysen angefertigt werden. Selbst wenn die grundsätzlichen Ziele von Analysen für unterschiedliche Nutzer dieselben sind, nämlich Ursachen zu verstehen und Maßnahmen abzuleiten, müssen Sprache, Form und Umfang der Analysen den Nutzern angepasst werden.

Als Zielgruppen der Ereignisanalysen müssen zunächst die Autoren und die Nutzer von Ereignisanalysen unterschieden werden:

Potenzielle *Autoren von Ereignisanalysen (Analytiker)* sind auf der einen Seite

- Betreiber,
- Operateure,
- Aufsichtsbehörden und
- Experten für Ereignisanalyse (Sachverständige und Gutachter).

Potenzielle *Nutzer von Ereignisanalysen* sind auf der anderen Seite

- Hersteller,
- Betreiber,
- Operateure,
- Ausbilder und Schulungseinrichtungen,
- Aufsichtsbehörden,
- Experten für Ereignisanalyse (Sachverständige und Gutachter),
- Anwälte, Staatsanwälte und Richter,
- Parlamente, politische Fach- und Untersuchungsausschüsse und Gesetzgeber sowie
- Presse und Öffentlichkeit.

Entsprechend der unterschiedlichen Autoren und Nutzer sind geeignete Methoden der Ereignisanalyse zu wählen. Die Methoden müssen zu den Qualifikationen und Pflichten der Autoren der Analysen passen (vgl. IAEA NS-G-2.11).

Die *Sprache, Form und Ausführlichkeit* der dokumentierten Ereignisanalysen bestimmen wesentlich deren Lesbarkeit und Interpretierbarkeit durch die Nutzer. Die Analysen sind in der Interpretation nur insoweit belastbar, wie es die Verlässlichkeit, Detaillierung und Struktur der erhobenen Informationen erlaubt. Weniger detaillierte Analysen sind leicht zu lesen, werden aber auch oft falsch oder überinterpretiert. Sehr detaillierte Analysen sind von Nichtfachleuten schlecht lesbar und kaum interpretierbar oder werden oftmals durch ungeeignete Auszüge und Verkürzungen unzulässig vereinfacht und dekontextualisiert zitiert.

Unter *Wahl der Fachsprache* ist hier zu verstehen, ob die Ausführungen für Wissenschaftler, Praktiker oder Entscheidungsträger gedacht sind. Wissenschaftliche Sprachregelungen werden von Nichtwissenschaftlern oft missverstanden, da wissenschaftliche Begriffe in der Umgangssprache oft eine andere Bedeutung haben. Beispiele sind Begriffe wie Signifikanz, Motivation, Aufgabe, Fehler, Zuverlässigkeit, Belastung oder Beanspruchung, die als wichtige Fachbegriffe in den Arbeitswissenschaften und der Psychologie feste Bedeutungen haben und die sich nur teilweise mit denen der Umgangssprache decken. Auf die Fachsprache der jeweiligen Domäne kann üblicherweise kaum verzichtet werden, da man sonst den betrieblichen Kontexten kaum gerecht werden kann. *Ereignisanalysen müssen nicht für Laien verständlich sein.* Man kann allerdings mit Hilfe von nicht zu knappen Presseinformationen helfen, die gröbsten Missverständnisse und Gemeinplätze zu vermeiden.

Als Form der Analysen sind vor allem stark strukturierte Analysen (z.B. mit Software-Werkzeugen erstellt) und allgemein verbal ausgeführte Analysen zu unterscheiden. Stark technisch strukturierte Analysen sollten zumindest in den wesentlichen Aspekten verbalisiert und ausgeführt werden. Umgekehrt sind im Kern verbal ausgeführte Analysen in bestimmten Aspekten (z.B. chronologische Abläufe oder Organisationsstrukturen) formal zu strukturieren. Das Wechselspiel und die Übergänge zwischen formalen und informellen Beschreibungen führen zu einer wichtigen kritischen Auseinandersetzung mit den Ergebnissen und deren Interpretationen in der Praxis. Dies gilt auch für Kurzfassungen versus Langfassungen ein und derselben Analysen, die zu schwierigen, aber notwendigen Gewichtungen und Akzentuierungen von Sachlagen führen.

Da Ereignisanalysen oft vielfältigen Zwecken dienen sollen, wie z.B. Aufsicht oder Optimierung des Betriebs, müssen hinsichtlich ihres Umfangs mehrere zweckbezogene oder in der Detaillierung gestufte Analysen erstellt werden. Die Erstellung unterschiedlicher zweckbezogener Analysen hat den Vorteil, dass die Methoden zielgruppengerecht ausgewählt werden können und die Analyseergebnisse auf ähnlichem Abstraktionsgrad verglichen und in einer kritischen Reflexion abgestimmt werden können.

Ereignisanalysen können in den falschen Händen, das heißt bei der falschen Zielgruppe, schädliche Auswirkungen durch Missverständnisse, fehlerhafte Interpretation und vorsätzliche Fehldeutung zur Folge haben. Dabei geht es weniger um inhaltliche, auch schutzwürdige Details (z.B. durch Schwärzungen verdeckt), sondern um mangelnde Fähigkeiten und falsche Zielsetzungen zur Interpretation. Dieses Problem zeigt sich einerseits durch die Probleme der öffentlichen Kommunikation von Betreibern und andererseits durch die Reaktion von Öffentlichkeit und Politik auf falsch interpretierte Gutachten. Mit der Beauftragung von Ereignisanalysen sollten daher klare Vorgaben zur beabsichtigten Zielgruppe und deren Kompetenzen verbunden sein.

Damit Ereignisanalysen im Hinblick auf die Kompetenz und Interessenslage einschätzbar sind empfiehlt Obermeier (1999) u.a. folgende Kommunikationsregeln:

- Offenlegung von Interessenslagen;
- Zugestehen von Eigeninteressen;
- Nutzung einer klaren, verständlichen Sprache;
- Kommunikation über Risikobewältigung, nicht Risikobeherrschung;
- Offenheit;
- Beschränkung der Kommunikation auf die eigene Kompetenz.

Diese Hinweise verdeutlichen, dass Ereignisanalysen weniger als formal fassbare und mehr als offene kulturelle Prozesse zu verstehen sind. Dies heißt allerdings keinesfalls, dass eine klare Methodik nicht möglich oder nicht angebracht wäre. Ereignisanalysen sind somit wichtige Bausteine in der Kommunikation, Bewältigung und Beherrschung von Komplexität und Risiko in Verbindung mit modernen Technologien.

8.6   Ganzheitliche Ereignisanalysen

Frühe Ereignisanalysen im Bereich sicherheitskritischer Systeme konzentrierten sich auf die Feststellung technischer Schwächen in meist noch unausgereiften Technologien. Die ersten Dampfmaschinen oder Flugzeuge zeigten vielfältige technische Schwächen in Teilsystemen, Bauteilen und ihren Materialien. Erkenntnisse über technisches Versagen flossen in die Entwicklung verbesserter Technologien und auch in die Etablierung technischer Prüfverfahren zur frühzeitigen Erkennung oder Vermeidung von Schäden ein.

Spätere Ereignisanalysen bestanden aus zeitlich linearisierten Beschreibungen der Handlungen von Operateuren und den Auswirkungen in Technik und Umwelt. Sie dienten vor allem der Feststellung, ob ein Ereignis durch menschliche oder technische Ursachen herbeigeführt worden war. Entsprechend ging es um die Feststellung, ob *„menschliches oder technisches Versagen"* die Ursache für ein Ereignis war (vgl. Abschnitt 3.1 und Kapitel 4). Mit dem erweiterten Verständnis von Technik, im Hinblick auf das Verhältnis von Mensch und Maschine, folgte die Frage nach den *Human Factors* (Redmill & Rajan, 1997), verstanden als der positive, wie auch der negative menschliche Einfluss auf technische Prozesse und den Menschen selbst.

Bei Großschadenslagen wie Flugzeugunfällen, Bahnunfällen oder auch Katastrophen in großen verfahrenstechnischen Anlagen und Kernkraftwerken hat sich mit zunehmender Breite und Tiefe der Analysen die Frage der organisatorischen Einbettung von technischen Systemen gestellt. In soziotechnischen Systemen macht eine Zuschreibung von Fehlern zu einzelnen technischen Ursachen oder zu einzelnen handelnden Personen wenig Sinn. Vielmehr handelt es sich um komplexe Störungen oder Defizite in Arbeitssystemen, die technische und soziale Teilsysteme enthalten (Ulich, 1994; Dekker, 2006; Herczeg, 2009a). Dieser soziotechnischen Betrachtung folgte die Analyse von Ereignissen durch ganzheitliche Betrachtungen unter Berücksichtigung von *Mensch, Technik* und *Organisation (MTO)*.

Mit der Weiterentwicklung von Technologie in Formen komplexer Teilautomatisierung stellte sich darüber hinaus die Frage, ob man noch von menschlichem oder technischem Versagen sprechen kann, wenn vor allem das komplexe Zusammenspiel von Mensch und Technik als ursächlich erkannt wird (Bainbridge, 1983; Billings, 1997). Hier sprechen wir von *Interaktionsversagen* (Herczeg, 2004). Mit Hilfe von *Usability-Engineering* (Herczeg, 2008a; Herczeg, 2009a; Herczeg et al., 2013; siehe Abschnitt 13.1) und *Cognitive-Engineering* (Rasmussen et al., 1994; siehe Abschnitt 13.2) sollen kontextualisierte Nutzungsszenarien entwickelt werden, die die Grundlage für fortgeschrittene Automatisierungskonzepte bilden können.

Risiko- oder Sicherheitsmanagementsysteme sollen im Sinne betrieblicher Prozesse eine Art von Sicherheitsqualität liefern (siehe Abschnitt 14.3.2). Ereignisanalysen liefern Erkenntnisse, die in diese Systeme im Sinne eines Erfahrungsrückflusses eingespeist werden, um vor allem künftige ähnliche Ereignisse zu vermeiden (IAEA NS-G-2.11, 2006).

Geht man einen Schritt weiter und untersucht die *Belastbarkeit, Widerstandsfähigkeit, Plastizität, Unverwüstlichkeit und Berechenbarkeit (Resilience)* des Verhaltens eines Mensch-Maschine-Systems bei unerwarteten äußeren Belastungen oder unerwarteten Nutzungsszenarien, führt dies zu *Resilience-Engineering* (Hollnagel et al, 2006; siehe Abschnitt 13.5). Das Ziel ist von *reaktiver* zu *proaktiver Sicherheit* zu kommen. Seit einigen Jahren finden sich zunehmend Methoden, die mit ihren Analysen im Sinne von Resilience-Engineering mit Audits deutlich vor Incidents ansetzen, um das Verhalten des Betriebspersonals und das Zusammenspiele mit der Technologie auch im ungestörten Normalbetrieb hinsichtlich sicherheitsgerichtetem Verhalten zu analysieren, um bereits im Vorfeld bedarfsweise Maßnahmen zugunsten einer besseren Sicherheitskultur ergreifen zu können (Herczeg, 2003a).

„Ganzheitliche Ereignisanalyse" ist letztlich aber auch ein diffuser und verführerischer Begriff. Er suggeriert eine nie vorhandene Vollständigkeit. Neue Erkenntnisse, Perspektiven, Betrachtungsrahmen und jedes neue Ziel im Bereich der Ereignisanalyse definiert den Begriff neu. Was aus der einen Betrachtung heraus eine ganzheitliche Analyse ist, kann aus einer anderen Perspektive gesehen eine schwache und lückenhafte Analyse sein. Man kann den Begriff trotzdem verwenden, um den Anspruch zu dokumentieren, dass man auf ein Ereignis multiperspektivisch blickt und möglichst viele der beitragenden Faktoren und Zielsetzungen zu erreichen versucht. Dies muss jedoch mit klar definierten Zielen und einem bestimmtem Zweck einer Ereignisanalyse erfolgen. Eine dafür charakteristische Betrachtungsebene ist die soziotechnische Betrachtung unter Einbezug von Mensch, Technik und Organisation. Man könnte sagen, an dieser Stelle beginnt eine Ganzheitlichkeit der Betrachtung.

Während das frühere Verständnis von Ereignisanalysen auf das Finden von technischen und personellen Fehlern und Schuldigen orientiert war, konzentriert man sich heute vor allem auf eine umfassende Untersuchung von Ereignissen zum Verständnis und zur Behebung von komplexen systemischen und organisatorischen Schwachstellen. Hier sind sich heute praktisch alle Wissenschaftler und Fachleute in der Sicherheitsforschung einig. Man spricht hierbei von einem *Safety-Paradigm-Shift* in der Sicherheitsforschung (Strauch, 2002). Dies schließt das Finden und Beheben von einzelnen technischen und personellen Schwachstellen nicht aus, versteht es jedoch allenfalls als Seiteneffekt und nicht als Zweck.

Sicherheitskritische Systeme werden heute durch die ganzheitlichen Betrachtungen im Allgemeinen als so komplex angesehen, dass ihr Funktionieren nicht als systembedingt gegeben angenommen werden kann, sondern dass dies von der proaktiven und ständigen Anstrengung des Personals und seiner Organisation abhängt (Dekker, 2006). Dies verändert das Verständnis von Hochrisikotechnologien, wie man am Beispiel des unterschiedlichen Umgangs mit den Ereignissen in Tschernobyl nach 1986 und den Ereignissen in Fukushima 2011 deutlich erkennen kann. Die Grenzen des menschlichen Verstandes, damit auch der Ingenieurskunst, sowie die teils unkontrollierbaren Folgen des Primats der Ökonomie, haben ein verändertes Verständnis von Risiken, Ereignissen und den zu ziehenden Konsequenzen zur Folge. Die methodische Entwicklung von ganzheitlichen Ereignisanalysen spiegelt nichts anderes als die jeweils aktuelle kulturtechnische Entwicklung und das derzeitige Verständnis des Zusammenwirkens von Mensch und Technik wider.

8.7 Zusammenfassung

Beim anomalen Betrieb eines Prozesses mit Hilfe eines Prozessführungssystems treten immer wieder aufgrund von äußeren oder inneren Einflüssen *Abweichungen (Anomalien)* vom Soll-Zustand (Normalzustand) auf. Wir sprechen dann von *Ereignissen.* Die Operateure müssen diese Abweichungen erkennen, verstehen und bewerten, um dann korrektive Maßnahmen zu ergreifen, um das System wieder in den Soll-Zustand zu bringen.

Falls die Korrekturmaßnahmen der Operateure im Falle von Abweichungen keinen Erfolg zeigen, können aus Abweichungen *Störfälle und Notfälle* resultieren. In diesem Fall müssen *Stör- oder Notfallprozeduren (Contingeny Procedures)* angewandt werden.

Führen die Störfall- oder Notfallprozeduren nicht zu sicheren Systemzuständen, können *Unfälle* resultieren.

Im Rahmen von *Incident-* und *Accident-Reporting* müssen kritische Ereignisse systematisch untersucht und dokumentiert werden. In einer solchen *Ereignisanalyse* sind systematisch die Abfolgen und Abhängigkeiten zu untersuchen. Dabei müssen die folgenden Fragen bzw. Aspekte zu einem Ereignis gestellt, beantwortet und dokumentiert werden:

1. *Zeit (Chronologie):* Was genau ist zu welchen Zeitpunkten passiert?
2. *Ort (Lokalität):* Wo genau ist was passiert?
3. *Ursachen:* Warum ist ein Ereignis eingetreten?

4. *Handlungen und Verhaltensweisen:* Wer war zum welchen Zeitpunkt in welcher Weise beteiligt (Mensch und System)?

5. *Mechanismen und Zusammenhänge:* Wie konnte das Ereignis eintreten?

6. *Barrieren:* Welche Kontroll- und Schutzmechanismen wurden genutzt und wie haben diese gewirkt?

7. *Ist-/Soll-Abweichungen:* Wie waren die Abläufe *(Ist-Verlauf)* und wie hätten sie sein sollen *(Soll-Verlauf)*? Wie hätte man das Ereignis durch anderes Verhalten von Akteuren oder Systemkomponenten verhindern können?

8. *Maßnahmen:* Wie kann man künftig ähnliche Ereignisse vermeiden?

Ereignisanalysen und erklärende Modellbildungen dienen unterschiedlichen *Zielen*:

Risikoanalysen: a-priori-Risikoeinschätzungen von Technologien, um potenzielle schädlichen Auswirkungen von Ereignissen vorhergesagt und bewertet werden können

Reporting: systematisches Festhalten der Daten und Informationen für spätere Untersuchungen

Zustandsanalysen: Erkennen und Einschätzen des Zustands eines Systems nach dem Eintreten eines Ereignisses

Ursachenanalysen: Erkennen und Klassifizieren von Ursache-Wirkungsketten im Verlauf der Entstehung eines Ereignisses

Systemoptimierung: Verbesserung vorhandener Systeme und Vermeidung von künftigen Ereignissen.

In Abhängigkeit von den genannten unterschiedlichen Zielen wurden verschiedene Methoden und Systeme zur Ereignisanalyse entwickelt.

Die grundsätzlichen Ansätze der Ereignisanalyse und Ereignismodellierung folgen bestimmten Modellkategorien:

1. *Sequentielle Ereignismodelle:* Bei diesem Ansatz geht man davon aus, dass das Ereignis aus einer sequentiellen Folge von Handlungen und Systemreaktionen zustande gekommen ist. Man spricht hier von sogenannten *Root Causes (Kernursachen)*, die es zu finden und mit Maßnahmen zu adressieren gilt, um die gesetzten Ziele der Analyse zu verfolgen und zu erreichen.

2. *Epidemiologische Modelle:* Hier geht man davon aus, dass ein System mit Schwächen behaftet ist, die es begünstigen oder erst ermöglichen, dass sich unerwünschte Ereignisse ereignen können. Man spricht hierbei von *pathologischen Systemen* und *Pathogenen*, also gewissermaßen „kranken" Systemen, die es zu „heilen" oder zu „reparieren" gilt.

3. *Systemische Modelle:* Bei diesen Modellen geht man von *vielfältigen Interaktionen* zwischen technischen, menschlichen und organisatorischen Komponenten aus, die aufgrund ihrer Komplexität nur teilweise verstanden werden und daher weiter optimiert werden müssen, um ein System als Ganzes sicherer zu machen. Systemische Modelle bilden vor allem die Grundlage für Komplexitätsbetrachtungen an Systemen und ihren Folgen.

Einfache Klassifikationen wie *menschliches oder technisches Versagen* sind im Bereich interaktiver Mensch-Maschine-Systeme wenig hilfreich und verhindern ein grundlegendes Verständnis des erfolgreichen oder auch erfolglosen Zusammenwirkens von Mensch und Maschine im Rahmen der Prozessführung. Ganzheitliche Ereignisanalysen aus verschiedenen Perspektiven, mindestens aber *Mensch, Technik und Organisation (MTO)* sollen helfen, Ereignisse in ihrer ganzen Komplexität besser zu verstehen und aufgrund eines umfassenden Verständnisses geeignete *Barrieren* gegen ein wiederholtes Eintreten zu entwickeln.

9 Arbeitsteilung und Automatisierung

„Wenn jedes Werkzeug auf Geheiß, oder auch vorausahnend, das ihm zukommende Werk verrichten könnte, wie des Dädalus Kunstwerke sich von selbst bewegten oder die Dreifüße des Hephästos aus eignem Antrieb an die heilige Arbeit gingen, wenn so die Weberschiffe von selbst webten, so bedarf es weder für den Werkmeister der Gehilfen noch für die Herren der Sklaven." (Aristoteles, nach Biese, 1842, S. 408)

Die *Automatik* (αυτοματια [automatia]), *„die von selbst Kommende"* oder die *„Selbstbewegliche"*, war bereits für Aristoteles (384-322 v. Chr.) ein erkennbares und reizvolles Prinzip der technologischen Entwicklung der Menschheit, die aus seiner Sicht auch zur Abschaffung der Sklaverei dienen sollte. Nicht mehr arbeiten (lassen) zu müssen, sondern eine Maschine, z.B. einen Webstuhl automatisch arbeiten zu lassen, hatte die Menschheit schon in der Antike als eine absehbare Utopie nicht mehr losgelassen.

Kaum irgendwo besser als gerade im Bereich der Prozessführungssysteme lassen sich Bedarf und Potenziale der Arbeitsteilung zwischen Mensch und Maschine deutlich erkennen und auch realisieren. Die Ziele und Umsetzungen reichen dabei von der Vollautomatisierung bis zum eng verzahnten asymmetrischen Mensch-Maschine-System, bei dem Mensch und Maschine ihre besonderen Fähigkeiten einbringen können. Mensch und Computer haben jeweils eigene Fähigkeiten und Eigenschaften, die die Ausgangspunkte für eine solche Arbeitsteilung sein sollten. Interessanterweise sind viele dieser Eigenschaften sehr unterschiedlich ausgeprägt: viele Aufgaben, die eine Maschine gut erfüllen kann, sind für Menschen ungeeignet und umgekehrt. Norman spricht in diesem Zusammenhang von *komplementären Systemen* (Jordan, 1963; Norman, 1999, S. 159). Einige der besonderen Fähigkeiten von Computersystemen, wie z.B. Geschwindigkeit und Präzision, sind offensichtlich. Auf der anderen Seite wird immer wieder die Kreativität und Problemlösefähigkeit von Menschen genannt. Andere Unterschiede erlauben eine fein differenzierte und belastungsfähige Arbeitsteilung zwischen Mensch und Maschine. Inzwischen geht es bei der Automatisierung immer weniger nur um Effizienzgewinn und Rationalisierung. Wir denken heute an komplexe Gesamtsysteme, in denen Mensch und Maschine, Automatisierung und menschliche Aktivitäten ihren Platz finden und geeignet zusammenwirken. Ein solches Gesamtsystem ist potenziell leistungsfähiger als die Summe seiner Teile.

Neben den unterschiedlichen Fähigkeiten und Eigenschaften von Mensch und Maschine sind auch rechtliche, kulturelle und ethische Aspekte für die Arbeitsteilung relevant. So stellt sich natürlich von Anfang an die wichtige Frage – dies gilt insbesondere für die Prozessführung sicherheitskritischer Anwendungen – wer letztlich die Verantwortung für getroffene Entscheidungen und praktizierte Handlungen trägt. Bei einer ersten Betrachtung wird man die letzte Entscheidung und Verantwortung in sicherheitskritischen Anwendungen dem Menschen, d.h. hier meist dem Operateur zuordnen. Bei genauer Betrachtung ist dies bei einer intensiven Arbeitsteilung zwischen Mensch und Maschine sowie einer nur begrenzten Durchschaubarkeit technischer Funktionen nicht unproblematisch.

Die Grundlage für jede Art von systematischer und wirkungsvoller Arbeitsteilung sind Aufgabenanalysen und Aufgabenmodellierungen, wie wir sie im Kapitel 7 kennengelernt haben. Die besonderen Eigenschaften oder Anforderungen der betrachteten und zu leistenden Aufgaben, müssen zu den Eigenschaften der jeweiligen Akteure, also hier Mensch oder Maschine, passen. Die Festlegung von Arbeitsteilung ohne eine solche eingehende Analyse kann nur zu suboptimalen oder schlechten Lösungen führen. Ungeeignete Arbeitsteilung führt zwangsläufig zu Unter- oder Überforderung von Operateuren, da für die Maschine gut automatisierbare Funktionen herausgegriffen und implementiert werden, während für den Menschen gewissermaßen die Reste, das schlecht oder nicht Automatisierbare übrig bleibt. Die Rolle als Lückenfüller der Automation ist dem Menschen dann meist sicher und zunächst füllt der Mensch durch seine hohe körperliche und mentale Plastizität diese Lücke sehr gut. Eine solche Denkweise und Realisierung führt zwangsläufig zu problematischen Betriebssituationen, bei denen die Plastizität und Leistungsfähigkeit der Menschen ihre Grenzen finden. Man kann heute feststellen, dass ein Großteil der Automatisierung während der industriellen Revolution und Jahrzehnte danach von purer Rationalisierung und Streben nach Vollautomatisierung gekennzeichnet war. Dies gilt auch für sicherheitskritische Anwendungen, wie zum Beispiel der Automatisierung von Verkehrsflugzeugen.

Systematische Konzepte der Arbeitsteilung zwischen Mensch und Maschine setzen allerdings nicht nur eine gute Verteilung von Aufgaben voraus. Durch heutige Computersysteme resultieren aus eng verschränkten Aktivitäten auch kleiner Granularität besondere Formen der Mensch-Maschine-Interaktion, die weit über eine einfache Aufgabenteilung hinausgehen. Beispiele dafür sind kraftsensitive Systeme wie Brems- oder Lenkkraftverstärker oder auch intelligente Überwachungen von Grenzbereichen einer Steuerung wie bei Antiblockier- oder Antischleudersystemen. Auch gleitende Übergänge von Steuerungen zwischen Mensch und Maschine, wie bei halbautomatischen Steuerungen, bei denen die Maschine immer dann gestuft eingreift, wenn der Mensch die Kontrolle stufenweise abgibt bzw. bei denen der Mensch schrittweise Aufgaben übernimmt. Eine besondere Form der Arbeitsteilung findet sich dann, wenn aufgrund einer beobachteten Unfähigkeit oder Untätigkeit von Mensch oder Computer der jeweils andere Akteur die Kontrolle vollständig übernimmt und das Gesamtsystem in einen sicheren Zustand bringt. Beispiel sind Zwangsbremsungen von Bahnen, wenn keine Lebenssignale über die „Totmanntaste" vom Lokführer kommen. Umgekehrt wäre, die vollständige Übernahme der Kontrolle durch den Menschen der Fall, wenn sich das System in einem Zustand befindet, für den die Maschine über keine geeigneten Verfahren verfügt, wie z.B. Abschalten des Tempomaten bei komplexen Verkehrssituationen.

9.1   Arbeitsteilung zwischen Mensch und Maschine

Als ein wesentlicher Ausgangspunkt für die Arbeitsteilung zwischen Mensch und Maschine und damit für die Automatisierung, müssen die Fähigkeiten und Grenzen von Mensch und Technik dienen. Im Folgenden werden zunächst die teils komplementären, teils überlappenden Eigenschaften von Mensch und Maschine diskutiert, bevor wir systematisch die speziellen Modelle der Arbeitsteilung betrachten. Man spricht hier auch vom *MABA-MABA-Ansatz* (*„Men are better at – Machines are better at"*) (Fitts, 1951; Lanc, 1975; Sheridan, 1989; Hoyos, 1990; Rauterberg et al., 1993).

9.1.1   Menschliche Fähigkeiten

Menschen verfügen über Eigenschaften, die sie im Rahmen der Prozessführung insbesondere für die folgenden Aufgaben qualifizieren (vgl. u.a. Hoyos, 1990).

Menschen

- setzen Ziele,
- definieren die Teilprobleme und ihre Beziehungen zueinander (Problemzerlegung),
- benutzen ihr leistungsfähiges sensorisches System zur ganzheitlichen Wahrnehmung von Ereignissen, Situationen und Trends,
- benutzen umfangreiches Allgemeinwissen und integrieren Wissen aus verschiedenen Bereichen zur Problemlösung,
- können aus speziellen Erfahrungen heraus Verallgemeinern,
- bauen auf vorhergehende Erfahrungen auf und lösen Probleme durch Analogieschlüsse,
- können flexibel reagieren und Strategien wechseln,
- können Ereignisse und Entwicklungen vorhersehen (Antizipation),
- sind anpassungs- und lernfähig (Adaption),
- kontrollieren Teillösungen und fügen diese zu einer Gesamtlösung zusammen (Lösungssynthese),
- führen komplexe Entscheidungen durch und
- können Verantwortung tragen.

Der Mensch kann somit die Kontrolle in Situationen übernehmen, in denen Problemlösungsfähigkeit, Kreativität, Flexibilität, Bewertungen sowie die Übernahme von Verantwortung erforderlich sind.

9.1.2   Maschinelle Fähigkeiten

Maschinen, insbesondere Computersysteme haben dagegen folgende Fähigkeiten (vgl. u.a. Hoyos, 1990).

Maschinen

- können sehr schnell und damit auch umfangreiche Daten nach festen Vorgaben verarbeiten (Rechnen, Symbolverarbeitung),
- führen vordefinierbare Aktivitäten weitgehend fehlerfrei und in beliebiger Wiederholung durch (Algorithmen),
- können logisch korrekt deduzieren (Ableitung von Konsequenzen),
- können über funktionale und diskrete Verläufe präzise Differenziale (Differenzen) und Integrale (Summen) bilden,
- bieten verschiedene Sichten auf komplexe Daten (Perspektiven),
- verbergen durch kontextabhängige und benutzergesteuerte Filterfunktionen irrelevante Einzelheiten (Reduzierung und Fokussierung),
- lenken unsere Aufmerksamkeit auf wichtige Informationen oder Ereignisse (Priorisierung),
- helfen, Unstimmigkeiten zu erkennen und zu vermeiden (Konsistenz),
- übernehmen die Funktion einer externen Gedächtnishilfe (Memory Extender),
- ermöglichen, die Konsequenzen von Aktionen zu simulieren und darzustellen,
- können in bedarfsweise beliebig hohem Maße parallelisiert arbeiten,
- sind langfristig ermüdungsfrei wachsam und aktiv.

Maschinen können somit insbesondere die Kontrolle in Situationen übernehmen, in denen umfangreiche, gut definierte, schnelle und systematische Analysen und Reaktionen erforderlich sind.

9.1.3   Asymmetrie von Mensch und Maschine

Eine sorgfältige Aufgabenanalyse wird Aufgaben mit unterschiedlichen Anforderungen liefern und in eine Struktur bringen. Einige dieser Aufgaben werden automatisierbar sein, andere besser für Menschen geeignet sein. Die unterschiedlichen Fähigkeiten haben wir in den vorausgegangenen beiden Abschnitten sowie hinsichtlich menschlicher Eigenschaften in den einleitenden Kapiteln betrachtet. Mensch und Maschine sind offenbar sehr unterschiedlich in ihren Fähigkeiten und die Kunst der Gestaltung eines Mensch-Maschine-Systems liegt nicht in der Automatisierung möglichst vieler Aufgaben. Sie liegt in der komplementären, möglicherweise auch einer teilweise überlappenden Aufteilung und Zuordnung von Aufgaben zu Mensch und Maschine, sodass am Ende ein Mensch-Maschine-System mit optimalen Qualitäten und Sicherheiten aus dieser Asymmetrie entsteht (siehe Abbildung 35).

SEHR GUT

LEISTUNGSFÄHIG-
KEIT DER
MASCHINE

MASCHINE
ÜBERLEGEN

MENSCH ODER
MASCHINE

U
MENSCH

MENSCH
ÜBERLEGEN

U MASCHINE

UNBEFRIEDIGEND ←   LEISTUNGSFÄHIG-   → SEHR GUT
KEIT DES MENSCHEN

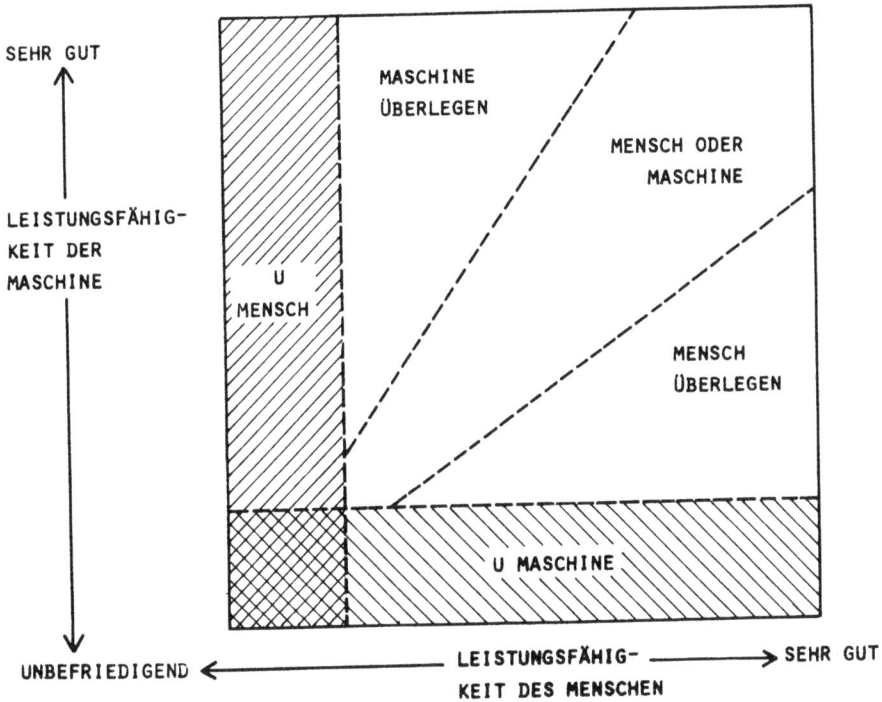

Abbildung 35. Aufgabenteilung Mensch oder Maschine (Hoyos, 1990) nach Price (1985)

> Die Aufgabenverteilung nach den besonderen Fähigkeiten von Mensch versus Maschinen zeigen die prinzipielle *Lokalisierbarkeit* von Aufgaben (Mensch oder Maschine können die Aufgaben leisten), Bereiche des *Unvermögens* (nur Mensch oder Maschine oder keiner kann die Aufgaben leisten) sowie der *Redundanz* (Mensch und Maschine können die Aufgabe leisten).

In einem Prozessführungssystem muss der Mensch, basierend auf seinen Fähigkeiten und übertragenen Verantwortungen, diverse Rollen wahrnehmen. Diese Rollen ändern sich mit der Situation, in der sich der Prozess befindet sowie mit den Teilzielen, die als nächstes verfolgt werden sollen oder müssen. Ein einfaches Basismodell findet sich in Abbildung 36. Dieses Modell zeigt, dass es innere und äußere Schleifen des Handelns eines Operateurs gibt. Dies hängt eng zusammen mit der Dynamik des Prozesses sowie den Methoden der Automatisierung, die wir in Kapitel 9.1.4 näher betrachten werden. Phasenweise muss der Operateur den Prozess nur überwachen. Gelegentlich greift er ein, steuert oder instruiert. Den übergreifenden Tätigkeitsrahmen bestimmen Planungs- und Lernprozesse im Zusammenhang mit der Prozessführung.

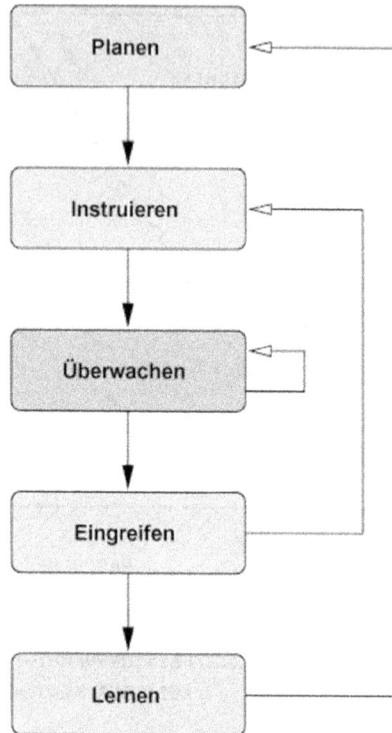

Abbildung 36. Rolle eines Operateurs in der Prozessführung

Die Abbildung zeigt die grundlegenden abstrakten Aufgaben eines Operateurs, die im Rahmen der Prozessführung rückgekoppelt ablaufen müssen. Der Operateur, der bei der Überwachung des Prozesses Abweichungen erkennt, muss eingreifen und das System steuern und neu instruieren, um wieder in einen Normalzustand zu gelangen. Im Rahmen der gesamten Prozessführungstätigkeit lernt der Operateur ständig den Prozess und die Funktionsfähigkeit des Prozessführungssystems besser kennen und optimiert so seine Planung und den Einsatz der Technik und Automation.

9.1.4   Grad der Automation

Die in den vorausgehenden Abschnitten dargestellten vielfältigen und ausgeprägt komplementären Eigenschaften von Mensch und Maschine können zu Mensch-Maschine-Systemen führen, in unserer Betrachtung insbesondere sicherheitskritischer Mensch-Maschine-Systeme, die eine komplexe Verteilung von Aufgaben besitzen. Funktionen, die Maschinen (Computer) übernehmen, nennen wir *Automatiken*, das gesamte Konstrukt und Zusammenwirken der einzelnen Automatisierungen *Automation* und den Prozess des Realisierens und Umsetzens *Automatisierung*.

Je besser Aufgaben vorhersehbar und beschreibbar sind, desto eher ist es möglich, sie zu automatisieren. Situationen mit stark variierendem Verlauf unter wechselnden komplexen Randbedingungen bedürfen eines hohen Maßes an Problemlösungsfähigkeiten und sind für Maschinen eher ungeeignet. Sie bleiben daher Menschen vorbehalten, was nicht zwangsläufig bedeutet, dass Menschen diese dann wirklich gut bewältigen. Sheridan hat dies in zwei Dimensionen dargestellt (Abbildung 37; Sheridan, 1987). Er spricht in diesem Zusammenhang von der *Aufgabenentropie*, d.h. dem Maß der Offenheit (Zufälligkeit, Vorhersehbarkeit) der zu bewältigenden Aufgaben sowie dem *Grad der Automation*.

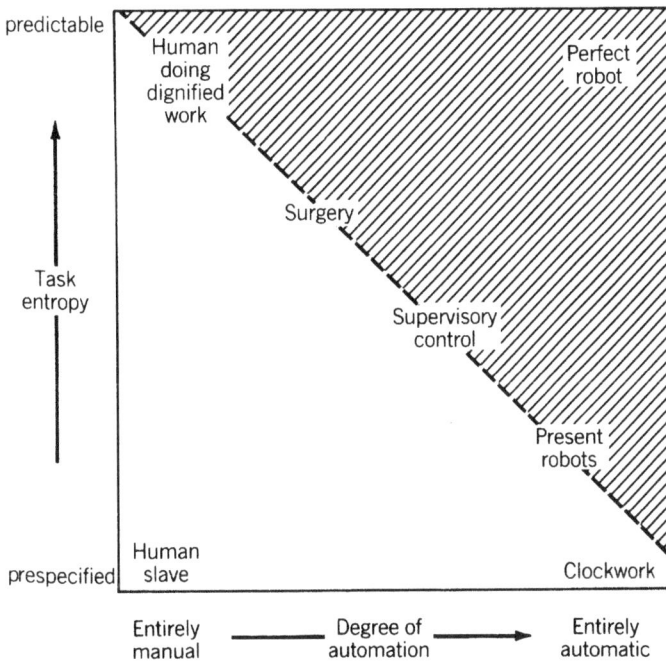

Abbildung 37. Aufgabenentropie und Automation (Sheridan, 1987)

Die Abbildung zeigt, dass mit zunehmender Vorhersehbarkeit und Beschreibbarkeit von Aufgaben ein steigendes Maß an Automation möglich ist. Die sinnvollen und machbaren Formen der Mensch-Maschine-Arbeitsteilung zeigen sich im Diagramm in der Diagonale von links oben nach rechts unten. Unterforderte und suboptimale Mensch-Maschine-Systeme finden sich im linken unteren Dreieck; überforderte und risikoreiche Mensch-Maschine-Systeme finden sich innerhalb des rechten oberen Dreiecks.

9.1.5   Stufen und Formen der Automation

Die Verteilung einer Aufgabe an ein Computersystem im Sinne einer Automation erzeugt unmittelbar die Frage, inwieweit eine Automatik bei Bedarf durch einen Menschen abgeschaltet und die Aufgabe durch diesen übernommen werden kann. Da das Ein- und Ausschalten von automatischen Funktionen neue Probleme des Zusammenspiels von Funktionen aufwirft, wie auch das Vergessen oder die mangelnde Kompetenz von Operateuren, muss hiermit sehr sorgfältig umgegangen werden. Sonst wird der Nutzen der Arbeitsteilung zwischen Mensch und Maschine schnell wieder zunichte gemacht.

Charles Billings hat ein Modell entwickelt, bei dem er *Stufen der Automation* der *Einbezogenheit des Operateurs* gegenüberstellt (Billings, 1997). Der Operateur, kann wie in Abbildung 38 dargestellt, stufenweise mehr oder weniger Einfluss auf die Unterstützung und den Grad der Automation nehmen. Billings sieht, in seinem Beitrag orientiert an der Flugführung, dabei die folgenden *7 Stufen oder Formen der Automation*, die hier am Beispiel der Automatisierung im Pkw verdeutlicht werden:

1. *direkte manuelle Steuerung (Direct Manual Control)*
    z.B. direkte Lenkung mit Körperkraft

2. *unterstützte manuelle Steuerung (Assisted Manual Control)*
    z.B. dosierte Servolenkung in Abhängigkeit vom Ausschlag am Lenkrad und der Geschwindigkeit

3. *gemeinsame Steuerung (Shared Control)*
    z.B. ABS (Antiblockiersystem) zur Vermeidung der Radblockierungen beim Bremsen

4. *delegierte Steuerung (Management by Delegation)*
    z.B. Einschalten des Tempomaten zur Konstanthaltung der Geschwindigkeit

5. *bestätigte Steuerung (Management by Consent)*
    z.B. Anfrage des Systems zum Einschalten des Vierradantriebs bei Glatteis

6. *Steuerung in Ausnahmefällen (Management by Exception)*
    z.B. Eingriff des Fahrers und kurzzeitiges Abschalten des Tempomaten beim Einscheren eines überholenden Fahrzeuges

7. *vollautomatische Steuerung (Autonomous Operation)*
    z.B. Übergeben des Pkws an ein automatisches Parksystem in einem entsprechend ausgestatteten Parkhaus

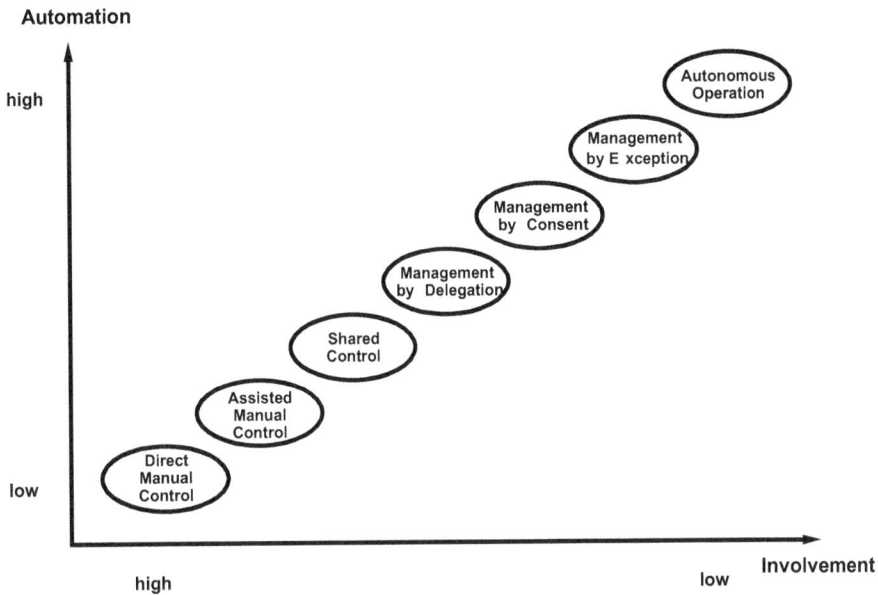

Abbildung 38. Automationsstufen und Automatisierungsformen (nach Billings, 1997)

> Mensch und Maschine können in unterschiedlicher Form zwischen den Extremen eines manuellen Systems und der Vollautomatisierung verknüpft werden. Mit zunehmender Automatisierung fällt die Einbezogenheit und damit auch die Konzentration und Aufmerksamkeit der Operateure.

9.1.6 Kritik an Automatisierung

Man findet heute eine große Zahl von Automationen in Prozessführungssystemen aller Anwendungsbereiche. Die Operateure verfügen je nach Anwendungsgebiet über sehr unterschiedliche Kompetenzen im Betrieb dieser Systeme. Entsprechend verfügen sie über mehr oder weniger tiefe Kenntnisse zur Funktionsweise dieser Prozessführungssysteme und der damit verbundenen Automationen.

Nehmen wir einmal das Beispiel von Fahrerassistenzsystemen (FAS) in Kraftfahrzeugen. Dort finden wir heute in anspruchsvollen Neuwagen inzwischen typischerweise 10 bis 20 solcher FAS in einem Fahrzeug. Die Bezeichnungen dieser Systeme sind bei den Herstellern nicht einheitlich; ihre Zahl ist von Jahr zu Jahr steigend:

- Abstandsregeltempomat (Adaptive Cruise Control, ACC)
- Abstandswarnsystem (AWS)
- Antiblockiersystem (ABS)
- Antriebsschlupfregelung (ASR)
- Automatische Notbremsung (ANB)
- Autonomer Halt (Nothaltsystem bei Ausfall des Fahrers)
- Bremsassistent (BAS)
- Berganfahrhilfe (BAH)
- Bergabfahrhilfe (Hill Descent Control, HDS)
- Car2Car Communication (Kommunikation zwischen Fahrzeugen)
- Elektronische Dämpferkontrolle (Electronic Damper Control, EDC)
- Elektronische Differentialsperre (EDS)
- Fahrdynamikregelung (Elektronisches Stabilitätsprogramm, ESP; Electronic Stability Control, ESC; Dynamic Stability Control, DSC)
- Fernlichtassistent (FLA; automatische Anpassung der Leuchtweite des Abblendlichts und Auf- und Abblenden des Fernlichts)
- Geschwindigkeitsregelanlage (GWR; Tempomat)
- Intelligente Geschwindigkeitsanpassung (Intelligent Speed Adaption, ISA)
- Kurvenlicht (automatische Anpassung der Leuchtrichtung des Abblendlichts bei Kurvenfahrt in die Kurve anstatt tangential)
- Kollisionswarnsystem (Collision Warning System, CWS)
- Lichtautomatik (automatisch Ein- und Ausschalten von Licht)
- Motor-Schleppmoment-Regelung (MSR)
- Nachtsichtassistent (Night Vision, NV)
- Parkabstandskontrolle (Park Distance Control, PDC)
- Einparkhilfe (Sensoren und Steuerungen zum Einparken)
- Reifendruckkontrollsystem (RDKS)
- Scheibenwischerautomatik
- Totwinkel-Überwachung
- Spurerkennungssystem (Lane Detection System, LDS)
- Spurhalteassistent/Spurassistent (Querführungsunterstützung; Lane Departure Warning System, LDWS)
- Spurhalteassistent (Lane Keeping Support, LKS)
- Spurwechselassistent (Lane Change Assistance, LCA)
- Spurwechselunterstützung (Lane Change Support System, LCS)
- Stauassistent (STA)
- Fahrerzustandserkennung (Driver Drowsiness Detection, DDD)
- Verkehrszeichenerkennung (Traffic Sign Recognition, TSR)

Die Liste ist nicht vollständig und wächst weiter. Die einzelnen Assistenzsysteme sind teils vollautomatische, meist aber nur teilautonome interaktive Systeme, die ein geeignetes Zusammenspiel mit dem Fahrer erforderlich machen. Inwieweit ein Fahrer, letztlich meist ein Laie, was Kfz- und Automatisierungstechnik angeht, noch überblickt, wie die unterschiedlichen FAS mit dem Fahrzustand, den anderen FAS und mit ihm selbst interagieren, darf zumindest in Frage gestellt werden. Berichte über Irritationen und Probleme mit solchen Systemen häufen sich. Das Handbuch (Betriebsanleitung) eines solchen Pkw umfasst mehrere Hundert Seiten[8] und tutorielle Videos dauern für einige einzelne der oben genannten FAS typischerweise 5–15 Minuten, in denen essenzielle Informationen zur Nutzung, Funktion und Verlässlichkeit solcher FAS gegeben werden. Es wird auch im Rahmen der Produkthaftung der Hersteller nicht davon ausgegangen, dass diese Systeme ohne Verständnis und ohne Wissen des Fahrers wirken sollen. In komplexen Kontexten und Systemen wie Flugzeugen oder verfahrenstechnischen Anlagen gibt es eine viel größere Zahl von Automatiken, allerdings deutlich besser ausgebildete Operateure als beim Pkw.

Die Automatisierung komplexer Systeme geht entsprechend, auch in anderen Anwendungsfeldern, einher mit *Kritik und offenen Fragen* wie zu Beispiel:

- Verhindert Automation möglicherweise wichtige menschliche Wahrnehmungen und Reaktionen, indem sie zu reduzierter Konzentration und Aufmerksamkeit von Operateuren führt?

- Wie kann man die Kompetenz von menschlichen Operateuren bei gleichzeitiger zunehmender Automatisierung erhalten oder sogar erhöhen?

- Wer trägt die Verantwortung für das gesamte Prozessgeschehen und den Resultaten bei Automation?

- Was bedeutet die zunehmende Abhängigkeit von technischen Systemen, die von ihren Nutzern nur noch teilweise oder gar nicht mehr verstanden werden?

Lisanne Bainbridge hat auf die *„Ironien der Automatisierung"*, wie sie es nennt, hingewiesen (Bainbridge, 1983). Hierbei wird diskutiert, dass durch die Einführung von weiteren Automatisierungsebenen die Operateure zwar entlastet werden, letztlich aber auch schleichend ihre Fähigkeit verlieren, in kritischen Situationen geeignet eingreifen zu können. Dies bedeutet, dass Operateure gerade dann, wenn sie am dringendsten gebraucht werden, nämlich im Falle von für eine Automatik nicht mehr angemessen lösbaren Problemen, selbst nicht mehr in der Lage sind, die Situation und den Zustand des Prozesses und der Automation zeitgerecht und richtig zu erfassen und geeignet zu handeln. Die immer wieder zitierte und für wichtig erachtete letzte Entscheidung durch den Menschen in einem teilautomatisierten System wird zur Farce. Die Rolle des Menschen als Lückenfüller in technokratisch konzipierten soziotechnischen Systemen kennen wir seit über 100 Jahren in Form des Taylorismus (Taylor, 1913), der noch heute eine wesentliche Grundlage der industriellen Arbeitsgestaltung darstellt.

---

[8] die Betriebsanleitung zur BMW 7er Reihe umfasst im Stand von 2012 über 300 Seiten

Diese kritischen Fragen müssen von den Herstellern und Entwicklern in den jeweiligen Anwendungsdomänen verstanden und mit der vollen Verantwortung, die damit verbunden ist, beantwortet werden. Die Realisierung immer komplexerer Automationen, ohne eine solche Klärung, ist in sicherheitskritischen Bereichen nicht mehr akzeptabel. Mit jeder Einführung einer Automatisierungsebene ist zu klären, wie die Operateure beim Ausfall dieser und eventuell weiterer Ebenen realistisch in die Lage versetzt werden, die Kontrolle wieder zu übernehmen. Dabei kann und darf der Operateur nicht zum Bediener eines Not-Aus-Knopfes degradiert werden, der ansonsten das Prozessgeschehen mehr oder weniger passiv wahrnimmt und auf seinen seltenen Einsatz wartet. In vielen Prozessführungssystemen ist diese Situation weitgehend erreicht. Heutige Verkehrsflugzeuge sind in der Lage, einen Flug weitgehend vollautomatisch zu absolvieren. Vergleichbares gilt für Bahnen und Schiffe. Welche Rolle verbleibt für die Operateure und wie hält man sie im Prozessgeschehen aktiv und aufmerksam? Wir müssen hier darauf achten, dass wir keine „Feuerwehrleute" entwickeln, die einen „Brand" verschlafen oder irgendwann sogar selbst „Brände" legen, um endlich wieder einmal im Einsatz zu sein. Der Operateur muss Teil der Prozessüberwachung und Prozesssteuerung bleiben, um seine Leistung im Notfall auch erbringen zu können. Man spricht dabei vom *„Operator in the Loop"*. Damit wird der Überlappungsbereich zwischen Mensch und Maschine (vgl. Abbildung 35) zum wichtigsten und schwierigsten Gestaltungsbereich für sicherheitskritische Mensch-Maschine-Systeme. Wir wollen im Folgenden einige fortgeschrittene Automatisierungskonzepte diskutieren, die versuchen, mit dieser Problematik umzugehen.

9.2   Modelle zur Automation

Realisierungsformen komplexer Automationen setzen Systemkonzepte voraus, die das Zusammenwirken von Mensch und Maschine unter partieller Automation überhaupt möglich machen. Die Verteilung der Aufgaben zwischen menschlichem Operateur und System muss in Anlehnung an die jeweiligen besonderen Fähigkeiten, aber auch an Schwächen und Grenzen der beiden Akteure erfolgen (siehe Abschnitte 9.1.1 und 9.1.2). Das Verteilen von Aufgaben im Sinnen des Füllens von aus schlechtem Systemdesign verbliebenen Lücken, führt zwangsläufig zu erhöhten Risiken im späteren Systembetrieb. Grundlegende Überlegungen zu Automation und solchen Modellen finden sich u.a. in Parasuraman und Mouloua (1996), Redmill und Rajan (1997), Billings (1997) und Sheridan (2002).

9.2.1 Basismodell mit Schutzsystem

Ein sehr einfaches, aber häufig realisiertes Modell eines von Operateuren gesteuerten Systems mit zusätzlichen Schutzmechanismen findet sich bei Redmill und Rajan (1997) (Abbildung 39).

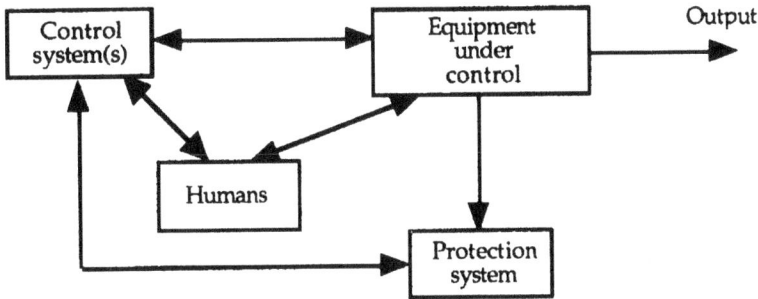

Abbildung 39. Basismodell eines Prozessführungssystems (Redmill & Rajan, 1997, S. 8)

> Das Modell zeigt das vom menschlichen Operateur bediente *Prozessführungssystem (Control System)*. Unabhängig von der Interaktion des Operateurs dient ein *Schutzsystem (Protection System)* zur Verhinderung gefährlicher Systemzustände.

Das auf den ersten Blick überzeugende Steuerungskonzept mit zusätzlichem Systemschutz weist einen eklatanten Nachteil auf. Die menschlichen Operateure haben keinen Einfluss auf das Schutzsystem. Der Vorteil der automatischen Schutzfunktion wird dann zum Nachteil, wenn diese nicht situationsgerecht abläuft. Störfälle und Unfälle aufgrund dieser Systemkonzeption treten immer wieder auf. So hatte beispielsweise beim Unfall eines A320 der Lufthansa in Warschau am 14.09.1993 ein Schutzsystem für die Schubumkehr verhindert, dass die Maschine vor einem Hindernis rechtzeitig zum Stand gebracht werden konnte. Ähnliches gilt für die Verlängerung des Bremsweges unter bestimmten Fahrbahnbedingungen durch ABS-Systeme bei Kraftfahrzeugen.

9.2.2 Multiloop-Modell zur Automatisierung

Ein detailliertes und flexibleres Systemmodell des engeren Zusammenspiels eines Operateurs mit Computersystemen zur Prozessführung findet sich als sogenanntes *Multiloop-Modell* bei Sheridan (1987) (Abbildung 40).

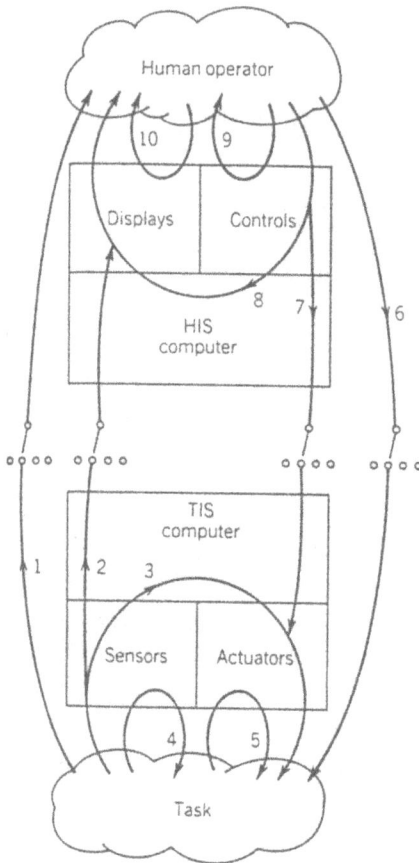

1. Task is observed directly by human operator's own senses.

2. Task is observed indirectly through artificial sensors, computers and displays. This TIS feedback interacts with that from within HIS and is filtered or modified.

3. Task is controlled within TIS automatic mode.

4. Task is affected by the process of being sensed.

5. Task affects actuators and in turn is affected.

6. Human operator directly affects task by manipulation.

7. Human operator affects task indirectly through a controls interface, HIS/TIS computers. and actuators. This control interacts with that from within TIS and is filtered or modified.

8. Human operator gets feedback from within HIS, in editing a program, running a planning model, etc.

9. Human operator orients him- or herself relative to control or adjusts control parameters.

10. Human operator orients him- or herself relative to display or adjusts display parameters.

Abbildung 40. Multiloop-Modell von Sheridan (1987, S. 1259)

> Das Modell zeigt die vielfältigen Feedbackschleifen in einem Prozessfüh-
> rungssystem. Durch die dezentrale Verarbeitung von Information in den
> kleinen und größeren Schleifen kommt, es zu einer hohen Verarbeitungsleis-
> tung mit Redundanzen auf mehreren Ebenen. Der HIS-Computer (Human
> Interactive System, Prozessführungssystem) steuert die Anzeigen (Displays)
> und nimmt die Kommandos und Steuerinformationen (Controls) entgegen.
> Der TIS-Computer (Task Interactive System) liest die Sensoren und steuert
> die Aktoren. Der Operateur kann mit mehreren TIS verknüpft werden.

Das Multiloop-Modell erlaubt flexibel unterschiedlichste, auch dynamische Formen der
Automation und des Zusammenwirkens von Mensch und Maschine. Es bleibt bei dem Modell zunächst allerdings offen, in welchen Situationen welche Konfigurationen sinnvoll sind.
Im nächsten Abschnitt finden sich unter dem Begriff der *Supervisory Control* diverse mögliche und bewährte Konfigurationen.

9.2.3 Supervisory Control

Zur Vermeidung einiger genannter Probleme im Zusammenhang mit Automatisierung schlägt Sheridan das Automationsprinzip *Supervisory Control* vor (Sheridan, 1987; Sheridan, 1988). Hierbei erhält der Mensch die Rolle des aktiv Überwachenden und Steuernden, der von Computersystemen vielfältig unterstützt wird. Im Falle automatisch ablaufender Funktionen sollen ihm die Übersicht und die Einwirkmöglichkeiten jederzeit erhalten bleiben. In Abbildung 41 findet sich eine Darstellung der Aufgaben und Leistungen von Mensch und Maschine während eines solchen Betriebs.

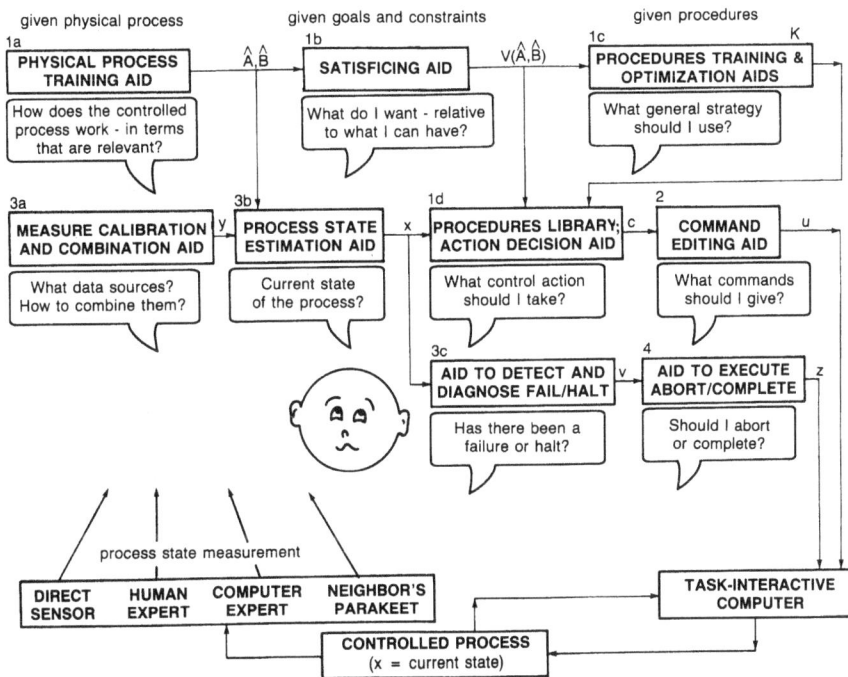

given physical process given goals and constraints given procedures

1a
PHYSICAL PROCESS TRAINING AID $\hat{A}, \hat{B}$ 1b **SATISFICING AID** $V(\hat{A}, \hat{B})$ 1c **PROCEDURES TRAINING & OPTIMIZATION AIDS** K

How does the controlled process work - in terms that are relevant?

What do I want - relative to what I can have?

What general strategy should I use?

3a
MEASURE CALIBRATION AND COMBINATION AID y 3b **PROCESS STATE ESTIMATION AID** x 1d **PROCEDURES LIBRARY; ACTION DECISION AID** c 2 **COMMAND EDITING AID** u

What data sources? How to combine them?

Current state of the process?

What control action should I take?

What commands should I give?

3c
AID TO DETECT AND DIAGNOSE FAIL/HALT v 4 **AID TO EXECUTE ABORT/COMPLETE** z

Has there been a failure or halt?

Should I abort or complete?

process state measurement

DIRECT SENSOR **HUMAN EXPERT** **COMPUTER EXPERT** **NEIGHBOR'S PARAKEET**

TASK-INTERACTIVE COMPUTER

CONTROLLED PROCESS (x = current state)

Abbildung 41. Supervisory Control als Automationsmodell (Sheridan, 1988, S. 161)

Die Prozessführungsaufgaben werden beim Supervisory Control von diversen Systemfunktionen unterstützt. Dem Operateur steht es dabei frei, diese in Anspruch zu nehmen oder vorhandene automatische Funktionen ablaufen zu lassen. In den Sprechblasen in oben stehender Abbildung finden sich Fragen im Zusammenhang mit dem mentalen Modell des Operators, während in den Rechtecken die unterstützenden Systemfunktionen zu sehen sind.

Auf Grundlage des Multiloop-Modells von Sheridan (siehe vorheriger Abschnitt) lassen sich Varianten der Automation, insbesondere auch von Supervisory Control anschaulich darstellen (Abbildung 42).

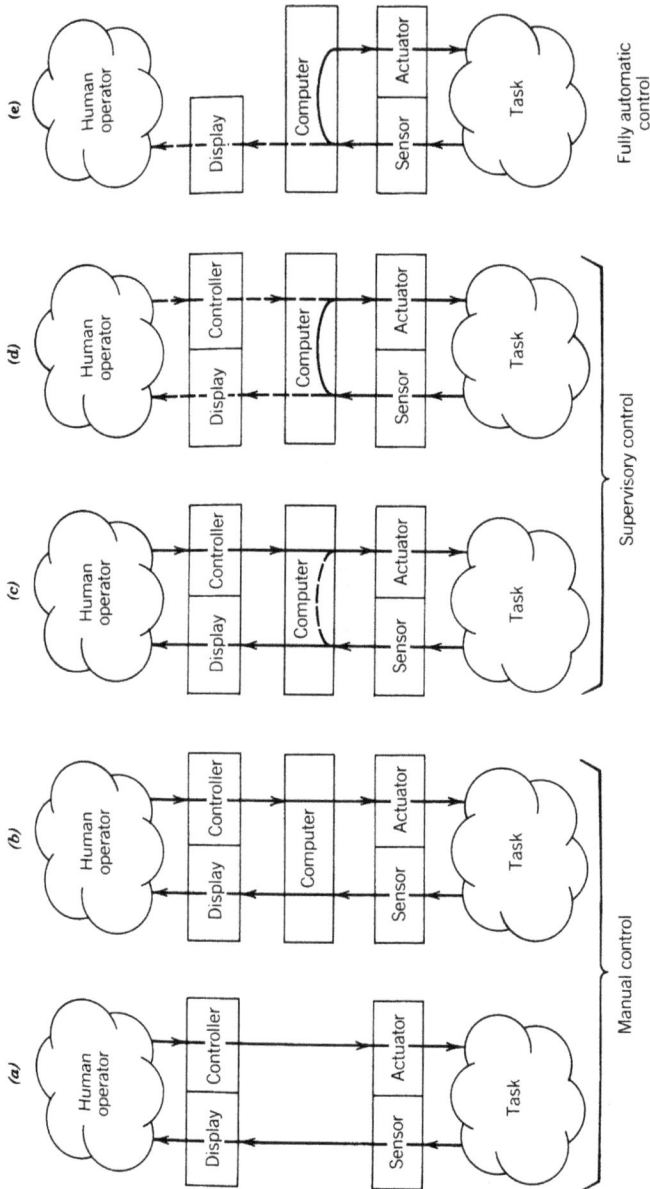

Abbildung 42. Varianten der Automation (Sheridan, 1987)

Die Abbildung zeigt in 5 Stufen zunehmende Automation (vgl. auch Abschnitt 9.1.5 und Abbildung 38). Supervisory Control erhält dabei die Kontrolle durch den Operateur. Dieser ist immer über den Systemzustand informiert und kann bei Bedarf eingreifen *(Operator in the Loop)*.

9.2.4   Adaptive Automation

Wie schon aus den vorausgegangenen Diskussionen abgeleitet werden kann, gibt es in Mensch-Maschine-Systemen in komplexen wechselnden Kontexten (z.B. Fahrzeuge) nicht die eine beste Form der Automation. Stattdessen wird sich eine günstige Form der Automation u.a. aus

- der Dynamik und Geschwindigkeit des Prozesses,
- der geforderten Präzision,
- den mentalen und körperlichen Ressourcen der Operateure (Workload),
- der Kritikalität des Prozesses oder auch den
- rechtlichen Sicherheitsheitsanforderungen der Anwendung

ableiten lassen.

Wenn es also in solchen Fällen nicht eine beste Art der Automation gibt und die Formen der Automation wechseln sollten, stellt sich die Frage, ob und wie es zu diesen Wechseln kommen kann.

Unter dem Begriff der *Adaptiven Automation* verbirgt sich die Fragestellung sowie diverse Lösungsansätze, den Grad und die Form der Automation situationsabhängig zu gestalten (Scerbo, 1996). Wir haben die Frage unterschiedlicher Problemstellungen bereits in Abschnitt 9.1.4 und unterschiedliche Formen der Automation im Spektrum der Rollenverteilung zwischen Mensch und Maschine bereits in Abschnitt 9.1.5 diskutiert.

Für die Adaptive Automation wurden diverse Modelle diskutiert, konzipiert und teils auch realisiert, wobei man hier feststellen muss, dass sehr flexible und anpassungsfähige Formen der Automation eher noch einen Forschungsgegenstand bilden. Im Hinblick auf die Adaptivität stellt sich die Frage, wie viele unterschiedliche Automatisierungsmodi überhaupt existieren:

1. *Dual-Mode Automation:* es besteht die Wahl zwischen typischerweise manueller und maschineller Steuerung, wobei prinzipiell auch das Wechseln zwischen zwei anderen, weniger extremen Formen denkbar scheint.

2. *Multiple-Mode Automation:* es gibt mehrere zur Verfügung stehende Modi der Automatisierung zwischen denen bedarfsweise und situationsbezogen gewechselt werden kann. Dies kann zum Beispiel in Anlehnung an ein Stufenmodell wie z.B. nach Billings (vgl. Abschnitt 9.1.5) erfolgen.

Die entscheidende Frage bei Adaptiver Automation ist allerdings weniger, wie viele oder welche Formen der Automation zur Verfügung stehen, sondern mehr diejenige, wie es zu Wechseln zwischen diesen kommt. Als Grundlage können die oben genannten situativen Kriterien dienen, um die beste zur Auswahl stehende Form der Automation auszuwählen.

Aber selbst wenn es eine definierte Entscheidungsfunktion gibt, bleibt offen, wer die *Initiative zum Wechsel der Automationsmodus* ergreift. Hier kommen wieder die beiden Akteure

Mensch oder Maschine in Frage. Meist wird diese Frage schnell damit beantwortet, dass man diese Initiative in die Hand des menschlichen Operateurs geben will oder muss. Dafür gibt es eine Vielzahl von Gründen, nicht zuletzt auch die Frage nach der Verantwortung für die Folgen. Leider lässt sich diese Frage aber so eindeutig nicht beantworten, da es auch eine Vielzahl von Gründen gibt, die es nicht nur sinnvoll, sondern auch notwendig erscheinen lassen, die Maschine die Initiative zum Wechsel zwischen verschiedenen Modi ergreifen zu lassen:

- eine Automation ist nicht funktionsfähig (z.B. Funktion des Autopiloten in Flugzeugen in kritischen Fluglagen);

- der menschliche Operateur ist nicht mehr funktionsfähig (z.B. Abwesenheit, Bewusstlosigkeit);

- die Situation wechselt in einer Weise, dass eine Automation rechtlich nicht mehr zulässig ist (z.B. Gefährdungen für Mensch oder Umwelt).

Es bleibt also nicht nur die Frage, wie der Grad der Automation zu wählen, sondern wer die Initiative zum Moduswechsel ergreift und in welcher Frequenz solche Wechsel auftreten. Hierfür gibt es bereits eine Reihe von vertiefenden Untersuchungen, die teilweise stark vom Anwendungsfeld abhängig sind (siehe z.B. Scerbo, 1996; Billings, 1997; Scallen et al., 1995). An dieser Stelle beginnt oft die Diskussion um „intelligente Formen der Automation". Wir werden diese im Folgenden diskutieren.

9.2.5   Wissensbasierte Prozessführungssysteme

Über die bereits komplexen Automatisierungsmodelle des Supervisory Control und der Adaptiven Automation hinaus, gibt es Gründe und Ambitionen, Prozessführungssysteme und Automationen intelligenter zu gestallten. Dies bedeutet menschliches Problemlösungswissen in möglichst ähnlicher und expliziter Form in Prozessführungssystemen zu implementieren. Systeme dieser Art nennt man *Wissensbasierte Systeme,* hier entsprechend *Wissensbasierte Prozessführungssysteme.* Diese Zielsetzung hat zu unterschiedlichen Ansätzen und Lösungen geführt, die zwar Gemeinsamkeiten hinsichtlich einer Wissensrepräsentation aufweisen, dabei aber unterschiedliche Ansätze verfolgen.

Die bisherigen Ergebnisse im Bereich der wissensbasierten Systeme haben jedoch kaum zu einsatzfähigen Systemen geführt, obwohl eine Vielzahl von fortgeschrittenen Prototypen und Pilotsystemen entwickelt worden sind. Die Gründe sind vielfältig, gehen aber im Besonderen auf Probleme der tiefen Modellierung von Anwendungsdomänen, der Komplexität von Anwendungskontexten aber auch auf sehr hohe Anforderungen an die Systemressourcen wie Algorithmen, Speicher und Prozessorleistung zurück. Auch das Pflegen und Weiterentwickeln der Systeme erfordert besondere Kenntnisse, die über die übliche Programmierung weit hinausgehen. Man spricht hierbei von *Knowledge-Engineering* anstatt von *Software-Engineering.*

Die Fragen der *Wissensrepräsentation* und der darauf ablaufenden *Schlussfolgerungsprozesse (Inferenzen)* werden ungefähr seit 1970 im Fachgebiet der *Künstlichen Intelligenz (KI)* untersucht und mit Hilfe von Systemmodellen und Modellierungssprachen in Ansätzen gelöst (Charniak & McDermott, 1985; Winston, 1992; Görz, 1995). Dabei wurden immer auch Anwendungsfälle aus dem Bereich der Prozessführungssysteme untersucht und modelliert (Widman et al., 1989; Rasmussen, 1984; Rasmussen, 1985a). Systeme dieser Art mit der Fähigkeit zur technischen und medizinischen Diagnostik oder zur Problemlösung wurden *wissensbasierte Systeme* oder *Expertensysteme* genannt (Puppe, 1988; 1990).

Expertensysteme repräsentieren deklaratives und prozedurales Domänenwissen, meist in Form von Objekten und Regelsystemen. Diese Objekte repräsentieren die Objekte des zu steuernden Prozesses in geeigneten Abstraktionen (vgl. Abschnitte 7.7 und 7.8). Gerade die problemgerechte Abstraktion und Teilstruktur von zu steuernden Prozessen und ihren zugrunde liegenden Anlagen und Geräten lässt sich mit *objektorientierten Systemen* und darauf aufbauenden Expertensystemtechnologien sehr gut lösen. Ähnliches gilt für das Problemlösungs- und Handlungswissen auf regelbasierter und wissensbasierter Ebene (siehe Abschnitt 6.9.3 und Abbildung 23). *Regelbasierte Systeme* sowie höhere Inferenzmechanismen erlauben die Nachbildung menschlicher Problemlösungsfähigkeit. Der Realisierung von Expertensystemen bedeutet allerdings zunächst nur, dass menschliche Inferenzmechanismen zur Problemlösung eingesetzt werden. Es bedeutet nicht, dass ein konkretes Problem genauso gelöst wird, wie es ein menschlicher Operateur leistet. Expertensysteme lösen Prozessführungsaufgaben mit ähnlichen Mechanismen wie Menschen.

Betrachtet man die Intelligenz der Prozessführung, vor allem im Bereich der Schnittstellen zwischen Operateur und Prozessführungssystem, insbesondere in der dynamischen Allokation von Aufgaben und weniger den Steuerungssystemen selbst, so spricht man auch von *Intelligenten Benutzungsschnittstellen (Intelligent User Interfaces)* (z.B. Hancock & Chignell, 1993).

9.2.6   Kognitive Automation und Intention-Based Supervisory Control

Eine weitergehende Möglichkeit mit stark wissensbasierten Systemen ist das *Intention-Based Supervisory Control (IBSC)* (Herczeg, 2002). Dabei soll das System auch die Intentionen des Operateurs kennen oder erkennen und den Operateur zielorientiert unterstützen, aber auch bei der Umsetzung von Intentionen in der Ausführung von Plänen kontrollieren. Bei Aktivitäten, die das System selbst durchführen kann, bietet es dem Operateur Assistenz oder die komplette Übernahme der Aufgabe an. Bei „vermuteten" Fehlhandlungen, falschen Schritten und falschen Reihenfolgen der Umsetzung durch den Operateur weist das System darauf hin, dass die Handlungen nicht zur aktuellen Zielsetzung passen. IBSC erfordert also im System die Modellierung von Zielen.

Die Hauptschwäche aller bislang dargestellten Automatisierungsmodelle bestehen in der mangelhaften Unterstützung der Operateure durch die Maschine aufgrund deren fehlenden Wissens über Ziele, Aufgaben, Intentionen und Zustände der Operateure. Bessere Automatisierungskonzepte müssen künftig deutlich mehr Prozessführungswissen anstatt nur Steuerungs- und Regelungsmechanismen modellieren. Hierbei werden für den Normalbetrieb die Aufgaben der Operateure beispielsweise gemäß HTA (siehe Abschnitt 7.4) modelliert. Der Operateur kann dem System dann mitteilen, welche Ziele und damit verbundenen Aufgaben er gerade verfolgt. Das System kann Teilaufgaben übernehmen oder alternativ den Operateur bei der Ausführung der einzelnen Schritte bei der Bearbeitung der Aufgaben kontrollieren. Dabei können Aktivitäten und die Initiative zwischen Operateur und System auch wechseln.

Gegenüber bisherigen Automatisierungskonzepten erlaubt dieser Ansatz nicht nur, wie üblich, aktuelle Zustände, sondern auch längere Aktivitäten vom System kontrollieren und unterstützen zu lassen. Der Operateur kann dann Abweichungen von der normalen Aufgabendurchführung vornehmen, indem er dem System mitteilt, welche alternativ durchzuführenden Prozeduren anstehen. Derart modellierte Systeme hätten in der Vergangenheit dabei helfen können schwere Störfälle oder Unfälle zu vermeiden. So konnte der Pilot des Airbus A320 beim Unfall vom 14.09.1993 in Warschau dem System nicht mitteilen, dass er eine Notbremsung vornehmen möchte. Das System verfolgte die Ausführung eines regulären Landeanflugs und verhinderte eine frühzeitige Schubumkehr, obwohl die Maschine mit einem Fahrwerk bereits am Boden war und nur noch wenig verbliebene Landebahn zur Verfügung stand. Nach dem Konzept des IBSC hätte der Pilot dem System die Änderung des nächsten Handlungsziels mitteilen können und dabei jede technisch mögliche Unterstützung erhalten können. Stattdessen basierte das Systemverhalten auf einem einfachsten Statusmodell, nämlich auf der Grundlage einfacher Sensoren (Druck auf den Fahrwerken). Die Ziele des Piloten waren nicht Teil der Automatisierung und der Schutzmechanismen. Das System war also nach dem einfachen Basismodell wie in Abschnitt 9.2.1 konzipiert und verfügte über ein vom Prozessführungssystem unabhängiges Schutzsystem.

IBSC versucht vor allem menschliche Problemlösefähigkeiten nachzubilden und mit leistungsfähigen maschinellen Algorithmen zu verbessern. Dabei modellieren sie einerseits das Anwendungswissen und andererseits das Verhalten von Operateuren. Sie sind daher konzeptionell in der Lage, Operateure zu ersetzen oder mit diesen zusammen in kooperativer Weise Problemsituationen zu lösen. Durch die Wissensmodellierungen können sie mit den menschlichen Operateuren in deren Begrifflichkeiten und Arbeitsweisen auf geeigneten Handlungsebenen kommunizieren. Im Kontext der Prozessführung spricht man hierbei auch von sogenannter *Kognitiver Automation* (Putzer & Onken, 2003; Onken & Schulte, 2010). Maschinelle kognitive Funktionen werden hierbei als *Artificial Cognitive Units (ACU)* bezeichnet. Operateure und ACUs können bei einem solchen Ansatz die für die Prozessführung vorhandenen Aufgaben sowie Problemstellungen durch Ereignisse arbeitsteilig und kooperativ bewältigen. Ein weit entwickeltes Beispiel für eine solche Form der Automation ist die

Realisierung eines Prozessführungs- und Unterstützungssystems zur delegierten Steuerung unbemannter und unbewaffneter Aufklärungsdrohnen im Kontext von Hubschraubereinsätzen in Krisengebieten (Strenzke et al., 2009).

9.3   Zusammenfassung

Eine wirkungsvolle Arbeitsteilung von Mensch und Maschine erfordert die Berücksichtigung der *Fähigkeiten und Eigenschaften von Mensch und Maschine*. Es stellt sich dabei heraus, dass Menschen die Kontrolle in Situationen übernehmen können, in denen Problemlösungsfähigkeit, Kreativität, Flexibilität und Bewertungen erforderlich sind. Maschinen hingegen können somit insbesondere die Kontrolle in Situationen übernehmen, in denen umfangreiche, gut definierte, schnelle und systematische Analysen und Reaktionen erforderlich sind. Beide Akteure in einer Prozessführungssituation sind in den Fähigkeiten und Eigenschaften in hohem Maße *komplementär*. Sie können also bei einer dies berücksichtigenden Systemlösung sehr gut zusammenwirken.

Bei der *Arbeitsteilung zwischen Mensch und Maschine* stellt sich die Frage in welcher Weise die Automatisierung ausgestaltet werden soll. Dabei zeigt es sich, dass je höher die Aufgabenentropie ist, d.h. je offener und unplanbarer die Aufgaben sind, desto weniger lässt sich sinnvoll automatisieren. Umgekehrt ist es bei gut definierten und planbaren Aufgaben sinnvoll, diese durch Maschinen ausführen zu lassen. Der Mensch kann dann seine Ressourcen für die schwierigeren Aufgaben und die Zielorientierung der Aktivitäten einsetzen und wird von Routinetätigkeiten befreit.

Auf der Grundlage einer angemessenen Automatisierungsstrategie bieten sich diverse *Stufen und Formen der Automatisierung* an, die es dem Operateur erlauben, mehr oder weniger stark in das teilautomatisierte Prozessgeschehen einzugreifen. Hierbei wurden folgende Stufen und Formen von Automation von Billings vorgeschlagen:

1. *direkte manuelle Steuerung (Direct Manual Control)*
2. *unterstützte manuelle Steuerung (Assisted Manual Control)*
3. *gemeinsame Steuerung (Shared Control)*
4. *delegierte Steuerung (Management by Delegation)*
5. *bestätigte Steuerung (Management by Consent)*
6. *Steuerung in Ausnahmefällen (Management by Exception)*
7. *vollautomatische Steuerung (Autonomous Operation)*

Im Hinblick auf die Automatisierung haben wir mehrere Modelle kennengelernt. Zunächst ist historisch ein Basismodell der Automatisierung zu sehen, das neben der menschlichen Einflussnahme über das Prozessführungssystem ein *unabhängiges Schutzsystem* vorsieht. Dies hat den Nachteil, dass dieses bei Bedarf vom Menschen nicht, oder nur sehr umständlich beeinflusst werden kann. Der Operateur verliert möglicherweise bei unerwarteten Ereignissen wichtige Freiheitsgrade der Steuerung.

Das *Multiloop-Modell* zeigt schon eine deutlich komplexere und flexiblere Struktur, die teils dezentrale Rückkopplungsschleifen vorsieht und Mensch und Maschine enger als im Basismodell verzahnt. Auf der Grundlage eines Multiloop-Modells findet das heute weit verbreitete *Supervisory-Control-Modell*, das es dem Operateur erlaubt, die Automatiken zu überwachen, Anwendung. Umgekehrt kann das System die Benutzerhandlungen beobachten und ggf. warnen oder eingreifen.

Fortgeschrittene Systemkonzepte sehen vor, die Automation situationsgerecht flexibel zu gestalten. *Adaptive Automation* erlaubt den Automatisierungsgrad an die momentanen Zustände von Operateur, Prozess und Umgebung anzupassen. Die Initiative kann dabei beim Operateur oder bei der Maschine liegen.

Im Zusammenhang mit intelligenteren Formen der Automation, soll mehr menschliches Domänen- und Problemlösungswissen im System realisiert werden. Durch die Realisierung von sogenannten *Wissensbasierten Systemen oder Expertensystemen,* wird es möglich, menschliches Problemlöseverhalten zu simulieren und dieses durch maschinelle Algorithmen zu verbessern und in der Geschwindigkeit zu steigern. Durch eine Weiterentwicklung des Supervisory-Control-Modells in das Modell des *Intention-Based Supervisory Control* können darüber hinausgehend menschlicher Operateur und Maschine Vereinbarungen über Pläne und Zielsetzungen treffen.

Adaptive und wissensbasierte Modelle stehen noch am Anfang ihrer Entwicklung, besitzen aber ein hohes Potenzial für künftige, noch leistungsfähigere Prozessführungssysteme in komplexen Kontexten.

10   Situation Awareness

Effektive, effiziente und risikoarme Prozessführung erfordert die ständige Wahrnehmung des Prozesszustandes und des damit verbundenen Kontextes. Dabei ist es insbesonders wichtig, die Aufmerksamkeit der Operateure auf Ereignisse und Zustandsänderungen von überwachten Objekten zu lenken. Beim Bearbeiten von Aufgaben sowie bei regulativen Aktivitäten im Falle von Abweichungen, muss von den Operateuren erkannt werden, ob die durch eigene Aktionen oder durch andere Einflüsse bewirkten Zustandsänderungen zielführend sind.

Aus diesen und weiteren Gründen muss man bei der Prozessführung jederzeit sicherstellen, dass die Operateure ein aktuelles und möglichst korrektes mentales Modell vom dynamischen Systemzustand haben. Ein solches ermöglicht ihnen, den aktuellen Zustand des Prozesses zu bewerten, künftige Zustände zu antizipieren und bedarfsweise präventiv zu handeln. Man bezeichnet diese Form von mentalem Aufmerksamkeits- und Wahrnehmungsmodell als *Situation Awareness (SA)*. Es gibt keine gängige deutsche Übersetzung des Begriffs. Gelegentlich findet man als Übersetzung *„Situationswahrnehmung"* oder *„Situationsgewahrsamkeit"*. Wir werden im Folgenden aber meist bei dem Begriff *Situation Awareness* oder kurz *SA* bleiben.

Wir wollen in diesem Kapitel diskutieren, was Situation Awareness ist und wie man sie bei Prozessführungssystemen unterstützen kann. Es gibt dazu eine Reihe von wissenschaftlichen Vorarbeiten, insbesondere die grundlegenden Arbeiten in diesem Gebiet von Mica R. Endsley (Endsley & Garland, 2000; Endsley et al., 2003).

10.1   Mentale Modelle von Prozessen und der Prozessführung

Ein Prozessführungssystem dient einem Operateur zunächst dazu, den Prozess über die menschliche Sensorik hinaus wahrnehmen zu können. Hierbei werden Prozesseigenschaften, die für den Menschen nicht direkt wahrnehmbar sind, durch technische Sensoren erfasst, über das Prozessführungssystem transformiert und dem Operateur vermittelt. Der Operateur muss daraus einen Prozesszustand ableiten. Dies ist eine *diagnostische Aufgabe*, beinhaltet also das *Schlussfolgern aus Beobachtungen auf Systemzustände*. Näheres zum Thema *Diagnostik* werden wir im Kapitel 11 untersuchen. Die Probleme, die mit diesem komplexen mehrstufigen Transformationsprozess in ein mentales Modell verbunden sind, haben wir schon in Abschnitt 6.9 betrachtet und haben eine Vielzahl von potenziellen *Deformationen* dieses Abbildungsprozesses kennengelernt.

Über den Prozess und das Prozessführungssystem hinaus müssen Operateure oft das Umfeld des Prozesses mit ihren eigenen Sinnen direkt wahrnehmen. So verfügt ein Pilot beim Landeanflug über eine Reihe von technischen Sensoren und Anzeigesysteme zu Fluglage und Position, zusätzlich nimmt er aber die Umgebung auch durch die Cockpitfenster sowie die physischen Bewegungsabläufe kinästhetisch wahr. Ähnliches gilt für viele andere Prozessführungssituationen insbesondere im Bereich der Fahrzeugführung. Die direkten Wahrnehmungen dienen zum Teil als Ergänzungs- und Kontrollinformation, um die elektronisch erzeugten und mediierten Informationen auf Plausibilität und Vollständigkeit zu überprüfen.

Den Prozess muss der Operateur hinsichtlich des Zustandes, aber vor allem auch differenziell bezüglich der Veränderungen im Prozess, wahrnehmen können. Auftretende Ereignisse kündigen oft *Zustandsänderungen* an oder haben diese schon verursacht. Der Operateur muss eventuelle Abweichungen zwischen wahrgenommenem *Ist-Zustand* und geplantem oder zulässigem *Soll-Zustand* erkennen und soll, wenn nötig, darauf in Echtzeit reagieren. Über die Zeit muss ein Operateur Zustandsentwicklungen, also *Trends* verfolgen und Zustände auf diese Weise antizipieren.

Wie wir in Abschnitt 6.9 diskutiert haben, besitzt der Operateur ein *mentales Modell* von der Prozessführung, das er mittels Prozessführungssystem aktualisiert und bedarfsweise detailliert. Bei dieser technischen Transformation und mentalen Modellbildung können vielfältige Verfälschungen auftreten, die eine erfolgreiche Prozessführung beeinträchtigen oder verhindern. Dies hängt direkt mit dem hier betrachteten Aspekt der Situation Awareness zusammen. Inwieweit besitzt ein Operateur aber nun zu jedem Zeitpunkt ein situationsgerechtes, man kann auch sagen, ein problemangemessenes mentales Modell des aktuellen Prozesses, d.h. seines Zustandes und der zu erwartenden Zustandsänderungen?

Rasmussen und Goodstein beschreiben Probleme und Methoden für eine erfolgreiche Wahrnehmung und Interpretation von Prozessen (Rasmussen, 1984; Rasmussen & Goodstein, 1988). Rasmussen weist insbesondere darauf hin, dass ein Prozess und die damit verbundenen technischen Komponenten auf verschiedenen Abstraktionsebenen wahrgenommen und verstanden werden müssen (siehe Abschnitt 7.8). Je nach Aufgabenstellung reicht für die Situation Awareness eine ganzheitliche Bewertung wie *„die Anlage läuft stabil"*, spezifischere Feststellungen wie *„das Überdruckventil X hat sich gerade geöffnet"* oder *„der Druck in Komponente Y steigt und wird in Kürze einen Grenzwert überschreiten"*. Prozessführungssysteme müssen diese unterschiedlichen Formen der Prozesswahrnehmung und damit eine Form der *laufenden technischen Diagnostik* im Systembetrieb unterstützen.

Die Schwierigkeiten mit der Entstehung und Anwendung mentaler Modelle bei interaktiven Systemen wurden u.a. von Dutke (1994) und Sutcliffe (2002) ausführlich diskutiert. Während bei den bisherigen, eher abstrakten interaktiven Systemen vor allem strukturelle Abbildungen zwischen Modell und Realität *(isomorphe Modelle)* im Vordergrund standen, kommen bei multimedialen Systemen zunehmend auch den Abbildungen von Materialeigenschaften *(isophyle Modelle)* größere Bedeutung zu. Näheres dazu findet sich in der Systemtheorie von Stachowiak (1973) sowie bei den *Tangible Media* nach Ishii und Ullmer (1997). Näheres zur Struktur und Repräsentationsformen mentaler Modelle hatten wir bereits in Kapitel 6 betrachtet.

10.2   Modelle der Situation Awareness

Wie soll man sich nun die Situation Awareness bei menschlichen Denk- und Handlungspro-zessen vorstellen? Dazu gibt es eine Reihe von Modellbildungen, die wichtige Phänomene menschlichen Verhaltens in sicherheitskritischen Situationen erklären. Diese Modelle sind, wie alle wissenschaftlichen Modellbildungen, Vereinfachungen und perspektivische Betrach-tungen, die immer nur bestimmte Fragestellungen zu beantworten versuchen.

Endsley hat ein SA-Modell entwickelt, das insbesondere die dynamische Entscheidungsfin-dung in den Vordergrund rückt (Endsley & Garland, 2000). In diesem Modell wurde die SA separiert vom eigentlichen Entscheidungs- und Handlungsprozess (Abbildung 43). Als Grund dafür nennt Endsley die weitgehende Unabhängigkeit von SA und Entscheidungsfin-dung. Selbst bei einer adäquaten SA kommt es nicht zwangsläufig zu guten Entscheidungen. Umgekehrt werden auch gute Entscheidungen bei schlecht ausgeprägter SA getroffen. Ähn-liches gilt für die der Entscheidungsfindung nachgeordneten Handlungsprozesse mit ihren Leistungsmerkmalen. SA wird hier verstanden als ein eigenständiger mentaler Prozess, der andere mentale Prozesse beeinflussen kann.

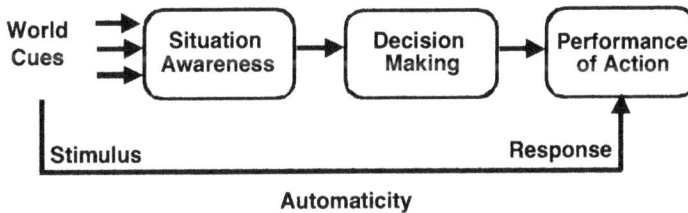

Abbildung 43. Situation Awareness im Rahmen eines Entscheidungs- und Handlungspro-
zesses nach Endsley (Endsley & Garland, 2000, S. 22)

> SA wird hier gesehen als ein eigenständiger mentaler Teilprozess, der der Entscheidungsfindung und der Handlung vorgelagert ist. Der Mensch nimmt die Umgebungsreize auf und entwickelt daraus eine Situationswahrneh-mung, die Grundlage der Entscheidungsfindung und der darauf folgenden Aktionen ist.

Der SA-Prozess wird von Endsley wiederum gegliedert in drei Teilprozesse oder Ebenen (Abbildung 44):

Level 1 SA: *Wahrnehmen* der Sinnesreize und ihrer Muster *(Perception)*;

Level 2 SA: *Verstehen*, d.h. Kombinieren, Interpretieren, Speichern und Verfügbarhalten von Information *(Comprehension)*;

Level 3 SA: in die Zukunft *projizieren* des beobachteten Zustandes und Antizipieren von Ereignissen *(Projection)*.

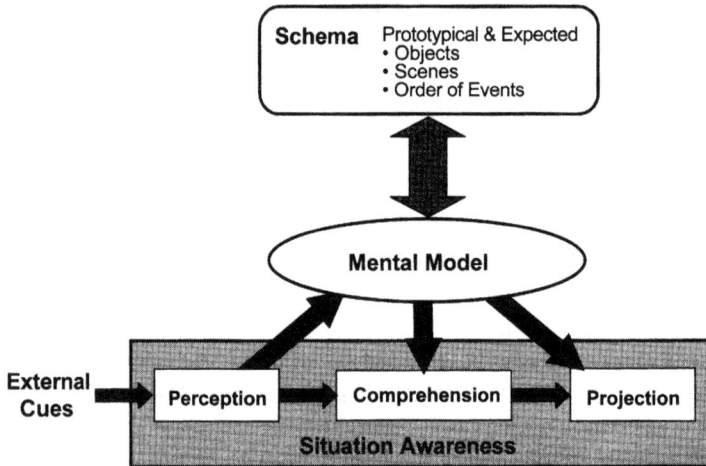

Schema Prototypical & Expected
• Objects
• Scenes
• Order of Events

Mental Model

External Cues   **Perception**   **Comprehension**   **Projection**
Situation Awareness

Abbildung 44. Situation Awareness als mehrstufiger mentaler Prozess nach Endsley, Bolté und Jones (Endsley et al., 2003, S. 22)

> SA besteht aus den Stufen (Levels) *Wahrnehmung (Perception)*, *Verstehen (Comprehension)* und in die Zukunft *projizieren (Projection)*. Das vorhandene mentale Modell vom Prozess wird dabei weiter ausgeprägt und zum Verständnis und zur Vorhersage genutzt. Dahinter liegen mentale Schemata, die Situationen und Abläufe beschreiben.

Zunächst deckt sich das Modell mit anderen Vorstellungen menschlichen Wahrnehmens und Handelns in zustands- und ereignisorientierten Umgebungen, erweitert diese Betrachtungen aber insbesondere durch den Aspekt des *prospektiven Problemlösens*, d.h. des Entscheidens und Handelns auf Grundlage der Antizipation von Zustandsentwicklungen und Ereignissen.

Das Modell lässt sich weiter verfeinern, um weitere kognitive Mechanismen zu integrieren (Abbildung 45). Auf diese Weise lassen sich weitere Anforderungen, Leistungsgrenzen, aber auch Potenziale der Situation Awareness erkennen und bei der Systementwicklung sowie dem Training der Operateure nutzen.

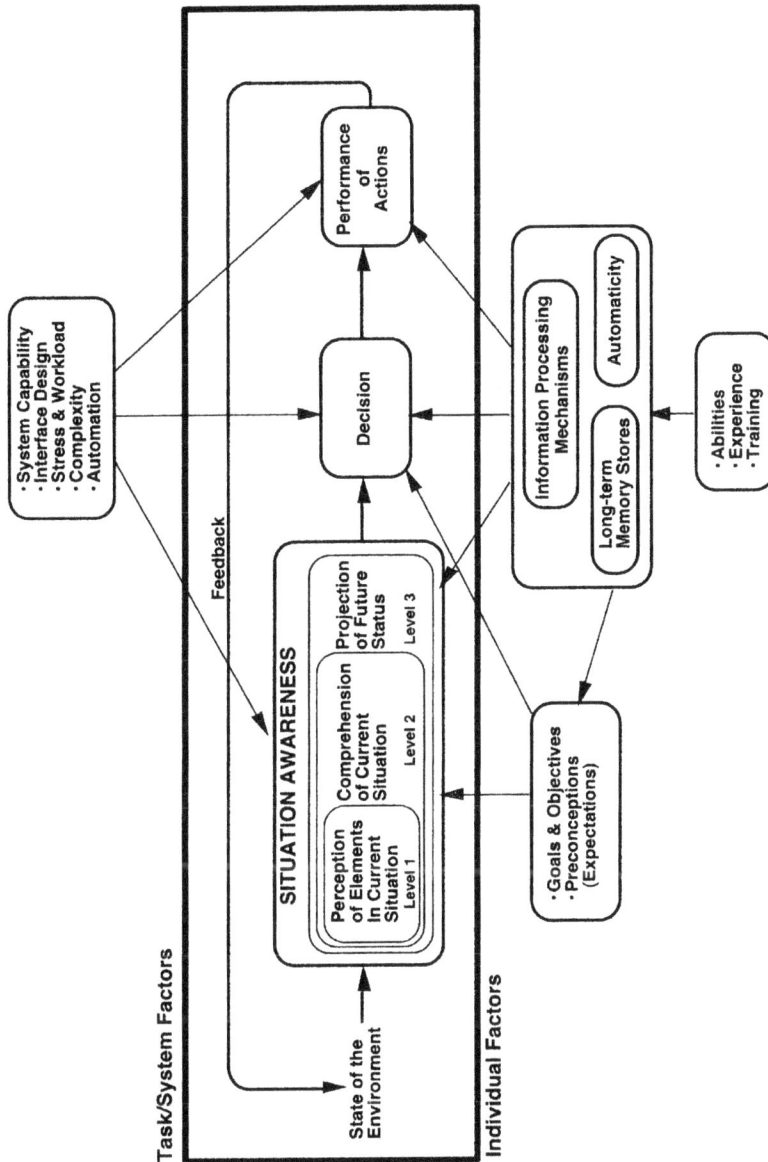

Abbildung 45. Situation Awareness in der dynamischen Entscheidungsfindung
nach Endsley (Endsley & Garland, 2000, S. 6)

Die Darstellung zeigt die Situation Awareness als eigenständigen mentalen
Teilprozess in einem mehrstufigen System, der der Entscheidungsbildung
und der Handlung vorausgeht. SA selbst, gliedert sich wieder in die drei
Teilprozesse *Wahrnehmen*, *Verstehen* und *in die Zukunft projizieren*.

10.3   Komplexität und Kompliziertheit

Inwieweit ist nun ein menschlicher Operateur in der Lage, einen Prozess zu überblicken und seinen Zustand zu verstehen? Für manchen „häuslichen Operateur" ist schon das Überwachen des Erhitzens einer Pizza im Backofen zu schwierig, während sich für einen Kraftwerksfahrer der Betrieb eines Kernkraftwerks mit Zehntausenden von Sensordaten und Stellgliedern übersichtlich darstellt.

Die Situation Awareness hängt offenbar nicht nur von der Komplexität des Prozesses, sondern vor allem von der Qualifikation der Operateure und dem Prozessführungssystem ab. Eine Voraussetzung ist ein der Komplexität des Prozesses entsprechender Lernprozess, der dem Operateur ein belastbares mentales Modell des Prozesses vermittelt (siehe Kapitel 6).

Das mentale Modell des Operateurs muss den Anwendungsbereich und seine *Komplexität* widerspiegeln. Diese setzt sich zusammen aus:

- Anzahl der Elemente (Systemkomponenten, Objekte, Features);
- Ausmaß der Interaktion der Elemente untereinander;
- Dynamik der Situation;
- Vorhersehbarkeit der Dynamik.

Oftmals wird insbesondere nach aufgetretenen kritischen Ereignissen darüber diskutiert, dass Bediensysteme einfacher werden sollten. Hierbei ist zu bemerken, dass das mentale Modell eines Prozesses sowie das dazugehörige Prozessführungssystem nicht einfacher als der Prozess mit den zu beeinflussenden Eigenschaften sein können. Nur die für die Prozessführung unwichtigen Prozesseigenschaften können dem Operateur ohne negative Folgen zur Vereinfachung vorenthalten werden. Das Prozessführungssystem zeigt den Prozess und seine relevanten Eigenschaften und erlaubt auf diese geeignet einzuwirken. Es geht also nicht einfacher, als es die Problemstellung selbst zulässt. Die Diskussion einer einfachen Bedien- oder Benutzbarkeit macht also keinen Sinn, wenn damit gemeint wäre, dass sich das Prozessführungssystem einfacher darstellen soll, als der zu steuernde Prozess. Umgekehrt ist es aber richtig zu fordern und bei der Entwicklung von Prozessführungssystemen abzusichern, dass keine über die relevante, jeweils aktuelle Problemstellung, also die Aufgaben- oder Ereignisbearbeitung hinaus reichende Darstellungen und Einflussmöglichkeiten, angeboten werden. Die Überfrachtung eines Systems mit unnötigen Eigenschaften und Einwirkmöglichkeiten erhöht nur die *Kompliziertheit* eines Systems und stellt die Betriebssicherheit in Frage, da die Operateure dadurch ständig unwichtige Prozesseigenschaften wahrnehmen und daraufhin diese bewusst oder unbewusst zu verstehen und in Entscheidungs- und Handlungsprozesse zu integrieren versuchen. Dies nimmt mentale und technische Ressourcen in Anspruch, die dann für die aktuellen zentralen Aufgaben nicht mehr zur Verfügung stehen.

Situation Awareness zu unterstützen oder zu gewährleisten heißt also auch, ein Prozessführungssystem auf seine *notwendigen und hinreichenden Eigenschaften* zu reduzieren. Die für die Entscheidungs- und Handlungsfähigkeit zugrunde liegende Komplexität muss zumindest bedarfsweise und temporär widergespiegelt, Kompliziertheit aber vermieden werden.

Ein Beispiel für komplizierte Systeme sind überfrachtete Cockpits von Pkws, die mit Unterhaltungselektronik und unwichtigen Statusinformation gefüllt werden, sodass die Fahrer sich ständig mit anderen als den für das sichere Steuern des Autos notwendigen Vorgängen beschäftigen. So werden die wenigsten Autofahrer einen Drehzahlmesser oder eine Kühlwasser- und Öldruckanzeige als zentrale Instrumente benötigen. Es reicht in diesen Fällen völlig aus, eine Warnmeldung bei den seltenen Überschreitungen der zulässigen Werte oder präventiv entsprechende kritische Trends zu melden. Auch die animierten Radiodisplays mit den durchlaufenden Musiktiteln oder die Darstellung anderer flüchtiger und für das Fahren unwichtiger Informationen, liefern keinen sinnvollen Beitrag zur SA und Fahrsicherheit. Hierbei entsteht nur Kompliziertheit, die mit der Komplexität des Fahrzeugführungsprozesses nichts zu tun hat, kognitive Ressourcen verbraucht und zusätzliche Risiken erzeugt.

10.4   Kontrolle und Grenzen der Aufmerksamkeit

Der Mensch besitzt eine begrenzte Fähigkeit zur Aufmerksamkeit. SA erfordert somit die Konzentration auf die momentan wichtigen Aufgaben und Geschehnisse im Prozessverlauf. Der Operateur muss in der Lage sein, laufend eine Art von Priorisierung dieser Geschehnisse vornehmen zu können, da er nicht alle Teilaspekte eines komplexen Prozesses jederzeit erfassen kann.

Endsley stellte in Untersuchungen fest, dass ca. 35% aller Fehler im Rahmen der SA auf dieses Problem zurückzuführen sind (Endsley, Bolté & Jones, 2003) und spricht von *Attentional Tunneling*, als eine Art *Tunnelblick*, der verhindert, dass relevante Zustandsinformationen geeignet erfasst werden. In der Luftfahrt finden sich viele Beispiele von Unfällen oder Beinaheunfällen mit entsprechenden Symptomen (Craig, 2001). Piloten konzentrierten sich beispielsweise auf kleine Störungsmeldungen und vergaßen dabei den Flugpfad und die Fluglage zu überwachen (z.B. Flugzeugabsturz des Eastern Airlines Flug 401 in die Everglades von Florida am 29.12.1972 sowie der Absturz des Birgenair Flug 301 am 6.2.1996). Ein Fluglotse, der unzulässigerweise alleine im Dienst war, konzentrierte sich auf einige technische Probleme, während sich zwei Flugzeuge in seinem Sektor annäherten und schließlich kollidierten (Unfall bei Überlingen am 1.7.2002). Autofahrer konzentrieren sich auf ein Telefongespräch, auf die Bedienung des Radios oder Navigationssystems und nehmen den umgebenden Verkehr und den Straßenverlauf nicht mehr geeignet wahr (tägliche Ereignisse).

In engem Zusammenhang mit der Aufmerksamkeit stehen die Fähigkeiten und Grenzen des menschlichen Gedächtnisses als Teil der mentalen Ressourcen des Menschen. Hier bestimmt insbesondere das *Kurzzeit- oder Arbeitsgedächtnis* die *Verhaltensweisen*. Eine besondere Rolle spielt dabei die Begrenzung der Merkfähigkeit des Kurzzeitgedächtnisses mit 7 ± 2 Chunks (Sinneinheiten) sowie seine Störanfälligkeit und zeitliche Begrenzung auf wenige

Sekunden, sofern es nicht aktiv aufgefrischt wird. Näheres zum menschlichen Kurzzeitgedächtnis haben wir bereits in Abschnitt 6.7.2 diskutiert.

Prozessführungssysteme müssen daher Operateure dabei unterstützen, wichtige Aufgaben
und Ereignisse nicht aus den Augen zu verlieren bzw. die Aufmerksamkeit erfordernden
Ereignisse und Aufgaben geeignet zu priorisieren. Der Mensch ist von Natur aus nicht für die
heute vorhandenen Herausforderungen in komplexen technischen sicherheitskritischen Systemen geschaffen. Warnsysteme, die kritische Situationen melden, sind eine verbreitete Methode der Aufmerksamkeitssteuerung. Gerade diese können aber dazu führen, dass die Operateure von anderen wichtigen Aufgaben abgelenkt werden. Es ist daher von Bedeutung,
Warnmeldungen im Kontext der normalen Aufgabenerfüllung bearbeiten zu können und
diese nicht zum Ausnahmefall unter Vernachlässigung wichtiger Basisaufgaben werden zu
lassen.

Hinsichtlich der Grenzen des menschlichen Gedächtnisses ist darauf zu achten, dass wichtige
Objekte und Zustände für die Operateure solange präsent bleiben, wie sie relevant sind. So
eignen sich zum Beispiel die manuellen *Flight Strips* (kleine Papierstreifen) in Bereich der
Flugsicherung sehr gut, um an die zu überwachenden Flugzeuge zu erinnern, solange sie sich
im zu überwachenden Sektor befinden. Auf Flugzeugträgern wurden jahrzehntelang kleine
Gegenstände wie z.B. Flugzeugmodelle und Schraubenmuttern zur Repräsentation von Flugzeugen, die sich gerade auf dem Flightdeck befinden, benutzt (siehe Abbildung 18). Die
Schraubenmutter auf dem Modellflugzeug bedeutete, dass die an der entsprechenden Stelle
positionierte Maschine gerade Wartungsarbeiten durchgeführt werden. Physische Repräsentationen sind offenbar sehr wertvoll zur Aufrechterhaltung von Aufmerksamkeit, während
digitale Repräsentationen auf vollen Bildschirmen leicht übersehen werden.

10.5   Handlungsregulation und Feedbacksysteme

Bei interaktiven Prozessführungssystemen in sehr dynamischen Anwendungen, bildet eine
zentrale Grundlage der Situation Awareness die ständige Rückmeldung des Systems, welchen Effekt die Handlungen des Operateurs hatten. Diese Feedbackmechanismen müssen auf
allen Ebenen der Interaktion zeitgerecht und geeignet wahrnehmbar stattfinden. Dies kann
vom Bruchteile von Sekunden bis in den Stundenbereich reichen (vgl. Kapitel 12).

Operateure überprüfen ihre Handlungen mit Hilfe der Feedbackmechanismen des Prozessführungssystems und korrigieren diese bei erkennbaren unerwünschten Abweichungen von
den Zielvorstellungen. Man spricht in diesem Zusammenhang von *Handlungsregulation*. Wir
haben in Abschnitt 6.9.2 ein grundlegendes Interaktionsmodell kennen gelernt, mit dem die
wichtigsten Regulationsebenen in der Mensch-Maschine-Interaktion beschrieben werden
können. In Abbildung 21 sehen wir, wie die Regulation seitens des Operateurs gesteuert
wird. In Abbildung 22 sehen wir die Seite des technischen Systems, das seinerseits auf die
Eingaben des Operateurs reagiert. Beide Teilmodelle zusammen ergeben ein Gesamtsystem,

mit dem die Regulationsprozesse von der intentionalen Ebene (Welche Ziele sollen erreicht werden?) bis hinunter auf die sensomotorische Ebene (Wie werden die einzelnen Handlungen physisch ausgeführt?) analysiert und beschrieben werden können. Feedbacks werden daher auf den folgenden Ebenen benötigt:

- Welche *Ziele* werden aktuell verfolgt?
- Welche *Arbeitsverfahren* werden dazu angewandt und wie weit ist die Abarbeitung einer Prozedur fortgeschritten?
- Welche *Systemkomponenten (Objekte)* werden gerade gesteuert?
- Mit welchen *Methoden* wird gesteuert oder geregelt?
- Welche *Anzeigen* sind gerade relevant?
- Wie ist die *Wirkung* der aktuell genutzten, z.B. manuellen *Steuerung* (z.B. haptisches Feedback)?

Für zielführende und effiziente Handlungsabläufe müssen die Feedbackebenen gut zusammenwirken und eine *ganzheitliche Situationswahrnehmung* erzeugen (vgl. das Konzept der *Synästhesie* in Abschnitt 12.3.3). In vielen Prozessführungssystemen ist die Handlungsregulation nicht über mehrere Ebenen zusammenhängend gestaltet und abgestimmt. Die Folge davon ist, dass Operateure sich selbst ein Gesamtbild herstellen müssen und dazu die technischen Lücken überbrücken müssen. Aus der Beobachtung verteilter Instrumente wird dann mental eine Gesamtwahrnehmung erzeugt. Bei der Bedienung mehrerer Steuerinstrumente wird so eine mehr oder weniger mental automatisierte Gesamthandlung wahrgenommen.

10.6   Team und Shared Situation Awareness

Prozessführung findet oft in einem Team von Operateuren statt, z.B. der Schicht einer Produktionsanlage oder im Flugzeugcockpit mit dem Piloten und Kopiloten, genauso wie in der Flugsicherung beim ausführenden und planenden Controller.

Team wurde von Salas et al. (1992) folgendermaßen definiert:

> *"...a distinguishable set of two or more people who interact dynamically, interdependently and adaptively toward a common and valued goal/objective/mission, who have each been assigned specific roles or functions to perform, and who have a limited life span of membership."*

Endsley (2003) weist auf Grundlage dieser Definition, auf die entsprechenden Bezüge zu einer *Team Situation Awareness* hin. Als wichtig wird nach dieser Definition das *gemeinsame Ziel*, die *spezifischen Rollen* sowie die *Abhängigkeiten (Interdependenzen)* zwischen den Teammitgliedern angesehen. Die jeweilige Situation Awareness der einzelnen Akteure baut sich dabei nicht einfach zu einer übergeordneten Situation Awareness zusammen. Stattdessen ist die Angemessenheit der Situation Awareness dieser einzelnen Akteure die Grundlage für die Kommunikation und einzelnen Handlungen, die mittels eines definierten Kooperations-konzeptes erfolgreich zusammenwirken sollen.

Im Zusammenhang mit *Team Situation Awareness* wird auch von *Shared Situation Awareness* gesprochen (Endsley, 2003). Es geht dabei um die Entwicklung eines gemeinsamen Verständnisses, der Lage sowie eine gemeinsame Wissensgrundlage für die Arbeitsweisen des Teams, d.h. welche Aufgaben haben die einzelnen Teammitglieder und welche Informationen benötigen sie zur geeigneten Durchführung ihrer Teilaufgaben. Die Kommunikationsprozesse, die im Team ablaufen, helfen dabei, eventuelle Abweichungen und Unstimmigkeiten zwischen den Einzelwahrnehmungen zu erkennen und auszuräumen. Dies schließt ein, dass eventuelle gemeinsame Fehler, d.h. jeder hat dasselbe oder zumindest ähnlich falsche Bild von der Lage, gegenseitig hinterfragt und erkannt werden. Dies ist aber sicherlich, allein schon aus sozialen Gründen, eine der schwierigsten Aufgaben für ein Team.

Teams müssen darauf *trainiert* werden

- die vorhandenen Informationen aufzunehmen und ggf. an die dafür zuständigen Teammitglieder weiterzugeben,

- die einzelnen Aufgaben in geeigneter Kommunikation auszuführen,

- zu erkennen, in welchen Arbeitszustand sich die anderen Teammitglieder befinden, soweit deren Tätigkeit die eigene Tätigkeit beeinflusst,

- die Lage gemeinsam zu verstehen und dabei kritisch zu hinterfragen sowie

- vorherzusehen, wie sich die Lage voraussichtlich entwickeln und die anderen Teammitglieder sich im Weiteren voraussichtlich verhalten werden.

Shared Situation Awareness umfasst also zunächst die üblichen Teilaufgaben eines Situation Awareness Prozesses und ergänzt diese um Wissen und Kommunikation zur Verteilung von Aufgaben in einem Team.

10.7   Gestaltungsprinzipien für Situation Awareness

Nach den beschriebenen Erkenntnissen stellt sich die Frage, wie Prozessführungssysteme zu gestalten sind, um Situation Awareness und die damit verbundenen Ziele bestmöglich zu unterstützen. Bei Endsley (2003) findet sich dazu eine Vielzahl von praktischen Hinweisen, wie Situation Awareness und Team Situation Awareness durch geeignete konstruktive Maßnahmen unterstützt werden können. Diese werden dort als *Prinzipien der Gestaltung von Prozessführungssystemen* formuliert. Im Folgenden werden einige davon in kurzer Form wiedergegeben. Die näheren Erläuterungen sowie weitere Prinzipien finden sich u.a. bei Endsley (2003):

- Organisiere Information zur Prozessführung um die Ziele des Systembetriebs herum.

- Präsentiere vor allem Informationen zum Verständnis der Lage.

- Unterstütze die Entwicklung von Projektionen zur Vorhersage des Prozessverlaufes.

- Unterstütze die Entwicklung eines Gesamtbildes der Lage.

- Ermögliche das Filtern umfangreicher Informationen unter direkter Kontrolle der Operateure.

- Unterstütze die Einschätzung der Verlässlichkeit von Informationen.

- Vermeide unnötige Systemfunktionen und Systemkomponenten.

- Vereinheitliche die Verhaltensweisen und Eigenschaften über das gesamte Prozessführungssystem hinweg.

- Bilde die Systemfunktionen auf die mentalen Modelle der Operateure ab.

- Halte die Aufgaben der Operateure überschaubar.

- Gestalte Alarme eindeutig.

- Reduziere falsche Alarme.

- Alarmiere über unterschiedliche Präsentationsformen.

- Unterstütze die Analyse und Diagnose zusammenhängender Alarme.

- Automatisiere nur, wenn nötig.

- Benutze Automatisierung eher zur Unterstützung von Routineaufgaben anstatt zur Unterstützung höherer kognitiver Aufgaben.

- Biete Unterstützung für Situation Awareness anstatt automatisierter Entscheidungen.

- Halte den Operateur in der Kontrolle und im Loop.

- Verwende Methoden der Entscheidungsunterstützung, die eine enge Kopplung zwischen Mensch und Maschine erzeugen.

- Biete transparente Automatisierung.

Diese Empfehlungen sind in der konkreten Anwendungssituation auszuprägen und zu detaillieren. Sie bilden aber eine Grundlage für eine aufgaben-, kontext- und benutzergerechte Systemlösung. Automatisierung wird dabei auf ein vernünftiges Maß und zugunsten von Information für SA eingeschränkt. Weitere Aspekte zur Ausgestaltung von Prozessführungssystemen werden wir in Kapitel 12 diskutieren.

10.8   Zusammenfassung

Effektive, effiziente und risikoarme Prozessführung erfordert die ständige Wahrnehmung des Prozesszustandes und des damit verbundenen Umfeldes.

Zu diesem Zweck muss man bei der Prozessführung jederzeit sicherstellen, dass die Operateure ein aktuelles und relevantes Modell vom dynamischen Systemzustand haben. Ein solches ermöglicht ihnen, künftige Zustände zu antizipieren und, wenn nötig, präventiv zu handeln. Man bezeichnet diese Form eines mentalen Aufmerksamkeits- und Wahrnehmungsmodells als *Situation Awareness (SA)*.

Nach Endsley wird SA gegliedert in:

Level 1 SA: *Wahrnehmen* der Sinnesreize und ihrer Muster *(Perception)*;

Level 2 SA: *Verstehen*, d.h. Kombinieren, Interpretieren, Speichern und Verfügbarhalten von Information *(Comprehension)*;

Level 3 SA: in die Zukunft *projizieren* des beobachteten Zustandes und Vorhersagen von Ereignissen *(Projection)*.

Das *mentale Modell* eines Operateurs muss die *Komplexität* eines Anwendungsbereiches im Bezug auf die Aufgaben widerspiegeln. Darüber hinausgehende *Kompliziertheit* durch fehlerhafte Vorstellungen oder durch ungeeignete Eigenschaften eines Prozessführungssystems ist zu vermeiden.

Die menschliche *Aufmerksamkeit* ist naturgemäß stark begrenzt. Dies gilt vor allem für das dazu notwendige Kurzzeitgedächtnis (Arbeitsgedächtnis) und damit die Merkfähigkeit für aktuelle Beobachtungen und Handlungen. Ein Operateur muss daher laufend eine geeignete Priorisierung der Geschehnisse vornehmen, ohne Aufgaben geringerer Priorität zu vergessen. Dabei soll ihn das Prozessführungssystem unterstützen.

Bei der Durchführungen von Handlungen muss das Prozessführungssystem laufend geeignete Rückmeldungen (Feedbacks) geben. Auf diese Weise ist der Operateur in der Lage, unerwünschte Abweichungen von den Sollzuständen und Zielen zu korrigieren. Man nennt dies die *Handlungsregulation*.

Viele Prozessführungsaufgaben finden in *Teams* statt. Ein Team muss in der Lage sein, ein gemeinsames Verständnis von der Lage sowie eine gemeinsame Wissensgrundlage für Aktivitäten zu bilden. Diese *Team Situation Awareness* oder *Shared Situation Awareness* umfasst also zunächst die üblichen Teilaufgaben eines Situation Awareness Prozesses und ergänzt diese um Wissen und Kommunikation zur Verteilung von Aufgaben in einem Team. Dabei sollen sich die Teammitglieder gegenseitig unterstützen und überwachen.

11   Diagnostik und Kontingenz

Eine wesentliche Aufgabe beim Auftreten von kritischen Ereignissen, also unerwünschten Abweichungen in Systemzuständen, besteht darin, die *Beobachtungen* auf *Systemzustände* abzubilden. Dies beschreibt auch der linke Ast der *Decision-Ladder* von Rasmussen (siehe Abschnitt 8.2 und Abbildung 29). Beobachtungen, die in besonderer Weise auf Problemzustände hinweisen, nennen wir *Symptome*. Sie sind in vielen Fällen zwar keine sicheren Indikatoren, helfen aber bei bekannten Problemen diese schnell zu erkennen und mittels weiterer Untersuchungen einzugrenzen oder zu verwerfen.

Sind auf der Grundlage von Beobachtungen problematische Systemzustände erkannt worden, kann es für die Einschätzung der Tragweite, aber auch für die Problembehebung wichtig werden, *Erklärungen* oder in komplexeren Fällen ganze *Erklärungsmodelle* zu entwickeln. Die schlüssigsten Erklärungsmodelle, die die meisten der aktuellen Beobachtungen erklären können, dienen dann als Annahmen, um *Maßnahmen* gegen die problematischen Zustände zu entwickeln und das System wieder in einen normalen Zustand überzuführen.

In komplexen Systemen sind Systemzustände nicht immer eindeutig und sicher identifizierbar. Konkurrierende mögliche Systemzustände und Erklärungsmodelle müssen gegeneinander abgewogen werden, um die darauf folgenden Entscheidungsprozesse anzuleiten und bei Bedarf Entscheidungen, auch nach einigen Schritten der Problembearbeitung, zu revidieren.

Die Vorgehensweise bei der Problembearbeitung durch *korrektive Maßnahmen* birgt bei sicherheitskritischen Systemen eine Vielzahl von Risiken. So kann es sein, dass sich während der Verfolgung falscher Diagnosen, die unerwünschten Zustände weiter verschlechtern und wichtige Zeit verloren geht. Die Wahrscheinlichkeit kritischer Systemzustände korreliert oft umgekehrt mit der Tragweite ihrer Auswirkungen, d.h. unwahrscheinlichere Zustände bergen oft das größere Risiko. Es ist daher wichtig, auch unwahrscheinlichere Erklärungsmodelle, die Zustände mit größeren Tragweiten beschreiben, vor Zuständen mit wahrscheinlicheren und harmloseren Zuständen in Betracht zu ziehen und durch weitere Untersuchungen zu bestätigen (verifizieren) oder zu verwerfen (falsifizieren). Wir sprechen hier von *sicherheitsgerichteter Diagnostik* und *sicherheitsgerichtetem Handeln* oder von *konservativer Diagnostik*, bei der zuerst der kritischste unter den denkbaren Zuständen angenommen und weiter verfolgt wird.

Diagnostik soll hier verstanden werden, als die Menge der analytischen Methoden, die Operateuren helfen, auch während des Betriebs beim Auftreten von Problemzuständen wieder einen sicheren Zustand zu erreichen oder einen solchen aufrecht zu erhalten, bis mehr Zeit für detailliere Ereignisanalysen (siehe Abschnitt 8.4) zur Verfügung steht. Eine strenge Trennung zwischen Diagnostik und Ereignisanalyse ist jedoch kaum sinnvoll, da es letztlich eine Frage der zur Verfügung stehenden Zeit und der Kritikalität von Ereignissen ist, wann und wie man einem Ereignis auf den Grund geht.

Nachdem eine Diagnose durchgeführt und ein Erklärungsmodell ausgewählt worden ist, müssen Maßnahmen zur Behebung der Ursachen oder zumindest zur Beseitigung betriebskritischer Symptome ergriffen werden. Diesen Teilprozess einer Problemlösung nennt man *Kontingenz (Contingency)* und hat dies folgendermaßen definiert[9]:

> *„Möglichkeit und Notwendigkeit, aus mehreren Alternativen auswählen zu können und zu müssen, d.h. eine Selektion zu treffen. Damit werden Alternativen ausgeschieden, die ebenfalls möglich und nützlich gewesen wären, was oft mit dem charakteristischen Satz für die Kontingenz umschrieben wird: ‚Es könnte auch anders sein.'"*

Diese Definition aus den Wirtschaftswissenschaften weist darauf hin, dass wir unter Unsicherheiten handeln müssen. Dies gilt insbesondere für sicherheitskritische Systeme, da wir unter Echtzeit handeln, das heißt Randbedingungen für Diagnostik und Konsistenz vorfinden, die nicht überschritten werden dürfen, da die Problemlösung sonst nicht wirkungsvoll sein würde. Dass alles *„auch anders sein"* könnte, weist darauf hin, dass Erklärungsmodelle auch unzulänglich oder falsch sein können und die Operateure unter den Möglichkeiten im Sinne einer konservativen Entscheidung die sicherste leistbare Möglichkeit wählen sollten (siehe dazu im Folgenden den Abschnitt 11.5).

11.1   Beobachtungen und Symptome

Es besteht bei dem Betrieb eines sicherheitskritischen Systems der laufende Bedarf, *Abweichungen vom Normalbetrieb* zu erkennen und das System wieder in einen betrieblich zulässigen bzw. sicheren Zustand zurückzuführen. Beobachtungen, die Anzeichen für Abweichungen vom gewünschten Zustand darstellen, nennen wir *Symptome*.

Symptome sind wichtige *Problemmerkmale*, um besondere, im Allgemeinen unerwünschte, vor allem kritische Systemzustände erkennen und identifizieren zu können. Sie stehen deshalb meist in einem besonderen Verhältnis zu solchen Zuständen, in dem sie hoch korreliert, am besten aber in einem Ursache-Wirkungsverhältnis zu diesen stehen.

Symptome sind also meist Ausgangspunkte, um *Ursachen* identifizieren zu können. Ursachen wiederum sind die Grundlage dafür, Abweichungen nicht nur zu erkennen, sondern ihr Zustandekommen, in Form von *Erklärungsmodellen,* auch zu verstehen. Dies ermöglicht Abhilfemaßnahmen in einer Weise treffen zu können, dass nicht nur die Symptome verschwinden, sondern die Ursachen der kritischen Zustände behandelt oder beseitigt werden.

---

[9] Quelle: Gabler Wirtschaftslexikon, http://wirtschaftslexikon.gabler.de/Definition/kontingenz.html, letzter Zugriff: 19.05.2013

11.2   Allgemeine diagnostische Verfahren

Es gibt verschiedene Methoden, um eine Diagnose zu entwickeln und eine Problemlösung abzuleiten. Im Folgenden werden Methoden vorgestellt, die in Computersystemen realisierbar sind, und so als automatische Diagnoseverfahren zur Entscheidungsunterstützung einsetzbar sind. Sie stammen aus dem Bereich der *Künstlichen Intelligenz (KI)* und basieren letztlich auf beobachteten menschlichen Problemlöseprozessen.

11.2.1   Backward-Chaining

In den meisten Fällen beginnt eine Diagnostik bei den beobachteten Symptomen. Diese Problemmerkmale deuten auf unerwünschte oder kritische Zustände hin. Die Frage, welche Ursachen ein Symptom haben könnte, ist ein erster Schritt zur Problemfindung.

Die klassische Form mentaler Modelle wählt den Ansatz, dass ein Operateur ein mehr oder weniger geeignetes strukturelles oder funktionales Modell der Funktions- oder Wirkungsweise des beobachteten und gesteuerten Systems besitzt. Symptome werden entsprechend als erkennbare funktionale oder strukturelle Wirkungen von Systemzuständen aufgefasst. Diese wiederum haben, im Sinne einer Zustandsdynamik, andere vorausgehende Zustände und Mechanismen, die ihrerseits Symptome hervorgebracht haben. Das rückwärtige Durchlaufen des Zustandsraumes eines Systems, von Symptomen zu deren Ursachen, wird oft mehrstufig erfolgen. Die Ursache von Zuständen sind vorausgehende Zustände und Ereignisse und diese haben wiederum vorausgehende Zustände, Ereignisse und Symptome. Am Ende der Kette liegen Ursachen, die als *Kern- oder Quellursachen (Root Causes)* bezeichnet werden, die dann nicht weiter rückverfolgt werden. Hier endet also die rückwärtsverkettete Ursachenanalyse (vgl. Abschnitt 8.4). Diese rückwärtsgerichtete Form der Symptom-Ursachen-Analyse nennt man *Rückwärtsverkettung* oder *Backward-Chaining* (Puppe, 1990). Sie ist dann effizient, wenn die Suche konvergiert, d.h. wenn es wenige Ursachen für Symptome gibt.

Ein Prozessführungssystem sollte die Operateure durch möglichst eindeutige Indikatoren (Anzeigen) für Systemzustände bei dieser verbreiteten Art der Problemanalyse unterstützen. Soweit die Abhängigkeiten von Symptomen zu ihren Quellen (z.B. Systemkomponenten) technisch abgebildet sind, sollten sie den Operateuren dargestellt werden (Ursachenbäume).

11.2.2   Forward-Chaining

Geht man von einer Schadensquelle aus und leitet daraus mögliche Folgen und sichtbare Symptome ab, so kann man ein Problem gewissermaßen vorwärts analysieren. Durch eine sogenannte *Vorwärtsverkettung* oder *Forward-Chaining*, leitet man aus vermuteten oder erkannten Schäden Folgen ab. Passen die abgeleiteten Folgen zu den Beobachtungen, d.h. treten die abgeleiteten Symptome auch auf, so kann man daraus ein Erklärungsmodell und möglicherweise geeignete Maßnahmen ableiten.

Die Vorwärtsverkettung als Problemlösungsmethode basiert immer auf Vermutungen (Hypothesen) von Schäden und Beobachtungen von Folgen (Symptomen).

Simulatoren im Training oder im Betrieb unterstützen vorwärtsverkettetes Problemlösen bei Operateuren. Durch das Treffen von Annahmen (Fehlerzustände) lassen sich so, Folgen und Symptome simulieren und damit verbundene Situationen praktisch erleben und durch geübte Maßnahmen mehr oder weniger erfolgreich behandeln, was wiederum einen Lern- oder Erkenntnisprozess antreibt.

11.2.3   Differenzial- und Ausschlussdiagnostik

Gibt es für eine Menge von Symptomen mehrere mögliche Ursachen und Erklärungsmodelle, so sind die Diagnosen in einer *Differenzialdiagnostik* gegenüberzustellen und die wahrscheinlichste Diagnose zu isolieren. Dies kann beispielsweise dadurch geschehen, dass überprüft wird, wie genau das Symptombild zu den Ursachen passt. Je genauer die Symptome (z.B. genaue Werte, ausgefallene Komponenten) und je mehr beobachtete Symptome durch eine Diagnose erklärt werden, desto spezifischer ist die Diagnose. Andere Einschätzungen können aus Erfahrungen abgeleitet werden, nach denen bestimmte Ursachen sich öfter in ähnlicher Weise wiederholen und daher eher in Betracht gezogen werden.

Durch *Ausschlussdiagnostik* werden in Betracht gezogene Diagnosen ausgeschlossen. Man verfolgt mit Hilfe von Vorwärtsverkettung die Folgen einer Ursache und überprüft, ob alle zu erwartenden Folgen eingetreten sind bzw. schließt die Diagnose aus, wenn dem nicht so ist. Beispielsweise müssten beim Versagen einer Stromquelle alle damit versorgten Teilsysteme keinen Strom erhalten, sofern keine anderen Stromversorgungen damit verbunden sind. Ist dies nicht der Fall, müssen andere Ursachen in Betracht gezogen werden.

Differenzial- und Ausschlussdiagnostik werden von Fachleuten mehr oder weniger bewusst und explizit praktiziert. Oft überfordert die Komplexität von Systemen die Fähigkeiten menschlicher Operateure und Techniker, die Zusammenhänge und Ursache-Wirkungsketten zu überblicken und diagnostisch zu nutzen. In solchen Fällen muss der diagnostische Prozess durch das Prozessführungssystem unterstützt werden. Dies kann durch ganz- oder teilautomatische Diagnosesysteme erfolgen. Intelligente Diagnosesysteme erklären ihre Befunde, indem sie den Operateuren die Ursache-Wirkungskette oder die automatischen differenzial- und ausschlussdiagnostischen Schlussfolgerungen verständlich offen legen. Dies ist eine der größten Herausforderungen einer engen Mensch-Maschine-Kopplung in sicherheitskritischen Systemen. Im Bereich der wissensbasierten Mensch-Computer-Systeme versucht man seit langem, zum Beispiel in Expertensystemen mit Methoden der Künstlichen Intelligenz, solche Unterstützungen zu geben (Puppe, 1988; 1990).

11.3   Spezielle diagnostische Verfahren

Rasmussen hat eine Reihe von Verfahren zur Diagnostik dargestellt, die nach seinen Be-obachtungen in komplexen Prozessführungssituationen angewandt werden (Rasmussen, 1984):

- *Topographic Search*
- *Pattern Recognition*
- *Decision Table Search*
- *Hypothesis and Test*

Diese Methoden sind je nach Problemsituation und ihren Charakteristika mehr oder weniger gut geeignet (siehe Abbildung 46)

STRATEGY / PERFORMANCE FACTOR	TOPOGRAPHIC SEARCH	RECOGNITION	DECISION TABLE	HYPOTHESIS AND TEST
TIME SPENT	–	LOW	–	–
NUMBER OF OBSERVATIONS	HIGH	LOW	–	LOW
DEPENDENCY ON PATTERN PERCEPTION	–	HIGH	–	–
LOAD UPON SHORT TERM MEMORY	LOW	LOW	HIGH	HIGH
COMPLEXITY OF COGNITIVE PROCESSES	LOW	LOW	–	HIGH
COMPLEXITY OF FUNCTIONAL MODEL	LOW	–	–	HIGH
GENERAL APPLICABILITY OF TACTICAL RULES	HIGH	–	–	LOW
DEPENDENCY ON MALFUNCTION EXPERIENCE	LOW	HIGH	–	LOW
DEPENDENCY ON MALFUNCTION PRE-ANALYSIS	–	–	HIGH	–

Abbildung 46. Kriterien für die Anwendung von diagnostischen Verfahren (Rasmussen, 1984)

11.3.1   Topographic Search

Bei der *Topograpic Search (Topographische Suche)* wird das System und seine Komponen-ten mit Hilfe eines Good/Bad-Mappings untersucht (Rasmussen, 1984, S. 170). Es werden die Systembereiche gesucht, die wahrscheinlich fehlerhaft sind (siehe Abbildung 47). Diese Betrachtung kann sich auf allen Ebenen der Abstraktions- und Dekompositionshierarchie abspielen (vgl. Abschnitt 7.8). Welche der Ebenen für das Verfahren geeignet sind, hängt vor allem von den mentalen Modellen der Operateure oder Problemanalytiker sowie von den gesammelten Fakten (z.B. Messwerten) ab.

TOPOGRAPHIC SEARCH

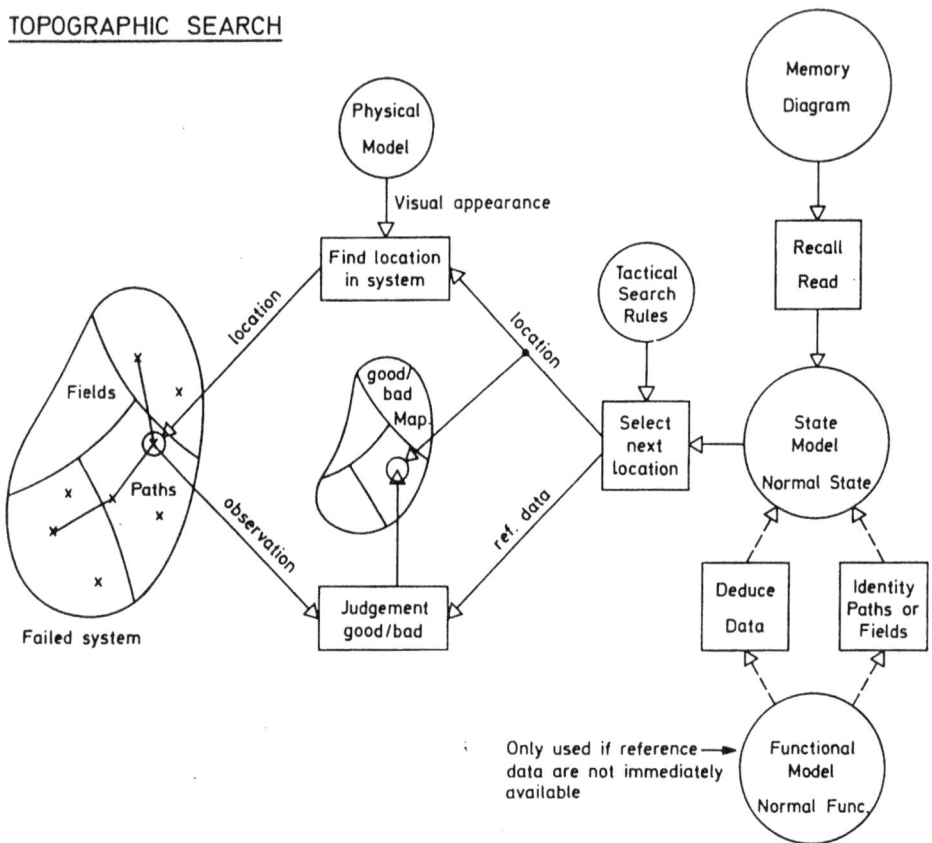

Physical Model

Memory Diagram

Visual appearance

Find location in system

Recall Read

Tactical Search Rules

location

location

Fields

good/ bad Map

Select next location

State Model

Normal State

Paths

x

observation

ref. data

Failed system

Judgement good/bad

Deduce Data

Identity Paths or Fields

Only used if reference → data are not immediately available

Functional Model

Normal Func.

Abbildung 47. Topographic Search (Rasmussen, 1984, S. 170)

Bei dieser Methode wird der Problemraum (das analysierte System) in einer Good/Bad-Map (Karte mit als gut oder schlecht eingeschätzten Komponenten und Teilstrukturen) abgebildet. Angetrieben durch die Messungen und Beobachtungen und ein damit verbundenes Zustandsmodell (State Model), wenn nötig auch eines funktionalen Modells (Functional Model), werden mit Hilfe taktischer Regeln die nächsten möglichen Problembereiche des Systems ausgewählt und in der Good/Bad-Map als gut (wahrscheinlich in Ordnung) oder schlecht (möglicherweise fehlerhaft) bewertet und markiert.

Die Stärke des Verfahrens ist die Orientierung der Suche an den Symptomen (z.B. kritischen Messwerten) und damit zusammenhängenden Systemkomponenten oder Systemfunktionen. Eine Schwäche des Verfahrens ist der fehlende Einbezug von Erfahrungen, z.B. durch vorausgegangene ähnliche oder gleichartige Störungen. Hierzu sind andere Verfahren heranzuziehen.

11.3.2 Pattern Recognition

Pattern Recognition (Mustererkennung) (Rasmussen, 1984, S. 174) ist ein sehr direktes und effizientes Verfahren, sofern aus typischen, d.h. bekannten Symptommustern auf bekannte Fehler geschlossen wird (siehe Abbildung 48).

PATTERN RECOGNITION

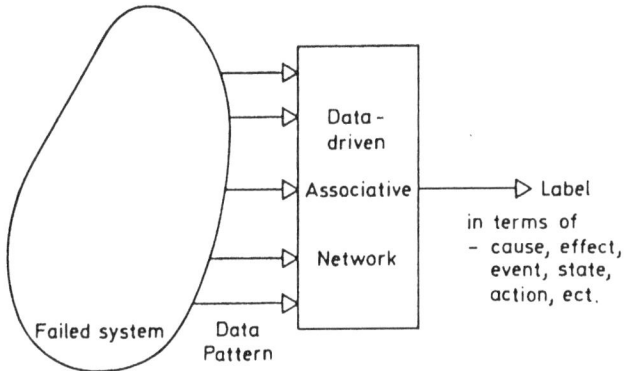

Abbildung 48. Pattern Recognition (Rasmussen, 1984, S. 174)

Bei dieser Methode schließt man aufgrund beobachteter typischer und bekannter Symptommuster auf bekannte Fehlersituationen.

Das Verfahren setzt vorhandene Assoziationen (Wissen, Erfahrungen) voraus, wie aus Fehlermustern auf Systemfehler geschlossen werden kann. Je mehr Erfahrung hier vorliegt, desto effizienter die Fehlersuche und die Identifikation der Ursachen.

11.3.3 Decision Table Search

Decision Table Search (Suche mittels Entscheidungstabellen) (Rasmussen, 1984, S. 174) greift auf eine Bibliothek von typischen Zustandsmodellen zurück, für die bedarfsweise Referenzmuster erzeugt werden können, mit denen das beobachtete Datenmuster verglichen werden kann. Mit Hilfe von taktischen Regeln werden nach erfolgloser Suche die nächsten betrachteten Zustände aus der Zustandsbibliothek ausgewählt (siehe Abbildung 49).

DECISION TABLE SEARCH

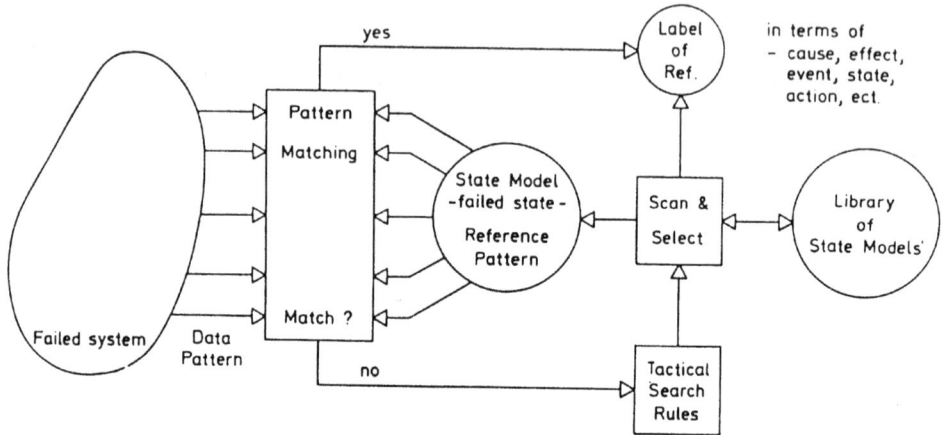

Abbildung 49. Decision Table Search (Rasmussen, 1984, S. 174)

> Bei dieser Methode werden die Datenmuster mit Referenzmustern vergli-
> chen, die aus seiner Bibliothek von Zustandsmodellen fehlerhafter System-
> zustände abgeleitet werden.

Der Vorteil des Verfahrens liegt in der Verwendung von typischen bekannten Fehlerzuständen. Es erlaubt vorherige Erfahrungen mit dem System in die Diagnose einzubeziehen. Es ist
bei diesem Verfahren aber entscheidend, sowohl über eine verlässliche Bibliothek von pathologischen Zustandsmodellen, als auch über geeignete taktische Suchregeln zu verfügen.

11.3.4   Hypothesis and Test

Ist eine Problemsituation von vermuteten Fehlerzuständen begleitet, kann das Verfahren
Hypothesis and Test (Hypothese und Überprüfung) angewendet werden (Rasmussen, 1984,
S. 175). Ein funktionales Modell treibt auf Grundlage angenommener Fehlerzustände eine
Zustandsmaschine an, die dann die Referenzmuster erzeugt, die wiederum mit den Beobach-
tungen verglichen werden (siehe Abbildung 50).

HYPOTHESIS & TEST

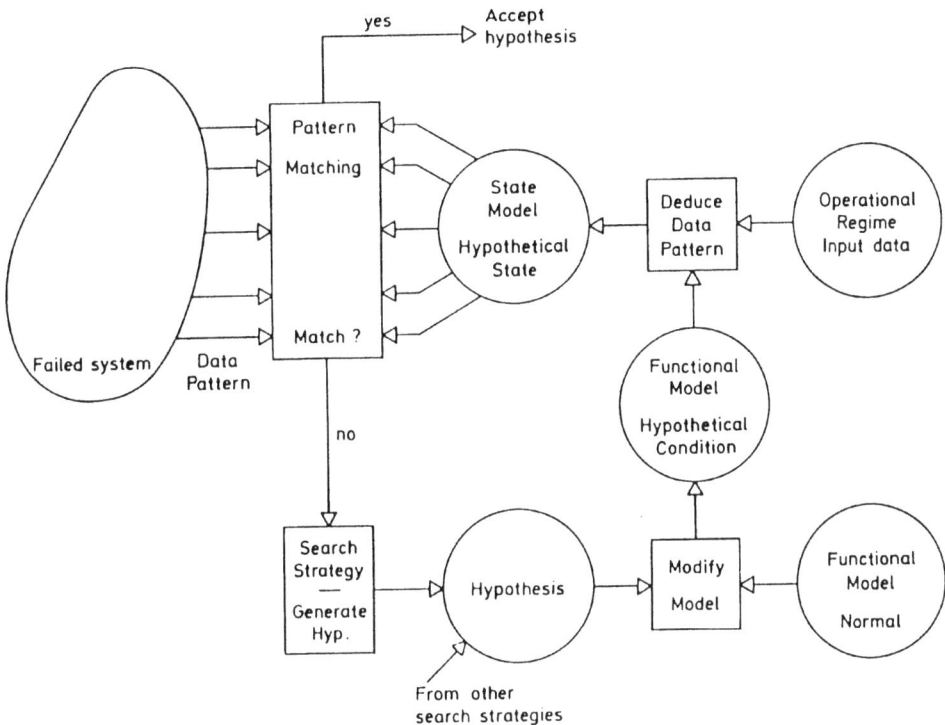

yes → Accept hypothesis

Pattern Matching

Match ?

Failed system / Data Pattern

State Model / Hypothetical State

Deduce Data Pattern

Operational Regime Input data

no

Functional Model / Hypothetical Condition

Search Strategy — Generate Hyp.

Hypothesis

Modify Model

Functional Model Normal

From other search strategies

Abbildung 50. Hypothesis and Test (Rasmussen, 1984, S. 175))

Bei dieser Methode generieren die Analytiker erfahrungsbasierte Vermutungen (Hypothesen) für Fehler, die durch Modifikation eines funktionalen Modells umgesetzt werden können und so Referenzmuster erzeugen, die mit
dem beobachteten Muster verglichen werden, bis ein guter Match gefunden
wird.

Diese Methode ist insbesondere dann wirkungsvoll, wenn die Analytiker aufgrund der beobachteten Symptome und ihrer Erfahrungen trotz einer diffusen Problemlage Vermutungen
artikulieren können. Je besser die Vermutungen sind, desto effizienter ist das Verfahren. Das
Verfahren setzt die Realisierbarkeit eines geeigneten Funktionsmodells (Simulator) voraus,
der die Referenzmuster an Symptomen generieren kann.

11.4   Entscheidungsprozesse und Decision-Support

Nach Vorliegen eines Erklärungsmodells muss unter den gegebenen Randbedingungen eine
Reihe von Aktivitäten (Kontingenzprozedur, Contingency Procedure) durchgeführt werden,
die das System wieder in einen betriebsfähigen sicheren Zustand bringt. Man definiert eine
solche Kontingenzprozedur auch als[10]:

> *"an alternative to the normal procedure; triggered if an unusual but anticipated
> situation arises"*

Bereits bei den diagnostischen Verfahren werden Diagnosen hinsichtlich ihrer Erklärungs-
kraft ausgewählt. Dies bildet bereits die Grundlage für die Entscheidungen, welche Kontingenzprozedur ausgewählt werden soll. Gewissermaßen lässt sich eine Matrix, oft auch *Ent-
scheidungsmatrix* oder *Ziel-Ertrag-Matrix* genannt, aus den möglichen Diagnosen und den
daraus abzuleitenden Kontingenzen bilden.

Verbunden mit den Kontingenzprozeduren ist der Ressourcenbedarf, der für die Umsetzung
der Prozedur in Handlungen notwendig sein wird. Dies können geistige und materielle Ressourcen sein, indirekt vor allem auch Zeitaufwände. In Echtzeitsystemen (siehe Kapitel 12)
wird die Zeit meist eng begrenzt sein, so dass manche Kontingenzprozeduren allein schon
aus Zeitgründen ausscheiden; schlechtere Lösungen müssen dann vorgezogen werden.

Im Rahmen der Diagnostik und Entscheidungsfindung werden während oder nach schwer-
wiegenden Ereignissen mit ausreichend Zeit für die Problemlösung oft Krisenstäbe (Arbeitsstäbe) eingerichtet. Ein Krisenstab ist eine Gruppe ausgewählter Fachleute, die möglichst
unmittelbar nach dem Stattfinden eines Ereignisses, Ursache, Folgen und mögliche Maßnahmen untersuchen sollen. Die Arbeit in Krisenstäben muss geeignet organisiert werden,
damit systematisch analysiert, kommuniziert und dokumentiert wird. Dazu werden benötigt:

- Arbeitsraum (eventuell verteilt);
- Arbeitsflächen (z.B. Lagetisch);
- Medien (z.B. Tafeln, Projektoren, Computer, Karten);
- Entscheidungsunterstützungsmethoden (z.B. F.O.R.D.E.C.; siehe nächster Ab-
  schnitt);
- Repositorien für kooperativen Informationsverwaltung (Herczeg, 2003b);
- Dokumentationssysteme zur Erstellung von Berichten;
- Kommunikationssysteme zwischen den Akteuren.

---

[10] Quelle: The Free Dictionary, http://www.thefreedictionary.com/contingency+procedure,
letzter Zugriff: 03.01.2014

11.5   Sicherheitsgerichtete Diagnostik und Kontingenz

Mit der Durchführung von Kontingenzen sind aber nicht nur Ressourcenbedarf, sondern auch Risiken verbunden. Möglicherweise erbringt eine Kontingenzprozedur keinen Erfolg, weil entweder die falsche Diagnose zugrunde liegt oder die Durchführung schwierig oder unsicher ist.

In sicherheitskritischen Systemen gehen wir davon aus, dass wir eine sogenannte *konservative Diagnostik* zugrunde legen. Dies bedeutet, man geht bei Erklärungsmodellen und Kontingenzen den sichersten Weg, den man sich leisten kann. Dies ist nicht immer einfach zu operationalisieren, entspricht aber der Devise immer den sichersten Weg zu gehen, der zum Ziel führt, selbst wenn er mühsamer oder teurer sein sollte. Um dieses konservative oder sicherheitsgerichtete Diagnostizieren und Handeln methodisch zu unterstützen, wurde das *FORDEC-Verfahren* entwickelt.

F.O.R.D.E.C. ist ein Verfahren zur strukturierten Entscheidungsfindung im Rahmen diagnostischer Prozesse (Hörmann, 1994; 1995). Es fundiert auf folgender Vorgehenslogik:

Facts:	Welche Situation liegt vor?
Options:	Welche Handlungsoptionen bieten sich an?
Risks & Benefits:	Welche Risiken und welcher Nutzen sind mit den jeweiligen Handlungsoptionen verbunden?
Decision:	Welche Handlungsoption wird ausgewählt?
Execution:	Welche Handlungsschritte (Prozedur) sollen durchgeführt werden?
Check:	Ist das Ziel erreicht oder führt der eingeschlagene Weg zum gewünschten Ziel?

Das Verfahren wurde für die Luftfahrt im Zusammenhang mit CRM (Crew Resource Management) entwickelt (siehe Abschnitte 6.6 und 14.4.3). Es wird inzwischen auch in anderen Anwendungsbereichen eingesetzt, wie z.B. in der Kerntechnik (KSG/GfS, 2003).

11.5.1   Facts (Fakten)

Zur Analyse des Ereignisses und seiner Folgen werden dabei die Fakten des zugrunde liegenden Ereignisses benötigt. Diese sollen im Sinne einer Ursachenanalyse von der Wirkung zur Ursache verfolgt werden (z.B. mit Hilfe einer WBA – Why-Because-Analysis; siehe Abschnitt 8.4). Dabei müssen Fragen gestellt werden wie:

- Was ist passiert?
- Wann und wo hat sich das Ereignis ereignet?
- Wie viele Menschen sind betroffen oder auch verletzt?
- Welche Objekte, Infrastrukturen oder Ressourcen sind betroffen?
- Welches sind die Systemzustände?
- Welche Maßnahmen wurden bereits eingeleitet?
- Wie lange werden die Wirkungen des Ereignisses vorrausichtlich anhalten?
- Müssen Rettungsdienste, Aufsichtsbehörden, Firmenleitungen, Presse oder die Öffentlichkeit informiert werden? Was wurde schon öffentlich berichtet?

Eine sorgfältige Faktenanalyse und Dokumentation ist die Voraussetzung für die erfolgreiche Bewältigung eines sicherheitskritischen Ereignisses. In dieser Phase oberflächlich zu arbeiten erzeugt zusätzliche Risiken, allerdings begrenzt die verfügbare Zeit diese Situationsanalyse. Unter Umständen, muss in diese Phase zurückgekehrt werden, falls die weiteren Schritte keine geeigneten oder keine begründbaren Fortsetzungsmöglichkeiten bieten.

11.5.2   Options (Optionen, Alternativen)

Als mögliche Sofortmaßnahmen oder auch mittelfristige Optionen für Maßnahmen (taktische Handlungsoptionen) müssen die Handlungsmöglichkeiten ausgelotet werden:

- Welche Optionen existieren zur Handlung?
- Wie wahrscheinlich ist die positive Wirkung dieser Optionen?
- Gibt es schon Erfahrungen mit solchen Optionen?

Bei der Erarbeitung von Optionen ist besondere Sorgfalt wichtig. Oftmals werden gute oder sichere Optionen übersehen oder ausgeblendet, die nach dieser Phase nicht mehr erkannt oder in Betracht gezogen werden.

11.5.3   Risks (Risiken)

Mit Maßnahmen sind immer auch Risiken verbunden:

- Mit welcher Wahrscheinlichkeit werden die möglichen Maßnahmen erfolgreich sein?
- Welche Nebenwirkungen haben die Maßnahmen?
- Wie sind diese Nebenwirkungen zu bewerten?

Die Risiken müssen bei den Optionen dokumentiert werden.

Auch nur vermutete oder unwahrscheinliche Risiken müssen im Team (z.B. Krisenstab) diskutiert und dokumentiert werden. Dabei ist eine *offene Gesprächskultur* notwendig. Es besteht die Gefahr, dass Risiken zugunsten der Ökonomie oder der Zeitfaktoren optimistisch dargestellt werden. Die Darstellung der Risiken soll unabhängig von einer Entscheidung diskutiert und dokumentiert werden. Die zu frühe Vorentscheidung in einer solchen Phase geht zu Lasten der Objektivität des gesamten Prozesses.

11.5.4   Decisions (Entscheidungen)

Im Rahmen der Problemlösung müssen Optionen gegeneinander abgewogen und anschließend eine Auswahl und Entscheidung (Decision) getroffen werden. Nach Hämmerle ist folgendes dabei festzustellen[11] (Listendarstellung und Ergänzung durch den Autor):

- „Entscheidungen im Krisenstab sind immer Entscheidungen unter Unsicherheit, in komplexen und dynamischen Situationen und daher kaum vergleichbar mit Entscheidungen im Normalbetrieb.

- Es gibt nicht genügend Zeit, um Informationen zu sammeln und zu analysieren,

- die Lage ändert sich ständig,

- die Auswirkungen der Situation und der Entscheidungen auf die komplexe Organisation lässt sich nicht vollständig überblicken.

- Weiterhin gibt es Anforderungen und Stimmungen der Mitarbeiter, der Presse, der Öffentlichkeit und der Anteilseigner, die Druck auf die Entscheidungen ausüben können.

- Manchmal ist hier schnelles Entscheiden wichtiger, als die richtige Entscheidung zu spät getroffen [zu haben]. Dies erfordert viel Mut und viel Vertrauen in die Arbeit des Krisenstabs."

Die Gefahr im Entscheidungsprozess liegt vor allem im zu frühen (zu wenig oder unzulängliche Information) oder im zu späten Entscheiden (viel und gute Information, aber zu wenig Zeit für die Maßnahmen).

11.5.5   Execution (Ausführung)

Nach der Auswahlentscheidung einer oder mehrerer Optionen müssen diese kontrolliert durchgeführt werden (Execution). Hämmerle (dto.) sieht dies sinngemäß folgendermaßen:

- Die gewählte Option wird von einem Entscheidungsträger zur Ausführung freigegeben.

- Taktiker im Krisenstab machen diese Entscheidung operationalisierbar und bereiten die Umsetzung fachlich vor.

- Operative Kräfte im Krisenstab steuern die Umsetzung der einzelnen Pläne.

---

[11] Quelle: Matthias Hämmerle, http://www.bcm-news.de/2008/10/30/krisenstabsarbeit-nach-fordec/, letzter Zugriff: 03.01.2014

- Die Betriebsorganisation (z.B. Schicht) setzt die Pläne um.
- Die Taktiker im Krisenstab koordinieren das Zusammenspiel der einzelnen Akteure und dokumentieren die Wirkungen.

Die Ausführung erfordert ein enges und gutes Zusammenwirken zwischen dem ad-hoc Arbeitsstab und der regulären Betriebsorganisation. Dabei treten oft Konflikte in der regelkonformen Umsetzung von Maßnahmen auf, da man sich hinsichtlich der Aktivitäten zwischen Normal- und Ausnahmebetrieb befindet. Außergewöhnliche Aktivitäten müssen für die spätere Auswertung sehr sorgfältig hinsichtlich der Entscheidungswege sowie der Entscheidungsbefugnisse dokumentiert werden.

11.5.6   Control/Check (Kontrolle)

Mit Umsetzung der Pläne müssen die Wirkungen und Folgen überwacht werden (Control/Check).

- Die Auswirkungen der Aktivitäten müssen festgestellt werden.
- Oftmals muss nachgesteuert werden, um die anvisierten Ziele (Soll-Zustände) zu erreichen.
- Optionen, die die nötigen Effekte nicht bringen, müssen abgebrochen werden.
- Die Ergebnisse müssen dokumentiert werden.

Die Kontrolle wird oft zu neuen Erkenntnissen führen, sodass der Problemlösungsprozess für geeignetere Lösungen neu durchlaufen werden muss.

11.5.7   Ablauf bei FORDEC

Mit dem FORDEC-Verfahren geht man nach den oben erläuterten Schritten vor, sammelt Fakten und analysiert diese hinsichtlich der Systemzustände. Dann werden je nach verfügbarer Zeit eine oder mehrere Optionen entwickelt und auf ihre Eigenschaften sowie Vor- und Nachteile untersucht. Die Optionen werden dann hinsichtlich ihrer Problemlösequalität und ihren Risiken untersucht und verglichen. Die erste oder beste Option, die alle essentiellen und nach Möglichkeit auch sekundären Kriterien erfüllt, wird gewählt (siehe Abbildung 51).

Die analytische Entscheidung nach FORDEC

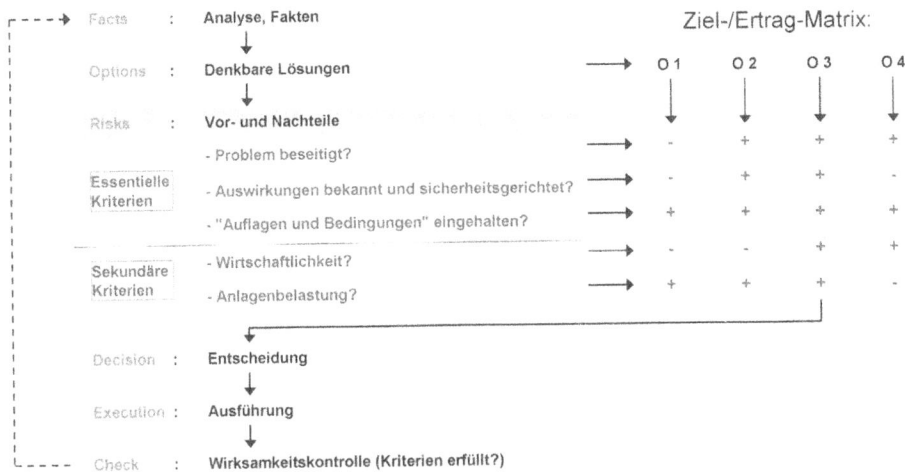

Facts : Analyse, Fakten   Ziel-/Ertrag-Matrix:

Options : Denkbare Lösungen   → O 1   O 2   O 3   O 4

Risks : Vor- und Nachteile

- Problem beseitigt?   → -   +   +   +

Essentielle
Kriterien   - Auswirkungen bekannt und sicherheitsgerichtet? → -   +   +   -

- "Auflagen und Bedingungen" eingehalten?   → +   +   +   +

Sekundäre
Kriterien   - Wirtschaftlichkeit?   → -   -   +   +

- Anlagenbelastung?   → +   +   +   -

Decision : Entscheidung

Execution : Ausführung

Check : Wirksamkeitskontrolle (Kriterien erfüllt?)

Abbildung 51. Analytische Entscheidungsfindung nach FORDEC (KSG/GfS, 2003)

Das FORDEC-Verfahren soll die Optionen (z.B. O1 bis O4) im Entscheidungsprozess sichtbar und vergleichbar machen. Nur Optionen, die die essentiellen Kriterien erfüllen (z.B. hier O2 bis O4), taugen zur Umsetzung. Besteht wenig Zeit im Entscheidungs- und Problemlösungsprozess müssen und können nicht alle Optionen entwickelt werden. In solchen Fällen kann die erste Option, die die essentiellen Kriterien (Problembeseitigung, bekannte sicherheitsgerichtete Wirkungen, Erfüllung von Auflagen und Bedingungen) erfüllt, eingesetzt werden (hier O2). Nur wenn mehr Zeit zur Verfügung steht, sollen weitere Optionen gesucht werden, die auch sekundäre Kriterien (Wirtschaftlichkeit, geringe Anlagenbelastung) berücksichtigen. In einem solchen Fall wäre hier O3 als die beste Lösung entwickelt worden.

11.6   Zusammenfassung

Beim Auftreten von Anomalien in einem Prozessführungssystem müssen

1. die beobachtbaren Symptome gesichtet, kombiniert und priorisiert,

2. Ursachen abgeleitet und gesichert (Ist-Zustände),

3. Bewertungen vorgenommen,

4. Zielzustände definiert (Soll-Zustände) sowie

5. Fehlerbehebungen (Instandsetzung) oder Ersatzschaltungen (Redundanzschaltungen) durchgeführt werden.

Die Punkte 1–3 werden als Diagnostik (Problemerkennung), Punkte 4–5 als Kontingenz (Contingency, Problemlösung) bezeichnet.

Als allgemeine diagnostische Verfahren kommen *Backward-Chaining*, *Forward-Chaining* und die *Differenzial- oder Ausschlussdiagnostik* in Frage. *Backward-Chaining* verfolgt ausgehend von beobachteten Symptomen zurück zu möglichen Ursachen. *Forward-Chaining* ist in der Lage, von einem potenziellen Defekt vorwärtsgerichtet zu den Konsequenzen, entsprechend auch zu eventuell beobachtbaren Symptomen, zu inferieren. Forward-Chaining erlaubt somit auch die Simulation von Konsequenzen. Mit Hilfe von *Differenzial- oder Ausschlussdiagnostik* überlegt man, bei den als möglich angesehenen Diagnosen, welche Konsequenzen und Symptome diese hervorrufen würden. Sind diese nicht alle beobachtbar, kann man eine Diagnose in Frage stellen und eine andere bevorzugen, die den aktuellen Zustand besser erklärt.

Mit Hilfe spezieller diagnostischer Verfahren lassen sich in bestimmten Bereichen besonders schnell oder sicher Diagnosen finden. Rasmussen beschreibt diverse heuristische Verfahren, mit deren Hilfe u.U. effizient und erfahrungsbasiert Diagnostik betrieben werden kann. Es handelt sich um die Verfahren *Topographic Search*, *Pattern Recognition*, *Decision Table Search* und *Hypothesis and Test*.

Nach der Diagnose folgen *Kontingenzprozeduren* zur Herstellung sicherer Systemzustände. Die Auswahl einer geeigneten Prozedur ist ein Entscheidungsprozess, der mit Hilfsmitteln unterstützt werden sollte. Zeitliche und räumliche Randbedingungen spielen hierbei eine zentrale Rolle. Die Umsetzung einer Auswahl wird insbesondere unter Berücksichtigung der verfügbaren Fähigkeiten, Kenntnisse und Umsetzungsressourcen entschieden werden müssen. Die Auswahl und Begleitung der Umsetzung sollte bei kritischen Ereignissen von einem Krisenstab begleitet werden.

Als ein Verfahren zur Vorgehensweise in Diagnostik und Kontingenz sicherheitskritischer Systeme haben wir das FORDEC-Verfahren kennengelernt. Dieses geht davon aus, dass *Fakten* gesammelt, *Optionen* erarbeitet, *Risiken* abgeschätzt, *Optionen* daraufhin ausgewählt, *Umsetzungsschritte* eingeleitet und am Ende eine *Erfolgskontrolle* vorgenommen wird. Andere Verfahren werden sich im weitesten Sinne ähnlich darstellen.

12 Interaktion mit Prozessen

Wie wir mehrfach gesehen haben, ist der Betrieb sicherheitskritischer Systeme immer wieder mit der Frage verbunden, ob ein Operateur oder eine Maschine in der zur Verfügung stehenden Zeit mit der gebotenen Sicherheit, einen Prozess im Normalbetrieb steuern oder eine gefährdende Abweichung beseitigen und das System wieder in den Normalzustand oder zumindest in einen kontrollierbaren risikoarmen Zustand überführen kann.

Das folgende Kapitel soll in einige grundlegende Konzepte der *Interaktionsgestaltung (Interaktionsdesign)* einführen. Dies soll und kann anwendungsspezifische Gestaltungskonzepte und die dazugehörigen Konstruktionslehren nicht ersetzen. Die Konzepte sollen aber Orientierung bei der Analyse bestehender und der Realisierung neuer Systeme geben.

12.1 Echtzeitsysteme

Echtzeitsysteme werden fälschlicherweise oft mit außergewöhnlich schnellen oder effizienten Systemen verwechselt. Richtig, und mit relevantem Bezug zu sicherheitskritischen Systemen, wie sie hier betrachtet wurden, muss eine schon historische Definition wie nach DIN 44 300[12] für ein *Echtzeitsystem* zugrunde gelegt werden:

> *„Ein Betrieb eines Rechensystems, bei dem Programme zur Verarbeitung anfallender Daten ständig betriebsbereit sind, derart, dass die Verarbeitungsergebnisse innerhalb einer vorgegebenen Zeitspanne verfügbar sind. Die Daten können je nach Anwendungsfall nach einer zeitlich zufälligen Verteilung oder zu vorherbestimmten Zeitpunkten anfallen."*

Eine solche Form eines Echtzeitsystems stellt sicher, dass die Verarbeitung von anfallenden Daten in einer vorherbestimmten Zeit möglich ist und die Ergebnisse für weitere Entscheidungen und Aktivitäten somit zeitlich definierbar zur Verfügung stehen werden. Wir sprechen hier von *Interaktionen innerhalb eines definierten Zeitfensters*. Zu frühe und zu späte Interaktionen können im besten Fall unwirksam sein, im schlechtesten Fall aber zusätzliche Gefährdungen mit sich bringen. Echtzeitverhalten ermöglicht die Bearbeitung von vordefinierten Aufgaben durch die Interaktion von Operateuren sowie durch unterstützende automatische Funktionen in vordefinierter Zeit. Deshalb lassen sich Echtzeitsysteme für die typi-

---

[12] die DIN 44 300 ist zwar außer Kraft, die Definition ist jedoch weit verbreitet

schen Steuerungs- und Regelungsaufgaben in einem Prozessführungssystem einsetzen, wobei diese Aufgaben im Bereich von Sekundenbruchteilen (z.B. Fahrzeugsteuerung), von Minuten (z.B. Klimasteuerung in der Kabine eines Flugzeuges) oder auch von Stunden und Tagen (z.B. Wartungs- und Prüfprozesse) liegen kann.

Das in der oben genannten Definition vergebene Prädikat „Echtzeitsystem" sagt nichts darüber aus, in welchen Zeiträumen menschliche Interaktionen ausgeführt werden sollen oder müssen. Es ist streng genommen nur für den Bereich der automatisierten Funktionen nützlich und letztlich stammt die Begrifflichkeit aus dem Bereich der Automatisierung. Für die Funktion und Leistung von Mensch-Maschine-Systemen brauchen wir daher andere und weitergehende Begrifflichkeiten und Konzepte.

12.2   Interaktion in Echtzeit

Wie wir im vorausgehenden Abschnitt gesehen haben, sind Echtzeitsysteme hinsichtlich der Zeitbedingungen begrenzt auf die Leistungen der maschinellen Funktionen definiert. Soll aber ein Mensch-Maschine-System in einer bestimmten Zeit reaktionsfähig sein, brauchen wir weitergehende Modellierungen im Bereich der Mensch-Maschine-Interaktion.

Rasmussen (1983) hat mit seinem 3-Ebenen-Modell (siehe Abschnitt 6.9.3 und Abbildung 23) drei *Leistungsbereiche für menschliche Operateure* charakterisiert, die wiederum mit typischen *Zeitbereichen* verbunden sind:

- *Fertigkeiten (Skills):* Bruchteile von Sekunden bis wenige Sekunden;
- *Regeln (Rules):* wenige Sekunden bis wenige Minuten;
- *Wissen (Knowledge):* wenige Minuten bis Stunden oder Tage.

Diese zeitlichen Rahmen sind grob gefasst, lassen sich jedoch recht gut auf die menschliche Kognition und entsprechende Leistungen rückbeziehen und als eine Grundlage für die Gestaltung von Interaktion heranziehen.

12.2.1   Interaktion durch Fertigkeiten

Menschliche Fertigkeiten sind eine Form der *Automation im Menschen (menschliche Automation)*. Anders ausgedrückt sind Fertigkeiten Leistungen, die kombiniert kognitiver und sensomotorischer Natur sind. Die menschliche Sensomotorik muss natürlich auf dem menschlichen Gedächtnis, seinen Fähigkeiten und Begrenzungen aufbauen (siehe Abschnitt 6.7). Typische Formen der Informationsaufnahme und deren Speicher- und Verarbeitungszeiten liegen im Bereich von einigen 100 Millisekunden bis wenige Sekunden (vgl. Abschnitt 6.7 und den *Human Model Processor* nach Card, Moran und Newell in Abbildung 15). Entsprechend können Handlungen und ihre Regulationen in diesem Zeitbereich geleistet und beobachtet werden.

Diese Art von Leistungen laufen vorwiegend unterbewusst ab, können aber teilweise gezielt bewusst gemacht werden, wobei sie dann auch beeinflusst, verlangsamt oder gestört werden können (z.B. Selbstbeobachtung beim routinierten Bedienen einer Tastatur oder die Ausführung von Schaltvorgängen im Pkw). Typische Beispiele solcher schneller fertigkeitsbasierter Wahrnehmungs- und Handlungsprozesse sind:

- Benutzen von Werkzeugen (Greifen, Biegen, Schneiden, Sägen, Hämmern);

- Bedienen von Lenkungen (Bedienen von Lenkrädern, Steuersäulen, Sidesticks);

- Eingaben an Tastaturen (Eintippen von Zeichenfolgen);

- Justieren von Stellgliedern (analoge Einstellungen mittels Drehknöpfen, Schiebereglern).

Die Regulationsprozesse im Rahmen von Fertigkeiten werden bei Rasmussen (1983) im Hinblick auf die sogenannte *Feature Formation* (also basale subsymbolische Zeichenbildung = *Signale*) und darauf aufbauend, die Auslösung von automatisierten sensomotorischen Mustern, die über die Wahrnehmung von Folgesignalen und motorischen Aktionen gesteuert und beantwortet werden (siehe Abbildung 23). Im 6-Ebenenmodell für Interaktion findet sich diese Regulation auf den unteren beiden Ebenen, der sensomotorischen Ebene und im Falle von expliziter symbolischer Zeichenbildung bis hinein in die lexikalische Ebene (siehe Abschnitt 6.9.2 und Abbildung 21).

Die Besonderheiten fertigkeitsbasierter Leistungen und ihre Regulierungen gründen auf teils langwierigen Trainingsprozessen und flüchtigen Trainingswirkungen, eben den menschlichen Automatismen, ihrer Formierung und ihres Verfalls. Handlungswissen aus höheren Ordnungen (regel- und wissensbasierte Verhaltensweisen) wird gewissermaßen neuronal in Verhaltensmuster „kompiliert" und läuft dann auf Grundlage der wahrgenommenen Signale mehr oder weniger automatisch, d.h. unbewusst ab. Ohne geeignete durch Übung explizite oder durch Praxis implizite Trainingsphasen kann kaum von zielführenden Fertigkeiten in der Prozessführung ausgegangen werden. Umgekehrt kann es schwierig werden, antrainierte und regelmäßig praktizierte Fertigkeiten wieder abzutrainieren oder umzubilden.

Fertigkeiten im beschriebenen Sinne sind der Schlüssel und gleichzeitig das Problem bei Prozessführungsaufgaben in kleinen Zeitbereichen:

1. Ohne Fertigkeiten sind viele menschliche Prozessführungsleistungen nicht zeitgerecht zu leisten (z.B. manuelle Werkzeugnutzung, Fahrzeugführung);

2. Fertigkeiten bergen aufgrund ihrer begrenzten Bewusstseinsfähigkeit und Bewusstseinspflichtigkeit ein hohes Risiko an Fehlhandlungen durch Ausführungsfehler (siehe Abschnitt 4.4) sowie an mangelnder Anpassung an spezifische Situationen (vgl. Norman, 1981; Reason, 1990).

Dies erklärt, warum differenziertes und wiederholtes Training (möglichst in realistisch situativer Vielfalt) für Operateure mit kurzzeitkritischen sporadischen Aufgaben außer durch maschinelle Automatisierung durch nichts ersetzt werden kann. Nur eine eventuelle dauerhafte praktische Routine erzeugt auch ohne Training die entsprechende Kompetenz, wobei eine unerwartete Abweichung von der Normalsituation durch normale Praxis kaum gehandhabt werden kann.

Die maschinelle Automatisierung von Fertigkeiten und Teilleistungen von Fertigkeiten kann helfen, die genannte Problematik zu bewältigen. So können schnelle Regler die Prozessführung bei berechenbaren Aufgaben übernehmen. Ist dies nicht möglich oder nicht angemessen, können maschinelle Funktionen die menschlichen Fertigkeiten zumindest *glätten* (z.B. in der Flugführung), *verstärken* (z.B. Bremskraftverstärker, Servolenkung) oder unter kritischen Randbedingungen *überwachen* und *begrenzen* (z.B. im Pkw ABS und ESP).

12.2.2   Interaktion durch regelbasierte Prozesse

Während Fertigkeiten vor allem auf der Ebene subsymbolischer Regulation stattfinden, gründet sich die regelbasierte Prozessführung auf der Ebene von expliziten Zeichen (Signs). Die im Prozess wahrgenommenen Zeichen werden in Regelsystemen in bedingte Aktionen umgesetzt. Das Vorhandensein, d.h. die Beobachtung des Zeichens ist Voraussetzung (Bedingungsteil) für die Anwendung der Regel (Aktionsteil). Zeichen steuern so Aktionen und damit Handlungen.

Regeln (Produktionssysteme) sind also wie folgt aufgebaut:

   a) Bedingungsteil mit Zustandsvariablen (Prüfung des Systemzustandes);

   b) Aktionsteil mit Zustandsänderungen (Änderung des Systemzustandes).

Regelbasierte Prozesse beim menschlichen Operateur erfordern Zeitstrukturen, die es zumindest erlauben, die Regelbasis aus einer Vielzahl von Regeln zu durchlaufen und festzustellen, welche der bekannten Regeln auf eine Menge vorhandener Zeichen passen. Dies erfordert eine Denkleistung, die in der Praxis der Prozessführung typischerweise von einigen Sekunden bis zu wenigen Minuten reicht. Entsprechend werden Handlungen im Vergleich zu Fertigkeiten eine Dimension langsamer ausgeführt.

Typisches regelbasiertes Verhalten finden wir beispielsweise bei folgenden Prozessführungsleistungen:

• Aktivitäten nach Verkehrsregeln (z.B. Ampelregelungen, Geschwindigkeitsbegrenzungen, Halte- und Parkverbote);

• Fehlerbehebung (z.B. Schaltvorgänge nach Störungsanzeigen);

• Durchführung von Standardverfahren (Standard Operating Procedures, SOPs) mit vorgegebenen Zustandsübergängen (Gerätetests, Schaltvorgänge).

Die Bedeutung von Echtzeit in regelbasiertem Verhalten liegt in der Geschwindigkeit der Prozesse und ihrer Signalisierung selbst. So muss die Geschwindigkeit einer Ampelschaltung an das typische Fahrverhalten, letztlich das Fahrvermögen von Fahrern angepasst ein. Die Abarbeitung von Regeln erfordert geeignete Zeitverläufe für den Zyklus aus

1. der Wahrnehmung der Zeichen (als Merkmale oder Symptome von Systemzuständen),
2. dem Matchen und Vergleichen von passenden Regeln,
3. der Auswahl der anzuwendenden Regel,
4. dem Ausführen der Aktionsteile der Regeln und
5. dem Überprüfen der erfolgreichen Wirkung einer Regelanwendung.

Regelbasiertes Verhalten hat die folgenden Eigenschaften mit entsprechenden Vor- und Nachteilen:

- Regeln sind vordefiniertes Wissen und erlauben daher relativ schnelle, bewusste Entscheidungen;
- Regeln lassen sich über eine Menge von Systemzuständen (repräsentiert durch Zeichen) definieren und ermöglichen so das Erzeugen von beliebig differenziertem Verhalten;
- Regeln können falsch oder in bestimmten Situationen zwar formal anwendbar, aber nicht ausreichend differenziert sein;
- Regeln lassen nicht erkennen, welches die Grundlagen ihrer Existenz sind; sie sind daher eine Form des unreflektierten Verhaltens.

Das Erlernen von Regeln ist typischerweise ein bewusster Vorgang (z.B. theoretischer Unterricht in der Fahrschule). Regeln werden zunächst auswendig gelernt und sind abfragbar. Nach wiederholtem, routiniertem Anwenden von Regeln können diese in Fertigkeiten überführt werden. Danach laufen die Regeln zunehmend als *Automatismen* ab, die nicht mehr geprüft werden (siehe *Fertigkeiten* im vorhergehenden Abschnitt). Die Vermischung von bewussten, expliziten Regeln mit automatisierten, fertigkeitsbasierten Regeln, erzeugt beim routinierten Operateur eine leistungssteigernde, aber kritische Gemengelage von unterschiedlichen Repräsentationen, die nicht mehr gleich behandelt und nicht mehr von den ursprünglichen Trainingsprozessen erfasst werden können. So lassen sich viele Unfallsituationen auf ungeeignet automatisierte Regeln zurückführen. Beispielsweise findet häufig ein Anfahren von Autos bei Grün auf der Nachbarspur durch Automatisierung des grünen Signals in eine Fahrhandlung statt, ohne dass das Signal in sichere Korrespondenz mit der eigenen Fahrspur gebracht wurde. Ähnliche Probleme finden sich beim Vorliegen mehrerer differenzierter Regeln, von denen die am häufigsten angewandte Regel nach einiger Zeit automatisiert wurde. So wird zum Beispiel das Bremsen beim Aufleuchten der Bremsleuchte des vorausfahrenden Fahrzeugs weitgehend automatisiert ausgelöst, was dann auch in vielen Fällen beim Einschalten des Fahrlichts des vorausfahrenden Fahrzeugs erfolgt.

Zusammenfassend ist festzustellen, dass regelbasierte Prozesse das wichtige Zeitfenster von einigen Sekunden bis wenigen Minuten in Prozessführungsaufgaben wirkungsvoll abdecken. Die Aktivitäten werden dabei weitgehend bewusst durchgeführt und erlauben ein differenziertes Reagieren auf unterschiedlichste Situationen. Erlernt werden regelbasierte Prozesse durch das explizite Auswendiglernen und das übungsweise Anwenden von Regeln.

12.2.3 Interaktion durch wissensbasierte Prozesse

In manchen Prozessführungssituationen können die Operateure weder auf passende Automatismen noch auf geeignete Regeln zurückgreifen. In solchen komplexeren Situationen müssen bewusste kognitive Problemlösungsprozesse ablaufen, die eine Situation sondieren und dann mit mehr oder weniger spezifischen Problemlösungsfähigkeiten bewältigt werden. Die Zeitverläufe sind hier typischerweise mehrere Minuten bis Stunden oder, in ganz schwierigen Fällen, auch Planungsprozesse von Tagen, sofern die Prozesse dies überhaupt zulassen.

Beispiele für wissensbasierte Prozesse sind:

- Routenplanung beim Fahren;
- Problemlösen bei unbekannten Störungen von Geräten und Anlagen;
- Optimierung von Produktionsprozessen und anderen Abläufen;
- Abwägen von Nutzen und Schaden beim Fortsetzen von Prozessen mit beschädigten Geräten und Anlagen (Kontingenzen).

Rasmussen (1983) hebt die bei solchen wissensbasierten Prozessen benutzten Informationen auf die Ebene von Symbolen, also semantisch fundierten Zeichen. Während bei regelbasierten Prozessen nur die Existenz eines syntaktischen Zeichens relevant scheint, wird ein Zeichen bei wissensbasierten Prozessen auch kritisch auf seine Gültigkeit und Bedeutung hin hinterfragt.

Wissensbasierte Prozesse sind in der Kette von Automatismen und Regeln die letztmögliche Entscheidungs- und Handlungsebene. Sie erfordert substanzielles Wissen über einen Prozess, sein Verhalten und die möglichen Folgen von Abweichungen. Gerade in sicherheitskritischen Prozessen mit hohem Risikopotenzial ist es wichtig, die Operateure in der Domäne, dem Anwendungsgebiet, intensiv aus- und fortzubilden, um den Stand des Wissens für kritische Situation vorzuhalten. Während ein Autofahrer nach wenigen Fahrstunden und einer kleinen theoretischen Prüfung einen Führerschein erwerben kann, setzen Anwendungsbereiche wie die Steuerung von Kraftwerken, das Fliegen von großen Verkehrsmaschinen in komplexen Lufträumen oder das Aufbauen und Navigieren von Verkehrswegen im Schienen-, Luft- oder Schiffsverkehr langjährige Ausbildungen voraus. Dies soll neben einer allgemein hohen Handlungssicherheit auch die Chance verbessern, in unerwarteten Situationen mit Hilfe des Anwendungswissens und diverser Handlungsfreiräume zu sicheren Lösungen zu gelangen.

Hinsichtlich der Zeitbereiche ist wissensbasiertes Handeln wenig definierbar. Beispielweise gibt es in der Luftfahrt, in denen von Piloten in Notsituationen wissensbasierte Problemlösungen je nach Fluglage in wenigen Minuten oder Stunden abverlangt wird. Ähnliche Situationen kennt man aus Kraftwerksteuerungen. In Kernkraftwerken sagt das Konstruktionsprinzip, dass die Anlage etwa 30 Minuten durch ihre automatischen Sicherheitssysteme kontrolliert werden kann und dass bei Eskalation eines Problems anschließend die Operateure und ihre wissensbasierten Fähigkeiten gefragt sind. Wissensbasiertes Prozesssteuern ist seltener eine Frage der schnellen technischen Interaktionsmöglichkeiten als mehr eine Frage der effizienten und die Problemsituation geeignet abdeckenden Problemlösungsstrategien.

Die Ausbildung von Operateuren für wissensbasierte Verfahren in kritischen Situationen basiert neben der Vermittlung von Fachwissen auf der Selektion von besonders belastbaren Personen, die auch unter Zeitdruck den nötigen Abstand zum Problem und seinen Folgen herstellen und in alternativen Handlungsoptionen denken können.

12.3   Multimediale und Multimodale Interaktion

Mensch-Maschine-Interaktion im Allgemeinen und Prozessführung im Besonderen sind multisensorische und multimotorische Vorgänge mit vielfältigen Regulationsmechanismen. Die Operateure nutzen ihr gesamtes sensomotorisches System, um den überwachten und gesteuerten Prozess wahrzunehmen und darauf einzuwirken. Im Folgenden werden einige Betrachtungen angestellt, in welcher Weise und in welcher Rolle ein Prozessführungssystem mit dem menschlichen Akteur und dem Prozess verbunden werden kann.

12.3.1   Multimedialität

Es ist der informationellen Komplexität sowie der in den vorausgegangenen Abschnitten erläuterten zeitlichen Kritikalität von Prozessführungssituationen geschuldet, dass Operateure mit einem möglichst großen Teil ihrer menschlichen Sensorik und Motorik mit ihren Automatismen, regelbasierten und wissensbasierten Fertigkeiten und Fähigkeiten über das Prozessführungssystem mit dem Prozess verbunden werden müssen (siehe Abbildung 52). Das Prozessführungssystem dient dabei im weitesten Sinne als Vermittler, also entweder als *passives Medium* oder als *aktiver Mediator* mit auch eigenem Verhalten und vermittelt Prozess- und Kontrollinformationen auf vielfältige Weise zwischen Operateur und Prozess. Es kann dabei eigene Aktivitäten zum Prozess wie auch zum Operateur entfalten.

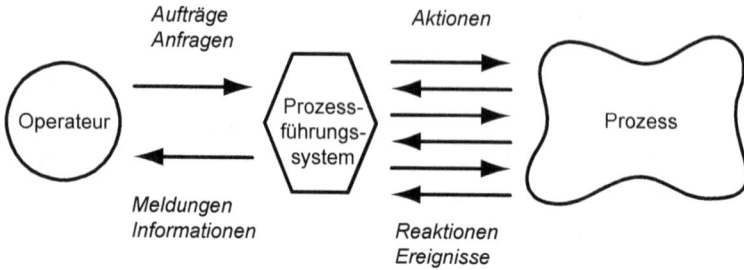

Abbildung 52. Paradigma der Mensch-Maschine-Interaktion in der Prozessführung

> Das Prozessführungssystem wirkt als *Medium* zwischen menschlichem Ope-
> rateur und dem Prozess selbst. Dabei entfaltet es als *aktiver Mediator* über
> seine eigenen echtzeitfähigen Algorithmen zusätzliche Interaktionen mit
> dem Prozess.

Das Prozessführungssystem kann hierbei aufgrund der multiplen sensorischen und motorischen Kanäle, die dabei benutzt werden, als *Multimedium* bezeichnet werden (siehe Abbildung 53 und Herczeg, 2006a).

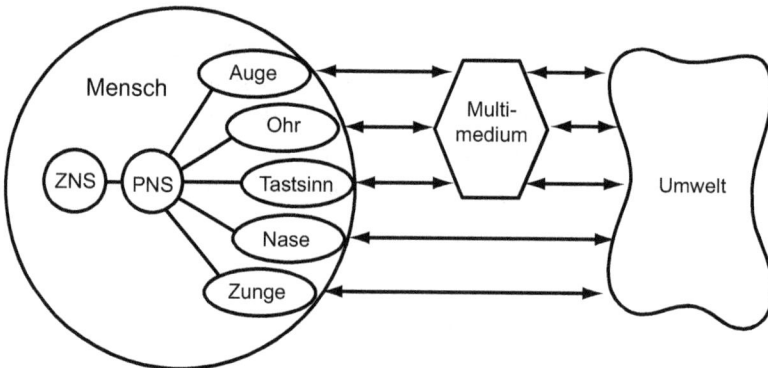

Abbildung 53. Paradigma eines Multimediums

> Das Prozessführungssystem wirkt als *Medium* (Vermittler, Mediator) zwi-
> schen menschlichem Operateur und dem Prozess selbst. Dabei wird ein
> möglichst großer Teil der menschlichen Sensorik und Motorik mit dem Pro-
> zess direkt oder über das Medium verknüpft, wodurch eine Interaktion mit
> einem *Multimedium* entsteht. Einige Sinne können auch direkt mit dem Pro-
> zess in Verbindung stehen. Im Bild werden exemplarisch nur die bekanntes-
> ten fünf Sinne dargestellt. Es gibt Dutzende von möglichen Sinnesmodalitä-
> ten, von denen computer- und medientechnisch allerdings nur wenige syste-
> matisch und wirkungsvoll genutzt werden können.

12.3.2   Multimodalität

Die Ausprägung der unterschiedlichen interaktiven Medien findet in diversen *Interaktionsformen* statt (Herczeg, 2006a). So werden u.a. *Displays* und *Controls* in einer besonderen Weise miteinander zu Interaktionsformen, also bestimmten *Ein-/Ausgabekonstrukten* verbunden, in einem interaktiven Panel wie in Abbildung 54 dargestellt.

Abbildung 54. Airbus A320 Mode Control Panel

> Das Bild zeigt Eingabeelemente wie Schalter, Druck- und Drehknöpfe mit Ausgabeelementen wie Beschriftungen und dynamischen Displays zu Interaktionsformen (Ein-/Ausgabekonstrukten) verbunden werden.

Ein Prozessführungssystem (z.B. Cockpit oder Leitwarte) bildet letztlich ein Konglomerat aus Interaktionsformen, das eine Wahrnehmung und Beeinflussung des Prozesses auf der Ebene der für die Prozessführungsaufgaben relevanten und bedeutungtragenden Prozessparameter erlaubt. Jedes dieser Ein-/Ausgabekonstrukte stellt unter Einbezug ausgewählter menschlicher Sinne eine spezielle Interaktionsmodalität dar. Diese *Modalitäten* verwenden je nach Technologie und Prozessführungsaufgaben Mischungen aus visuellen, auditiven, haptischen, kinästhetischen und anderen sensomotorischen Kanälen als Schnittstellen zum menschlichen Operateur. Die Kanäle differenzieren sich hinsichtlich ihrer Kodierung weiter, beispielsweise in Bild- und Zeichendarstellungen im visuellen, in Ton- und Sprachkanäle im auditiven oder auch in Kraftfeedback oder Vibrationen im haptischen Kanal.

Die *Multimodalität* von Mensch-Maschine-Interaktion ist vor allem durch die zunehmende *Multimedialität* und *Medienkonvergenz*[13] in der Mischung von solchen Modalitäten komplex und vielfältig geworden (Herczeg, 2007). Es gibt eine Vielzahl von wissenschaftlichen Arbeiten zu den einzelnen Modalitäten, aber nur wenige zu ihrem komplexen Zusammenwirken (Oviatt et al., 2002; Quek et al., 2002), wie es beispielsweise heute in Automobil- oder Flugzeugcockpits vorherrscht, wo vielfältige visuelle Anzeigen (z.B. Instrumente, HUDs, Signallampen, Piktogramme), haptische Steuerelemente (Lenkrad, vielfältige Schalter, Dreh- und Schieberegler, Stifteingabe, Toucheingabe) oder sprachliche Interaktionsformen (Spracheingabe, Sprachausgabe, Sprachaufzeichnung) mehr oder weniger stark integriert werden.

---

[13] unter Medienkonvergenz ist hier die Zusammenführung der unterschiedlichen Medien durch Digitalisierung mit der Möglichkeit der durchgängigen Verarbeitung durch Computersysteme gemeint

12.3.3   Synästhesie

Wie im vorausgegangenen Abschnitt beschrieben, bestehen die meisten Prozessführungssysteme aus einem Nebeneinander von unterschiedlichen Interaktionsformen in diversen Modalitäten. Die besondere Herausforderung besteht in der möglichst wirkungsvollen Integration dieser Interaktionsformen. Eine besondere Effizienz weisen Interaktionen dann auf, wenn natürliche sensomotorische Kombinationen entstehen, die auch zeitlich synchronisiert werden. Bekannte Beispiele solcher synchronen Modalitäten sind:

- Synchronität von Bild und Ton im Film, bei einer Videokonferenz oder einem sprechenden Avatar;
- Tastendruck und Tastenklick;
- Signallampe oder haptisches Feedback beim Ein- oder Ausschalten einer Funktion;
- Synchronität von Head-Up-Display-Informationen mit einer realen Szene.

Die vom Menschen als synchron und zusammenhängend und zusammenwirkend wahrgenommenen Modalitäten wollen wir als *synästhetische Interaktionen* oder einfach *Synästhesie* bezeichnen. Man spricht hierbei von *Sensorfusion* oder *simultaner Synthese* (Klimsa, 2002). Die Qualität der Synästhesie ist ausschlaggebend für eine wirkungsvolle und, aus Sicht eines menschlichen Operators, auch natürliche Interaktion. Die menschlichen Sinne werden so ohne störende zeitliche oder räumliche Brüche stimuliert und können ihre natürliche Leistungsfähigkeit entfalten. Diese Notwendigkeit ist bereits leicht zu erkennen, wenn die Synchronität nicht gegeben ist, beispielsweise beim Tonfilm oder bei der Videokonferenz. Ähnliches gilt für Latenzen bei Anzeigen oder Steuerungen. Während die früheren Interaktionsformen meist einfacher Natur waren, werden künftig durch leistungsfähige multimediale Prozessführungssysteme komplexere Konstrukte möglich, die hohe Ansprüche an die Synästhesie stellen. Fahrsimulatoren und Computerspiele zeigen die Potenziale und derzeitigen Grenzen. Die Latenzen liegen in Abhängigkeit der Kanäle im Bereich von wenigen Millisekunden (vgl. *Model Human Processor* in Abbildung 15).

Bei der Synästhesie geht es um eine ganzheitliche, multisensorische Wahrnehmung eines Geschehnisses bzw. eines Handlungsraumes. Die unterschiedlichen sensorischen Wahrnehmungen verschmelzen dabei mehr oder weniger stark zu einer Gesamtwahrnehmung, die handlungsregulatorische, vor allem sensomotorische Mechanismen einschließt. Dies konnte bislang nur ansatzweise physiologisch und psychologisch modelliert und erklärt werden. Teilweise finden sich in der bio- und neuropsychologischen Literatur Hinweise auf das Zusammenspiel mehrerer sensorischer Kanäle (Lurija, 1992; Birbaumer & Schmidt, 2002).

Der Begriff der Synästhesie wird in Medizin und Physiologie auch für ungewöhnliche, meist psychopathologische Verknüpfungen und Wahrnehmungen zwischen verschiedenen Sinnen verwendet. Manche Menschen beschreiben sinnesübergreifende Wirkungen, wie z.B. Farben schmecken zu können, gesprochene Wörter in Farben zu sehen und Ähnliches (Cytowic, 2002). In diesem Sinne soll der Begriff allerdings hier nicht verwendet werden, obwohl ver-

mutet werden kann, dass die Phänomene der ganzheitlichen Wahrnehmung und die der synästhetischen Wahrnehmungsstörungen ähnliche neuronale und biopsychologische Wurzeln
haben.

12.3.4   Direktheit, Einbezogenheit und Direkte Manipulation

Synästhetische Interaktionen können neben dem Effekt der Natürlichkeit und sensomotorischen Effizienz weitergehende Wirkungen aufweisen. So fühlen sich Operateure in den Prozess umso stärker einbezogen, je direkter, synchroner und nahtloser die Interaktionen mit
dem Prozess ablaufen. Müssen die Benutzer aufwändige mentale Transformationen oder
intensive Handlungsregulationen auf den verschiedenen Ebenen leisten, so reduziert sich die
Effizienz eines Systems und hinterlässt bei den Benutzern das Gefühl das System *„nicht
richtig im Griff"* oder ein sehr *„umständlich zu handhabendes System"* zu haben.

Nach Hutchins, Hollan und Norman (1986) kann man vor allem zwei psychische Effekte für
eine Systemqualität verantwortlich machen, die Shneiderman *Direkte Manipulation* genannt
hat (Shneiderman, 1983; 2005), nämlich die *Direktheit* der Interaktion und die *Einbezogenheit* in eine Anwendungswelt.

Wie im 6-Ebenen-Modell für Handlungssysteme dargestellt, lässt sich die Mensch-Computer-Interaktion auf mehrere Ebenen verstehen. Das mentale Modell des Operateurs
(Abbildung 21) und das implementierte Systemmodell (Abbildung 22) sind auf den jeweils
sich entsprechenden Ebenen nicht immer verträglich oder gar isomorph, d.h. von gleicher
Struktur. Differenzen zwischen mentalen Modellen und Systemmodellen führen auf den
jeweiligen Ebenen zu Transformationsaufwänden seitens der Benutzer und werden als *Distanzen* wahrgenommen, die zu einer *Indirektheit der Interaktion* und damit zur Notwendigkeit einer höheren Übersetzungsleistung der Benutzer führen.

Auf den jeweiligen Ebenen treffen wir typischerweise auf die folgenden *Distanzen* (vgl. die
6 Ebenen in Abbildung 21 und Abbildung 22; Herczeg, 2009a):

Intentionale Ebene: Die Funktionalität des Prozessführungssystems und die Aufgabenstruktur decken sich nur teilweise. So müssen sich zum Beispiel Cockpits in Verkehrsflugzeugen von denen in Militärmaschinen substanziell aufgrund der unterschiedlichen
Missionen und Aufgaben unterscheiden.

Pragmatische Ebene: Die Prozeduren des Prozessführungssystems decken sich nur teilweise
mit den Verfahren, die der Operateur anwenden möchte. Prozessführungssysteme sollen die Standardverfahren (Standard Operating Procedures, SOPs) sowie die Notver-
fahren (Emergency Standard Operating Procedures, ESOPs) direkt unterstützen, sodass die vorliegenden Aufgaben nachvollziehbar abgearbeitet werden können.

Semantische Ebene: Die Objekte (Systemkomponenten) und Operatoren (Funktionen) des Prozessführungssystems decken sich oft nicht mit den Objekten und Operatoren des mentalen Modells des Operateurs. Die Objekte auf Anzeigen werden manchmal zu abstrakt und manchmal zu konkret für eine bestimmte Aufgabe dargestellt (vgl. Abschnitt 7.7).

Syntaktische Ebene: Die Eingabe von Operationen mittels einer Interaktionssprache ist schwierig. So muss sich der Operateur bei formalen Sprachen oder Bedienelementen beispielsweise an die vorgegebene Syntax halten, obwohl er lieber in der natürlichen Sprache kommunizieren oder einer natürlichen Handlungsmodalität interagieren möchte.

Lexikalische Ebene: Auch auf der Ebene von Zeichen und Zeigehandlungen treten spürbare Distanzen auf. So sind Zeichen manchmal schlecht zu erkennen, missverständlich oder stammen aus einem ungeeigneten oder für den Operateur fremden Zeichenrepertoire (Piktogramme, Alphabet).

Sensomotorische Ebene: Auf der basalen Ebene der Interaktion finden sich Distanzen in der physikalischen Ausgabe (Präsentation) von Information und der physikalischen Eingabe. So erwartet der Operateur beispielsweise ein Kräfte-Feedback bei einem Sidestick und erhält womöglich keines.

Viele dieser Distanzen haben Vorteile und Nachteile. Nachteile entstehen meist in Fällen, wenn die Analyse von Aufgaben und mentalen Modellen sowie die Berücksichtigung grundlegender ergonomischer Grundsätze vernachlässigt wurde und die Differenzen zwischen mentalem Modell und Systemmodell mehr oder weniger ungeplant und zufällig entstanden sind. Distanzen können jedoch auch Vorteile bringen. So kann das bestehende mentale Modell eines Operateurs für moderne Prozessführungssysteme unzulänglich sein, weil es beispielsweise aus früheren, technologisch andersartig unterstützten Mensch-Maschine-Systemen stammt. In solchen Fällen können mit der Einführung neuer Technologien bewusst auch andere Wege gegangen, Lernprozesse in Gang gesetzt und daraufhin Effizienzsteigerungen erreicht werden. So waren beispielsweise Glass-Cockpits anfangs, z.B. im Airbus A320, die Gestaltung als weitgehend direkte Übersetzung der bis dahin elektromechanischen Anzeigesysteme realisiert worden, während heute, z.B. in einem Airbus A380, die Integration von Computertechnologien andere Wege geht und die Potenziale der neuen Technologien besser ausschöpft und so letztlich zu leistungsfähigeren Systemen führt.

12.3.5 Gemischte oder Virtuelle Realitäten

Denkt man das Konzept der *Direkten Manipulation* konsequent weiter, so führt dies in die Konzepte der *Virtuellen Realität (Virtual Reality, VR)* , der *Erweiterten Realität (Augmented Reality, AR)* oder der *Gemischten Realität (Mixed Reality, MR)*. Milgram et al. (Milgram & Kishino, 1994; Milgram et al., 1994) beschreiben dies mit einem eindimensionalen Kontinuum zwischen der physischen und der virtuellen Welt (siehe Abbildung 55).

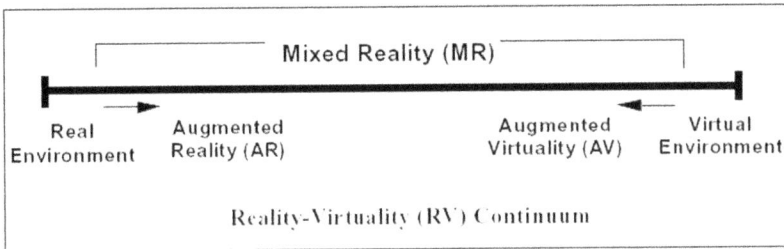

Abbildung 55. Realitäts-Virtualitäts-Kontinuum nach Milgram et al. (1994)

> Reale und virtuelle Umgebungen können als zwei Pole eines Spektrums an-
> gesehen werden. In der Mischung aus realen und virtuellen Welten entsteht
> Mixed Reality (Gemischte Realität). Dazwischen entsteht nahe der Realität
> ein bedeutendes Konzept, die Augmented Reality (Erweiterte Realität).

Während Milgram et al. von einem eindimensionalen Spektrum ausgehen, kann man unter
Berücksichtigung der Ausprägung beider Dimensionen *Physikalität* und *Virtualität* auch zu
einem zweidimensionalen Modell gelangen (Herczeg, 2006a und Abbildung 56).

Räumliche Mixed-Reality-Systeme (MR-Systeme, Gemischte Realitäten) erfordern die absolute oder relative Verfolgung *(Tracking)* menschlicher Bewegung innerhalb der modellierten,
teils realen, teils virtuellen Räume, um die realen, meist visuellen und auditiven Wahrnehmungen mit künstlichen Informationsdarstellungen passend überlagern zu können. Auch
haptische Erlebnisse (Münch & Dillmann, 1997), z.B. Berührung virtueller Objekte (*Tangible Media*) durch *Kräfte-Feedbacksysteme (Force Feedback)* werden integriert und verstärken
andere mediale Eindrücke wesentlich, sofern die Synchronität der sensorischen und motorischen Ereignisse gewährleistet ist und synästhetische und immersive Effekte entstehen. Die
gezielte Stimulation weiterer Sinne, wie dem äquilibristischen[14] und dem kinästhetischen[15]
(z.B. in Fahrsimulatoren) oder dem olfaktorischen[16] Sinn (z.B. in Duftkinos), erhöht die
Wirkung. Neben spielerischen und künstlerischen Ansätzen bieten die diversen Systeme im
genannten Raum zwischen Realität und Virtualität eine wichtige Grundlage für die Fähigkeit, in komplexen und hochdynamischen physischen Welten durch Unterstützungssysteme
orientiert und handlungsfähig zu sein.

---

[14] äquilibristischer Sinn: Gleichgewichtssinn

[15] kinästhetischer Sinn: Bewegungssinn

[16] olfaktorischer Sinn: Geruchssinn

Ausmaß der Virtualität

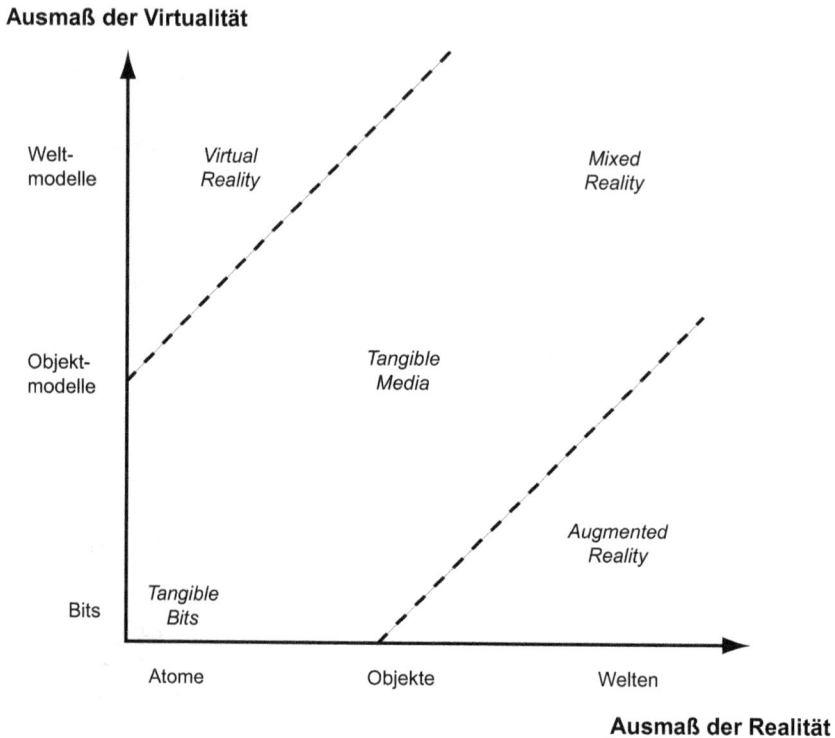

Abbildung 56. zweidimensionaler Gestaltungsraum Realität – Virtualität (Herczeg, 2006a)

In einer zweidimensionalen Darstellung, die jeweils auch die Granularität einer physischen bzw. virtuellen Welt darstellt, finden sich die bekannten Konzepte Virtual Reality, Augmented Reality, Tangible Media und Mixed Reality. Entlang der Diagonale findet man in der Granularität isomorphe Konzepte zwischen Realität und Virtualität.

Mit zunehmend ausgeprägter Multimedialität versucht man Computersysteme und ihre Modellierungen nicht nur strukturell an die abgebildete Welt anzugleichen *(isomorphe Modelle)*, sondern diese, beispielsweise über haptische Schnittstellen, auch materiell analog wirken zu lassen *(isophyle Modelle)* (Stachowiak, 1973; Dutke, 1994; Herczeg, 2009a). Auf diese Weise wird ein vorhandenes mentales Modell, das in der physischen Welt gebildet worden ist, direkter auf das konzeptuelle Systemmodell abbildbar und erspart somit aufwändige Phasen des Erlernens des Systems (zu mentalen Modellen siehe Kapitel 6). Die bekannten Fahr- und Flugsimulatoren wenden das Prinzip umgekehrt an, um ein geeignetes mentales Modell aufzubauen, das dann im realen Fahrzeug bzw. Flugzeug genutzt werden kann. Die Charakteristika solcher *Konzepte Gemischter Realitäten* sind:

- es gibt eine gute Balance zwischen realen und digitalen Anteilen und

- es gibt eine enge Verzahnung von physischen und digitalen Objekten.

Typische *Anwendungsbeispiele für gemischte Realitäten* sind:

- Fahrzeugsimulatoren (Cockpits),

- industrielle Prozesssteuerungen (Leitwarten).

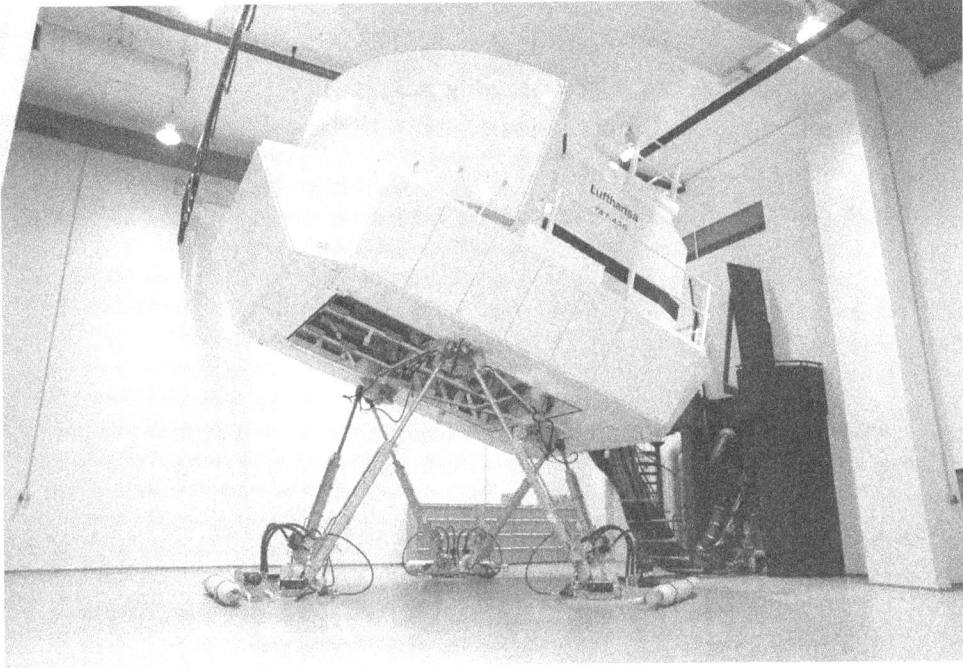

Abbildung 57. B747-Flugsimulator der Lufthansa

Visuelle, auditive, haptische und kinästhetische Simulation eines Cockpits in einem Flugsimulator in Form einer Gemischten Realität (normale Cockpit-ausstattung und virtualisierter Flug).

Im Zusammenhang mit solchen Systemen spricht man oft von *Immersion*. Darunter versteht man das „Eintauchen und Teilwerden" in einer virtuellen Welt. Während *Synästhesie* (vgl. Abschnitt 12.3.3) die Ganzheitlichkeit der Wahrnehmung und Handlung adressiert, bezieht sich *Immersion* auf weitergehende Phänomene wie das „Teilwerden" oder die *Einbezogenheit* in einer Erfahrungswelt. Die Maschine, hier das Medium, wird dabei selbst mehr oder weniger unsichtbar. Immersion wird anknüpfend an das im vorhergehenden Abschnitt behandelte Konzept der Einbezogenheit beleuchtet. Hier einige gängige Definitionen und Verfeinerungen für den Begriff *Immersion*:

Sherman und Craig (2003) differenzieren den *Begriff Immersion* in:

Immersion: "sensation of being in an environment"

Mental Immersion: "state of being deeply engaged"

Physical Immersion: "bodily entering into a medium"

Brown und Cairns (2004) stufen stattdessen ab in:

Engagement: "investing time, effort and attention"

Engrossment: "emotions are directly affected"

Total Immersion: "total immersion is presence"

Total Immersion ist die ausgeprägteste Form der Immersion im Sinne einer wahrgenommenen *Präsenz*.

12.4   Ein- und Ausgabesysteme

Interaktionsformen sind stereotype Kombinationen aus Ein- und Ausgabevorgängen. Sie erlauben Aufgaben in interaktiven Mensch-Maschine-Systemen auszuführen. Zur Realisierung von Interaktionsformen werden auf der technischen Ebene *Ein- und Ausgabesysteme (Controls und Displays)* benötigt. Dies sind hier, abstrakt gesehen, technische Geräte und Systeme, die es dem Operateur erlauben, Informationen aus dem Prozess oder der Prozessführung wahrzunehmen sowie sich gegenüber dem Prozessführungssystem zu artikulieren oder zu handeln, um letztlich den Prozess zu überwachen und, wenn nötig, auch zu beeinflussen.

Zur ergonomischen Gestaltung von Ein- und Ausgabesystemen gibt es umfangreichste Literatur (z.B. Salvendy, 1987; Helander, 1988, 1995; Corlett & Clark, 1995; Mentler & Herczeg, 2013b), sodass es den Rahmen sprengen würde, hier zu versuchen, detaillierte Ausführungen zu machen. Stattdessen soll ein kleiner Einblick in hochintegrierte, aufgabenorientierte Ein- und Ausgabesysteme gegeben werden, z.B. sogenannte *holistische Displays*, die für die Prozessführung insbesondere unter schwierigen Echtzeitbedingungen eine große Bedeutung erlangt haben. Ähnliches lässt sich für die Gestaltung von Eingabesystemen finden, die hier analog *holistische Controls* genannt werden sollen.

12.4.1   Ausgabeformen

Die *Ausgabesysteme (Displays, Präsentationssysteme)* lassen sich naturgemäß entsprechend der Wahrnehmungskanäle ordnen. Als Ausgabesysteme eignen sich naturgemäß Technologien, die in der Lage sind, menschliche Sinne zu stimulieren. Dazu gehören vor allem die folgenden:

- Bildschirme zur visuellen Wahrnehmung,

- Lautsprecher zur auditiven Wahrnehmung sowie

- Motoren und Vibratoren für haptische und kinästhetische Wahrnehmungen.

Ausgabesysteme für olfaktorische oder geschmackliche Reize werden bislang kaum eingesetzt, obwohl es erste technische Lösungen dafür gibt. Auch für weitere Modalitäten wie Temperatur-, Druck- oder Schmerzwahrnehmung gibt es Beispiele; diese werden aber zumindest nicht als Standardkomponenten eingesetzt. Solche Modalitäten sind nicht unbedeutend, da sie wie z.B. Geruchs- oder Temperaturwahrnehmung in der direkten Überwachung von Maschinen und Anlagen neben den visuellen, auditiven und haptischen Eigenschaften eine bedeutende Rolle spielen.

12.4.2   Holistische Displays

Im Sinne der oben beschriebenen Ziele zur ganzheitlichen (synästhetischen) Wahrnehmung von Prozesssituationen, können verschiedene Ausgabetechnologien zu sogenannten *holistischen Displays (ganzheitliche Ausgabesysteme)* kombiniert werden. Dies ist ein besonders interessanter Ansatz, der zu den wirkungsvollsten Gestaltungsansätzen im Bereich der Prozessführung geführt hat. Dies soll am Beispiel zweier holistischer Displaysysteme in Flugzeugcockpits näher erläutert und diskutiert werden.

Das wahrscheinlich bekannteste holistische Displaysystem im Bereich der Prozessführung ist das *Primary Flight Display (PFD)*, das bereits in frühen Flugzeugen in Form des „*Künstlichen Horizonts*" eingeführt worden war. Es sollte ursprünglich die basalen Fluglageinformationen für die Flugführung liefern und dem Piloten ermöglichen, sich einen schnellen und sicheren Überblick über die Fluglage zu verschaffen. Dies adressiert vor allem die Anforderungen der Situation Awareness (Näheres siehe Kapitel 10). Aus dem künstlichen Horizont haben sich diverse erweiterte Displays entwickelt, die neben der Fluglage auch die Bewegungsinformationen (z.B. Geschwindigkeit, Kurs, Steig-/Sinkgeschwindigkeit) geliefert haben (siehe Abbildung 58). Heutige PFDs enthalten darüber hinaus Informationen zum Status der Automatiken (z.B. Autopiloten) sowie Informationen zur Kollisionsvermeidung (Steigen/Sinken, sichere Steig-/Sinkrate). Weitere flugzeugtypspezifische Informationen ergänzen solche holistischen Displays.

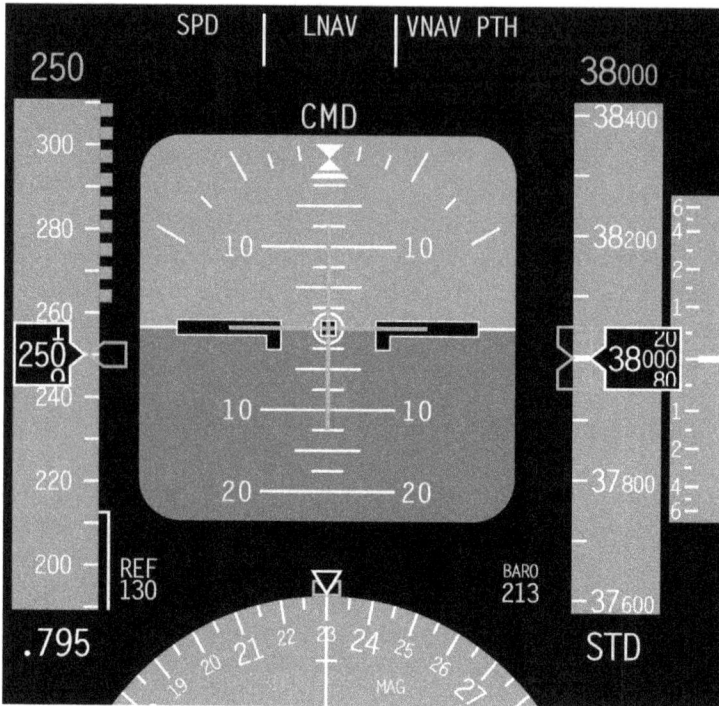

Abbildung 58. Primary Flight Display (PFD)

Das Bild zeigt ein PFD mit Abmessungen von etwa 15 cm × 15 cm im „Glass-Cockpit" eines Verkehrsflugzeugs. Im Zentrum befindet sich der künstliche Horizont zur Darstellung der Fluglage (Pitch, Roll, Orientierung zum Horizont). Links ist die Geschwindigkeit (Airspeed) mit Hinweisen zu situativen Betriebsgrenzen zu sehen. Rechts finden sich die Flughöhe (Altitude) sowie die Steiggeschwindigkeit (Vertical Airspeed). Unten ist die Flugrichtung (Heading) in einer Art Kompass angegeben. Oben stehen bedarfsweise Angaben zu Automatiken (z.B. Autopilotmodus) sowie spezielle Einstellungen des Flight Management Systems (FMS). Der Pilot kann auf einem Instrument „mit einem Blick" die wichtigsten Parameter der Flugsituation erkennen und überwachen (z.B. bei Start und Landung oder im Notfall bei schwierigen Flugmanövern).

Weitere holistische Displays in Verkehrsflugzeugen sind die diversen Formen des Kollisionswarn- und Kollisionsvermeidungssystems *TCAS (Traffic Alert and Collision Avoidance System)*, die zum Teil inzwischen auch in einigen PFDs integriert worden sind. TCAS zeigt dem Piloten den Luftraum in Entfernungsschalen sowie die relative Flughöhe von Flugzeugen in der Nähe (siehe Abbildung 59) an. Darüber hinaus gibt es Anweisungen in gesprochener Sprache, in welcher Weise und wie dringend die Flughöhe verändert werden soll, damit eine Kollision vermieden wird. Dazu wird übersichtliche handlungsleitende Information über momentane und anzustrebende Flughöhe gegeben. Der Pilot kann sich während seinem kur-

zen Ausweichmanöver von einigen Sekunden im Wesentlichen auf dieses Instrument konzentrieren, um die Aufgabe der Kollisionsvermeidung zu bewältigen. Die erlaubt die kognitiven Ressourcen ohne Ablenkung auf die dringend anstehende Aufgabe zu konzentrieren.

Abbildung 59. TCAS-System

> Das *TCAS (Traffic Alert and Collision Avoidance System)* gibt dem Piloten
> im Falle eines Kollisionsrisikos auditive und visuelle Anweisungen über die
> Flughöhe und eventuell notwendiges Steigen oder Sinken zur Kollisions-
> vermeidung. Das TCAS-System stimmt sich dabei mit den anderen Flugzeu-
> gen ab. Die Darstellung zeigt dem Piloten die Lage (andere Flugzeuge und
> deren relative Höhe und Höhenveränderungen an den kleinen Rauten) sowie
> die notwendige Steig- und Sinkrate zur Kollisionsvermeidung.

Die dargestellten holistischen Displays sind nur zwei Beispiele für aufgabengerechte Anzeigesysteme im Echtzeitkontext. In komplexen Prozessführungssystemen mit inzwischen
Zehn- oder Hunderttausenden zu überwachenden und zu steuernden Prozessgrößen ist es
nicht mehr ausreichend, nach dem historischen *One-Sensor/One-Display-Design* zu verfahren, wie es heute noch in vielen Leitwarten von Kernkraftwerken als Sicherheitsprinzip gegen durch komplexe Verarbeitungsprozesse intransparente oder verfälschte Daten dient (siehe Abbildung 60). Prozessparameter müssen insbesondere im Hinblick auf die zeitgerechte
und möglichst fehlerlose Prozessführung in übersichtlichen, aufgabengerechten und hand-
lungsleitenden Anzeigen dargestellt werden. Der Preis und damit ein neues Risiko sind die
Vorverarbeitung und die Verknüpfung von Sensordaten über oft mehrere Computer- und
Verarbeitungsebenen. Hier ist ein Kompromiss zwischen Bewältigung und Zuverlässigkeit
von Informationen in Anzeigensystemen zu finden.

Abbildung 60. Leitwarte eines Kernkraftwerkes (DWR-Simulator der KSG/GfS)

Die klassischen Leitwarten von Kernkraftwerken wurden nach dem *One-Sensor/One-Display-Design* realisiert. Gemeint ist damit, dass jeder Sensor und jedes Stellglied ein Gegenstück (Affordanz) auf einem der Pulte oder Wandflächen besitzt. Zwischen Display und Control liegen nur standardisierte einfache elektromechanische Bauteile, wodurch ein Minimum an technischem Stör- und Fehlereinfluss entsteht. Der Preis sind die hohen Kosten für solche Leitwarten sowie die geringe Systemunterstützung für Operateure. Die Bildschirme in der Mitte des Fotos zeigen Ansätze der computerbasierten Informationsverarbeitung, die hier nur für Darstellungen, nicht für die Steuerung verwendet werden. Im digitalen Kraftwerk mit einer digitalen Leitwarte fallen Pulte und Wandinstrumente zugunsten von Computerbildschirmen und Computereingabegeräten weg.

12.4.3   Eingabeformen

Als Gegenstück zu den Ausgabesystemen dienen Eingabesysteme zur Artikulation und Handlung der Operateure, um auf den Prozess einzuwirken. Entsprechend dem Ansatz bei Ausgabesystemen, kann man Eingabesysteme an den „menschlichen Ausgabemöglichkeiten" orientieren (siehe z.B. für die Medizintechnik Burmeister et al., 2010; Mentler, Kutschke et al. 2013):

- Tastaturen, Knöpfe und Schalter;
- Zeigeinstrumente wie Maus, Rollkugel und Joysticks;
- Touch-Eingabe;
- Gestik-Eingabe;
- Spracheingabe.

Während zu Beginn der Prozessführung die Eingabemöglichkeiten aus vielen diskreten Controls in Form von Schaltern, Tasten, Knöpfen oder mechanischen Drahtzügen bestand, entwickelt man heute zunehmend computergestützte integrierte Eingabesysteme, die mehrere Eingabemodalitäten möglichst aufgabenbezogen integrieren. Entsprechend wollen wir hier mit einem bislang noch kaum benutzten Begriff analog zu holistischen Displays von *holistischen Controls* sprechen.

12.4.4   Holistische Controls

Entsprechend holistischer Displays gibt es immer mehr Lösungen, bei denen auch kombinierte Eingabesysteme situations- und aufgabengerechte Unterstützung liefern sollen. Dies soll wiederum an zwei Beispielen dargestellt werden, dem Lenkrad und den Multifunktionsknöpfe moderner Pkws sowie am Steuerknüppel von Kampfjets.

Die zunehmende Funktionalität, Automatisierung und der Einzug von Kommunikations- und Navigationssystemen in Pkws hat zunächst dazu geführt, dass Pkw-Cockpits mit Schaltern, Knöpfen und Reglern zur Steuerung all dieser Systeme übersät worden sind. Die Bedienung dieser verstreuten vielfältigsten Eingabemöglichkeiten ist insbesondere während der Fahrt schwierig und damit fehler- und unfallträchtig. Da die Reduktion der Funktionalität offenbar aus Gründen der Konkurrenzfähigkeit, teils aber auch der Sicherheit von Pkws nicht in Frage kam, wurde funktional weiter aufgerüstet. Ab einem gewissen Punkt der Funktionsdichte konnten die Tasten und Regler nicht mehr sinnvoll in der verfügbaren Cockpit-Fläche (Cockpit-Panels) untergebracht werden. Stattdessen wurden die Funktionen einerseits in Multifunktionslenkräder (siehe Abbildung 61) und andererseits in Multifunktionsknöpfe (siehe Abbildung 62) integriert. Zusätzlich wurde Spracheingabe für eine Vielzahl von Funktionen wie die Steuerung von Telefon, Radio oder Navigationssystemen realisiert. Diese Eingabemodalitäten erlauben die Funktionen beim Fahren ohne Loslassen des Lenkrades zu steuern oder diese mit einer Hand an einem einzigen Multifunktionsknopf zu erledigen. Dies ermöglicht die Fahraufgaben ohne große Suche und Ertasten nach irgendwelchen Eingabegeräten durchzuführen. Inwieweit die bestehenden Lösungen tatsächlich dazu führen, dass die Fahrer in diesen hochfunktionalen Pkws letztlich sicherer fahren, muss derzeit als weitgehend ungeklärt angesehen werden. In jedem Fall ist allein schon durch das Vermeiden des „Absuchens und Abtastens" von Cockpit-Panels davon auszugehen, dass holistische Controls, ähnlich wie holistische Displays, bei geeigneter Gestaltung die Fahr- und Nebenaufgaben leichter bewältigen lassen.

Abbildung 61. Multifunktionslenkrad mit Tempomat- und Telefon-Steuerung von BMW

Viele Autohersteller verlagern Funktionsgruppen beispielsweise des Tempomats oder des Telefons in das Lenkrad, um häufige Fahraufgaben und Nebenaufgaben ohne riskantes Loslassen des Lenkrads und Suchen und Ertasten der Funktionen auf dem Cockpit-Panel leisten zu können.

Abbildung 62. Multifunktionsknopf iDrive von BMW

Auf dem iDrive-Knopf, der inzwischen trotz anfänglicher Kritik eine ganze Generation neuer Interaktionselemente in vielen Pkw-Modellen verschiedenster Hersteller initiiert hat, können Dutzende von Funktionen bedient werden. Die Funktionen sind in Funktionsgruppen gegliedert, aber weder standardisiert noch zwangsläufig aufgabenorientiert strukturiert.

Anders als im Consumerbereich der Automobile, möchte man im Fall der professionellen Fahrzeugführung keine undefinierten Risiken mit spielerischen Lösungen eingehen. Den wahrscheinlich ausgeprägtesten Fall für holistische Controls finden wir heute bei Kampfjets sowie bei Raumfahrzeugen. Dort müssen Piloten bzw. Astronauten unter extremen Zeit- und Flugbedingungen komplexe Missionen ausführen (Landungen, Flugmanöver, Kampfeinsätze). Zu diesem Zweck hat man neben hochkomprimierten holistischen Displays auch holistische Eingabesysteme wie die hochfunktionalen *„Throttlesticks" (Steuerknüppel, Joysticks)* realisiert (siehe Abbildung 63). Diese verfügen in der Basisfunktionalität über Steuerungsmöglichkeiten für die Ruder und das Antriebssystem. Darüber hinaus bieten sie diverse Funktionen, wie zum Beispiel die Steuerung der Waffensysteme oder anderer Peripheriesysteme. All diese Funktionen müssen mit einem solchen Eingabegerät auch mit dicken Handschuhen und in Druckanzügen gesteuert werden können.

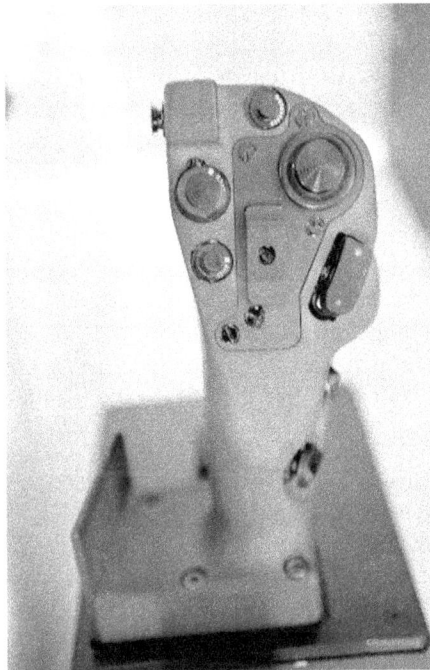

Abbildung 63. Steuerknüppel eines Dassault Rafale Mehrzweck-Kampfflugzeuges

Im Kampfeinsatz eines Kampfflugzeuges hängt Erfolg oder Misserfolg einer Mission von der sicheren und effizienten Bedienung der Maschine und ihrer Funktionen ab. Die wichtigsten Funktionen für die Flugsteuerung und die Waffensysteme liegen deshalb, soweit räumlich möglich, auf dem *Throttlestick*. Die einzelnen Knöpfe und Entriegelungen müssen dabei auch sicher mit Handschuhen und Druckanzügen bedienbar sein. Solche Herausforderungen zeigen die Möglichkeiten und Grenzen der menschlichen Leistungsfähigkeit im Kontext von Mensch und Maschine.

So wie holistische Displays sollen auch holistische Controls helfen, die Aufgaben der Operateure in Echtzeit konzentriert und sicher auszuführen. Funktionen werden in Funktionsgruppen strukturiert und räumlich so angeordnet, dass der Operateur schnell und verwechslungs-
sicher mit diesen interagieren kann. Auch das Zusammenspiel von holistischen Displays und
Controls muss dazu abgestimmt sein. Deshalb sollte man diese am besten in der Kombination als *holistische Interaktionsformen*, d.h. ganzheitlich an Aufgaben orientierte Interaktionsmodalitäten sehen. Flemisch et al. haben beispielsweise für die Fahrzeugführung die
sogenannte *H-Metapher* entwickelt, bei der sich die Interaktion an der Ganzheitlichkeit des
Reitens eines Pferdes anlehnt (Flemisch et al., 2003; Flemisch, 2004).

12.4.5   Analoge Prozessführung

Während in den vorausgegangenen Abschnitten u.a. erläutert wurde, wie der Weg vom alten
analogen One-Sensor/One-Display-Design zur computergestützten oder computergesteuerten
Prozessführung verlaufen ist, ist es an dieser Stelle wichtig zu erkennen, dass dies nicht
zwangsläufig wie am Anfang der Digitalisierung der Prozessführung zu einer Diskretisierung
des Informations- und Handlungsraumes führen muss. Gerade holistische Displays und Controls zeigen, wie man nahe an der menschlichen analogen Sensomotorik auch und gerade
durch computergestützte Systeme zum digital realisierten analogen Prozessführungssystem
kommen kann. Die Operateure können, soweit wie sinnvoll und möglich, ihre natürlichen
analogen Sinne zur Überwachung und zur Steuerung von Prozessen einsetzen. Der Sidestick
eines modernen Verkehrsflugzeuges oder die computergestützte elektrische Servolenkung
eines modernen Pkws sind digitale, computerbasierte Systeme, die sich natürlich und direkt
anfühlen, ohne es zwangsläufig zu sein. So kann die Lenkung die Bewegung des Lenkrads
geschwindigkeitsabhängig skalieren, ohne dass der Fahrer das Gefühl hat, einen Computer
zu bedienen.

Der Weg zurück zur natürlichen Welt des Analogen erlaubt es, den Menschen mit seinen
ausgeprägten sensomotorischen Fähigkeiten in synästhetischer Weise enger denn je in die
Prozessführung einzubeziehen (Herczeg, 2010). Dies kann in ein basales und gleichzeitig
sehr weitgehendes Verständnis und Implementierung von *„Operator in the Loop"* führen.

12.5   Zusammenfassung

In Prozessführungssystemen müssen Aktionen und damit auch die Interaktionen mit dem
System typischerweise in *Echtzeit* ablaufen. Dies bedeutet, dass die Interaktion nicht nur
effektiv und effizient, sondern auch innerhalb eines definierten *Zeitfensters* ablaufen muss.

In Abhängigkeit von der verfügbaren Zeit, bieten sich nach dem 3-Ebenen-Modell von Rasmussen die folgenden Kompetenzen und Methoden für die jeweiligen Zeitfenster an:

- *Fertigkeiten (Skills):* Bruchteile von Sekunden bis wenige Sekunden;
- *Regeln (Rules):* wenige Sekunden bis wenige Minuten;
- *Wissen (Knowledge):* wenige Minuten bis Stunden oder Tage.

Ein Prozessführungssystem kann seiner Natur gemäß als *Medium*, also als das passiv „Dazwischenstehende" oder als *Mediator*, also das aktiv „Vermittelnde" zwischen Operateur und Prozess verstanden werden. Dieses Medium kann allerdings nie neutral vermitteln. Es verändert und transformiert die Daten in und aus dem Prozess und kontextualisiert diese zu Informationen.

Das Prozessführungssystem kann bei der Interaktion zum Operateur aufgrund der multiplen sensorischen und motorischen Kanäle, die dabei benutzt werden, als *multimedial* oder als *Multimedium* bezeichnet werden. Die *multimedialen Interaktionsformen*, die für ein Mensch-Maschine-System realisiert werden, erzeugen im Zusammenwirken mit der menschlichen Sensomotorik und Kognition diverse *Interaktionsmodalitäten*.

Je besser und natürlicher diese Interaktionsmodalitäten im Zusammenspiel zwischen Mensch und Maschine funktionieren, desto *synästhetischer* sind sie. *Synästhesie* bedeutet in der Mensch-Maschine-Interaktion die menschlichen sensomotorischen und kognitiven Fähigkeiten bestmöglich zu nutzen.

Je direkter Operateure mit einem Prozessführungssystem ihre Aufgaben lösen können und je „natürlicher" sie den Prozess dabei wahrnehmen können, desto stärker fühlen sich diese in den Prozess und seine Manipulation *einbezogen*. Interaktion mit hoher *Einbezogenheit* und einer natürlichen Abbildung des Prozesses nennt man *Direkte Manipulation*. Die Einbezogenheit wird in diversen Stufen von mentaler bis körperlicher Einbezogenheit dann *Immersion*, das Eintauchen in eine interaktive Welt genannt. Dieser Begriff stammt aus dem Gebiet der *Virtuellen Realität*, wo man versucht, einem Benutzer eine künstliche Welt mit technischen Mitteln zu präsentieren. Diese Prinzipien kann man sich bei Prozessführungssystemen zunutze machen. Dies ist insbesondere hilfreich, wenn *Simulatoren* für sicherheitskritische Systeme entwickelt werden müssen, die es erlauben, gefahrlos typische und außergewöhnliche Situationen zu üben und zu meistern (z.B. Fahrzeugsimulatoren, Leitwartensimulatoren).

Interaktionsformen werden durch die Kombination vielfältigster technischer *Ein- und Ausgabesysteme* realisiert. Die Kombination und das Zusammenspiel der Ein- und Ausgabesysteme sollten sich an den Aufgaben der Operateure orientieren. Je besser die Ein- und Ausgabesysteme an vor allem komplexen und zeitkrischen Aufgaben orientiert werden, desto *ganzheitlicher* ist die Interaktion. Wir sprechen von *holistischen Displays und holistischen Controls*, die es dem Operateur erlauben, sich ganz auf eine kritische Aufgabe zu konzentrieren, ohne dabei diverse verteilte Displays und Controls nutzen zu müssen.

13 Entwicklung von Prozessführungssystemen

Kritische Ereignisse (Incidents) und Unfälle (Accidents) können entstehen, wenn vorgesehene *Sicherheitsmaßnahmen (Barrieren)* oder *Operations- und Notfallpläne (Contingency Procedures)* bei deren Eintritt nicht funktionieren. Funktionsfähige Barrieren – und natürlich auch der Zufall als eine Summe aller nicht berechenbaren Einflüsse – grenzen gewissermaßen Incidents von Accidents ab. Gefährliche Ereignisketten werden durch Barrieren ab einem kritischen Punkt beendet oder in gutartige Verläufe übergeleitet (Hollnagel, 2004).

Zur Verdeutlichung der Bedeutung, Wirkung und Versagen von Barrieren hat Reason sein schon in Abschnitt 8.3.4 erwähntes *„Schweizer-Käse-Modell (Swiss-Cheese-Model)"* entwickelt (Reason, 1990). Es verdeutlicht metaphorisch, dass es einer Verkettung „unglücklicher", besser gesagt, unerwarteter und schädlicher Ereignisse und Umstände bedarf, um in sicherheitskritischen Systemen, mehr oder weniger zur gleichen Zeit, Lücken in allen vorgesehenen Barrieren zu durchlaufen (siehe Abbildung 64).

Schon hier ist erkennbar, dass bei der Entwicklung von sicherheitskritischen Technologien und den dazugehörigen Prozessführungssystemen dem Verständnis und der Berücksichtigung von außerordentlichen Ereignissen eine besondere Bedeutung zukommt. Daher ist es wichtig, systematische und umfassende Ereignisanalysen bei der Entwicklung, wie auch im Betrieb sicherheitskritischer Technologien vorzunehmen (siehe dazu Kapitel 8) und diese in geeignete Barrieren und Maßnahmen umzusetzen.

Im Folgenden werden Entwicklungsmethoden für vor allem sicherheitskritische Mensch-Maschine-Systeme erläutert, die jeweils aus einer bestimmten Perspektive und Zielsetzung heraus versuchen, *Risiken zu minimieren*

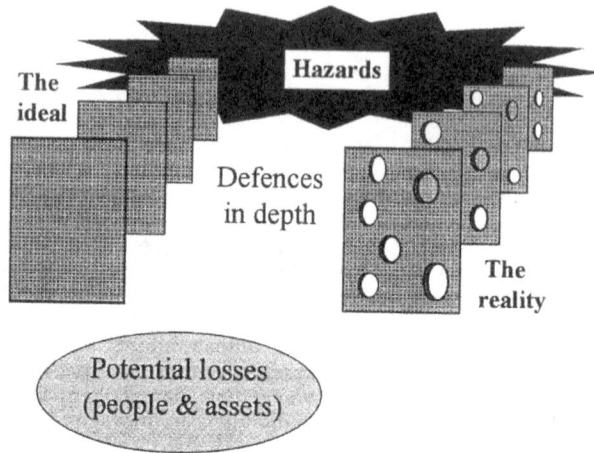

Abbildung 64. Das „Schweizer-Käse-Modell" von Reason (1990)

James Reason erläutert mit diesem Modell, dass das Auftreten von Unfällen oft die Folge mehrerer, zwar gestaffelter, aber nicht funktionsfähiger Schutzbarrieren ist. Es ist daher wichtig, die Lücken in Barrieren so klein wie möglich zu halten, sie unabhängig und entkoppelt zu halten und sie in ihrer Wirkungsweise gegeneinander zu versetzen. Sie sollen dann als mehrstufige „Abschottungen" vor kritischen Ereignissen schützen.

13.1   Usability-Engineering (Design for Usability)

Eine schon lange verfolgte Form der Systementwicklung, die das Zusammenspiel von Mensch und Maschine im Auge hat, ist die Entwicklung von Mensch-Maschine-Systemen unter ergonomischen Gesichtspunkten, d.h. im Sinne *gebrauchstauglicher Systeme.*

Schon frühe und traditionelle Werkzeuge wurden meist mit hohem Aufwand über lange Zeiträume für eine gute Wirksamkeit und Handhabbarkeit ihrer Funktionen entwickelt und dabei über ständige, meist kleine Entwicklungsschritte in ihrer Form an den menschlichen Körper sowie an die menschlichen Fertigkeiten, Kenntnisse und Präferenzen angepasst (siehe Abbildung 65). Vor allem in den letzten 150 Jahren systematischer Werkzeugentwicklung haben sich dabei vielfältige Gestaltungsprinzipien, Entwicklungs- und Testmethoden entwickeln können. Durch eine wissenschaftliche Systematisierung und Professionalisierung dieser Vorgehensweise ist das Gebiet der *Ergonomie*[17] entstanden. Im Rahmen der Ergonomie wurden durch vielfältige Studien und Experimente Werkzeuge und Arbeitsumgebungen an die Menschen und ihre Tätigkeiten angepasst und laufend optimiert. Schon 1857 weist der

---

[17] Ergonomie: Lehre von der Arbeit
engl.: *Human Factors (HF)*
griechisch: *ergon*: Arbeit, Werk – *nomos*: Gesetz, Regel, Ordnung

polnische Naturwissenschaftler Wojciech Jastrzebowski auf dieses damals gerade entstehen-
de Wissenschaftsgebiet hin (Jastrzebowski, 1857):

> *"Ergonomie ist ein wissenschaftlicher Ansatz, damit wir aus diesem Leben die besten*
> *Früchte bei der geringsten Anstrengung und mit der höchsten Befriedigung für das*
> *eigene und das allgemeine Wohl ernten."*

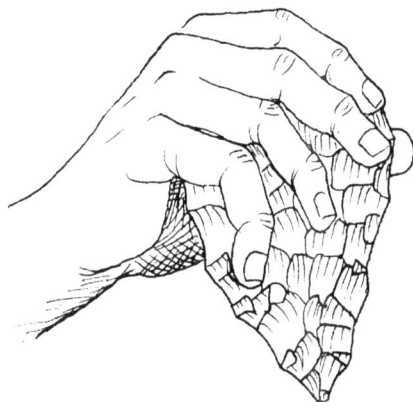

Abbildung 65. der Faustkeil als eines der ersten gebrauchstauglichen Werkzeuge
(cc: José-Manuel Benito Álvarez, Wikipedia)

Bereits der Faustkeil wurde über Tausende von Jahren in einem ergonomisch
orientierten Entwicklungsprozess iterativ in die menschliche Hand optimiert
(siehe auch Herczeg, 2008b).

Die *Ergonomie* oder *Gebrauchstauglichkeit* von Prozessführungssystemen war im Allgemeinen ein explizites Gestaltungsziel. Gerade im Bereich der Gestaltung von Displays und
Controls stand die Ergonomie im Vordergrund (vgl. Abschnitt 12.4 und z.B. Salvendy, 1987;
Helander, 1988; Corlett & Clark, 1995; Helander, 1995). Heute sprechen wir im Zusammenhang mit der gebrauchstauglichen Gestaltung von interaktiven Systemen von *Usability-Engineering* (Nielsen, 1993; Mayhew, 1999; Herczeg, 2006a; Herczeg, 2008a, Herczeg, 2009a;
Herczeg et al., 2013).

Die entstandenen Lösungen für komplexe Prozessführungssysteme, wie Cockpits, zeigen die
mühevolle Kleinarbeit bei der Gestaltung von Displays und Controls (siehe z.B. Abbildung
66). Es zeigt sich bei näherer Betrachtung, dass die Ausgestaltungen und Anordnungen allerdings meist deutlich begrenzte lokale Optimierungen von Anzeigesystemen hinsichtlich
Wahrnehmung und manueller Bedienung und im besten Fall auch aufgabenorientierte Konzepte waren. Inwieweit die zugrunde gelegten Aufgabenstellungen selbst den menschlichen
kognitiven Fähigkeiten naheliegen oder eher ökonomischen Gegebenheiten der Arbeitsorganisation entsprechen, sollte nach vielen Jahren der inkrementellen Entwicklung durchaus
hinterfragt und überprüft werden. Dies führt uns zum *Cognitive-Engineering*.

Abbildung 66. Ergonomische Gestaltung eines Teils des Airbus A380-Cockpits

Die Darstellung zeigt das Instrumentenpanel zwischen Pilot und Kopilot in einer Mischung aus physischen und digitalen Instrumenten, die sich teilweise an einer historischen Entwicklung (z.B. die vier Schubhebel), teilweise aber an typischen Computerbildschirmdesigns (z.B. drei größere Bildschirme) orientieren. Die beiden Trackballs ähneln nach wie vor einem Faustkeil (vgl. Abbildung 65).

13.2   Cognitive-Engineering (Design for Cognition)

Selbst hinsichtlich der Gebrauchstauglichkeit eines Prozessführungssystems optimierte Lösungen werden schnell an ihre Grenzen kommen, wenn Operateure unter hoher Beanspruchung oder in schwierigen emotionalen Zuständen (z.B. Aversionen, Angst, Stress) operieren. Im Bereich des *Cognitive-Engineering* versucht man ganzheitlicher und aus Benutzersicht auf ein Handlungssystem zu schauen. Die Aufgaben werden entsprechend auch kognitiv, d.h. als mentale Repräsentationen modelliert. Hierbei zieht man die mentalen Modelle der Benutzer, hier der Operateure, in Betracht zieht (siehe Kapitel 6).

Eine solche Form von kognitiver Modellierung ist die Kernidee im *Cognitive-Engineering* (Norman, 1986; Johnson-Laird, 1989; Rasmussen et al.. 1994; Herczeg, 2006c). Dabei kann das Usability-Engineering als eine Grundlage und Cognitive-Engineering als die Erweiterung der Ergonomie von manuellen auf kognitive Werkzeuge angesehen werden. Daher sprechen wir hierbei von *Kognitiver Ergonomie*. Hierbei ermöglicht die Konzentration auf

- mentale Modelle,
- Denkweisen,
- typisches menschliches Verhalten oder
- Problemlösungsstrategien

nicht nur gebrauchstaugliche Lösungen unter Berücksichtigung sensomotorischer und anderer physischer Fähigkeiten, sondern auch kognitiv günstige Lösungen zu finden. Die Lösungen passen also neben der Physiologie auch zur Denkweise menschlicher Operateure. Ein Beispiel einer kognitiven Gestaltung ist beispielsweise in Form eines *Tunnel in the Sky-Displays* in Abbildung 67 zu finden.

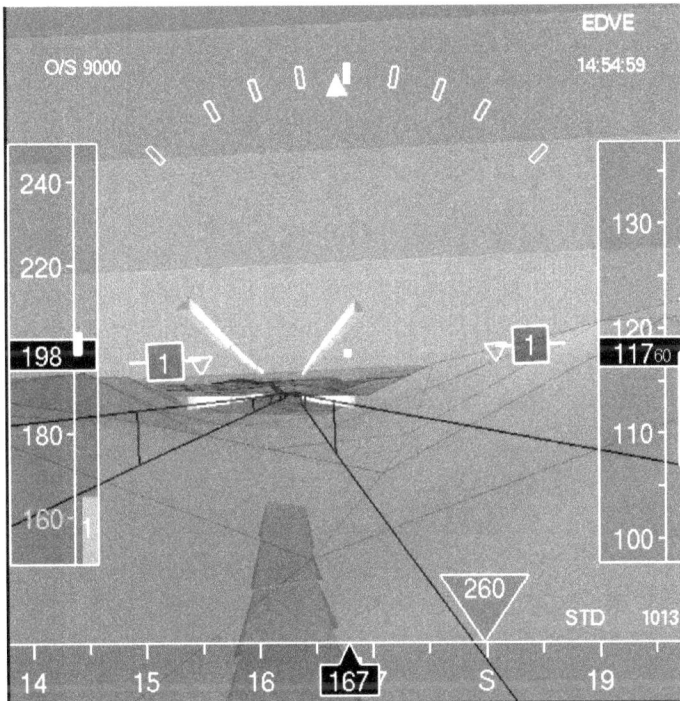

Abbildung 67. Kognitives Design in einem Cockpit (Tunnel in the Sky, Quelle: DLR)

In einem Tunnel in the Sky-Display wird dem Piloten die Flugbahn als eine Art Tunnel oder Straße dargestellt, dem bzw. der entlang geflogen werden soll. Dies adressiert kognitive Muster, die Orientierung geben sollen.

13.3   Fehlersensitives Systemdesign (Design for Error)

In der Entwicklung sicherheitskritischer Systeme ist die Analyse von *Fehlermöglichkeiten* eine wichtige Grundlage für die Systemgestaltung. Das System soll vorhersehbare Fehlersituationen, welcher Ursache auch immer, soweit wie möglich vermeiden oder durch korrektive Maßnahmen kompensieren. *Fehlersensitives Design (Design for Error)* ist eine Denk- und Vorgehensweise früh im Prozess der Realisierung sicherheitskritischer interaktiver Systeme, der das Grundprinzip der Annahme menschlicher und technischer Fehler unterliegt.

Ein solcher Ansatz menschlicher Fehler wird unter dem Kriterium der *Fehlertoleranz* beispielsweise in der ISO 9241-110 für die Dialoggestaltung gefordert. Dort heißt es:

Die ISO 9241-110:2008 beschreibt einige Grundsätze für fehlertolerante Systeme:

> *„Ein Dialog ist fehlertolerant, wenn das beabsichtigte Arbeitsergebnis trotz erkennbar fehlerhafter Eingaben entweder mit keinem oder mit minimalem Korrekturaufwand seitens des Benutzers erreicht werden kann. Fehlertoleranz wird mit den Mitteln erreicht:*
>
> *– Fehlererkennung und -vermeidung (Schadensbegrenzung);*
>
> *– Fehlerkorrektur oder*
>
> *– Fehlermanagement, um mit Fehlern umzugehen, die sich ereignen."*

Dazu werden in derselben Norm unter Fehlertoleranz u.a. folgende Empfehlungen gegeben:

- *„Das interaktive System sollte den Benutzer dabei unterstützen, Eingabefehler zu entdecken und zu vermeiden."*

- *„Das interaktive System sollte verhindern, dass irgendeine Benutzer-Handlung zu undefinierten Systemzuständen oder zu Systemabbrüchen führen kann."*

- *„Wenn sich ein Fehler ereignet, sollte dem Benutzer eine Erläuterung zur Verfügung gestellt werden, um die Beseitigung des Fehlers zu erleichtern."*

- *„Aktive Unterstützung zur Fehlerbeseitigung sollte dort, wo typischerweise Fehler auftreten, zur Verfügung stehen."*

- *„Wenn das interaktive System Fehler automatisch korrigieren kann, sollte es den Benutzer über die Ausführung der Korrektur informieren und ihm Gelegenheit geben, zu korrigieren."*

- *„Der Benutzer sollte die Möglichkeit haben, die Fehlerkorrektur zurückzustellen oder den Fehler unkorrigiert zu lassen, es sei denn, eine Korrektur ist erforderlich, um den Dialog fortsetzen zu können."*

- *„Wenn möglich, sollten dem Benutzer auf Anfrage zusätzliche Informationen zum Fehler und dessen Beseitigung zur Verfügung gestellt werden."*

- *„Die Prüfung auf Gültigkeit und Korrektheit von Daten sollten stattfinden, bevor das interaktive System die Eingabe verarbeitet."*

- *„Die zur Fehlerbehebung erforderlichen Schritte sollten minimiert sein."*

- *„Falls sich aus einer Benutzerhandlung schwerwiegende Auswirkungen ergeben können, sollte das interaktive System Erläuterungen bereitstellen und Bestätigung anfordern, bevor die Handlung ausgeführt wird."*

Ähnlich wie bei der Antizipation menschlicher Fehler wurde das Prinzip des fehlertoleranten Systemdesigns auch für technische Fehler entwickelt und als Denkweise der Prävention angewendet. Beispielsweise werden bei den Konstruktionsprinzipien der *Failure Mode and Effects Analysis (Fehlermöglichkeits- und Einflussanalyse, FMEA)* nach DIN EN 60812 oder der *Failure Mode and Effects and Criticality Analysis (FMECA)* (ursprünglich MIL-P-1629) systematisch nach Fehlerquellen und ihren Auswirkungen im technischen System gesucht. Durch eine solche vorsorgliche Fehlervermeidung soll ein höherer Qualitätsstandard, hierbei auch im Bereich der Betriebssicherheit eines Produkts erreicht werden. Die Methode wurde zunächst in militärischen Anwendungsbereichen entwickelt. In den 60er Jahren wurde sie dann im Bereich der Luft- und Raumfahrt (Apollo-Projekt) und dann in den 80er Jahren, beginnend bei Ford, in breiter Front, vor allem in der Automobilindustrie, weiterentwickelt und praktiziert. Entsprechend wird das Verfahren seit 1996 vom VDA (Verband der Automobilindustrie) unterstützt. Bei der FMEA werden diverse Schwachstellen untersucht:

Design-FMEA: Schwachstellen im Konstruktionsprozess mit Herstell-, Prüf- und Materialrisiken

Produkt-FMEA: Schwachstellen in den technischen Teilsystemen und ihren Komponenten (getrennt nach Hardware, Software, etc.)

Prozess-FMEA: Schwachstellen im Produktions- oder Leistungsprozess

System-FMEA: Betrachtung des Gesamtrisikos wie Markt- und Kostenbeherrschung oder Umweltverträglichkeit

Eine FMEA sieht in der Vorgehensweise vor allem vor:

- Eingrenzung des betrachteten Systems,

- Strukturierung des betrachteten Systems,

- Definitionen der Funktionen der Strukturelemente,

- eine Analyse auf potenzielle Fehlerursachen, Fehlerarten und Fehlerfolgen, die sich direkt aus den Funktionen der Strukturelemente ableiten,

- Risikobeurteilung,

- Maßnahmen- bzw. Lösungsvorschläge zu priorisierten Risiken,

- Verfolgung vereinbarter Vermeidungs- und Entdeckungsmaßnahmen und

- Restrisikobeurteilung und Restrisikobewertung.

Die möglichen Fehler werden nach drei Bewertungskriterien beurteilt:

A (Auftreten):   Mit welcher Wahrscheinlichkeit tritt ein Fehler in Verbindung mit einer Ursache auf?

B (Bedeutung):   Welche Bedeutung hat die Folge eines Fehlers?

E (Entdeckung):   Mit welcher Wahrscheinlichkeit wird ein Fehler erkannt?

Die Bewertung erfolgt mit Zahlenwerten von 1 bis 10, in der Abstufung von gering bis sehr kritisch. Daraus wird eine *Risikoprioritätszahl (RPZ)* gebildet:

$$RPZ = A * B * E$$

Je nach Wert schätzt man das Risiko ein:

RPZ < 50:   geringes Risiko ohne Erfordernis dieses abzustellen

50 < RPZ < 200: mittleres Risiko mit der Erfordernis einer eingehenden Untersuchung

RPZ > 200:   hohes Risiko mit der Erfordernis dieses abzustellen

Wie man an dieser Methodik erkennen kann, werden die Risiken nicht eindeutig auf Sicherheitsaspekte bezogen. Auch ökonomische oder ökologische Risiken werden hier verrechnet. Allerdings sollen Fehlerbedeutungen durchaus explizit auf die Möglichkeit von Schäden an Menschen untersucht und bewertet werden. Inwieweit diese rechnerisch in der RPZ wieder relativiert werden können, hängt von der konkreten Methode ab.

Desweiteren ist festzustellen, dass es sich um eine vorwiegend technische und prozessuale Betrachtung handelt, in der menschliche Faktoren nur wenig oder keine Berücksichtigung finden. Die FMEA kann daher als Grundlage durchaus dienen, da geringe Fehlerwahrscheinlichkeiten in den technischen Komponenten eine Voraussetzung und ein wichtiger Faktor bei Risiken im Gesamtsystem Mensch, Technik und Organisation (MTO) darstellen. Die FMEA wird aus diesem Grund im Allgemeinen innerhalb eines umfassenden Methodensystems für die *Technische Risikoanalyse* eingesetzt (siehe hierzu auch Abschnitte 2.3 und 8.4). Es gibt allerdings auch Bemühungen, die FMEA als sogenannte *User FMEA,* auch für mögliche menschliche Fehlerquellen auszuprägen und einzusetzen. Diese hat jedoch noch keine mit der normalen FMEA vergleichbare Anwendung gefunden und ist auch im Bereich der Human Factors bislang ohne wesentliche praktische Bedeutung geblieben.

13.4   Situationsorientiertes Systemdesign (Design for Situation Awareness)

Wie in Kapitel 10 ausführlich diskutiert, ist eine geeignete *Situationswahrnehmung (Situation Awareness)* eine wesentliche Voraussetzung, um Anomalien erkennen und beherrschen zu können. Ein Prozessführungssystem muss also so konzipiert werden, dass es den Operateuren ermöglicht, die aktuelle Situation, d.h. den aktuellen Prozesszustand erkennen, Vorhersagen treffen und geeignete Gegenmaßnahmen einleiten zu können.

Für eine laufende Situationswahrnehmung wiederum ist es unabdingbar, den Operateur aktiv in das Prozessgeschehen zu involvieren *(Operator in the Loop)*. Dies wiederum ist nur möglich, wenn man von einer umfassenden Vollautomatisierung absieht, und den Operateur als kritikfähigen und kreativen Akteur in die Automationslösung einbezieht. Dies bedeutet nicht, dass womöglich auf Automationen zugunsten von manuellen Lösungen zu verzichten wäre. Es gibt aber eine Vielzahl von Aufgabenstellungen in einem Gesamtsystem, die von menschlichen besser als von maschinellen Akteuren geleistet werden können.

Situationsorientiertes Systemdesign bedeutet, den Operateur als leistungsfähigen Teil des Gesamtsystems zu verstehen, eine geeignete Aufgabenanalyse als Grundlage für Automatisierungsentscheidungen vorzunehmen und die einzelnen Aufgaben bestmöglich auf Mensch und Maschine so zu verteilen, dass die jeweiligen besonderen Fähigkeiten zum Einsatz kommen. Da die menschliche Vigilanz, also die Fähigkeit wach und aufmerksam zu sein, allerdings sehr begrenzt ist, bedeutet dies auch mehrere Akteure in entsprechenden Zeitmodellen in das Gesamtsystem zu integrieren und die Arbeitsorganisation daraufhin zu optimieren. Dies kann man beispielsweise positiv in der Vergangenheit an den Arbeitszeitmodellen der Flugsicherung sehen, die kurze Schichtzeiten von typischerweise zwei Stunden und einer Pause von mindestens einer Stunde für die Fluglotsen vorsieht. Das Gegenteil findet man in den Arbeitszeitmodellen für Piloten, wo die Länge der zu fliegenden Strecken und die Optimierung des Personalbedarfs zu immer längeren Dienstzeiten im Langstreckenflug führen. Hier sind tägliche Flugdienstzeiten von 14 Stunden und Wachzeiten von 18 Stunden keine Ausnahme. Der Zusammenhang der Länge des Flugdienstes und *Fatigue (Übermüdung)* mit dem Unfallrisiko wird seit einiger Zeit bei der Auswertung von Flugunfällen von 1978 bis 1990 amerikanischer Airlines vom NTSB untersucht[18] und von Pilotenvereinigungen, wie z.B. der Vereinigung Cockpit (VC), kritisch diskutiert[19].

Design for Situation Awareness setzt voraus, dass Operateure Teil des Prozesses sind und bleiben und natürliche Grenzen menschlicher Leistungsfähigkeit, insbesondere zum Erhalt der Aufmerksamkeit, nicht überschritten werden. Die Schwierigkeit, dies heute unter dem Primat der Ökonomie umzusetzen, führt zu fortschreitender Automatisierung bis zur Vollautomatisierung, die beide weder optimal für die Maschine noch optimal für die fast nur noch überwachenden Operateure anzusehen sind. So wird inzwischen ein Langstreckenflug bis zu etwa 99% der gesamten Flugzeit automatisch geflogen.

13.5   Resilience-Engineering (Design for Robustness)

Die Grenzen aller Formen klassischen Engineerings liegen im nicht erwarteten Einzelfall, der immer eine Überraschung darstellt und dem somit nicht mit herkömmlichen Mitteln begegnet werden kann. Während der Normal- und Routinefall aus technischer und kognitiver Sicht durchdacht wurde, werden Probleme, die noch nie aufgetreten oder bekannt geworden

---

[18] http://www.ntsb.gov/safety/mwl-1.html (letzter Zugriff 05.01.2014)

[19] http://www.vcockpit.de/index.php?id=641 (letzter Zugriff 05.01.2014)

sind, kaum in die Lösung Einzug finden. Selbst die Rückschau auf Incidents und Accidents und damit auf Fehlverhalten von Mensch, Technik oder Organisation wird im Sinne des *Hindsight-Bias*, eines typischerweise immer verzerrten Rückblicks auf Ereignisse (Fischhoff, 1975; vgl. Abschnitt 8.5.4), nur begrenzt zur Erhöhung der Sicherheit von Systemen beitragen können. Um diese Problematik noch grundlegender in Angriff zu nehmen und auf diesem Weg neue Begrifflichkeiten, Systemkonzepte und Entwicklungsmethoden zu schaffen, wurde *Resilience-Engineering* als Methodik des umfassenden und proaktiven Wahrnehmens von Risiken, Wahrnehmungen und dem Umgang mit diesen definiert (Hollnagel et al., 2006). Es handelt sich dabei um ein Paradigma des *Sicherheitsmanagements* bezogen auf die Entwicklung von Systemen (siehe dazu 14.3.2).

Seit einigen Jahren, insbesondere unter der Betrachtung einer Vielzahl von Incidents und Accidents (siehe Kapitel 8) ist man zum Schluss gekommen, dass man die unzähligen Ausnahmesituationen nicht in Form von Notfallaufgaben und Notprozeduren vordenken kann, sondern eine besondere *Robustheit* des Mensch-Maschine-Systems inklusive einer *Sicherheitskultur* (siehe Abschnitt 14.3.4) zu realisieren ist, damit möglichst viele kritische Situationen gemeistert werden können (Hollnagel et al., 2006; Hollnagel et al., 2011).

Operateure sollen so geschult und Organisationen so beschaffen sein, dass sie u.a. zu folgenden Leistungen in der Lage sind:

- ständige Beobachtung und Reflektion kritischer Zustände und Überlegungen, wo neue Risiken entstehen könnten,
- Antizipation von bevorstehenden Risiken und Störfällen,
- Lernen aus früheren Ereignissen und
- Anpassung ihrer Leistung und Struktur an neue Problemstellungen.

Zusammengefasst kann man von *proaktivem Handeln* in Bezug auf Risiken und ihrer Bewältigung sprechen, anstatt erst nach dem Ereignis zu analysieren und zu optimieren.

13.6 Verantwortungsorientiertes Systemdesign (Design for Responsibility)

Unabhängig von der optimalen Arbeitsteilung zwischen Mensch und Maschine stellt sich die Frage, wer letztlich im Prozessverlauf die *Entscheidungen* trifft und die *Verantwortung* trägt.

Auf den ersten Blick könnte man denken, dass der menschliche Operateur, also der Pilot, Autofahrer, Anlagenfahrer usw., die Verantwortung übernehmen muss. Bei näherer Betrachtung ist zu klären, wer auf Grundlage technischer Konstruktion und betrieblicher Organisation überhaupt Verantwortung für den Betrieb eines sicherheitskritischen Systems übernehmen kann. Ein Autofahrer der seinen Bremsvorgang mit Hilfe eines Antiblockiersystem durchführt, kann nur bedingt für die Länge des Bremsweges verantwortlich gemacht werden, da dieser durch die technische Lösung gegenüber einem direkten Bremssystem unter bestimmten Bedingungen, z.B. trockener Straße, verlängert wird. Ein Pilot der gewöhnlich ein automatisches Bremssystem (Autobrake) bei der Landung verwendet, entscheidet nicht mehr selbst über den Zeitpunkt und die Stärke des Bremsdrucks und der Leistung des Umkehrschubs. Hier wirken Automatisierungen in komplexer Weise mit menschlichen Aktivitäten zusammen, die es erschweren oder unmöglich machen, eine eindeutige Lokalisierung der Initiative, der Entscheidungsprozesse und der Handlungsabläufe vorzunehmen. Entsprechend kann die Verantwortung über den Verlauf eines solchen Bremsvorganges nicht mehr eindeutig dem Menschen oder der Maschine (stellvertretend dem Konstrukteur oder Hersteller) zugeordnet werden. Dieses Problem der Zuordnung von Verantwortung geht also einher mit der Zuordnung von Aktivitäten und Handlungsfähigkeiten. Sind Aktivitäten nicht mehr eindeutig einem Akteur zuzuordnen oder kann dieser nicht frei handeln, so kann Verantwortung nur auf der nächsthöheren systemischen Abstraktionsebene zugeordnet werden.

Verantwortungsorientiertes Systemdesign (Design for Responsibility), ein weitgehend neues Konzept, müsste versuchen, in komplexen Automationen neben der Lokalisierung der Initiative und Kontrolle immer eine Rolle der Verantwortung zu erhalten. Eine Möglichkeit, dies in komplexen Automatisierungslösungen zu erhalten, ist eine Form der partizipativen Systementwicklung, bei der geeignete Repräsentanten der Operateure selbst in die Entwicklung von Automationen einbezogen werden. Dies schafft einerseits ein gemeinsames Verständnis bei Operateuren und Entwicklern über geeignete und überschaubare Automatisierungslösungen und somit die Grundlage für Operateure über Einsatz und Wirkung von Automatisierungen wissentlich zu entscheiden. Das Durchdringen von Technik und Automatisierung ist die Grundlage dafür, Verantwortung bei der Überwachung und Steuerung teilautomatisierter Systeme tragen zu können. Dies ist beispielsweise bei professionellen Operateuren wie Piloten oder Anlagenfahrern noch einigermaßen gegeben, bei Laien wie Autofahrern, die eine Vielzahl komplexer Automatiken und Assistenzsystemen benutzen, längst nicht mehr. Daran ändert auch das Studium eines 300-seitigen Betriebshandbuches nichts (vgl. Abschnitt 9.1.6).

Mensch-Maschine-Automatisierungskonzepte sollten daher nach dem Prinzip von *Design for Responsibility*, also dem Prinzip einer kongruenten Zuordnung von Funktion und Verantwortung gestaltet sein. Dies ist durch das heutige hohe Maß an Automatisierung komplexer Assistenzsysteme immer weniger der Fall.

13.7 Zusammenfassung

Die Entwicklung von sicherheitskritischen Technologien und zugehörigen Prozessführungssystemen folgt im Allgemeinen gut definierten Entwicklungsprozessen, die über die Entwicklung normaler Systeme hinaus die Betriebssicherheit und damit die Betriebsrisiken solcher Systeme im Fokus haben. Es gibt eine Reihe von Ansätzen und Denkweisen bei der Gestaltung solcher Prozesse.

Usability-Engineering versucht die *Ergonomie (Gebrauchstauglichkeit)* eines Prozessführungssystems zu gewährleisten. Ein solcher, stark arbeitswissenschaftlicher Ansatz orientiert sich an der Analyse von Benutzern sowie der Aufgaben und Arbeitskontexte, um die Operateure möglichst effektiv, effizient und zufriedenstellend mit dem Prozess zu verbinden. Die Vorgehensweise ist daher ein prinzipiell werkzeugorientierter Ansatz.

Im *Cognitive-Engineering* versucht man die Wahrnehmungsfähigkeiten, Denkweisen und Problemlösungsprozesse der menschlichen Operateure ins Zentrum der Betrachtung zu rücken. Die im Prozess gegebene Komplexität soll Bezugspunkt sein und nicht durch die Kompliziertheit der Prozessführungssysteme erhöht werden. Die mentalen Modelle der Operateure sollen soweit wie möglich mit den konzeptionellen Modellen der Systementwickler und den technischen Modellen der Systeme kompatibel sein, sodass die Operateure ihre Kompetenzen möglichst direkt anwenden können. Seit einer starken Automatisierung und Virtualisierung von Funktionalität kommt diesem Ansatz immer mehr Bedeutung zu.

Fehlersensitives Systemdesign bringt bereits während der Entwicklung die möglichen Fehler und Risiken des Gesamtsystems ins Bewusstsein der Entwickler und Entscheidungsträger. Risiken sollen möglichst früh im Konzeptions- oder Realisierungsprozess erkannt, bewertet und soweit möglich reduziert werden.

Die Situationswahrnehmung (Situation Awareness) steht beim *Situationsorientierten Systemdesign* im Vordergrund. Die Operateure sollen kritische Systemzustände früh erkennen und sobald wie möglich präventive und korrektive Maßnahmen ergreifen können, wenn das System aus dem Normalbetrieb in den anomalen Betrieb übergeht.

Auf der langjährigen Erfahrung mit sicherheitskritischen Systemen basiert die Idee des *Resilience-Engineering*. Hierbei sollen die Prozessführungssysteme zusammen mit den Operateuren und den einbettenden Organisationen eine innere Robustheit und Stabilität aufweisen, sodass es möglichst einfach ist, sie in einem sicheren Zustand zu halten oder einen solchen Zustand leicht erreichen zu können. Resilience-Engineering arbeitet proaktiv.

Da mit dem Betrieb sicherheitskritischer Systeme immer auch die Verantwortung für den sicheren Betrieb ohne Beeinträchtigung von Mensch und Umwelt verbunden ist, müssen Prozessführungssysteme und Automatiken daraufhin optimiert werden, dass immer klar und eindeutig ist, wer für ein bestimmten Betriebsverhalten verantwortlich ist. *Verantwortungsorientiertes Design* macht erkennbar, wer die betrieblichen Entscheidungen trifft und das System steuert und reguliert. Beim Einsatz von Automatiken müssen die Operateure in kritischen Fällen über Eingriffsmöglichkeiten verfügen und diese informiert einsetzen können. Nur dann können sie auch die entsprechende Verantwortung für ihr Handeln tragen.

14 Betrieb

Der Betrieb sicherheitskritischer Mensch-Maschine-Systeme erfordert in modernen Staatssystemen *Zulassungen für die technischen Einrichtungen* sowie *Betriebsgenehmigungen* oder *Betreiberlizenzen*, die auf gesetzlichen Grundlagen beruhen. Am Beispiel eines Kraftfahrzeuges sind dies u.a. die Fahrzeugzulassung sowie die Fahrerlaubnis (Führerschein) auf Grundlage von einschlägigen Gesetzen und Verordnungen.

Wer im Besitz einer solchen *Betriebsgenehmigung* ist, wird zum *Halter und Betreibe*r einer Einrichtung oder eines Fahrzeuges. Der Betrieb muss mit Hilfe geeigneter definierter Betriebsprozesse verlaufen. Dabei ist Sorge zu tragen, dass neben dem *Normalbetrieb* auch Vorkehrungen für einen *Notbetrieb* (nach Schadenseintritt), laufende *Instandhaltung (Inspektionen, Revisionen)* sowie bedarfsweise *Instandsetzungen (Reparaturen)* getroffen werden.

Die Durchführung des Betriebs muss von *Qualitätsmanagement* (Sicherung der betrieblichen Qualität und seiner Produkte oder Dienstleistungen) sowie *Sicherheitsmanagement* (Betriebssicherheit) begleitet werden.

Das *Betriebspersonal (Operateure, Betriebsleitungen)* muss mit geeigneter *Qualifizierung* versehen sein. Dies wird durch Ausbildung und laufende Fortbildung hinsichtlich der *Fachkunde* geleistet. Dabei erwirbt das Personal für den Betrieb notwendige *Fertigkeiten* und *Kenntnisse*. Im Auswahlprozess für das Betriebspersonal (Rekrutierung, Assessment) sicherheitskritischer Systeme sind neben fachlichen Kompetenzen auch Eigenschaften wie *Zuverlässigkeit, Teamfähigkeit, Kommunikationsfähigkeit* und andere Faktoren maßgeblich.

Die Herstellung und der Betrieb sicherheitskritischer Systeme werden gesellschaftlich fundiert und begleitet durch eine geeignete Gesetzgebung. Hierbei werden Gesetze und Verordnungen erlassen, die sicherstellen, dass nur geeignete technische Einrichtungen und Betreiber in den Betrieb gehen. Durch *Zulassungs- und Aufsichtsbehörden* unter Einbeziehung von technischen Überwachungsvereinen, Sachverständigen und Gutachtern wird der Betrieb genehmigt und laufend überwacht. Dies gilt selbst noch für die Außerbetriebnahme sicherheitskritischer Einrichtungen, die mit gefährlichen Stoffen, wie z.B. radioaktive oder giftige Stoffe, umgehen.

Bevor es überhaupt zu Herstellung und Betrieb sicherheitskritischer Technologien kommt, sind im Rahmen einer *Technikethik und Technikfolgenabschätzungen ethisch-moralische Konflikte* öffentlich zu betrachten und zu diskutieren. Dies setzt demokratische Prozesse und Entscheidungen voraus, bei denen die Sicherheit einzelner Menschen und der Bevölkerung immer eindeutig über möglichen ökonomischen oder anderen Vorteilen stehen müssen.

14.1   Betreiber

Betreiber einer sicherheitskritischen Anlage oder eines Fahrzeugs ist derjenige, der die wirtschaftliche und im Rahmen einer Betriebszulassung auch die sicherheitstechnische Verantwortung trägt. Es ist allerdings nicht immer einfach, aus der Rechtskonstruktion abzuleiten, wer betreibt, wer überwacht und wer verantwortet. Zu diesem Zweck werden Betriebszulassungen und damit verbundene Betreiberlizenzen durch die zuständigen Behörden oder nachgeordneten Verwaltungen erlassen, aus denen hervorgeht, wer für den Betrieb rechtlich verantwortlich ist. Dies sind üblicherweise die sogenannten *Betreiber* oder *Halter* eines Systems. Diese Betreiber können jedoch wieder Anderen, z.B. sogenannten Betreibergesellschaften, den Betrieb und in begrenzten Rahmen auch die Betriebsverantwortung übergeben. So übergibt beispielsweise der Halter eines Pkws diesen an einen Nutzer, der das Fahrzeug fährt und damit die operative Verantwortung übernimmt. Der Halter bleibt allerdings immer noch für die Zulassung und technische Mängelfreiheit des Fahrzeugs nach den gesetzlichen Vorschriften verantwortlich.

14.1.1   Betriebszulassung

Bevor eine Anlage oder ein Fahrzeug gebaut und an eventuelle Nutzer vertrieben und dort in Betrieb gesetzt werden kann, sind *Betriebszulassungen* notwendig. Solche werden üblicherweise direkt oder indirekt durch *Zulassungsbehörden* geprüft und genehmigt. Die rechtlichen Konstruktionen und die zuständigen Institutionen sind von Anwendungsbereich zu Anwendungsbereich verschieden.

Beispielsweise regelt die *„Verordnung über die Zulassung von Fahrzeugen zum Straßenverkehr"* (Fahrzeug-Zulassungsverordnung, FZV) wie Kraftfahrzeuge zugelassen werden. Diese Aufgabe übernehmen hier die regionalen Kraftfahrzeugzulassungsbehörden. Auf Grundlage genehmigter Fahrzeugtypen und Fahrzeugteile sowie der Überprüfung von Prüfstellen und Herstellern durch das Kraftfahrt-Bundesamt (KBA) wird jede einzelne Zulassung detailliert überprüft und bei Vorliegen aller notwendigen Eigenschaften für den Verkehr befristet freigegeben. Ähnliches wie das KBA leisten andere Behörden wie das Luftfahrt-Bundesamt (LBA) oder das Bundesamt für Seeschifffahrt und Hydrographie (BSH).

Auch wenn die einzelnen Behörden und autorisierten Prüfstellen in den einzelnen Domänen national und international unterschiedlich organisiert sind, leisten sie doch grundsätzlich Folgendes:

- Prüfung und Freigabe von Typmustern, Sonderkonstruktionen und Bauteilen sicherheitskritischer Anlagen, Geräte oder Fahrzeuge;

- regelmäßige Überprüfungen der Tauglichkeit der betriebenen Systeme durch Revisionen oder Prüfintervalle;

- ständige Überprüfung besonders kritischer Systeme (z.B. kerntechnische Anlagen, chemische Anlagen mit Emissionen, Gefahrguttransportsysteme) durch laufende Messungen von Betriebs- und Umweltindikatoren.

14.1.2   Betreiberlizenzen

Zum Betrieb einer sicherheitskritischen Einrichtung ist neben der Betriebszulassung eine *Betreiberlizenz*, auch *Betriebslizenz* genannt, zu erwerben. Solche Betreiberlizenzen erstrecken sich vor allem auf die Kompetenz und Organisation von Betreibern hinsichtlich des Betriebs einer bestimmten Anlage, eines Geräts oder eines Fahrzeugs.

Beispielsweise müssen Fahrer von Kraftfahrzeugen einen Führerschein (Fahrerlaubnis) geeigneter Klasse erwerben. Betreiber von Kernkraftwerken müssen eine Betreiberlizenz nach den Anforderungen des Atomrechts erwerben. In unterschiedlicher Weise werden solche Lizenzen befristet oder unbefristet ausgestellt. So muss in Deutschland eine Fahrerlaubnis für einen Pkw nur einmal im Leben erworben werden, während andere Länder regelmäßige Überprüfungen der Fahrtauglichkeit vorsehen. Die Betriebslizenz einer kerntechnischen Anlage ist beispielsweise unbefristet, wird aber unter Auflagen vergeben. Nur wenn Fachkunde und Zuverlässigkeit des Betreibers gesichert ist, gilt die Betriebserlaubnis. Zweifel müssen, seitens der Aufsichtsbehörden, artikuliert und ggf. überprüft werden.

Die Vergabevorschriften und die Vergabemodalitäten wirken sich direkt auf die erwartete Betriebskompetenz aus. Betreiberlizenzen und damit verbundene Fahrerlaubnisse ohne ständige Überprüfung dürften das Betriebsrisiko allein schon durch sich ändernde Betriebskompetenzen aufgrund des ökonomischen Drucks erhöhen. So werden in Deutschland nicht einmal die naheliegenden physiologisch-medizinischen Faktoren einer Fahrtauglichkeit bei Krankheit oder hohem Alter geprüft. Im Falle der Zuverlässigkeit von Betreibern gibt es kaum Fälle eines Entzugs von Betriebsgenehmigungen bei großtechnischen Anlagen trotz deutlicher Auffälligkeiten im Betrieb. Den Aufsichtsbehörden sind hier meist durch die Gesetze oder die gesetzliche Praxis die Hände gebunden, so dass hier auf die Bedeutung der immer wieder an den Stand des Wissens anzupassenden Gesetzesgrundlagen hingewiesen werden soll.

14.1.3   Zuverlässigkeit

Wir haben bereits in Abschnitt 2.3 die *Zuverlässigkeit von technischen Systemen und Menschen* diskutiert. Dabei ging es um Fehlerraten in technischen Funktionen (Teilsystemen) sowie bei menschlichen Handlungen. Im Rahmen betrieblicher Betrachtungen stellt sich heute immer mehr die Frage der *Zuverlässigkeit von ganzen Organisationen*, in unserem Fall von Betreibern und deren Betriebsorganisationen.

Beispielweise wird im deutschen Atomgesetz vom 15. Juli 1985 in der Fassung vom 28. August 2013 in § 7 Abs. 2 zur Genehmigung kerntechnischer Anlagen formuliert:

„(2) Die Genehmigung darf nur erteilt werden, wenn

> *1. keine Tatsachen vorliegen, aus denen sich Bedenken gegen die Zuverläs-sigkeit des Antragstellers und der für die Errichtung, Leitung und Beauf-sichtigung des Betriebs der Anlage verantwortlichen Personen ergeben, und die für die Errichtung, Leitung und Beaufsichtigung des Betriebs der Anlage verantwortlichen Personen die hierfür erforderliche Fachkunde be-sitzen, [...]"*

Erscheint ein Betreiber von vornherein oder aufgrund einer hohen Zahl von meldepflichtigen Ereignissen, wie z.B. Störfällen, nicht ausreichend zuverlässig, so kann ihm eine Genehmigung zum Betrieb einer Anlage verwehrt oder entzogen werden.

Die Feststellung der *Zuverlässigkeit von Organisationen* ist naturgemäß schwierig. Letztlich resultiert sie aus der Betriebsorganisation und dem Personal. Hier ist insbesondere zu vermerken, dass es dabei nicht nur um das Betriebspersonal im engsten Sinne, also die Operateure, geht, sondern um die gesamte am Betrieb mitwirkende Organisation inklusive extern beauftragter Dritter. Eine daraus resultierende Problematik ist die Tatsache, dass allein durch das Austauschen von erkennbar unzuverlässigen Mitarbeitern oder durch die Umstrukturierung dysfunktionaler Organisationseinheiten eine mangelnde Zuverlässigkeit nicht mehr angenommen werden kann. Es geht also um die Feststellung von längerfristigen Schwachstellen in der Betriebsorganisation, die ein Betreiber nicht auszuräumen imstande ist. Es gibt wenige Beispiele in denen solche Erkenntnisse zum *Entzug von Betreiberlizenzen* geführt haben. Am ehesten kann ein solcher Fall in kleineren Betrieben, wie zum Beispiel bei mangelnder Hygiene oder ähnlichen leichter messbaren Indikatoren gesehen werden. Der Entzug einer Betreiberlizenz für großtechnische Anlagen findet trotz erheblicher erkennbarer Missstände praktisch nicht statt. Beispiele dafür sind wiederholte Probleme beim Betrieb kerntechnischer Anlagen bei großen Energiekonzernen, in chemischen oder petrochemischen Fabriken und Förderbetrieben, bei Pharma- oder Lebensmittelkonzernen, bei Airlines, Reedereien, oder Bahnen. Fast unabhängig von der Schwere der Ereignisse kommt es allenfalls zu Auflagen, Ordnungsstrafen oder Schadensersatzzahlungen. Die ökonomischen Bedeutungen dieser Unternehmungen scheinen die Risikopotenziale trotz eindeutiger Gesetzeslagen zu relativieren.

Die Zuverlässigkeit von Organisationen kann am ehesten mittels epidemiologischer und systemischer Modelle diagnostiziert werden (vgl. Abschnitt 8.5.1).

14.2   Betriebsprozesse

Wir haben in den vorherigen Betrachtungen, insbesondere bei der Analyse von Arbeitssystemen sowie bei Ursachenanalysen nach Ereignissen immer wieder von *Betriebsprozessen* und von Teilprozessen wie *Normalbetrieb*, *Notbetrieb* oder *Wartung* gesprochen. Es ist für die Gestaltung von Prozessführungssystemen von außerordentlicher Bedeutung, eine grundlegende Analyse der betrieblichen Prozesse und Prozesselemente vorzunehmen.

Natürlich wird jedes Anwendungsfeld und letztlich jedes Unternehmen seine eigenen betrieblichen Prozesse betreiben. Es ist allerdings festzustellen, das heute in praktisch jedem sicherheitskritischen Anwendungsgebiet ein Kategorisierung der Prozesse vorgenommen wird in:

1. Normalbetrieb (regulärer Betrieb)

2. Notbetrieb (gestörter Betrieb)

3. Instandsetzung, Instandhaltung und Revision (Wartung)

14.2.1   Normalbetrieb

Der *Normal-* oder *Regelbetrieb* ist die Betriebsform, die dem Produktivziel eines sicherheitskritischen Systems nachkommt. Dabei werden Produkte erzeugt, Energie gewandelt oder auch Gegenstände oder Personen transportiert. Dieser Normalbetrieb ist gekennzeichnet durch das wiederholte routinierte Ausführen von Aufgaben.

Die im Normalbetrieb anfallenden Aufgaben und Aktivitäten werden u.a. *Standard Operating Procedures (SOPs)*, also Standardarbeitsprozeduren genannt. Solche SOPs werden in der Ausbildung der Operateure vermittelt und trainiert. Sie werden mit steigender Erfahrung der Operateure meist mit zunehmender Effizienz und Präzision ausgeführt. Diese SOPs machen den wesentlichen Anteil aller Betriebsprozesse aus. Durch sie kann und muss ein wirtschaftlicher Betrieb gewährleistet werden.

Eine typische Struktur für die einzelnen Aufgaben im Normalbetrieb eines sicherheitskritischen Systems wurde durch die ISO im Bereich des Netzwerkmanagement für den Betrieb von Telekommunikationssystemen mit dem Akronym *FCAPS* standardisiert:

1. *Fault-Management*

2. *Configuration-Management*

3. *Accounting-Management*

4. *Performance-Management*

5. *Security-Management*

In anderen Domänen findet man ähnliche Strukturen für die Aufgaben des Normal- oder Regelbetriebs. Der Begriff des Fault-Managements führt uns zu einer Betriebsform, die immer dann aktiviert wird, wenn Fehler oder Abweichungen im System detektiert worden sind.

14.2.2   Notbetrieb

Der anomale, gestörte oder, in der Eskalation von Ereignissen, auch *Notbetrieb* charakterisiert die Konzentration des Betriebs auf die Wiederherstellung eines Normalbetriebs. Durch Anomalien und Fehler kann sich ein sicherheitskritisches System vom noch auslegungskonformen Betrieb, der Fehlerzustände (Störfälle) vorhersieht und erlaubt, auf dem Weg zu einem nicht mehr auslegungskonformen Betrieb (Notfälle) befinden.

Emergency Operating Procedures (EOPs), also Notfallprozeduren werden definiert, soweit vom Normalzustand abweichende Zustände vorhersehbar sind. Diese reichen von sehr konkreten Fehlerbehebungsprozeduren bis hin zu eskalierten Notfallprozeduren (z.B. Reaktorschnellabschaltung (RESA), Notlandung, Massenanfall von Verletzen (MANV; Mentler et al. 2012)).

Die Übergänge von auslegungskonformen Störfällen zu auslegungsüberschreitenden Notfällen und der jeweiligen betrieblichen Konzepte unterscheiden sich sehr stark zwischen den verschiedenen Domänen. Während in manchen Anwendungsbereichen (z.B. Kernkraft) die einzelnen Prozeduren nach Betrieb und Notbetrieb getrennt werden, sind sie in anderen Bereichen, wie z.B. dem Rettungsdienst, eher als fließende Übergänge anzusehen (Kindsmüller et al., 2011; Mentler et al., 2012; Mentler & Herczeg, 2013a). Unabhängig davon, wie klar diese Betriebsformen getrennt werden, ist im Betrieb selbst festzustellen, dass sicherheitskritische Systeme gewissermaßen von Natur aus sehr schnell und unvorhergesehen vom Normalbetrieb über den *gestörten Betrieb (Anomalie)* in den *Notbetrieb (Störfall)* und womöglich anschließend in einen *Unfall (überschaubarer Schaden)* oder gar eine *Katastrophe (unüberschaubarer, nicht mehr handhabbarer Schaden)* übergehen. Die Betriebskonzepte sollten diese Übergänge definieren und erkennen lassen, da in der Eskalation nicht nur andere Aufgaben, sondern auch andere Arbeitsformen (z.B. Arbeitsstäbe statt Arbeitsgruppen) oder andere Organisationsstrukturen greifen (z.B. Hinzuziehen externer Akteure).

Operateure sind oftmals die entscheidenden Instanzen, die solche Übergänge zeitgerecht erkennen und eine Eskalation eindämmen sollen. Dazu muss man diese entsprechend ausbilden, mit geeigneten Prozessführungssystemen und Arbeitsbedingungen versehen und sie in der Eskalation organisatorisch unterstützen.

14.2.3   Instandsetzung

In Kapitel 11 haben wir uns damit auseinandergesetzt, wie man in sicherheitskritischen Systemen mit diversen Methoden und Systematiken Abweichungen diagnostizieren und beheben kann. Eine spezifische Form der Behebung lässt sich durch einen typischen betrieblichen Prozess, nämlich die *Instandsetzung* beschreiben. Es handelt sich hierbei um eine Form der betriebsüblichen technischen Fehlerbehebung, die im Allgemeinen mittels definierter Arbeitsanweisungen durchgeführt wird.

Die Instandsetzung findet meist durch eine eigene Organisationseinheit unter vordefinierten Zeit- und Qualitätsbedingungen statt. Ein Instandsetzungsprozess reicht von der Feststellung des Instandsetzungsbedarfes, über die Instandsetzungsplanung, die Reparatur selbst bis hin zum Systemtest und zur abschließenden Dokumentation. Der Verbrauch von Ersatzteilen führt dann meist wieder zur präventiven Beschaffung für das Ersatzteillager, um spätere Instandsetzungen wieder zeit- und qualitätsgerecht ausführen zu können.

Instandsetzung ist die Ideallösung für vorhersehbare Schäden, z.B. durch Verschleiß und Alterung. Sie wird soweit wie möglich so geplant, dass sie möglichst sogar unter Betrieb vorgenommen werden kann. Sicherheitskritische Systeme sehen in vorhersehbar ausfallgefährdeten Systemteilen soweit wie möglich Redundanzen und Ersatzschaltungen vor, die es erlauben, die beschädigten Komponenten betrieblich zu isolieren und zu ersetzen. Instandsetzung ist bereits in der Konzeption und Herstellung von sicherheitskritischen Systemen eingeplant und sichert in einem hohen Maße den ansonsten ungestörten Normal- oder Produktivbetrieb. Ist es nicht möglich, das fehlerbehaftete System im Betrieb instandzusetzen, so sieht man zumindest möglichst kurze Zeiten des gestörten Betriebs vor. Instandsetzung ist insofern mehr Teil der Produktionsplanung und weniger eine unerwartete Situation.

14.2.4 Instandhaltung

Während Instandsetzung die Reparatur oder den Austausch im Betrieb ausgefallener Komponenten leistet, dient *Instandhaltung* zur präventiven Diagnostik und zur bedarfsweisen Reparatur oder zum Austausch von Komponenten.

Über die Maßnahmen, wie wir sie in der Instandsetzung schon kennengelernt haben hinaus, umfasst die Instandhaltung die zeitlich und strukturelle systematische Kontrolle und Instandsetzung eines technischen Systems. Die wesentlichen Schritte sind:

1. Planung von Instandhaltungsarbeiten

    a. Planung routinemäßiger Instandhaltung

    b. Planung außergewöhnlicher Instandhaltung

2. Durchführung von Instandhaltungsarbeiten

    a. Vorbereitung der Instandhaltung

    b. Durchführung der Instandhaltung

    c. Dokumentation der Instandhaltung

    d. Qualitätssicherung der Instandhaltung

3. Planung von Ersatzbeschaffungen (Lagerhaltung)

Die laufende systematische Instandsetzung sicherheitskritischer technischer Systeme ist ein wesentlicher Faktor für den risikoarmen Betrieb eines Systems. Sich anbahnende Schäden an Systemkomponenten sollen bereits erkannt werden, bevor sie im Betrieb Schaden anrichten. Diese Art von Prävention setzt voraus, dass auftretende Incidents und Accidents daraufhin untersucht werden, ob vergleichbare Abweichungen künftig vorzeitig erkannt und beseitigt werden können. Instandhaltung ist gewissermaßen das *Schadensgedächtnis* und die Prävention vor wiederholten Schäden im Betrieb, auch über Generationen von Systemlösungen.

14.2.5 Revision

Die Anlagenrevision ist eine besondere Form der Instandhaltung. Dabei wird typischerweise das ganze System außer Betrieb genommen und einem umfassenden Prüfprogramm unterworfen. Dies wird meist nicht vom Betreiber selbst, sondern von Herstellern in Zusammenarbeit mit technischen Überwachungsvereinen geleistet.

Die Revision eines Pkws kennen wir als Hauptuntersuchung eines Fahrzeugs, die alle ein bis zwei Jahre von Fachwerkstätten und technischen Überwachungsvereinen geleistet wird. Am Ende der Prüfung wird bei Feststellung der ordnungsgemäßen eine Prüfplakette ausgegeben, also letztlich eine verlängerte Betriebszulassung festgestellt und dokumentiert. Größere Revisionen wie z.B. bei kerntechnischen Anlagen oder Flugzeugen führen zu umfassenden Demontagen der Systeme mit detaillierter Prüfung von Materialien und Systemfunktionen, meist unter Ersatz von gealterten oder beschädigten Systemkomponenten.

14.3   Qualitäts- und Sicherheitsmanagement

Jeder moderne Dienstleistungs- und Produktionsprozess wird heute mit Hilfe von *Qualitätsmanagement* überwacht und optimiert. Dies gilt zunächst für die Qualität der Produkte und Dienstleistungen selbst.

Eine besondere Qualität, die in diesem Zusammenhang eine eigenständige Betrachtung gefunden hat, ist die *„Sicherheit"* mit der eine solche Dienstleistung (z.B. Flug, Bahnfahrt, Operation) erbracht wird bzw. mit der ein Produkt erzeugt oder verändert wird (z.B. Energie, Chemikalien, Pharmazeutika). In diesem Zusammenhang spricht man von *Sicherheitsmanagement*.

Das Verhältnis von Qualitäts- zu Sicherheitsmanagement wird oft nicht explizit hergestellt; die Methoden sind jedoch sehr ähnlich.

14.3.1   Qualitätsmanagement

Auch und gerade bei sicherheitskritischen Systemen finden wir viele Aspekte, die einem *Qualitätsmanagement* unterliegen. So müssen beispielsweise Hardware und Software für ein sicherheitskritisches System zunächst in bewährten Entwicklungsprozessen hergestellt werden. Die Qualitätsanforderungen an die Zuverlässigkeit solcher Teilsysteme werden jedoch besonders hoch sein. Die Methoden sind aber immer noch Methoden der allgemeinen Qualitätssicherung, also dem Ziel ein Produkt oder eine Dienstleistung nach vorgegebenen und zugesagten Anforderungen herzustellen bzw. zu erbringen.

Wir wollen an dieser Stelle keine Vertiefung in den Bereich der Qualitätssicherung und des Qualitätsmanagements unternehmen. Es sei aber festgestellt, dass ein Qualitätsmanagement auf hohem Niveau erst die Voraussetzungen für den Betrieb sicherheitskritischer Systeme schafft. Hier finden sich dann die Übergänge zu Methoden, die über das normale Qualitätsmanagement hinaus gehen und die *Betriebssicherheit* in den Vordergrund stellen. Meist wird dann explizit von *„Sicherheit"* gesprochen.

Ein Beispiel für solche Qualitätssicherungsmethoden haben wir bereits in Abschnitt 13.3 mit der Methode der FMEA gesehen. Dies ist eine Qualitätssicherungsmethode, die bereits früh im Entwicklungsstadium eines Produktes Anwendung findet und Fehlerzustände von Produkten zu vermeiden oder zumindest deutlich zu reduzieren versucht.

14.3.2 Sicherheitsmanagement

Aus vorgenannten Gründen wäre zunächst eigentlich ein Begriff wie *Sicherheitsmanagement* wenig hilfreich. Da sich dieser Begriff jedoch im Bereich der Hochtechnologien wie der Kernkraft, Luftfahrt und Bahnen eingebürgert hat, können wir nicht daran vorbeigehen, sondern müssen ihm eine dem komplementären Begriff „Risiko" angelehnte Bedeutung geben. Es wäre eigentlich besser von *Risikomanagement* zu sprechen, da Risiken qualifizierbar und oft auch quantifizierbar sind (siehe dazu Kapitel 2).

Zum Risikomanagement finden sich grundlegende Betrachtungen in der internationalen Standardisierung in ISO 31000 (Allgemeine Prinzipien und Regeln für Risikomanagement) oder diverse anwendungsspezifische Normen wie ISO 14971 (Anwendung von Risikomanagement auf medizintechnische Produkte). Im Folgenden wird das Thema am Beispiel der Kerntechnik näher ausgeführt, die ihre internationalen Standards von der IAEA bezieht.

Die Methodik möglichst angemessene Entscheidungen zu treffen, muss als ein gesellschaftlicher, organisatorischer oder individueller Prozess angesehen werden. Sicherheitsmanagement wäre demnach, ungeachtet der kulturhistorischen und linguistischen Problematik, die mit dem Begriff „Sicherheit" verbunden ist, als ein *sicherheitsgerichtetes Risikomanagement* zu verstehen. Im Bereich der Kernkraftwerke spricht man von *Sicherheitsleistung (Safety Performance)*. Diese Sicherheitsleistung soll dort an beobachtbaren *Sicherheitsparametern (Sicherheitsindikatoren)* des Anlagenbetriebs gemessen werden.

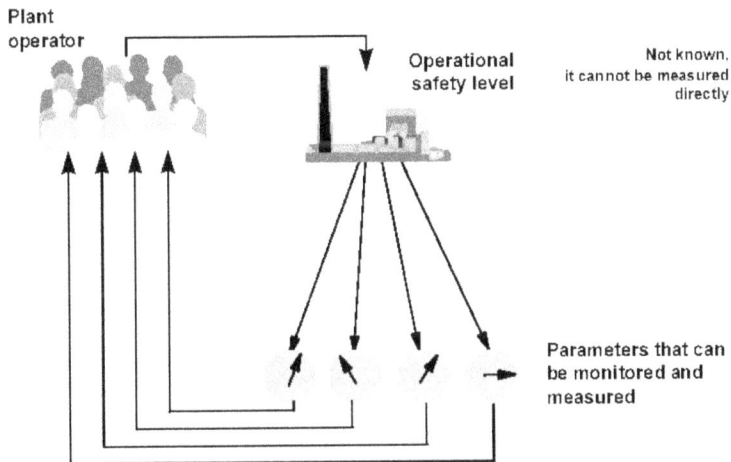

Abbildung 68. Sicherheitsleistung (aus IAEA TECDOC 1141)

In der Anlage werden messbare Parameter verwendet, die Rückschlüsse auf die Betriebssicherheit erlauben. Diese werden in die Betriebsorganisation zurückgeführt und durch organisatorische, personelle und technische Maßnahmen optimiert und dann erneut gemessen.

Wie schon beim genannten Ansatz der Sicherheitsleistung zu erkennen ist, muss Sicherheitsmanagement als organisatorischer Prozess unter gesellschaftlichen Vorgaben verstanden werden. Auf der Grundlage externer Vorgaben, zum Beispiel durch Gesetzgebung, muss die Betriebsorganisation eines sicherheitskritischen Systems diese Vorgaben in konkrete Anforderungen übersetzen. Die Anforderungen definieren dann Betriebsziele und stellen dabei Rahmenbedingungen her, um konkrete, sicherheitsgerichtete Arbeitsweisen zu fördern und diese dann laufend zu evaluieren (siehe Abbildung 69).

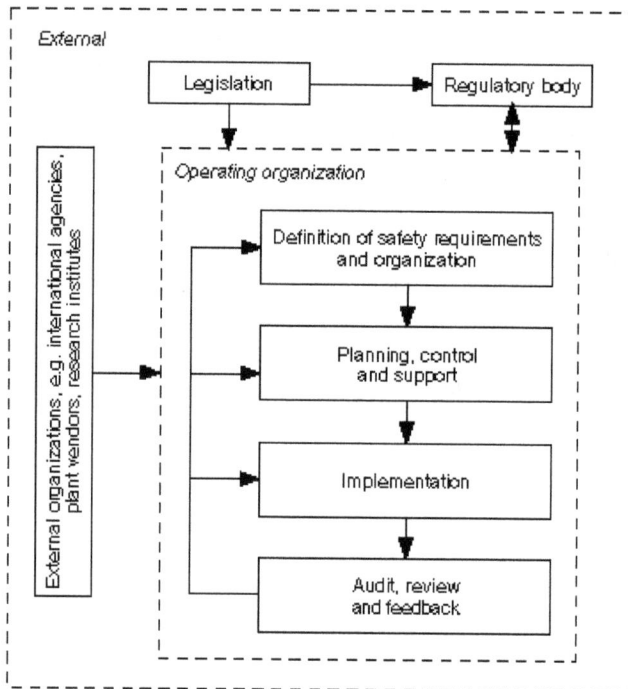

Abbildung 69. Sicherheitsmanagementprozess im Überblick (aus IAEA INSAG 13)

> Sicherheitsmanagement definiert Anforderungen zur Betriebssicherheit, deren Einhaltung auch von Aufsichtsbehörden geprüft wird, soweit gesetzliche Anforderungen vorliegen. Die Betreiber realisieren diese Anforderungen durch Planungs-, Kontroll- und Unterstützungsprozesse, deren Wirksamkeit über Audits und Reviews überprüft und bedarfsweise optimiert wird.

Dieses grobe Verfahrensmodell lässt sich in der Betriebsorganisation weiter detaillieren und konkretisieren. Die wesentlichen *Komponenten eines Sicherheitsmanagementsystems* finden sich in Abbildung 70 und sind in folgender Weise zu verstehen (IAEA INSAG 13):

Die Sicherheitsanforderungen sowie die organisatorischen Anforderungen werden definiert:

- die Organisation schafft eine betriebliche Sicherheitspolitik, die ein klares Commitment des Unternehmens für eine hohe Sicherheitsleistung darstellt; die Sicherheitsstandards und Sicherheitsziele werden bereitgestellt;

- die Managementstrukturen, Verantwortlichkeiten und Zurechnungen für Sicherheit sind über die gesamte Organisation hinweg klar definiert.

Die Sicherheitsaktivitäten werden in *Planungs-, Kontroll- und Unterstützungsprozesse* strukturiert:

- sicherheitsrelevante Aktivitäten werden geeignet geplant und dabei die Risiken für Gesundheit und Sicherheit identifiziert;

- die Arbeit wird angemessen kontrolliert und autorisiert; das Maß der Kontrolle hängt von der sicherheitstechnischen Bedeutung der Aufgaben ab;

- das Personal verfügt über die Kompetenz, die zu leistenden Aufgaben sicher und effektiv durchzuführen;

- effektive Kommunikation und Teamunterstützung ermöglichen Einzelnen den nötigen Rat, Information und Unterstützung einzuholen und erlaubt ihnen, relevante Rückmeldungen in die Organisation zu liefern;

- Vorgesetzte und andere überwachende Personen verbreiten und unterstützen gute und korrigieren schlechte Sicherheitspraktiken.

Die *Effektivität des realisierten Sicherheitsmanagementsystem*s ist grundlegend von den Beiträgen aller Beteiligten abhängig, die auf das System reagieren und vom System profitieren:

- die einzelnen Beteiligten zeigen eine hinterfragende Grundhaltung,

- sind konsequent und besonnen im Handeln und

- kommunizieren.

Die *erreichte Sicherheitsleistung* wird systematisch überprüft:

- die Sicherheitsleistung der Organisation wird laufend überwacht, um sicher zu stellen, dass die Sicherheitsstandards gepflegt und verbessert werden;

- Audits und Reviews der gesamten Sicherheitsleistung der Organisation erlauben eine laufende Überprüfung der Effektivität des Sicherheitsmanagementsystems und eine Identifikation von Verbesserungsmöglichkeiten;

- angemessene korrektive Aktionen werden, orientiert an den durchgeführten laufenden Überprüfungen, im Sinne eines laufenden Verbesserungsprozesses identifiziert und umgesetzt.

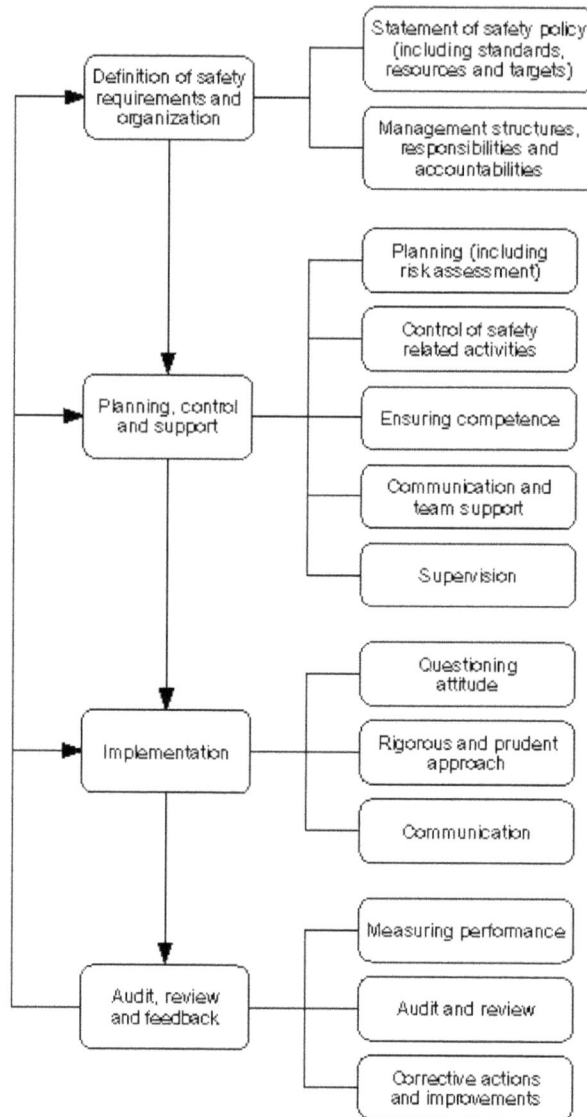

Abbildung 70. Sicherheitsmanagementprozess im Detail (aus IAEA INSAG 13)

Der Sicherheitsmanagementprozess wie als Überblick in Abbildung 69 dargestellt, wird hier weiter in seinen betrieblichen Komponenten konkretisiert.

Diese Komponenten oder Prinzipien eines Sicherheitsmanagementsystems wurden zwar im Kontext der Kernkraft entwickelt, sind aber in der vorgestellten Form und Abstraktion weitgehend unabhängig vom Anwendungsbereich. Bei der Entwicklung eines anwendungsspezifischen Sicherheitsmanagementsystems müssen sie jedoch konkreter ausgeprägt und in die tägliche Praxis des Betriebspersonals übersetzt werden. Dabei ist es wichtig, den Personen diese Prinzipien so nahe zu bringen, dass sie deutlich spüren, wenn sie im Sinne des Systems arbeiten oder womöglich unnötige oder unangemessene Risiken erzeugen oder über das unbeeinflussbare Restrisiko des Systems hinausgehen. Es muss auch bedacht werden, wie geeignete Personen rekrutiert und laufend weitergebildet werden, um die geforderten Leistungen erbringen zu können. Bei deutlichen Schwächen müssen unmittelbar Maßnahmen ergriffen werden. Oberflächlichkeiten oder Nachlässigkeiten bei der Anwendung des definierten Sicherheitsmanagementsystems führen zu einer nachhaltigen Erhöhung der Betriebsrisiken und damit zu einer Schwächung der Sicherheit. Ein konsequent gelebtes Sicherheitsmanagement führt zu einer *Sicherheitskultur* in der Organisation (siehe Abschnitt 14.3.4) und damit letztlich zu einer entscheidenden Grundlage für Betreiberverhalten, das *fachkundig und zuverlässig* unnötige oder unzulässige Risiken vermeidet.

14.3.3   Sicherheitsindikatoren

Sicherheitsindikatoren sind direkt beobachtbare oder aus Beobachtungen indirekt ableitbare betriebliche Parameter, die es erlauben, Rückschlüsse zu ziehen, inwieweit ein System sicherheitsgerichtet betrieben wird. Dabei sind einzelne Indikatoren nicht zwangsläufig aussagekräftig. Indikatoren werden oft nur in Verbindung mit anderen Indikatoren bedeutungsvoll. Auch sind es oft weniger die aktuellen Indikatorwerte, die Aussagen zulassen als vielmehr *Trends*, wie sich die Indikatoren über geeignete Beobachtungszeiträume entwickelt haben.

Die Sicherheitsindikatoren sind ein Instrumentarium, dass es im Gegensatz zu Eintrittswahrscheinlichkeiten von Ereignissen ermöglicht, die aktuelle Sicherheitsleistung eines Betriebs zu bewerten. Sie bilden also deskriptive Qualifizierungen und Quantifizierungen. Insbesondere Trendbetrachtungen erlauben, die Indikatoren wieder als prospektive Bewertungen für zu erwartendes Verhalten der Anlage oder des Betriebspersonals zu interpretieren.

Was eignet sich nun als Sicherheitsindikator? Die IAEA hat in der TECDOC 1141 Vorschläge unterbreitet, welche Indikatoren sich als *Operational Safety Performance Indicators* im Bereich der Kernkraft eignen können. Dabei werden die beiden Gruppen der *Risk-based Indicators* und der *Safety Culture Indicators* unterschieden. Man geht inzwischen davon aus, dass Sicherheitsindikatoren auch positiv mit der Wirtschaftlichkeit der Anlagen korrelieren.

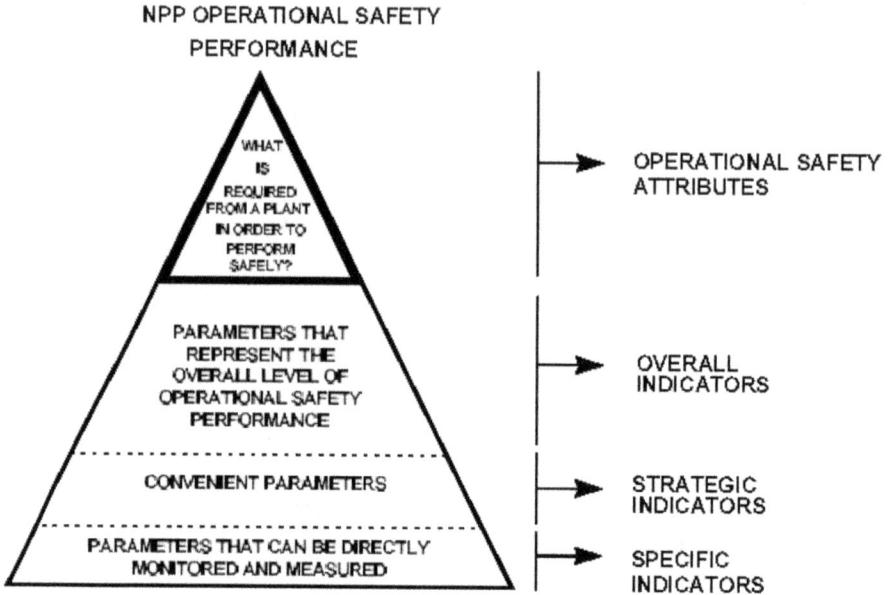

NPP OPERATIONAL SAFETY
PERFORMANCE

WHAT
IS
REQUIRED
FROM A PLANT
IN ORDER TO
PERFORM
SAFELY?

PARAMETERS THAT
REPRESENT THE
OVERALL LEVEL OF
OPERATIONAL SAFETY
PERFORMANCE

CONVENIENT PARAMETERS

PARAMETERS THAT CAN BE DIRECTLY
MONITORED AND MEASURED

OPERATIONAL SAFETY
ATTRIBUTES

OVERALL
INDICATORS

STRATEGIC
INDICATORS

SPECIFIC
INDICATORS

Abbildung 71. Hierarchie von Sicherheitsindikatoren für Kernkraftwerke (aus IAEA
TECDOC 1141)

Eine mehrstufige Hierarchie von Sicherheitsindikatoren aggregiert die Bewertung zu summativen Indikatoren, die prinzipiell Aussagen erlauben, wie
sicher eine Anlage über bestimmte Zeiträume betrieben worden ist. Hierbei
ist jedoch zu berücksichtigen, dass die Gesamtaussage zur Betriebssicherheit
nicht valider und aussagefähiger als die verwendeten Indikatoren und nicht
präziser als die Mess- oder Erhebungsverfahren sein kann.

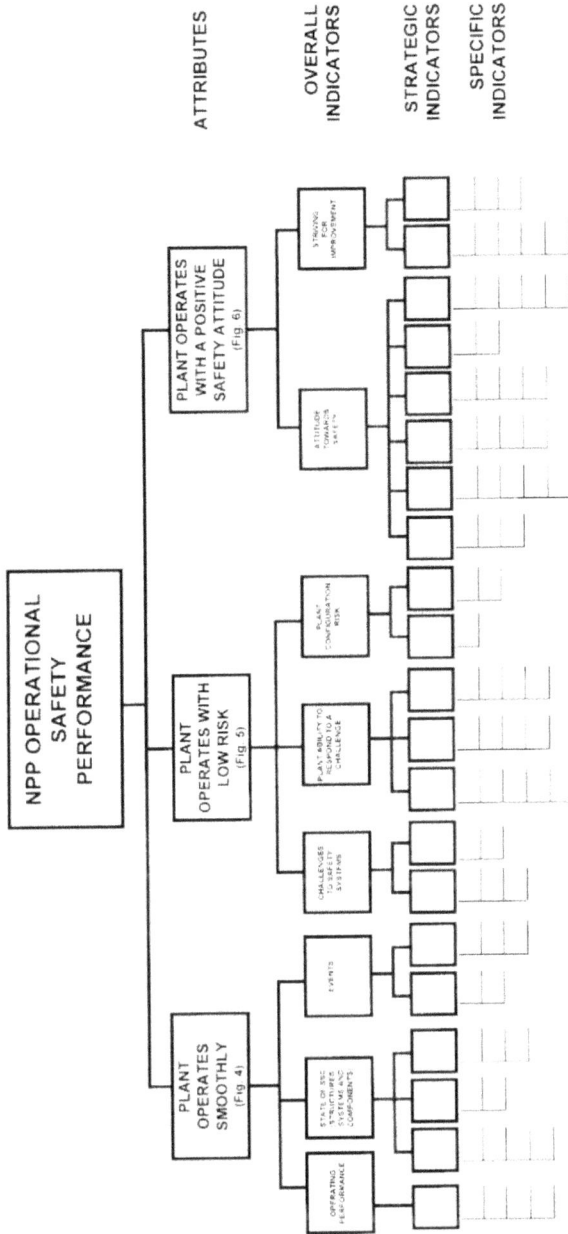

Abbildung 72. Sicherheitsindikatoren für Kernkraftwerke (aus IAEA TECDOC 1141)

Sicherheitsindikatoren werden über mehrere Hierarchiestufen zu zwar abstrakten, aber sicherheitsrelevanten ganzheitlichen Parametern verdichtet. Ganz oben steht dann ein integrativer Gesamtindikator, der etwas über die Betriebssicherheit als Ganzes aussagen soll.

PLANT OPERATES SMOOTHLY

OPERATING PERFORMANCE
- FORCED POWER REDUCTIONS AND OUTAGES
  - No. of forced power reductions and outages due to internal causes
  - No. of forced power reductions and outages due to external causes
  - Unit Capability Factor (WANO)
  - Unplanned Capability Loss Factor (WANO)

STATE OF SSC (STRUCTURES, SYSTEMS AND COMPONENTS)
- CORRECTIVE WORK ORDERS ISSUED
  - No. of corrective work orders issued for safety systems
  - No. of corrective work orders issued for risk-important BOP systems
  - Ratio of corrective work orders executed to work orders programmed
  - No. of pending work orders for more than 3 months
- MATERIAL CONDITION
  - Chemistry Index (WANO)
  - Ageing (condition indicators)
- STATE OF THE BARRIERS
  - Fuel reliability (WANO)
  - RCS leakage
  - Containment leakage

EVENTS
- REPORTABLE EVENTS
  - Significant Reportable Events
  - Licensee event reports
- SIGNIFICANT INCIDENTS
  - Significant incidents due to hardware/design related causes
  - Significant incidents due to human-related causes
  - Significant incidents due to external causes (meteorological conditions, external hazards, etc.)

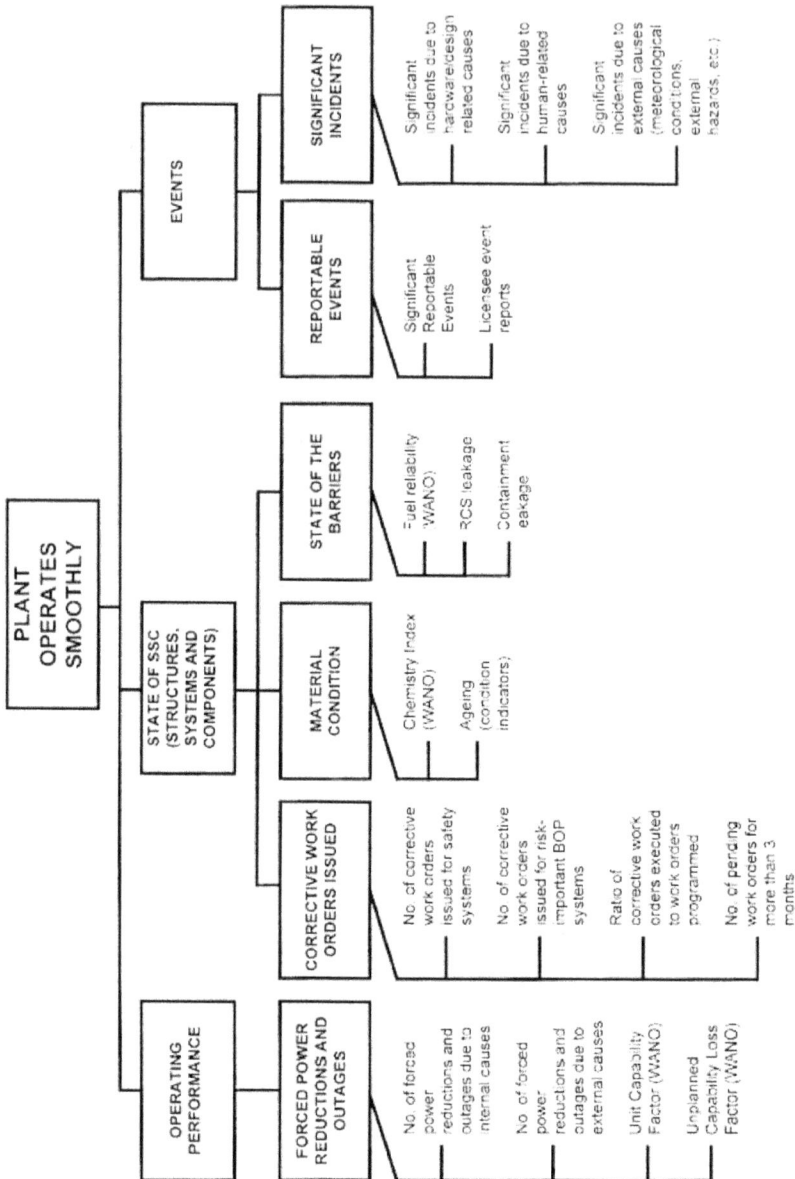

Abbildung 73. Konkretisierung von Sicherheitsindikatoren für Kernkraftwerke: *Plant Operates Smoothly* (IAEA TECDOC 1141)

Hier finden sich für die Konkretisierung „*Plant operates smoothly*" („*Anlage arbeitet reibungslos*") die relevanten unterliegenden Parameter des Anlagenbetriebs.

PLANT OPERATES WITH LOW RISK

DETERMINISTIC APPROACH

PROBABILISTIC APPROACH
See Fig. AII-1

CHALLENGES TO SAFETY SYSTEMS

PLANT ABILITY TO RESPOND TO A CHALLENGE

PLANT CONFIGURATION RISK

ACTUAL CHALLENGES
- Unplanned automatic scrams per 7000 hours critical (WANO)
- No. of demands on RPS / ECCS/RHR / Electric Power Supply systems
- No. of demands on "other" Safety Systems

POTENTIAL CHALLENGES
- No. of RPS/ESFAS failures
- No. of incipient or partial failures in safety significant BOP systems

SAFETY SYSTEM PERFORMANCE
- No. of failures in safety systems
- No. of hours a safety system is unavailable
- No. of times a safety system is unavailable
- Safety system performance (WANO)
- Percentage of failures discovered by surveillance and testing

OPERATOR PREPAREDNESS
- No. of hours devoted to training
- No. of failed licensing exams
- Errors due to deficiencies in training
- Operator errors during accident scenarios on the simulator

EMERGENCY PREPAREDNESS
- Findings during emergency drills
- Findings during emergency plan audits
- Number of hours devoted to training on the emergency plan
- No. of staff receiving training on the emergency plan

RISK DURING OPERATION
- No. of technical specifications violations
- No. of LCO entries

RISK DURING SHUTDOWN
- Risk index during shutdown

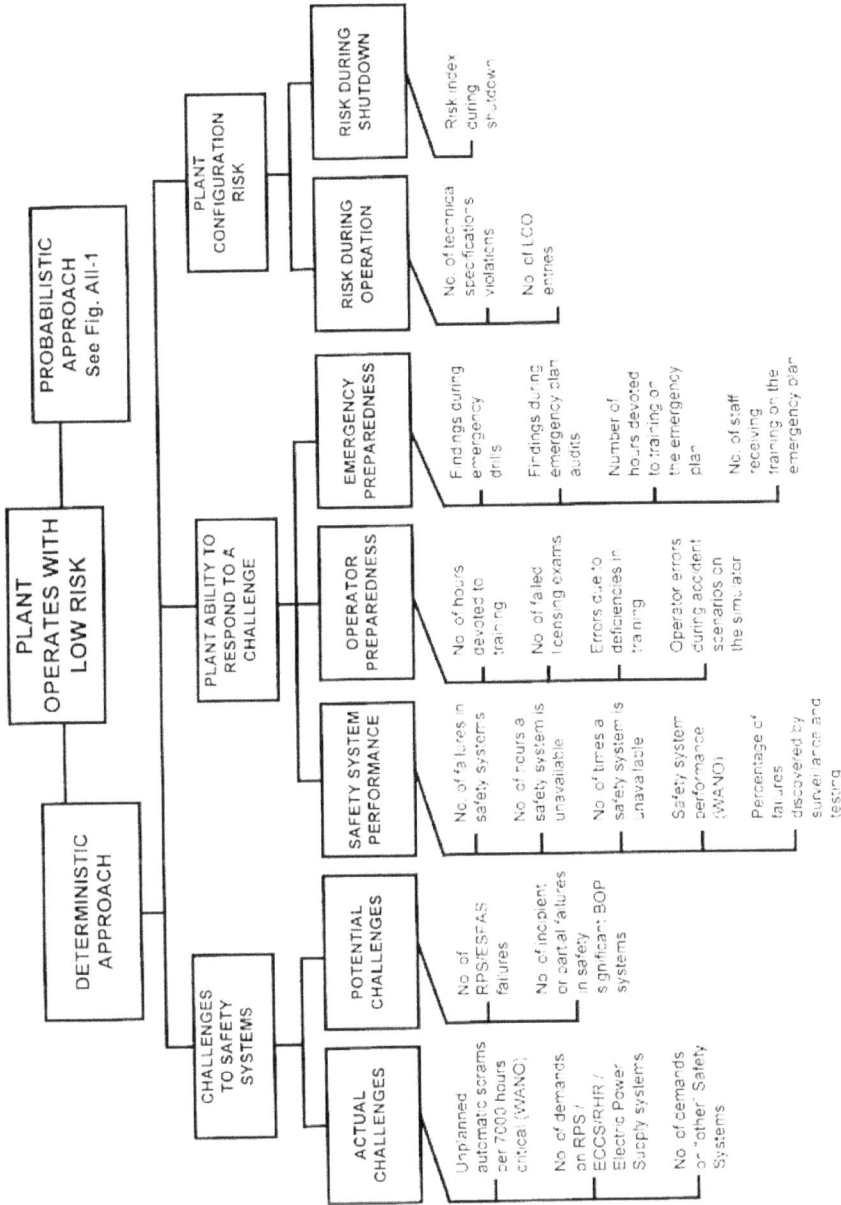

Abbildung 74. Konkretisierung von Sicherheitsindikatoren für Kernkraftwerke: *Plant Operates with low Risk* (IAEA TECDOC 1141)

In der Abbildung finden sich für die Konkretisierung „*Plant operates with low Risk*" („*Anlage arbeitet mit niedrigem Risiko*") die relevanten unterliegenden Parameter des Anlagenbetriebs.

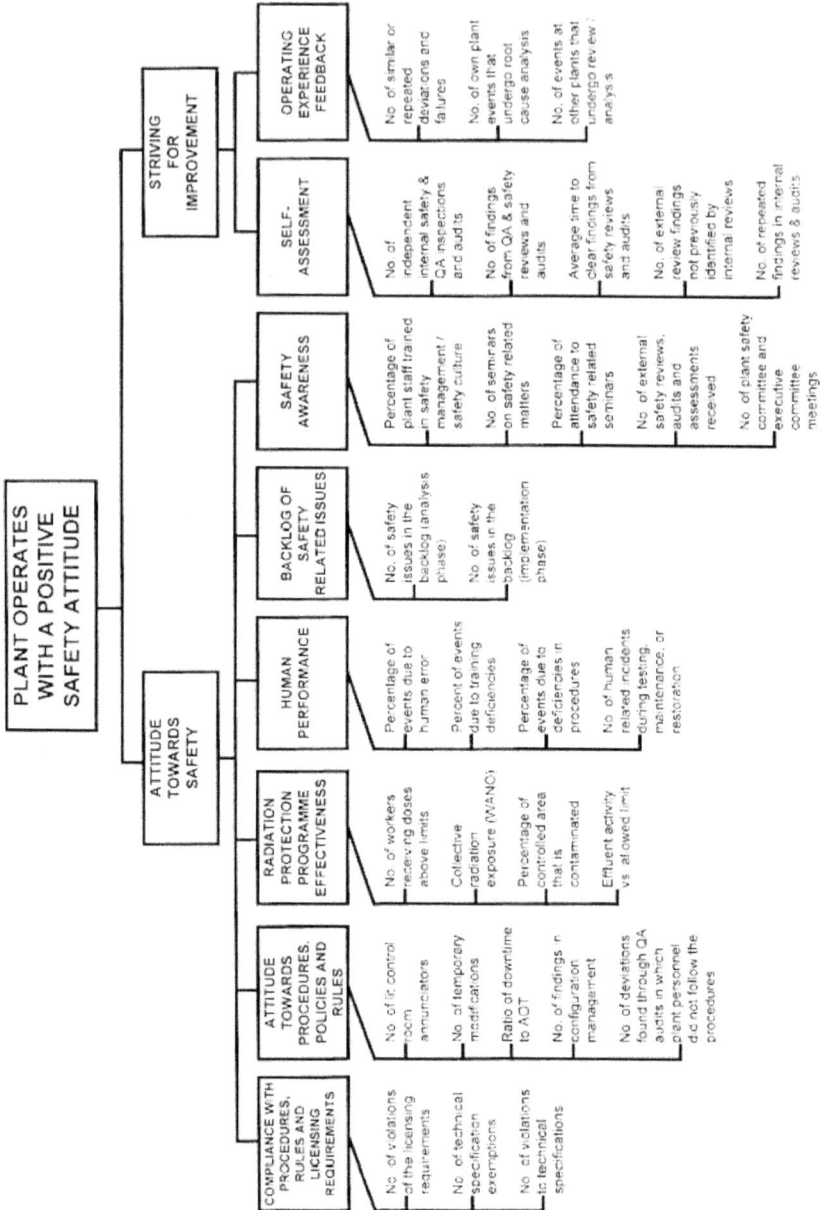

Abbildung 75. Konkretisierung von Sicherheitsindikatoren für Kernkraftwerke:
Plant Operates with a positive Safety Attitude (IAEA TECDOC 1141)

Hier finden sich für die Konkretisierung „*Plant Operates with a positive Safety Attitude*" („*Anlage wird mit einer positiven Einstellung zur Sicherheit
betrieben*") die relevanten unterliegenden Parameter des Anlagenbetriebs.

In Abbildung 71 wird eine grundlegende Struktur von Sicherheitsindikatoren dargestellt. Diese basiert auf Attributen der betrieblichen Sicherheit, die gruppiert werden in

Gesamtindikatoren: Indikatoren zur Gesamtbewertung der Sicherheitsleistung;

Strategische Indikatoren: Indikatoren zur Überbrückung von Indikatoren zur Gesamtsicherheitsleistung hin zu spezifischen Indikatoren;

Spezifische Indikatoren: spezielle Indikatoren, die so ausgewählt werden, dass sie schnell eine nachlassende Sicherheitsleistung erkennen lassen, um korrektive Maßnahmen zu ergreifen.

Die Konkretisierung der Indikatoren im Bereich der Kernkraft findet sich in Abbildung 72 bis Abbildung 75. Dabei ist leicht erkennbar, dass versucht wird, sicherheitsgerichtetes mit wirtschaftlichem Verhalten zu verknüpfen. Außerdem ist erkennbar, dass einige Indikatoren unmittelbar als Risikoparameter verwendet wurden. Bei der Auswahl von Indikatoren empfiehlt die IAEA in der TECDOC 1141:

- es gibt eine direkte Beziehung zwischen Indikator und Sicherheit;
- die notwendigen Daten sind verfügbar oder können generiert werden;
- sie können quantifiziert werden;
- sie sind nicht mehrdeutig;
- die Signifikanz der Indikatoren wird verstanden;
- sie können nicht manipuliert werden;
- sie bilden eine handhabbare Menge;
- sie sind bedeutungsvoll;
- sie können in die normalen Betriebsaktivitäten integriert werden;
- sie können validiert werden;
- sie können auf die Ursache von Störungen bezogen werden;
- die Genauigkeit kann auf jeder Ebene verifiziert und qualitätsgesichert werden;
- es können lokal durchführbare Aktivitäten abgeleitet werden.

Es wird darauf hingewiesen, dass die gewählten Indikatoren eine Mischung aus *Zustandsbewertung* und *Frühwarnsystem* darstellen sollen. Es wird davor gewarnt, dass Indikatoren, anstatt eine wertvolle Hilfe zum sicheren Betrieb darzustellen, selbst Gegenstand angestrengter Optimierungen werden. Der Erfolg hängt letztlich davon ab, wie überzeugend das Management die Indikatoren als hilfreiches und valides Arbeitsmittel darstellen kann.

14.3.4   Sicherheitskultur

Eines der wichtigsten Ziele, die mit Prozessen für Sicherheitsmanagement verfolgt werden, ist das Etablieren einer stabilen und nachhaltigen *Sicherheitskultur* bei allen betrieblich beteiligten Personen und damit letztlich der gesamten Organisation (siehe dazu IAEA NS-G-2.4 und IAEA TECDOC 1329).

Im IAEA-Bericht INSAG 4 (1991) wurde *Sicherheitskultur* folgendermaßen definiert:

> *"Safety Culture is that assembly of characteristics and attitudes in organizations and individuals which establishes that, as an overriding priority, nuclear plant safety issues receive the attention warranted by their significance".*

Aus dieser Definition ist erkenntlich, dass es sich bei Sicherheitskultur nicht um eine formale Eigenschaft oder einen abstrakten Prozess einer Organisation handelt, sondern um persönliche Einstellungen und eine vorrangige Aufmerksamkeit für die Sicherheit des Anlagenbetriebs. Dies wird im IAEA-Bericht INSAG 4 noch weiter konkretisiert, indem Folgendes erwartet wird:

- alles durchdringendes Sicherheitsdenken;
- hinterfragende Einstellungen;
- Vermeidung von Schlampigkeiten;
- Commitment für Exzellenz;
- eindeutige persönliche Verantwortung;
- innerorganisatorische Selbstregulation von Sicherheitsangelegenheiten.

Weitere strukturelle Details einer solchen Kultur finden sich in Abbildung 76. Dabei werden vor allem wichtige Führungs- und Leitungsaufgaben für Manager gesehen, die in hohem Maße für die erfolgreiche Entwicklung einer Sicherheitskultur verantwortlich sind. Nur wenn das Management ein solches organisatorischen Ziel unzweifelhaft kommuniziert, selbst lebt, mit angemessenen Ressourcen ausstattet sowie die Entwicklung und das Verhalten Einzelner diesbezüglich laufend überwacht, belohnt oder sanktioniert, kann sich eine stabile und funktionsfähige sicherheitsgerichtete Arbeitskultur einstellen.

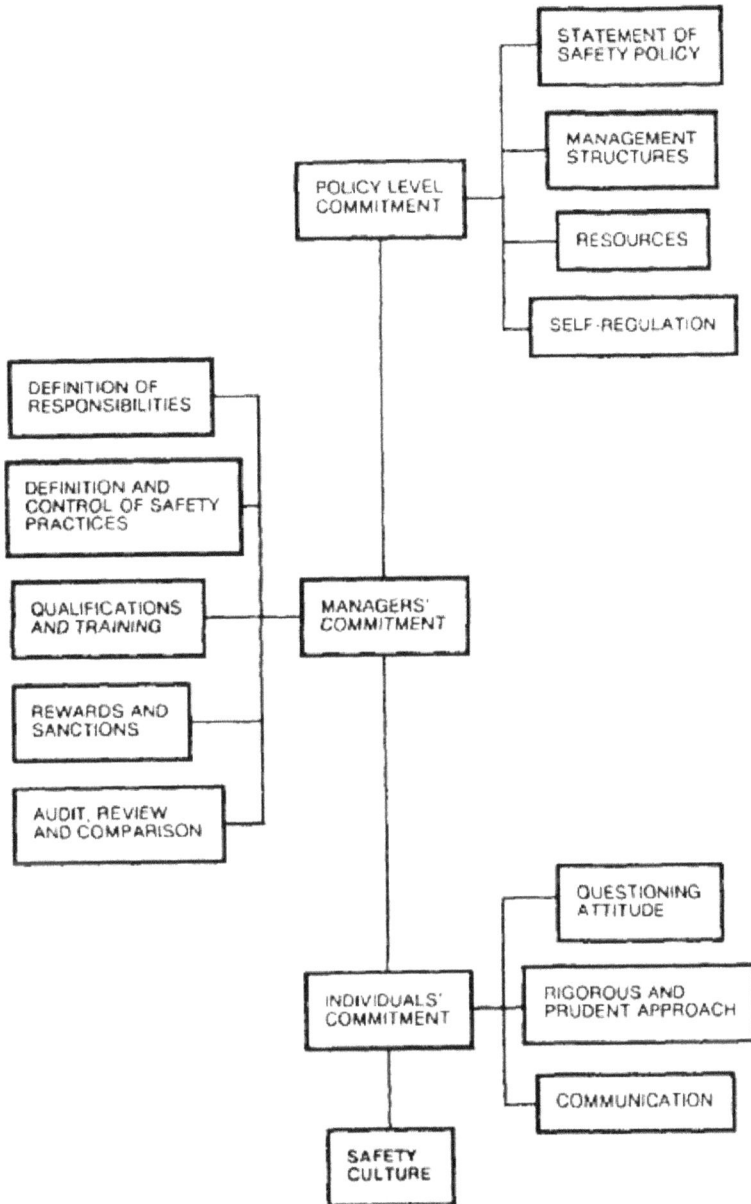

Abbildung 76. Elemente einer Sicherheitskultur (aus IAEA INSAG 4)

> Als die Elemente einer Sicherheitskultur werden individuelle Einstellungen, diejenigen des Managements sowie eine übergeordnete und offensive Unternehmensstrategie gesehen.

Die Grundprinzipien von Sicherheitskultur als wichtiger Beitrag zur Sicherheit des Betriebs eines sicherheitskritischen Systems lassen sich wie folgt kurz formulieren:

hinterfragende Einstellung + gründliche und umsichtige Arbeitsweise + Kommunikation

Individuen mit einer *hinterfragenden Einstellung* erheben Fragen wie:

- Verstehe ich meine Aufgabe?
- Was sind meine Verantwortlichkeiten?
- Wie stehen diese in Bezug zu Sicherheit?
- Verfüge ich über das notwendige Wissen weiter zu verfahren?
- Welches sind die Verantwortlichkeiten Anderer?
- Existieren unnormale Umstände?
- Benötige ich Assistenz?
- Was könnte schief gehen?
- Welches wären die Konsequenzen eines Fehlers oder des Versagens?
- Was könnte zur Fehlervermeidung getan werden?
- Was werde ich tun, falls ein Fehler auftritt?

Bei Routineaufgaben werden sich viele dieser Fragen mehr oder weniger selbstverständlich beantworten. Im Falle neuer, seltener oder veränderter Aufgaben müssen die Fragen sehr gründlich durchdacht werden. Bei sehr kritischen Aufgaben muss der Prozess schriftlich gefasst werden.

Eine *gründliche und umsichtige Arbeitsweise* drückt sich folgendermaßen aus:

- Verständnis der Arbeitsverfahren;
- Einhalten der Arbeitsvorschriften;
- Alarmiertheit (Awareness) für Unerwartetes;
- Anhalten und Nachdenken, falls ein Problem auftaucht;
- bei Bedarf Hilfe in Anspruch nehmen;
- Aufmerksamkeit für Ordnung und Pünktlichkeit;
- Arbeiten mit hoher Sorgfalt;
- Verzicht auf Abkürzungen.

Eine *geeignete Form von Kommunikation* stellt sich wie folgt dar:

- Einholen von nützlichen Informationen von Anderen;
- Übermitteln von nützlichen Information an Andere;
- Berichten und Dokumentieren von Routine- und Sonderaktivitäten;
- Vorschlagen neuer Sicherheitsinitiativen.

Eine existierende und wirksame Sicherheitskultur lässt sich mit geeigneten Sicherheitsindi-katoren beobachten und steuern (vgl. Abschnitt 14.3.3). Im IAEA-Bericht INSAG 15 (2002) werden Erfahrungen mit der Einführung, Beobachtung und Steuerung einer Sicherheitskultur im Bereich der Kernkraft ausführlich beschrieben. Hierbei wird auf folgende Schlüsselfakto-ren hingewiesen:

- Commitment (klare Unterstützung sicherheitsgerichteten Handelns durch das Ma-nagement);
- Anwendung von Regelwerken (keine Abweichungen von Regeln);
- konservative Entscheidungsfindung (im Zweifelsfall für die Sicherheit);
- Berichten von Beobachtungen und Bedenken;
- unsicheren Handlungen und Bedingungen entgegenwirken;
- lernende Organisation (laufende Verbesserungen der Organisation und Qualifizie-rung ihres Personals);
- Unterstützung von sicherheitsgerichtetem Handeln durch Kommunikation, klare Prioritäten und organisatorische Maßnahmen.

Organisationen durchlaufen im Allgemeinen mehrere Stadien in der Entwicklung und Stär-kung ihrer Sicherheitskultur. Das eindeutige Commitment des Managements und ein geeig-netes Wertesystem im Unternehmen bildet die Grundlage. Manager müssen dabei zeigen, dass sie ihre Vorgaben auch selbst praktizieren. Wirtschaftlich schwierige Randbedingungen dürfen nicht zu sicherheitsbeeinträchtigenden Abkürzungen in den Arbeitsverfahren führen (vgl. Shortcuts in der Decision-Ladder; siehe Abschnitt 8.2 und Abbildung 29). Nachlässig-keiten und Schlampigkeiten dürfen nicht toleriert oder gar akzeptiert werden.

Es wird berichtet, dass Personen in Organisationen, die wie beschrieben arbeiten, zu einem hohen Maß an Sicherheit beitragen und stolz sind, wichtige Aufgaben in professioneller Weise zu erledigen. Dies korrespondiert in hohem Maße mit einem *Berufsethos*, der beson-ders in sicherheitskritischen Arbeitsbereichen wie zum Beispiel Luftfahrt oder Medizin im-mer wieder beschrieben wurde. Allerdings ist zu beobachten, dass in wirtschaftlich schwieri-gen Zeiten durch hohen Effizienz- und Kostendruck solche Arbeits- und Denkweisen entge-gen der oben genannten Prinzipien behindert oder gar unmöglich gemacht werden, mit un-mittelbaren negativen Auswirkungen auf die Sicherheit.

14.4   Qualifizierung

Der Betrieb und die Bedienung hochfunktionaler sicherheitskritischer Systeme erfordern geeignete *Qualifikationen*. In Arbeitskontexten ist dies meist verbunden mit einer geeigneten Ausbildung und laufender Fortbildung. Die nötige Kompetenz wird gelegentlich als *Fach-kunde* bezeichnet. Die Anforderungen an solche Kompetenzen werden bei der Genehmigung von Systemen auf die gesamte Organisation und ihre Stellen übertragen.

Beispielsweise wurden solche Anforderungen an die Qualifikation des Betriebspersonals im Atomgesetz vom 15. Juli 1985 in der Fassung vom 28. August 2013 im § 7 Abs. 2 zur Genehmigung kerntechnischer Anlagen folgendermaßen formuliert:

„(2) Die Genehmigung darf nur erteilt werden, wenn

    1.   keine Tatsachen vorliegen, aus denen sich Bedenken gegen die Zuverlässigkeit des Antragstellers und der für die Errichtung, Leitung und Beaufsichtigung des Betriebs der Anlage verantwortlichen Personen ergeben, und die für die Errichtung, Leitung und Beaufsichtigung des Betriebs der Anlage verantwortlichen Personen die hierfür erforderliche Fachkunde besitzen,

    2.   gewährleistet ist, daß die bei dem Betrieb der Anlage sonst tätigen Personen die notwendigen Kenntnisse über einen sicheren Betrieb der Anlage, die möglichen Gefahren und die anzuwendenden Schutzmaßnahmen besitzen, [...]“

Es geht also um die definierte Qualifizierung des für den Betrieb zuständigen Personals im sozialen Teilsystem im Sinne eines *Arbeitssystems* (vgl. Abschnitt 7.1).

14.4.1   Ausbildung

Die Ausbildung von Operateuren reicht je nach Arbeitsgebiet und seiner Komplexität von Schulungen bis hin zu ganzen Studiengängen mit nachfolgenden Praxisphasen. Dieser anwendungsspezifische Aspekt soll hier nur insoweit Betrachtung finden, als festzustellen ist, dass die Kompetenzen von Operateuren und Betriebspersonal die komplette Bandbreite vom Laien (z.B. Autofahrer) bis zum langjährig, oft inklusive Studium, ausgebildeten Personal (z.B. Reaktorfahrer) umfassen.

Als Herausforderung wird zunehmend gesehen, mit unausgebildetem Personal komplexe Betriebsleistungen zu erbringen. Als Lösung scheint in vielen Fällen Automatisierung gesehen zu werden. Wenn aber die Diskrepanz zwischen den Kompetenzen der Operateure und Betreiber – im Sinne einer tauglichen, lernenden Organisation – auf der einen Seite und der funktionalen Komplexität der zu steuernden Prozesse sehr groß wird, kann nicht mehr angenommen werden, dass das Personal in kritischen Situationen noch „Herr der Lage" werden könnte, falls es die Technik alleine nicht mehr zu leisten imstande ist.

14.4.2   Fachkunde und Fortbildung

Zur Durchführung von Aufgaben im Rahmen der Prozessführung werden Fachkenntnisse und Fertigkeiten benötigt, die nur teilweise im Rahmen einer Ausbildung vermittelt werden können. Neben Grundlagenwissen geht es bei der *Fachkunde* vor allem um konkretes Anwendungs- und Praxiswissen in der betrieblichen Realität. Dieses Wissen und diese Fertigkeiten werden üblicherweise im Rahmen der *Einarbeitung* des Betriebspersonals sowie der laufenden Fortbildung zum *Fachkundeerhalt* erworben. Für die Trainingsprozesse zur Einarbeitung und laufenden Fortbildung müssen im Kontext sicherheitskritischer Systeme hohe Anforderungen gestellt werden. Solche Anforderungen lassen sich z.B. mit der Methode *SAT (Systematic Approach to Training)* aus der Kerntechnik erläutern (siehe Abbildung 77). Der Bedarf für das Training wird dabei systematisch aus den Aufgaben und den Anforderungen an die Erfüllung der Aufgaben abgeleitet und anschließend der Erfolg überprüft.

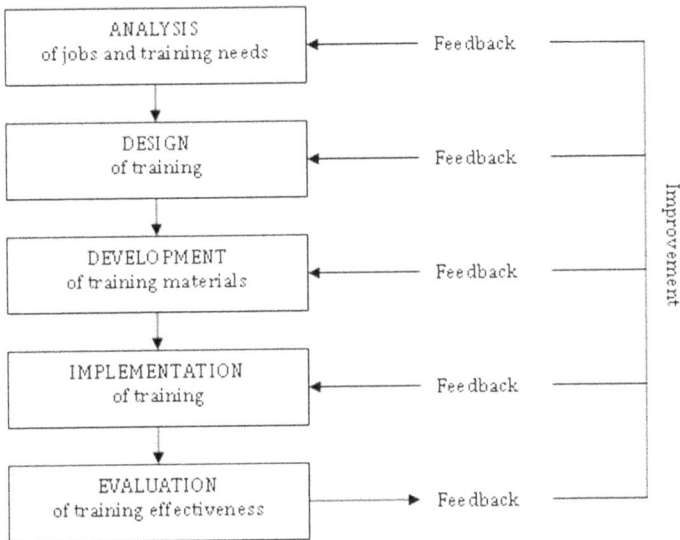

Abbildung 77. Übersicht über den iterativen Prozess des *Systematic Approach to Training (SAT)* (Canadian Nuclear Safety Commission, REGDOC-2.2.2 nach IAEA TECDOC 1057)

> Der *Systematic Approach to Training (SAT)* sieht einen umfassenden Prozess zur Analyse, Konzeption, Entwicklung, Durchführung und Evaluation von Trainingsprozessen vor. Kern der vorausgehenden Analysen sind eine *Job and Task Analysis (JTA)*, also eine Organisations- und Aufgabenanalyse (vgl. Abschnitt 7.4) sowie eine *Job Compentency Analysis (JCA)*, also die Bestimmung des für die erfolgreiche Durchführung der Aufgaben notwendigen Wissens zusammen mit Fertigkeiten und Einstellungen.

14.4.3   Teamtraining

In sicherheitskritischen Systemen wird der Betrieb selten von nur einzelnen Personen geleistet. Operateure und weiteres technisches und administratives Personal arbeiten in unterschiedlichsten Teams zusammen. Die Leistungen werden dabei stark arbeitsteilig, aber besonders in kritischen Betriebssituationen auch kooperativ erbracht. Die Voraussetzungen dafür sind verlässliche Fähigkeiten zur *Kommunikation*, *Koordination* und *Kooperation*, die selbst wieder Gegenstand von spezifischen Trainingsprozessen sein müssen. Natürlich setzt die Arbeit im Team die Fähigkeit zur Bewältigung der eigenen Aufgaben voraus, wie im vorhergehenden Abschnitt zur Fachkunde dargestellt. Teamarbeit ist kein Ersatz für fachkundige Einzelleistungen im persönlichen Arbeitsbereich. Teamarbeit kommt dann zum Tragen, wenn Einzelleistungen mit denen anderer Akteure gemeinsam und koordiniert ablaufen müssen, um bestimmte geplante Aufgaben zu leisten, die mit den Ressourcen und Kompetenzen Einzelner nicht zu bewältigen wären.

Besondere Teamleistungen kommen aber vor allem dann zum Tragen, wenn eine Anomalie vorliegt und ein System in kurzer Zeit mit begrenzten Ressourcen wieder in den Normalzustand oder einen anderen sicheren Zustand überführt werden muss. Für eine solche Teamarbeit muss eine gemeinsame *(Shared) Situation Awareness* geschaffen werden (siehe dazu Abschnitt 10.6). Darüber hinaus muss diagnostische Arbeit im Team (z.B. Arbeitsstab) geleistet werden (siehe Abschnitt 11.5). Diese gemeinsamen Tätigkeiten müssen genauso trainiert werden, wie die individuelle Tätigkeit, sonst würde sie bei Auftreten eines kritischen Ereignisses erfahrungsgemäß nicht funktionieren (siehe z.B. Mentler, Jent & Herczeg, 2012).

Crew Resource Management (CRM) wurde 1979 von der NASA entwickelt und wird heute vor allem im Bereich der Luftfahrt als eine Arbeits- und Trainingsmethode praktiziert, die eine effektive Nutzung aller verfügbarer Ressourcen von Hardware, Software und Personal (Liveware) vorsieht, um einen effizienten und sicheren Flugbetrieb zu leisten. Dadurch sollen Crews in die Lage versetzt werden, auch schwierige Situationen gemeinsam zu meistern. Dabei sind die Kernaktivitäten geeignet ausgeprägte und kommunikativ moderierte Situation Awareness, Führungsverhalten und Entscheidungsfindung (Flin et al., 2008).

CRM-Training ist in den Betriebsvorschriften für den Flugzeugverkehr (JAR-OPS) festgelegt und muss im Bereich der gewerblichen und militärischen Luftfahrt im Turnus von drei Jahren wiederholt werden. Dem Personal soll dabei vermittelt werden, dass neben den Fachkenntnissen die Weitergabe und Nutzung von Information aus dem Team von zentraler Bedeutung ist. Fachkunde des Einzelnen und Kommunikation im Team, in der Luftfahrt auch zwischen Cockpit und Kabine, kann so zum entscheidenden Erfolgsfaktor einer kritischen Situation werden. Viele Critical Incidents wurden inzwischen von den verantwortlichen Piloten im Nachhinein als nur mittels CRM bewältigbar angesehen (z.B. Notwasserung im Hudson River, New York am 15.01.2009, ohne Panik unter Personal und Passagieren).

14.4.4   Weiterbildung

Während *Aus- und Fortbildung* die für eine Tätigkeit nötigen Kernkompetenzen liefern, dient *Weiterbildung* der Ausweitung von Qualifikationen, um veränderte oder neue Aufgaben wahrnehmen zu können. Dabei soll es am Beispiel von Operateuren hier weniger um allgemeine Kompetenzen gehen, sondern vor allem um eine Erweiterung des Tätigkeitsbereiches. So qualifizieren sich beispielsweise Piloten oft weiter, um andere Flugzeugtypmuster oder andere Strecken fliegen zu können. Dies ist verbunden mit spezifischen Trainingsprogrammen, um aufbauend auf den Kernkompetenzen die Spezifika einer erweiterten Tätigkeit zu erlernen und zuverlässig praktizieren zu können.

Sind die Aufgabenstellungen hinreichend gut modelliert und bekannt, können daraus differenzielle Trainingsprogramme abgeleitet und entwickelt werden, um mit hoher Effizienz eine Erweiterung des Tätigkeitsspektrums erreichen zu können. Piloten brauchen beispielsweise nur etwa sechs Wochen, um ein anderes Typmuster aus einer Familie von Flugzeugen fliegen zu können. Dies spricht einerseits für eine gewisse Standardisierung in der Gestaltung von Prozessführungssystemen innerhalb einer Domäne, andererseits aber auch für konsequente Aus-, Fort- und Weiterbildung auf Grundlage eines Systems. Hierbei helfen beispielsweise Konzepte wie der schon oben erwähnte *Systematic Approach to Training (SAT)* in der Kerntechnik, wo Reaktorfahrer systematisch und effizient in die Bedienung anderer Bereiche einer Anlage oder anderen Anlagen eingearbeitet werden müssen.

14.4.5   Evaluation

Wie auch im SAT-Prozess (Abbildung 77) erkennbar ist, gehört zur jeder Trainingsmaßnahme eine *Evaluation*, also eine Bewertung des Lernerfolgs. Dies kann je nach vermittelten Erkenntnissen und je nach Anwendungsdomäne auf unterschiedlichste Weise erfolgen. Verbreitet sind klassische Prüfungsmethoden, wie z.B. mündliche oder schriftliche Prüfung, Test im Simulator oder Test im Realkontext, zusammen mit einem Prüfer.

Es sollte offensichtlich sein, dass das erfolgreiche und sichere Überwachen und Steuern sicherheitskritischer Prozesse nur durch laufende geeignete theoretische und praktische Evaluationen (Prüfungen, Tests) abgesichert werden kann. Auch wenn dies selbstverständlich erscheinen sollte, wird nicht in allen Bereichen Aus-, Fort- und Weiterbildung mit Evaluationen der Fachkunde oder Leistungsfähigkeit verbunden. Während Piloten sich typischerweise zweimal im Jahr einem Training mit Prüfung sowie Flugtauglichkeitsüberprüfungen unterziehen müssen, werden in anderen Domänen Fort- und Weiterbildungen oft ohne jeden Wissens- und Leistungsnachweis praktiziert. In Bereichen, wie z.B. dem Straßenverkehr erwirbt man einmal im Leben eine Fahrerlaubnis durch theoretische und praktische Prüfungen, um dann das ganze Leben lang diese Fahrerlaubnis nutzen zu können, ohne jemals wieder aktuelle theoretischen Grundlagen oder neue technische Entwicklungen erlernt zu haben. Diese Situation lässt sich allenfalls gesellschaftspolitisch, kaum jedoch technisch, fachlich, psychologisch, pädagogisch oder aus Unfallstatistiken heraus begründen.

14.5   Gesellschaftliche Strukturen und Faktoren

Der Betrieb eines sicherheitskritischen Systems findet normalerweise in einem definierten gesetzlichen Rahmen statt. Diese Rahmenbedingungen spiegeln zwangsläufig die bestehenden politischen Macht- und Mehrheitsverhältnisse wieder. Sicherheitstechnische Zulassungen in unterschiedlichen Anwendungsdomänen unterscheiden sich insbesondere nach ökonomischer und teils ideologischer Bedeutung des jeweiligen Anwendungsgebiets. Anders ließe sich kaum erklären, warum die akzeptierten Risiken so unterschiedlich sind. Wenn es in der zivilen Luftfahrt allein innerhalb eines Landes wie Deutschland zu fast 5.000 Todesopfern und 40.000 Schwerverletzten pro Jahr kommen würde, würden der Luftverkehr, also Flugzeughersteller, Zulassungs- und Aufsichtsbehörden, Flugsicherung und Airlines deutlich unter Druck geraten. Wenn es zur selben Zahl von Personenschäden im Individualverkehr, hier Straßenverkehr kommt, wird dies toleriert und kaum jemand käme politisch auf den Gedanken, die praktizierte Zulassung von Kraftfahrzeugen, Straßen oder Autofahrern grundsätzlich in Frage zu stellen.

Die Rolle von Politik und Gesellschaft ist gekennzeichnet von partikularen Interessen und ihren Repräsentanten. Die Rationalität von Risiken kann hier nur unterstützend und moderierend, nicht jedoch bestimmend wirken. So muss gerade im Bereich der sicherheitskritischen Systeme das gesellschaftliche Geflecht aus Gesetzgebung, Zulassung, Aufsicht, Technikfolgen und Ethik als politisches und damit vor allem auch ökonomisches und soziales System gesehen werden und nicht etwa als Idealkonstruktion einer rationalen aufgeklärten Gesellschaft.

14.5.1   Gesetzgeber

Wie schon mehrfach festgestellt, werden sicherheitskritische Systeme und Anwendungen unter gesetzlichen Rahmenbedingungen hergestellt, genehmigt, betrieben und stillgelegt. Der Gesetzgeber hat dabei die Aufgabe in angemessener Weise Anforderungen insbesondere in Form von Gesetzen und Verordnungen zu formulieren, die soweit wie möglich klare Vorgaben für Hersteller und Betreiber schaffen. Diese müssen ihrerseits wiederum Rahmenbedingungen für Herstellung, Betrieb, Wartung und Außerbetriebnahme in ihren Unternehmen schaffen, sodass die gesetzlichen Vorgaben eingehalten werden.

Das komplexe Geflecht aus politischen Vorgaben und Zielen vermischt sich mit ökonomischen, organisatorischen, sozialen und individuellen Interessen und Verhaltensweisen, sodass die Betriebssicherheit einer sicherheitskritischen Technologie nur teilweise die gesetzlichen Vorgaben widerspiegeln kann.

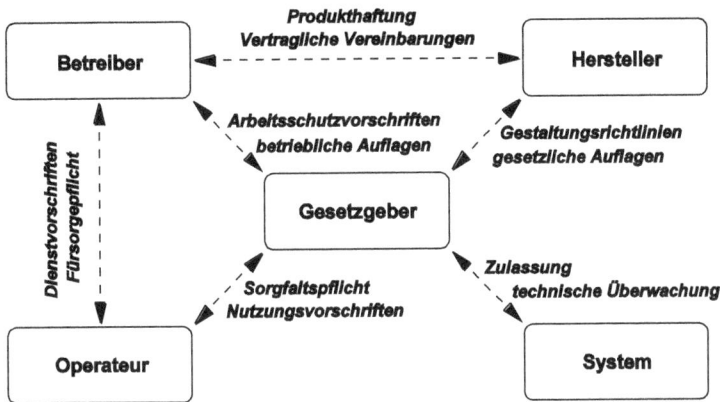

Abbildung 78. Der Gesetzgeber als zentrale Instanz für die Sicherheit

> Der Gesetzgeber schafft mit Gesetzen und Verordnungen die Grundlage für Herstellung, Betrieb und Außerbetriebnahme von sicherheitskritischen Technologien. Dies spiegelt sich dann mehr oder weniger in den sicherheitskritischen Systemen selbst (Anlagen, Fahrzeuge, Prozessführungssysteme) und in der Art und Weise, wie diese durch Operateure betrieben werden, wider.

Typische Beispiele für Gesetze, Verordnungsermächtigungen, Verordnungen und staatliche Regelwerke für sicherheitskritische Mensch-Maschine-Systeme sind beispielsweise:

- Gesetz über die friedliche Verwendung der Kernenergie und den Schutz gegen ihre Gefahren (Atomgesetz, AtG) und Verordnung über den Schutz vor Schäden durch ionisierende Strahlen (Strahlenschutzverordnung, StrlSchV);

- Gesetz zum Schutz vor schädlichen Umwelteinwirkungen durch Luftverunreinigungen, Geräusche, Erschütterungen und ähnliche Vorgänge (Bundes-Immissionsschutzgesetz, BImSchG) und Verordnung zur Durchführung des Bundes-Immissionsschutzgesetzes (Störfallverordnung, BImSchV);

- Straßenverkehrsgesetz, Verordnung über die Zulassung von Personen zum Straßenverkehr (Fahrerlaubnisverordnung, FeV), Verordnung über die Zulassung von Fahrzeugen zum Straßenverkehr (Fahrzeug-Zulassungsordnung, FZV), Straßenverkehrs-Ordnung (StVO) und Straßenverkehrs-Zulassungs-Ordnung (StVZO).

Schon diese kleine Auflistung zeigt das engmaschige Netz von gesetzlichen Regelungen am Beispiel dreier wichtiger Anwendungsfelder mit hohen Sicherheitsanforderungen. Trotzdem ist es nicht das Ziel und nicht die Aufgabe des Gesetzgebers konkrete Vorgaben für die Ausgestaltung und den Betrieb sicherheitskritischer Systeme zu machen. Stattdessen werden Rahmenbedingungen formuliert, von denen die Volksvertretungen annehmen, dass sie auch einen beträchtlichen Einfluss auf die Sicherheit der Bevölkerung haben. Das tatsächlich erreichte Sicherheitsniveau kann dann allerdings im Wesentlichen nur statistisch erfasst werden (siehe Anmerkungen oben zum Straßenverkehr).

Die Verfeinerungen der Gesetze und Verordnungen entstehen oft weniger durch eine laufende systemische oder statistische Betrachtung, sondern vielmehr durch den politischen Druck nach öffentlich wahrgenommenen Ereignissen mit subjektiven Risikobewertungen. So wirft beispielsweise der 80-jährige Autofahrer, der die Kontrolle über einen modernen, nicht mehr ohne Assistenz- und Unterstützungssysteme steuerbaren Pkw von 1,5 Tonnen verliert und ein Kind überfährt, die Grundsatzfrage nach dem Höchstalter von Autofahrern auf, anstatt entweder die Statistik zu konsultieren oder die Frage nach den sensomotorischen Fertigkeiten, Fähigkeiten und Grenzen von Menschen zu stellen, die man beispielsweise in Deutschland nur ein einziges Mal bei der Vergabe der Fahrerlaubnis überprüft. Die Sicherheit, hier die Kontrollierbarkeit von Kernkraftwerken, wurde politisch und öffentlich viel intensiver nach den Unfällen von Tschernobyl und Fukushima diskutiert, als auf Grundlage Tausender von Störfällen, von denen etliche sowohl grundsätzliche Fragen bezogen auf die Technologie, wie auch auf die Fähigkeiten und die Zuverlässigkeit von Operateuren, Betriebsorganisationen und Energiekonzernen aufgeworfen haben.

An dieser Stelle sollte zur Klärung noch ergänzt werden, dass unter dem Primat der Ökonomie eine Technologie nicht wesentlich besser werden kann, als es die gesetzlichen Rahmenbedingungen vorgeben. Dies mag gerade für fortschrittsgläubige Technologen enttäuschend sein, aber gerade die Privatisierung der letzten Jahre hat deutlich gezeigt, wie die Anwendungsfelder, die ursprünglich in vielen Fällen unter staatlicher Kontrolle und Monopol betrieben worden waren, wie Bahnen, Airlines oder Energieerzeugung, heute unter privater Regie an oder auch unter die Grenzen der gesetzlich vorgegebenen Sicherheitsanforderungen entwickelt worden sind. Insbesondere im Bereich der Sicherheit durch Reserven (z.B. Tankreserven von Flugzeugen, Auswahl und Stärke von Materialien, Sicherheitsabstände zu kritischen Anlagen und Geräten, Personalausstattungen und Dienstzeiten) werden maximal die gesetzlichen Mindestanforderungen erfüllt. Mehr wird als Vergeudung von Ressourcen zum Nachteil der Stakeholder (Eigentümer, Aktionäre) betrachtet. Diese Entwicklung ins Bewusstsein zu bringen, wird eine der größeren Herausforderungen der kommenden Jahre sein.

14.5.2 Zulassungsbehörden und Aufsichtsbehörden

Über die Freigabe einer gesetzlich reglementierten Technologie (Anlage, Fahrzeug, Gerät) entscheiden *Zulassungsbehörden*. Jede Technologie hat hier ihre eigene Behörde, wie z.B.:

- Luftfahrt-Bundesamt (LBA) in Zusammenarbeit mit der Europäischen Agentur für Flugsicherheit (EASA);
- Kfz-Zulassungsbehörden (Kfz-Zulassungsstellen) der Städte und Kreise;
- Eisenbahn-Bundesamt (EBA) für die Zulassung von öffentlichen und nicht-öffentlichen Bahnfahrzeugen und deren Betrieb;

- Atomaufsichten in den Bundesländern, in denen kerntechnische Anlagen betrieben werden;

- Bundesamt für Seeschifffahrt und Hydrographie (BSH), zur Zulassung und Aufsicht des Schiffsbetriebs.

Das Handeln der Zulassungsbehörden wird üblicherweise in Form von *Ermächtigungen* aus den oben genannten Gesetzen abgeleitet. Sie sind meist öffentliche, prinzipiell auch private Einrichtungen im öffentlichen Auftrag, die die Einhaltung der gesetzlichen Vorschriften prüfen und testieren und damit die Grundlage für *Betriebsgenehmigungen* schaffen.

In vielen Fällen übernehmen heute nationale und internationale Normen die Vorgaben für detaillierte Ausprägungen von technischen Teilsystemen in sicherheitskritischen Systemen. Im Einzelfall können auch wissenschaftliche oder technische Einzelgutachten solche Normen ersetzen. Insbesondere technische Überwachungsvereine und andere Prüfunternehmen übernehmen heute einen Großteil der Prüfaufträge für die Zulassung und den späteren Betrieb sicherheitskritischer Technologien. Das damit verbundene Problem des wirtschaftlichen Eigeninteresses solcher privatwirtschaftlicher Anbieter darf dabei nicht übersehen werden. Umgekehrt ist es staatlich kaum mehr mit vertretbarem Aufwand fachlich und ökonomisch zu leisten, diese Aufgaben vollständig zu übernehmen bzw. zu behalten.

Den späteren Betrieb von sicherheitskritischen Technologien überwachen sogenannte *Aufsichtsbehörden*. Dieses sind staatliche Einrichtungen von Bund und Länder, die im Einzelfall identisch mit Zulassungsbehörden sein können, unter deren Regie die privaten Prüfer und Gutachter ihre Arbeit leisten.

14.5.3   Technikfolgenabschätzung

Mit der Entwicklung und Nutzung von sicherheitskritischen Technologien sollte auf lange Sicht immer vorausschauend auf die Folgen und Risiken solcher Technologie geachtet werden. Auch wenn eine Technologie aus momentaner Sicht erstrebenswert, ökonomisch und sicher erscheint, muss das in einem späteren Betrachtungszeitraum nicht mehr der Fall sein. Solche Betrachtungen prospektiv, viel leichter am Beispiel retrospektiv anzustellen, zeigen folgende Beispiele:

- Welche Folgen auf das Ansiedlungsverhalten und die damit verbundenen Fahraufwände und Risiken bei der Fahrt zu Arbeit, Schule, Freizeit und Einkauf hat die breite Verfügbarkeit von Pkws?

- Welche Folgen hat die Suche und Genehmigung von Endlagern nach der Zulassung von Kernkraftwerken und Zwischenlagern auf den Transport und die Lagerung von leicht und stark radioaktiv strahlendem Material?

- Welche Folgen auf die menschliche Aufmerksamkeit und Fahrkompetenz hat die Einführung von Assistenzsystemen in Personenkraftwagen?

- Welche Folgen auf die Kompetenz und Aufmerksamkeit von Piloten und die Sicherheit der Verkehrsluftfahrt hat die Automatisierung von Flugführungs-, Navigations- und Geräteüberwachungsaufgaben im Cockpit?

- Welche Folgen hat die digitale Leitwarte unter Einsatz eines hohen Informationsaggregations- und Automatisierungsgrades auf die Betriebssicherheit großer industrieller Anlagen?

Das Stellen solcher Fragen zum Zeitpunkt der Möglichkeit neuer Technologien, z.B. Automatisierung, scheint müßig. Alles, was die Maschine besser oder ökonomischer leisten kann als der Mensch, wird automatisiert. Wie sollte die Antwort sonst lauten? Sollte zu erwarten sein, dass auf eine technische Möglichkeit mit solchen Vorteilen verzichtet würde, nur weil sich die Arbeit von Operateuren dadurch ändert? Operateure sind und waren immer Lückenfüller und Lückenbüßer zwischen technischen und ökonomischen Systemen. Sie haben die Lückenfunktion in den bekannten sicherheitskritischen Anwendungen je nach Rahmenbedingungen mehr oder weniger gut leisten können. Am besten arbeiten Menschen, wenn man ihnen Aufgaben zuordnet, die zu ihren Fertigkeiten, Fähigkeiten, Motivationen, Emotionen und Grenzen passen. Dies nennt man dann *menschenzentrierte Technologien*. Die Menschen erbringen dort ganzheitliche Leistungen, die oft auch noch erbracht werden, wenn technische Systeme ausfallen oder sich die Randbedingungen gravierend ändern und das Gesamtsystem längst aus dem auslegungskonformen Kontext geraten ist. Menschen sind kreativ und langsam; Maschinen sind wach und schnell. Mensch-Maschine-Technologien sollten so konstruiert werden, dass sie sich in wichtigen Aufgabenbereichen überlappen und treffen. So können beide die Leistung bei Bedarf bringen und das Gesamtsystem wird robuster. Gerade die Langfristigkeit von Technologien erfordert Reserven in der Konstruktion, die es situativ, aber auch evolutionär erlaubt, die Systeme zu rekonfigurieren. Mensch und Technik müssen sich plastisch anpassen, um bei neuen und unerwarteten Anforderungen kurz-, mittel- und langfristig die Funktionsfähigkeit und Sicherheit des Systems aufrecht zu erhalten. Dafür gibt es unzählige gute Beispiele aus Incident-Berichten. Umgekehrt gibt es viele schlechte Beispiele aus Unfallberichten, wo das Fehlen einer solchen Plastizität und Flexibilität zum Bruch eines im Betrieb befindlichen Systems mit fatalen Folgen geführt hat.

14.5.4 Ethik der Techniknutzung

Wir haben bei der Betrachtung vieler Einzelaspekte gesehen, dass es wenig sinnvoll ist, sicherheitskritische Mensch-Maschine-Systeme in einer ausschließlichen Fokussierung auf Operateure und Technik zu entwickeln oder zu bewerten (siehe Abbildung 79).

Auch wenn der Operateur betrieblich von zentraler, oft finaler Bedeutung ist, ist sein Tun letztlich die Folge einer langen Kette und einer komplexen Struktur von Akteuren, Entscheidungen, Einflüssen und Aktivitäten. Aus vielen Analysen und Erkenntnissen über den sicheren und unsicheren Betrieb sicherheitskritischer Technologien kann die Erkenntnis gewonnen werden, dass es gerade die zentrale und finale Rolle der Operateure ist, die darüber entscheidet, wie erfolgreich kritische Ereignisse behandelt werden können. Anwendungsdomänen mit einer langen erfolgreichen Tradition wie zum Beispiel die Luftfahrt sind gekennzeichnet durch ein hohes Maß an Professionalisierung und *Berufsethos* der Operateure. Dieses Berufsethos, d.h. die solide Fachkunde, positive Einstellung und Leistungsbereitschaft der Operateure und damit ihre Fähigkeit, in kritischen Situation Verantwortung zu übernehmen und diese zu meistern, steht und fällt mit der Ausbildung, Selektion und den Arbeitsbedingungen dieser Personen.

Technikethik steht und fällt letztlich mit der Berufsethik derjenigen, die direkt oder indirekt die Systeme beauftragen, entwickeln, zulassen, warten und betreiben. Es ist, abgesehen von unverrückbaren Naturgesetzen (z.B. Kräfte, Strahlung, Gifte), letztlich nur zu einem kleinen Teil die Technik, die darüber entscheidet, wie sicher oder unsicher solche Technologien betreibbar sind.

Gerade der Primat der Ökonomie bringt Technologien, die ursprünglich mit einem hohen Berufsethos entwickelt und betrieben worden sind, zunehmend in eine Situation, bei der der Mensch zu einem Kostenfaktor degradiert wird und damit seine Fähigkeiten nur teilweise oder gar nicht mehr zur Wirkung bringen kann. Der Pilot wird zum Fahrer eines Transportmittels, der Schiffskapitän zum Showmaster und Animateur, der Wartungstechniker zum Abstempler für Wartungsunterlagen und der Fluggast zum Schnäppchenjäger für preisgünstige Tickets. Das prinzipiell außerordentlich leistungsfähige System aus Mensch, Technik, Organisation, Gesetz und Kultur degradiert so zu einem System, das nur noch marktgerechte und konkurrenzfähige Angebote im Sinne von *„je billiger, desto besser"* schafft. Der wirkliche Preis dafür kann sehr hoch sein. Das Flugticket für fünf Euro passt sicherlich nicht zu den Herausforderungen.

Kunden   Gesellschaft   Team

Arbeitgeber   Operateur   Leitwarte

Lieferanten   Umwelt   Prozeß

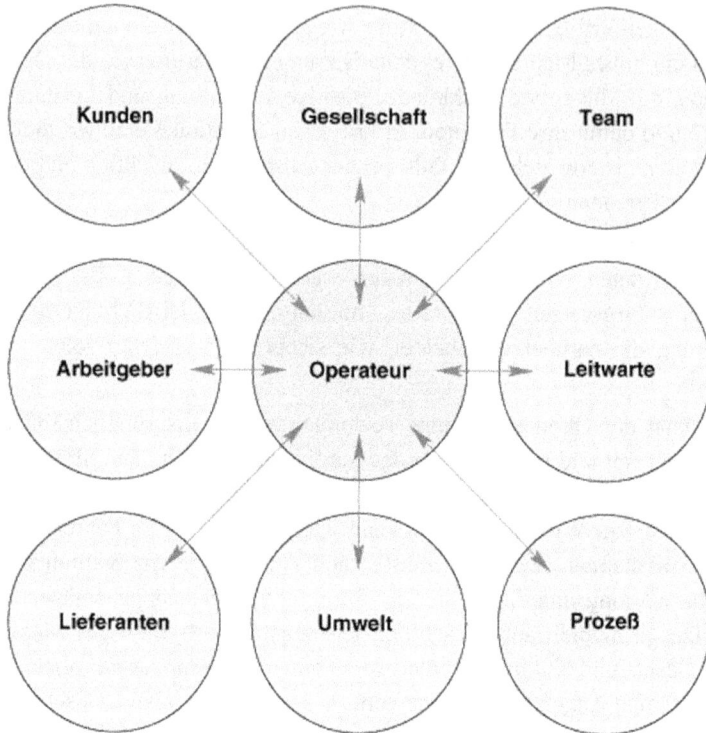

Abbildung 79. Operateure und deren Berufsethos im Brennpunkt der Einflüsse

Menschliche Operateure sind eingebettet in einen komplexen technischen, sozialen, ökonomischen und rechtlichen Kontext. Die Qualität ihrer Arbeit muss in diesem Gesamtkontext gesehen und verstanden werden. Die Realisierung von Prozessführungssystemen ist dabei ein wesentliches operatives Element, das die Arbeit der Operateure bestimmt. Prozessführungssysteme müssen daher im Wissen um diesen Gesamtkontext entwickelt und optimiert werden. Operateure dürfen dabei nicht in die Rolle der eintretenden kritischen Ereignissen Schuldigen gedrängt werden. Sie sind vielmehr diejenigen, die die Unzulänglichkeiten der umgebenden und beitragenden Verhältnisse kompensieren sollen und oft auch können. Dazu brauchen sie die bestmöglichen Arbeitsbedingungen und Einflussmöglichkeiten sowie eine angemessene Anerkennung ihrer Leistung in Verbindung mit einem kultivierten, hohen Berufsethos.

14.6   Zusammenfassung und Ausblick

Es hat sich gezeigt, dass die problemgerechte *Entwicklung und der Betrieb sicherheitskriti-scher Mensch-Maschine-Systeme nur unter günstigen organisatorischen, ökonomischen, gesetzgeberischen und kulturellen Bedingungen* gelingen können. Stimmen die Randbedingungen, so können wir heute gerade unter Verwendung von modernsten, ausgeprägt computergestützten Technologien, leistungsfähige Systeme schaffen, die ihren Zweck erfüllen und mit einem angemessenen und bekannten Restrisiko zuverlässig betrieben werden können.

Hersteller erhalten unter Nachweis der technischen Anforderungen *Zulassungen* für Ihre Geräte und Anlagen und die Betreiber erhalten unter Nachweis einer geeigneten Betriebsorganisation und Fachkunde ihres Personals eine *Betriebsgenehmigung* für diese Anlagen.

Die *Betriebsprozesse* sicherheitskritischer Mensch-Maschine-Systeme umfassen mindestens

1. den *Normalbetrieb* (regulärer Betrieb),
2. den *Notbetrieb* (gestörter Betrieb) sowie
3. die *Instandsetzung, Instandhaltung und Revision* (Wartung)

Diese Betriebsprozesse sind die Grundlage für die Überwachung, Steuerung und ständige Betriebsfähigkeit der zu betreibenden Systeme. Gerade die Überwachung und Steuerung hochautomatisierter Systeme erfordert ein klares Verständnis dieser Betriebsprozesse, um die Komplexität des Anlagenbetriebs für menschliche Operateure handhabbar zu machen.

Damit Risiken minimiert werden, bemüht man sich in komplexen sicherheitskritischen Anwendungen mit Hilfe von *Risiko- oder Sicherheitsmanagement* darum, günstige organisatorische Grundlagen und Randbedingungen für einen möglichst risikoarmen Betrieb zu schaffen. Mit Hilfe von *Sicherheitsindikatoren* beobachtet man die *Sicherheitsleistung* der mit dem sicherheitskritischen System verbundenen Organisation. Dabei wird das Ziel verfolgt, die Sicherheitsleistung langfristig auf ein hohes Niveau zu bringen und laufend zu verbessern. Man nennt einen solchen wünschenswerten Zustand *Sicherheitskultur*.

Nur eine geeignete *Auswahl* und ständige aktive *Qualifizierung* der Operateure sichert die notwendige Fachkunde und Zuverlässigkeit für den Betrieb sicherheitskritischer Technologien. Die Qualifizierung muss dazu ein festes betriebliches Element sein, das geplant, durchgeführt und in seiner Wirkung evaluiert wird. Ingenieure, Manager und Operateure, die sicherheitskritische Systeme planen, entwickeln, installieren, beschaffen, betreiben, überwachen und steuern, sollten einen *Berufsethos* zur Grundlage ihrer Arbeit machen, der die Risiken bewusst wahrnimmt und beim ersten Abzeichnen nicht mehr überschaubarer Entwicklungen und Aussichten konservative, d.h. sicherheitsgerichtete Entscheidungen herbeiführt. Im Zweifelsfall heißt dies, ein System nicht zu entwickeln, nicht zu realisieren oder nicht zu betreiben.

Der Einfluss auf den Betrieb eines Systems endet nicht in der Betriebsorganisation. Es sind die *Gesetzgeber* und ihre beauftragten *Zulassungs- und Aufsichtsbehörden*, die die Rahmenbedingungen für Herstellung und Betrieb der sicherheitskritischen Systeme schaffen. Gerade an dieser Stelle wird es offensichtlich, dass es wieder die Nutznießer solcher Technologien, also die Bürger eines Landes sind, die nicht nur über die Nutzung, sondern eben auch über politische und ethische Grundsätze den entscheidenden Rahmen schaffen. Es ist also jeder und jede Einzelne einflussgebend, die eine solche Technologie erst möglich und zulässig macht. Wenn wir behaupten, dass wir zu etwas gezwungen werden, konstruieren wir uns heteronom, also von außen, und nicht autonom, also von innen; das ist bequem:

„Wer zu etwas gezwungen wird, fühlt sich nicht verantwortlich."
(Weischenberg in Pieper & Thurnherr: Angewandte Ethik, 1998, S. 228)

In demokratischen Staaten kann und sollte jeder aktiv Einfluss nehmen auf die Entwicklung, Herstellung und Anwendung sicherheitskritischer Technologien, die unser Leben bereichern und auch bedrohen können. Kosten und Bequemlichkeit alleine sind keine ausreichenden Faktoren, die die Lösungen und deren Nutzung bestimmen dürfen.

Abbildungen

Tabellen

Literatur

Adams, J. (1995). *Risk*. London: Routledge.

Andersen, J.R. (1983). *The Architecture of Cognition*. Cambridge: Harvard University Press.

Andersen, J.R. (1993). *Rules of Mind*. Hillsdale: Erlbaum.

Andersen, P.B. (1997). *A Theory of Computer Semiotics*. New York: Cambridge University Press.

Annett, J. & Duncan, K.D. (1967). Task Analysis and Training Design. *Occupational Psychology*, 41, 211–221.

Atkinson, R.C. & Shiffrin, R. (1968). Human memory: A proposed system and its control processes. In Spence, K.W. & Spence, J.T. (Eds.). *The Psychology of Learning and Motivation: Advances in Research and Theory*, Vol. 2. New York: Academic Press.

Atkinson, R.C. & Shiffrin, R. M. (1971). The control of short-term memory. *Scientific American*, August 1971, 82–90.

Bainbridge, L. (1983). The Ironies of Automation. *Automatica*, 19(6), 755–779.

Barr, A., Cohen, P.R. & Feigenbaum, E.A. (Eds.). (1981–1989). *The Handbook of Artificial Intelligence*. Vol. I–III: Los Altos: Kaufmann, Vol. IV. Reading: Addison-Wesley.

Baudrillard, J. (1981). *Simulacra and Simulation*. Ann Arbor: The University of Michigan Press.

Baudrillard, J. (1996). *The System of Objects*, London: Verso. [Originalfassung: *Le système des objets*, Edition Gallimard, 1968]

Biese, F. (1842) Die Philosophie des Aristoteles: Die besonderen Wissenschaften, Zweiter Band, Berlin: Reimer.

Billings, C.E. (1997). *Aviation Automation*. Mahwah, NJ: Lawrence Erlbaum.

Birbaumer, N. & Schmidt, R. (2002). *Biologische Psychologie*. Berlin: Springer.

Bogaschewsky, R. (1992). Hypertext-/Hypermedia-Systeme – Ein Überblick. *Informatik Spektrum*, 15(3), 127–143.

Brami, R. (1997). Icons: A Unique Form of Painting. *ACM Interactions*. September/October 1997, New York: ACM Press, 15–28.

Brewster, S.A. (1998). Using Nonspeech Sounds to Provide Navigation Cues. *ACM Transactions on Computer-Human Interaction*, 5(3), 224–259.

Brewster, S.A., Wright, P.C. & Edwards, A.D.N. (1993). An Evaluation of Earcons in Auditory Human-Computer Interfaces. *Proceedings of INTERCHI 1993*, New York: ACM Press, 222–227.

Brown, E. & Cairns, P. (2004). A Grounded Investigation of Game Immersion. *Proceedings of CHI '04*. New York: ACM Press, 1297–1300.

Bubb, H. (1990). Bewertung und Vorhersage der Systemzuverlässigkeit. In Hoyos, C.G. & Zimolong, B. (Hrsg.), *Ingenieurpsychologie*. Enzyklopädie der Psychologie, Band 2, Göttingen: Hogrefe, 285–312.

Burmeister D., Kindsmüller M.C., Lederhilger S. & Herczeg M. (2010). Gestenbasierte Interaktion als Interaktionsform für Patientenmonitore. In Grandt, M. & Bauch, A. (Eds.) *Innovative Interaktionstechnologien für Mensch-Maschine-Schnittstellen*. Berlin, Deutsche Gesellschaft für Luft- und Raumfahrt, 52. Fachausschusssitzung Anthropotechnik, Innovative Interaktionstechnologien für Mensch-Maschine-Schnittstellen, DGLR-Bericht 2010-01. Bonn: Deutsche Gesellschaft für Luft- und Raumfahrt. 101–116.

Bush, V. (1945). As we may think. *Atlantic Monthly,* 176(1), 101–108.

Cacciabue, P.C. (2004). *Applying Human Factors Methods – Human Error and Accident Management in Safety Critical Systems*. London: Springer.

Çakir, A. (2004). *RSI oder Mausarm – ein Standard macht krank!* Computer-Fachwissen, 9/2004, 4–8.

Cannon-Bowers, J.A., Salas, E. & Converse, S.A. (1993). Shared Mental Models in Expert Team Decision Making. In Castellan, N.J. Jr. (Ed.) *Individual and Group Decision Making*, Hillsdale, NJ: Erlbaum.

Card, S.K., Moran, T.P. & Newell, A. (1983). *The Psychology of Human-Computer-Interaction*. Hillsdale: Lawrence Erlbaum.

Carroll, J.M. & Olson, J.R. (1988). Mental Models in Human-Computer Interaction. In Helander, M. (Ed.), *Handbook of Human Computer Interaction*. Amsterdam: Elsevier, 45–65.

Carroll, J.M., Mack, R.L. & Kellog W.A. (1988). Interface Metaphors and User Interface Design. In Helander, M. (Ed.), *Handbook of Human Computer Interaction*. Amsterdam: Elsevier, 67–85.

Charniak, E. & McDermott, D. (1985). *Introduction to Artificial Intelligence*. Reading: Addison-Wesley.

Charwat, H.J. (1994). *Lexikon der Mensch-Maschine-Kommunikation.* München: Olden-bourg.

Corlett, E.N. & Clark, T.S. (1995). *The Ergonomics of Workspaces and Machines.* London: Taylor & Francis.

Craig, P.A. (2001). *Situational Awareness.* Controlling Pilot Error Series. New York: McGraw-Hill.

Cytowic, R.E. (2002). *Synaesthesia: A Union of the Senses.* Cambridge: MIT Press.

Dekker, S. (2006). *The Field Guide to Understanding Human Error.* Aldershot: Ashgate Publishing.

Dekker, S. (2007). *Just Culture.* Aldershot: Ashgate Publishing.

Dix, A., Finlay, J., Abowd, G.D. & Beale, R. (2004). *Human-Computer Interaction.* Essex: Pearson.

Dunckel, H., Volpert, W., Zölch, M., Kreutner, U., Pleiss, C. & Hennes, K. (1993). *Kontrastive Aufgabenanalyse im Büro – Der KABA-Leitfaden: Grundlagen und Manual.* Zürich: vdf-Hochschulverlag.

Dutke, S. (1994). *Mentale Modelle. Konstrukte des Wissens und Verstehens – Kognitionspsychologische Grundlagen für die Software-Ergonomie.* Göttingen: Verlag für angewandte Psychologie.

Endsley, M.R., Bolté, B. & Jones, D.G. (2003). *Designing for Situation Awareness.* London: Taylor & Francis.

Endsley, M.R. & Garland, D.J. (Ed.). (2000). *Situation Awareness – Analysis and Measurement.* Mahwah, NJ: Lawrence Erlbaum.

Espinosa, J.A., Kraut, R.E., Slaughter, S.A., Lerch, J.F. & Herbsleb, J.D. (2002). Shared Mental Models, Familiarity and Coordination: A Multi-Method Study of Distributed Software Teams. In *Proceedings of the International Conference for Information Systems.*

Fischhoff, B. (1975). Hindsight is not equal to foresight: The effect of outcome knowledge on judgment under uncertainty. *Journal of Experimental Psychology: Human Perception and Performance,* 1(3), 288–299.

Fitts, P.M. (1951). *Human engineering for an effective air navigation and traffic control system.* Ohio State University Research Foundation Report. Columbus, OH: Ohio State University.

Flanagan, J.C. 1954. The Critical Incident Technique. *Psychological Bulletin,* 51(4), 327–358.

Flemisch, F.O., Adams, C.A., Conway, S.R., Goodrich, K.H., Palmer, M.T. & Schutte, P.C. (2003). *The H-Metaphor as a Guideline for Vehicle Automation and Interaction.* NASA/TM 2003-212672, Hampton, VA: NASA Langley Research Center.

Flemisch, F.O. (2004). Die Erhöhung der Verlässlichkeit von Mensch-Fahrzeug-Systemen: Die H-Metapher als Richtschnur für Fahrzeugautomation und –interaktion. In Grandt, M. (Hrsg.), *Verlässlichkeit der Mensch-Maschine-Interaktion,* DGLR-Bericht 2004-03. Bonn: Deutsche Gesellschaft für Luft- und Raumfahrt, 49–71.

Flinn, R., O'Connor, P. & Chrichton, M. (2008). *Safety at the sharp end.* Aldershot: Ashgate Publishing.

Flusser, V. (1993). *Dinge und Undinge.* München: Carl Hanser.

Gentner, D. & Stevens, A.L. (Eds.) (1983). *Mental Models.* New York: Psychology Press.

Gerling, R. & Obermeier, O.-P. (Hrsg.). (1994). *Risiko – Störfall – Kommunikation.* München: Gerling Akademie Verlag.

Gerling, R. & Obermeier, O.-P. (Hrsg.). (1995). *Risiko – Störfall – Kommunikation 2.* München: Gerling Akademie Verlag.

Görz, G. (Hrsg.). (1995). *Einführung in die Künstliche Intelligenz.* Reading: Addison-Wesley.

GRS (1979). *Deutsche Risikostudie Kernkraftwerke.* Köln: Verlag TÜV Rheinland.

GRS (1989). *Deutsche Risikostudie Kernkraftwerke Phase B.* Köln: Verlag TÜV Rheinland.

Haack, J. (2002). Interaktivität als Kennzeichen von Multimedia und Hypermedia. In Issing, L.J. & Klimsa, P. (Hrsg.). *Information und Lernen mit Multimedia und Internet.* Weinheim: Beltz – Psychologische Verlags Union, 127–136.

Habel, C., Herweg, M. & Pribbenow, S. (1995). Wissen über Zeit und Raum. In Görz, G. (Hrsg.). *Einführung in die Künstliche Intelligenz.* Bonn: Addison-Wesley, 129–202.

Hacker, W. (1986). *Arbeitspsychologie.* Bern: Hans Huber.

Hackos, J.T. & Redish, J.C. (1998). *User and Task Analysis for Interface Design.* New York: Wiley.

Hall, R.E., Fragola, J. & Wreathall, J. (1982). *Post-Event Human Decision Errors: Operator Action Tree/Time Reliability Correlation.* Brookhaven National Laboratory, NUREG CR-3010, US Nuclear Regulatory Commission, Washington D.C.

Hancock, P.A. & Chignell, M.H. (1993). Adaptive Function Allocation by Intelligent Interfaces. *Proceedings Intelligent User Interfaces,* ACM, 227-229.

Hayles, N.K. (1999). *How we became Posthuman – Virtual Bodies in Cybernetics, Literature, and Informatics.* Chicago: The University of Chicago Press.

Heilmann, K. (2002). *Das Risiko der Sicherheit.* Stuttgart: Hirzel Verlag.

Helander, M. (Ed.). (1988). *Handbook of Human Computer Interaction.* Amsterdam: Elsevier.

Helander, M. (1995). *A Guide to the Ergonomics of Manufacturing.* London: Taylor & Francis.

Herczeg, M. (1994). *Software-Ergonomie.* Bonn: Addison-Wesley.

Herczeg, M. (1999). A Task Analysis Framework for Management Systems and Decision
Support Systems. In Lee, R.Y. (Ed.), *Proceedings of AoM/IAoM.* 17th International Conference on Computer Science. 29–34.

Herczeg, M. (2000). Sicherheitskritische Mensch-Maschine-Systeme. *FOCUS MUL, 17(1),*
6–12.

Herczeg, M. (2001). A Task Analysis and Design Framework for Management Systems and
Decision Support Systems. *ACIS International Journal of Computer & Information Science,* 2(3), September, 127–138.

Herczeg, M. (2002). Intention-Based Supervisory Control – Kooperative Mensch-Maschine-
Kommunikation in der Prozessführung. In Grandt, M. & Gärtner, K.-P. (Hrsg.), *Situation
Awareness in der Fahrzeug- und Prozessführung, DGLR-Bericht 2002-04.* Bonn: Deut-
sche Gesellschaft für Luft- und Raumfahrt, 29–42.

Herczeg, M. (2003a). Sicherheitskritische Mensch-Maschine-Systeme: Rahmenbedingungen
für sicherheitsgerichtetes Handeln. In Deutsches Atomforum e.V. (Hrsg.). *Berichtsheft
zur Jahrestagung Kerntechnik 2003.* Fachsitzung Sicherheitsmanagement – Status und
neuere Entwicklungen. Berlin: INFORUM Verlags- und Verwaltungsgesellschaft, 97–
111.

Herczeg, M. (2003b). Diagnostische Repositorien zur Unterstützung kollaborativer Entschei-
dungsprozesse. In Grandt, M.(Ed.), *Entscheidungsunterstützung für die Fahrzeug- und
Prozessführung, DGLR-Bericht 2003-04.* Bonn: Deutsche Gesellschaft für Luft- und
Raumfahrt, 117–131.

Herczeg, M. (2004). Interaktions- und Kommunikationsversagen in Mensch-Maschine-Sy-
stemen als Analyse- und Modellierungskonzept zur Verbesserung sicherheitskritischer
Technologien. In Grandt, M. (Hrsg.), *Verlässlichkeit der Mensch-Maschine-Interaktion,
DGLR-Bericht 2004-03.* Bonn: Deutsche Gesellschaft für Luft- und Raumfahrt. 73–86.

Herczeg, M. (2005). *Software-Ergonomie.* München: Oldenbourg.

Herczeg, M. (2006a). *Interaktionsdesign.* München: Oldenbourg.

Herczeg, M. (2006b). Analyse und Gestaltung multimedialer interaktiver Systeme. In Konradt, U. & Zimolong, B. (Hrsg.), *Ingenieurpsychologie, Enzyklopädie der Psychologie, Serie III, Band 2*, 531–562.

Herczeg, M. (2006c). Differenzierung mentaler und konzeptueller Modelle und ihrer Abbildungen als Grundlage für das Cognitive Systems Engineering. In Grandt, M. (Hrsg.), *Cognitive Engineering in der Fahrzeug- und Prozessführung, DGLR-Bericht 2006-02*. Bonn: Deutsche Gesellschaft für Luft- und Raumfahrt, 1–14.

Herczeg, M. (2007). *Einführung in die Medieninformatik*. München: Oldenbourg.

Herczeg, M. (2008a). *Usability Engineering für Sicherheitskritische Mensch-Maschine-Systeme*. In *Tagungsbericht der DGBMT-MEK 2008, Patientensicherheit durch Monitoring, CD-ROM*.

Herczeg, M. (2008b).Vom Werkzeug zum Medium: Mensch-Maschine-Paradigmen in der Prozessführung. In Grandt, M. & Bauch, A. (Hrsg.) *Beiträge der Ergonomie zur Mensch-System-Integration, DGLR-Bericht 2008-04*. Bonn: Deutsche Gesellschaft für Luft- und Raumfahrt, 1–11.

Herczeg, M. (2009a). *Software-Ergonomie. Theorien, Modelle und Kriterien für gebrauchstaugliche interaktive Computersysteme*. 3. Auflage. München: Oldenbourg.

Herczeg, M. (2009b). Zusammenwirken von Mensch, Technik und Organisation in Kernkraftwerken. In *Zur Sicherheit von Kernkraftwerken*. Kiel: Ministerium für Soziales, Gesundheit, Familie, Jugend und Senioren des Landes Schleswig-Holstein. 33–40.

Herczeg, M. (2010). Die Rückkehr des Analogen: Interaktive Medien in der Digitalen Prozessführung. In Grandt, M. & Bauch, A. (Eds.) *Innovative Interaktionstechnologien für Mensch-Maschine-Schnittstellen, DGLR-Bericht 2010-01*. Bonn: Deutsche Gesellschaft für Luft- und Raumfahrt,13–28.

Herczeg, M. (2013). Risiken beim Betrieb von Kernkraftwerken: Die Kernkraft nach Fukushima und der Faktor Mensch. In *Wendepunkt Fukushima - Warum der Atomausstieg richtig ist*. Kiel: Ministerium für Energiewende, Landwirtschaft, Umwelt und ländliche Räume (MELUR) des Landes Schleswig-Holstein. 23–32.

Herczeg M., Kammler M., Mentler T. & Roenspieß A. (2013). The Usability Engineering Repository UsER for the Development of Task- and Event-based Human-Machine-Interfaces. In Narayanan, S (Ed.) *12th IFAC, IFIP, IFORS, IEA Symposium on Analysis, Design, and Evaluation of Human-Machine Systems*. Las Vegas: International Federation of Automatic Control. 483-490.

Herczeg M. & Stein M. (2012). Human Aspects of Information Ergonomics. In Stein, M & Sandl, P (Eds.) *Information Ergonomics: A theoretical approach and practical experience in transportation.* Berlin: Springer. 59–98.

Hoffmann, P. (2010). *Narrative Realitäten: Informationspräsentation über multimediales, programmiertes Geschichtenerzählen.* Aachen: Shaker.

Hollnagel, E. (2004). *Barriers and Accident Prevention.* Aldershot: Ashgate Publishing.

Hollnagel, E. (2009). *The ETTO Principle: Efficiency-Thoroughness Trade-Off.* Aldershot: Ashgate Publishing.

Hollnagel, E., Woods, D.D. & Levenson, N. (Eds.). (2006). *Resilience Engineering – Concepts and Precepts.* Aldershot: Ashgate Publishing.

Hollnagel, E., Pariès, J., Woods, D.D. & Wreathall, J. (Eds.). (2011). *Resilience Engineering in Practice.* Aldershot: Ashgate Publishing.

Hone, G. & Stanton, N. (2004). *HTA: The development and use of tools for Hierarchical Task Analysis in the Armed Forces and elsewhere.* HFIDTC/WP2.2.1/1, Human Factors Integrations Defense Technology Centre, UK.

Hörmann, H.-J. (1994). Urteilsverhalten und Entscheidungsfindung. In H. Eißfeldt, K.-M. Goeters, H.-J. Hörmann, P. Maschke & A. Schiewe (Hrsg.) *Effektives Arbeiten im Team: Crew Resource-Management-Training für Piloten und Fluglotsen.* Hamburg: Deutsches Zentrum für Luft- und Raumfahrt.

Hörmann, H.-J. (1995). FOR-DEC. A prescriptive model for aeronautical decision making. In R. Fuller, N. Johnston, N. McDonald (Eds.) *Human Factors in Aviation Operations.* Proceedings of the 21st Conference of the European Association for Aviation Psychology (EAAP), Vol. 3, 17–23.

Hoyos, C. (1987). Motivation. In Salvendy, G. (Ed.), *Human Factors.* New York: Wiley, 108–123.

Hoyos, C. (1990). Menschliches Handeln in technischen Systemen. In Hoyos, C. & Zimolong, B. (Hrsg.), *Ingenieurpsychologie. Enzyklopädie der Psychologie, Band 2,* Göttingen: Hogrefe, 1–30.

Hutchins, E.L., Hollan, J.D. & Norman, D.A. (1986). Direct Manipulation Interfaces. In Norman, D.A. & Draper S.W. (Eds.), *User Centered System Design.* Hillsdale: Lawrence Erlbaum, 87–124.

Ipsen, K. (1998): *Die „Zuverlässigkeit" im Sinne des Atomgesetzes.* Energiewirtschaftliche Tagesfragen. 48. Jg., Heft 11.

Ishii, H. & Ullmer, B. (1997). Tangible Bits: Towards Seamless Interfaces between People, Bits and Atoms. *Proceedings of CHI '97*. New York: ACM Press, 234–241.

Ishii, H., Underkoffler, B., Chak, D., Piper, B., Ben-Joseph, E., Yeung, L. & Kanji, S. (2002). Augmented Urban Planning Workbench: Overlaying Drawings, Physical Models, and Digital Simulation. *Proceedings of International Symposium on Mixed and Augmented Reality, ISMAR '02*. IEEE, 2–9.

Jastrzebowski, W. (1857). *Rys Ergonomiji czyli Nauki o Pracy opartej na prawdach poczerpnietych z Nauki Przyrody*. [in polnischer Sprache; dt.: *Grundriss der Ergonomie oder Lehre von der Arbeit, gestützt auf die aus der Naturgeschichte geschöpfte Wahrheit*.], Przyroda i Przemysl, 2(29), Poznan [Nachdruck in: Ergonomia, Polska Akademia Nauk, tom 2, nr 1, 13–29, 1979, Krakow sowie durch: Centralny Instytut Ochrony Pracy, Warszawa, 1998].

Johannsen, G. (1993). *Mensch-Maschine-Systeme*. Berlin: Springer.

Johnson-Laird, P.N. (1986). *Mental Models*. Harvard University Press.

Johnson-Laird, P.N. (1989). Mental Models. In Posner, M.I. (Ed.), *Foundations of Cognitive Science*. Cambridge: MIT Press.

Johnson-Laird, P.N. (1992). Mental models. In: S.C. Shapiro (ed.), *Encyclopedia of artificial intelligence*, (2nd Ed.). New York, NY: Wiley, 932–939.

Joiko, K., Schmauder, M. & Wolff, G. (2010). *Psychische Belastung und Beanspruchung im Berufsleben: Erkennen – Gestalten*. Dortmund-Dorstfeld: Bundesanstalt für Arbeitsschutz und Arbeitsmedizin (baua).

Jordan, N. (1963). Allocation of functions between man and machines in automated systems. *Journal of Applied Psychology*, 47(3), 161–165.

KAS (2008). *Leitfaden: Empfehlungen für interne Berichtssysteme als Teil des SMS gemäß Anhang III Störfall-Verordnung*. KAS-8, 28.10.2008, Bonn: Kommission für Anlagensicherheit.

Keller, J. (1987). *Development and Use of the ARCS Model of Instructional Design*. Journal of Instructional Development, 10(3), 2–10.

Kennedy, W.G. & Trafton, J.G. (2007). Using Simulations to Model Shared Mental Models. In *Proceedings for the Eighth International Conference on Cognitive Modelling*, Ann Arbor, MI: Taylor & Francis.

Kindsmüller, M.C., Mentler, T., Herczeg, M. & Rumland, T. (2011). Care & Prepare – Usability Engineering for Mass Casualty Incidents. In ACM EICS4Med 2011: *Proceedings of the 1st International Workshop on Engineering Interactive Computing Systems for Medicine and Health Care*; Pisa, Italy, ACM, 30-35.

Kirwan, B. & Ainsworth, L.K. (Eds.). (1992). *A Guide to Task Analysis*. London: Taylor & Francis.

Kletz, T. (2001). *Learning from Accidents.* 3rd Edition. Oxford: Gulf Professional Publishing.

Klimsa, P. (2002). Multimedianutzung aus psychologischer und didaktischer Sicht. In Issing, L.J. & Klimsa, P. (Hrsg.), *Information und Lernen mit Multimedia und Internet*. Weinheim: Beltz – Psychologische Verlags Union, 5–17.

KSG/GfS (2003). *Entscheidungsverhalten im Kernkraftwerksbetrieb.* Technisches Dokument, Rev. 0, 02.10.2003, Essen: KSG/GfS Simulatorzentrum.

Kyllonen, P.C. & Alluisi, E.A. (1987). Learning and Forgetting Facts and Skills. In Salvendy, G. (Ed.). *Human Factors*. New York: Wiley, 124–153.

Laird, J.E. (2012). *The Soar Cognitive Architecture.* Cambridge: MIT Press.

Lanc, O. (1975). *Ergonomie.* Urban Taschenbücher, Band 197. Stuttgart: Kohlhammer.

Laurel, B. (1993). *Computers as Theatre.* Reading: Addison-Wesley.

Lelieveld, J., Kunkel, D., & Lawrence, M.G. (2011). Global risk of radioactive fallout after nuclear reactor accidents, *Atmospheric Chemistry and Physics,* 11, 31207–31230, doi: 10.5194/acpd-11-31207-2011, European Geoscience Union.

Luhmann, N. (1991). *Soziologie des Risikos.* Berlin: Walter de Gruyter.

Lurija, A.R. (1992). *Das Gehirn in Aktion. Einführung in die Neuropsychologie.* Hamburg: Rowohlt.

Marcus, A. (2003). Icons, Symbols, and Signs: Visible Languages to Facilitate Communication. *ACM Interactions.* May + June 2003, 37–43.

Mathieu, J.E., Goodwin, G.F., Heffner, T.S., Salas, E. & Cannon-Bowers, J.A. (2000). *The Influence of Shared Mental Models on Team Process and Performance,* Journal of Applied Psychology, 85(2), 273–283.

Mayhew, D.J. (1999). *The Usability Engineering Lifecycle.* San Francisco: Morgan Kaufmann.

Mentler ,T., Herczeg, M., Jent S., Stoislow, M. & Kindsmüller, M.C. (2012). Routine Mobile Applications for Emergency Medical Services in Mass Casualty Incidents. In *Biomed Tech - Proceedings BMT 2012*. Vol. 57 (Suppl. 1). Walter de Gruyter. 784–787.

Mentler, T., Jent, S. & Herczeg, M. (2013). Ein interaktives Trainingssystem zur Nutzung mobiler computerbasierter Werkzeuge bei rettungsdienstlichen Großeinsätzen. In Grandt, M. & Schmerwitz, S. (Eds.) *Ausbildung & Training in der Fahrzeug- und Prozessführung* : 55. Fachausschusssitzung Anthropotechnik. DGLR. 103–117.

Mentler, T. & Herczeg, M. (2013a). Routine- und Ausnahmebetrieb im mobilen Kontext des Rettungsdienstes. In Boll, S., Maaß, S. & Malaka, R. (Eds.) *Mensch & Computer 2013*. München109-118.

Mentler, T. & Herczeg, M. (2013b). Applying ISO 9241-110 Dialogue Principles to Tablet Applications in Emergency Medical Services. In Comes, T., Fiedrich, F., Fortier, S., Geldermann, J. & Müller, T. (Eds.) *10th International ISCRAM Conference*. Baden-Baden, 502–506.

Mentler, T., Kutschke, R., Kindsmüller, M.C. & Herczeg, M. (2013). Marking Menus im sicherheitskritischen mobilen Kontext am Beispiel des Rettungsdienstes. In Horbach, M. (Ed.) *INFORMATIK 2013 – Informatik angepasst an Mensch, Organisation und Umwelt*, 16.–20. September 2013, Koblenz, Proceedings. Gesellschaft für Informatik (GI). 1577–1590.

Miller, G.A. (1956). The Magical Number Seven, Plus or Minus Two: Some Limits on our Capacity for Processing Information. *Psychological Review*, 63(2), 81–97.

Moray, N., Inagaki, T., & Itoh, M. (2000). Situation adaptive automation, trust and self-confidence in fault management of time-critical tasks. *Journal of Experimental Psychology: Applied.* 6(1), 44–58.

MTO (2005). *SOL – Sicherheit durch Organisationelles Lernen – Ein Verfahren zur systematischen Analyse von Ereignissen.* Berlin: MTO.

Münch, S. & Dillmann, R. (1997). Haptic Output in Multimodal User Interfaces. *Proceedings of 2nd International Conference on Intelligent User Interfaces*, New York: ACM Press, 105–112.

Murray, J.H. (1997). *Hamlet on the Holodeck. The Future of Narrative in Cyberspace.* Cambridge: MIT Press.

Nagel, D.C. (1988). Human Error in Aviation Operations. In Weiner, E.L. & Nagel, D. C. (Eds.), *Human Factors in Aviation.* San Diego: Academic Press.

Nake, F. (2001). Das algorithmische Zeichen. In Bauknecht, W., Brauer, W. & Mück, T. (Hrsg.), *Tagungsband der GI/OCG Jahrestagung 2001, Bd. II,* Universität Wien, 736–742.

Newell, A. & Simon, H. (1972). *Human Problem Solving*. Englewood Cliffs, NJ: Prentice Hall.

Newell, A. (1973). *Production Systems: Models of Control Structures*. Technical Report, Carnegie-Mellon University, Department of Computer Science, Pittsburgh, PA.

Newell, A. (1990). *Unified Theories of Cognition*. Cambridge: Harvard University Press.

Nielsen, J. (1993). *Usability Engineering*. San Francisco: Morgan Kaufmann.

Norman, D.A. (1981). Categorization of Action Slips. *Psychological Review*, 88(1), 1–15.

Norman, D.A. (1986). Cognitive Engineering. In Norman, D.A. & Draper S.W. (Eds.). *User Centered System Design*. Hillsdale: Lawrence Erlbaum, 31–61.

Norman, D.A. (1999). *The Invisible Computer*. Cambridge: MIT Press.

Nöth, W. (2000). *Handbuch der Semiotik*. Stuttgart-Weimar: Metzler.

NRI (2002). *NRI MORT User's Manual*. Delft: The Noordwijk Risk Initiative Foundation.

NRI (2009). *NRI MORT User's Manual. Second Edition*. Delft: The Noordwijk Risk Initiative Foundation.

Obermeier, O.-P. (1999). *Die Kunst der Risikokommunikation*. München: Gerling Akademie Verlag.

Oechsler, W.A. (2006). *Personal und Arbeit*. München: Oldenbourg Verlag.

Onken, R. & Schulte, A. (2010). System-Ergonomic Design of Cognitive Automation: Dual-Mode Cognitive Design of Vehicle Guidance and Control Work Systems. *Studies in Computational Intelligence 235*, Heidelberg: Springer.

Oviatt, S., Cohen, P., Wu, L., Vergo, J., Duncan, L., Suhm, B., Bers, J., Holzman, T., Winograd, T., Landay, J., Larson, J. & Ferro, D. (2002). On Designing the User Interface for Multimodal Speech and Pen-Based Gesture Applications: State-of-the-Art Systems and Future Directions. In Carroll, J.M. (Ed.), *Human-Computer Interaction in the New Millennium*. New York: ACM Press, 421–456.

Parasuraman, R. & Mouloua, M. (Eds.) (1996). *Automation and Human Performance – Theory and Applications*. Mahwah, NJ: Lawrence Erlbaum.

Perrow, C. (1992). *Normale Katastrophen*. 2. Auflage. Frankfurt: Campus Verlag.

Pieper, A. & Thurnherr, U. (Hrsg.) (1998). *Angewandte Ethik, Eine Einführung*. München: Verlag C.H. Beck.

Preece, J., Rogers, Y., Sharp, H., Benyon, D., Holland, S. & Carey, T. (1994). *Human-Computer Interaction*. Reading: Addison-Wesley.

Price, H.E. (1985). The allocation of functions in systems. *Human Factors*, 27, 33–45.

Puppe, F. (1988). *Einführung in Expertensysteme.* Berlin: Springer-Verlag.

Puppe, F. (1990). *Problemlösungsmethoden in Expertensystemen.* Berlin: Springer-Verlag.

Putzer, H. & Onken, R. (2003). COSA – a generic cognitive system architecture based on a cognitive model of human behaviour. *Cognition Technology and Work,* 5, 140–151.

Quek, F., McNeill, D., Bryll, R., Duncan, S., Ma, X.-F., Kirbas, C., McCullough, K.E. & Ansari, R. (2002). Multimodal Human Discourse: Gesture and Speech. *ACM Transactions on Computer-Human Interaction,* 9(3), 171–193.

Rasmussen, J. (1982). Human Errors. A Taxonomy for describing Human Malfunction in Industrial Installations. *Journal of Occupational Accidents,* 4, 311–333.

Rasmussen, J. (1983). Skills, Rules, and Knowledge; Signals, Signs, and Symbols, and Other Distinctions in Human Performance Models. *IEEE Transactions on Systems, Man, and Cybernetics,* SMC-13(3), 257–266.

Rasmussen, J. (1984). Strategies for State Identification and Diagnosis in Supervisory Control Tasks, and Design of Computer-Based Support Systems. *Advances in Man-Machine Systems Research,* Vol. 1, 139–193.

Rasmussen, J. (1985a). The Role of Hierarchical Knowledge Representation in Decisionmaking and System Management. *IEEE Transactions on Systems, Man, and Cybernetics,* SMC-15, 234–243.

Rasmussen, J. (1985b). *Human Error Data – Facts or Fiction.* Report M-2499, Risø National Laboratory.

Rasmussen, J. & Goodstein, L.P. (1988). Information Technology and Work. In Helander, M. (Ed.), *Handbook of Human Computer Interaction.* Amsterdam: Elsevier, 175–201.

Rasmussen, J., Pejtersen, A.M. & Goodstein, L.P. (1994): *Cognitive Systems Engineering.* New-York: Wiley & Sons.

Rauh, R., Schlieder, C. & Knauff, M. (1997). Präferierte mentale Modelle beim räumlich-relationalen Schließen: Empirie und kognitive Modellierung. *Kognitionswissenschaft,* 6, 1997, 21–34.

Rauterberg, M., Strohm, O. & Ulich, E. (1993). Arbeitsorientiertes Vorgehen zur Gestaltung menschengerechter Software. *Ergonomie & Informatik.* Vol. 20, 7–21.

Reason, J. (1990). *Human Error.* Cambridge: Cambridge University Press.

Reason, J. (1991). *Identifying the Latent Causes of Aircraft Accidents Before and After the Event.* 22nd Annual Seminar, Canberra: The International Society of Air Safety Investigators.

Reason, J. (1994). *Menschliches Versagen.* Heidelberg: Spektrum.

Reason, J. (1997). *Managing the Risks of Organizational Accidents.* Burlington: Ashgate.

Reason, J. & Hobbs, A. (2003). *Managing Maintenance Error.* Burlington: Ashgate.

Redmill, F. & Rajan, J. (Ed.). (1997). *Human Factors in Safety-Critical Systems.* Oxford: Butterworth-Heinemann.

Rock, I. (1998). *Wahrnehmung.* Heidelberg: Spektrum.

Ropohl, G. (1979). *Eine Systemtheorie der Technik.* München: Carl Hanser.

Rouse, W.B., Cannon-Bowers, J.A. & Salas, E. (1992). The Role of Mental Models in Team Performance in Complex Systems. *IEEE Transactions on Systems, Man, and Cybernetics* 22(6), 1296–1308.

Rouse, W.B. & Morris, N. (1986). On looking into the black box: Prospects and limits in the search for mental models. *Psychological Bulletin, 100 (3),* 349–363.

Salas, E., Dickinson, T.L., Converse, S. & Tannenbaum, S.I. (1992). Toward an understanding of team performance and training. In Swezey, R.W. & Salas, E. (Eds.), *Teams: their training and performance.* Norwood, MJ: Ablex, 2–29.

Salvendy, G. (Ed.) (1987). *Handbook of Human Factors.* New York: Wiley & Sons.

Scallen, S.F, Hancock, P.A. & Duley, J.A. (1995). Pilot performance and preference for short cycles of automation in adaptive function allocation. *Applied Ergonomics,* Vol 26(6), 397–403.

Scerbo, M.W. (1996). Theoretical Perspectives on Adaptive Automation. In Parasuraman, R. & Mouloua, M. (Eds.) *Automation and Human Performance – Theory and Applications.* Mahwah, NJ: Lawrence Erlbaum, 37-63.

Schmid, U. & Kindsmüller, M.C. (1996). *Kognitive Modellierung.* Heidelberg: Spektrum.

Schuler, H. (Hrsg.) (1999). *Prozessführung.* München: Oldenbourg.

Seamster, T.L., Redding, R.E., Cannon, J.R., Ryder, J.M. & Purcell, J.A. (1993). Cognitive Task Analysis of Expertise in Air Traffic Control. *The International Journal of Aviation Psychology,* 3(4), 257–283.

Shaklee, H. & Fischhoff, B. (1982). *Strategies of Information Search in Causal Analysis. Memory & Cognition,* 10, 520–530.

Shank, R. & Abelson, R.P. (1977). *Scripts, Plans, Goals and Understanding.* Hillsdale: Lawrence Erlbaum.

Shannon, C.E. & Weaver, W. (1949). *The Mathematical Theory of Communication.* University of Illinois Press, Urbana – Dt. (1976), *Mathematische Grundlagen der Informationstheorie.* München: Oldenbourg.

Shepherd, A. (1998). HTA as a framework for task analysis. *Ergonomics,* 41(11), 1537–1552.

Sheridan, T.B. (1987). Supervisory Control. In: Salvendy, G. (Ed.), *Handbook of Human Factors*, New York: Wiley & Sons, 1243–1268.

Sheridan, T.B. (1988). Task Allocation and Supervisory Control, In: Helander, M.G. (Ed.). *Handbook of Human-Computer Interaction*, Amsterdam: Elsevier Science Publishers B.V. (North Holland), 159–173.

Sheridan, T.B. (1997). Task Analysis, Task Allocation and Supervisory Control, In: Helander, M.G., Landauer, T.K. & Prabhu, P.V. (Eds.). *Handbook of Human-Computer Interaction*, Second Edition, Amsterdam: Elsevier Science Publishers B.V. (North Holland), 87–106.

Sheridan, T.B. (2002). *Humans and Automation: System Design and Research Isssues.* New York: Wiley & Sons.

Shneiderman, B. (1983). Direct Manipulation: A Step beyond Programming Languages, *IEEE Computer*, 16(8), 57–69.

Shneiderman, B. & Plaisant, C. (2005). *Designing the User Interface.* Boston: Pearson/Addison-Wesley.

Sherman, W.R. & Craig A.B. (2003). *Understanding Virtual Reality.* San Francisco: Morgan Kaufmann.

Smith, D.C., Irby, C., Kimball, R. & Harslem, E. (1982). *Designing the Star User Interface.* Byte, 7(4), 242–282.

So, T.P.A. & Chan, W.L. (Ed.). (1999). *Intelligent Building Systems.* Boston: Kluwer Academic Publishers.

Stachowiak, H. (1973). *Allgemeine Modelltheorie.* Berlin: Springer.

Stanton, N.A. (2006). Hierarchical task analysis: developments, applications and extensions. *Applied Ergonomics,* 37(1), 55–79.

Stout, R.J., Cannon-Bowers, J.A., Salas, E. & Milanovich, D.M. (1999). Planning, Shared Mental Models, and Coordinated Performance: An Empirical Link Is Established. *Human Factors*, 41, 61–71.

Strauch, B. (2002). *Investigating Human Error: Incidents, Accidents and Complex Systems.* Burlington: Ashgate.

Strenzke, R., Uhrmann, J., Rauschert, A. & Schulte, A. (2009). Untersuchungen zur Operateur-Performanz in militärischen Manned-unmanned Teaming (MUM-T) Flugmissionen. In Grandt, M. & Bauch, A. (Hrsg.) *Kooperative Arbeitsprozesse,* DGLR-Bericht 2009-02. Bonn: Deutsche Gesellschaft für Luft- und Raumfahrt, 43–57.

Sutcliffe, A. (2002). *On* the Effective Use and Reuse of HCI Knowledge. In Carroll, J.M. (Ed.), *Human-Computer Interaction in the New Millennium.* New York: ACM Press, 3–29.

Swain, A.D. & Guttmann, H.E. (1983). *Handbook of Human Reliability Analysis with Emphasis on Nuclear Power Plant Operations.* Sandia National Labs, US Nuclear Regulatory Commission, Washington D.C.

Taylor, F.W. (1913). *Die Grundsätze wissenschaftlicher Betriebsführung.* München: Oldenbourg, [Originalfassung: *The Principles of Scientific Management.* New York: Harper & Bros., 1911].

Timpe, K.P. (1976). Zuverlässigkeit in der menschlichen Arbeitstätigkeit. *Zeitschrift für Psychologie,* 1, 1976, 37–50.

Ulich, E. (1994). *Arbeitspsychologie.* 3. Auflage. Stuttgart: Schäffer-Poeschel.

Ulich, E. (2001). *Arbeitspsychologie.* 5. Auflage. Stuttgart: Schäffer-Poeschel.

Vicente, K.J. (1999). *Cognitive Work Analysis.* Hillsdale: Lawrence Erlbaum.

Wandmacher, J. (1993). *Software-Ergonomie.* Berlin: Walter de Gruyter.

Watzlawick, P. (1976). *Wie wirklich ist die Wirklichkeit?* München: Piper-Verlag.

Wheat, A. (2005). *Accident Investigation – Training Manual.* New York: Thomson Delmar Learning.

Whelan, R. (1995). *Smart Highways, Smart Cars.* Boston: Artech House.

Wickens, C.D. & Hollands, J.G. (2000). *Engineering Psychology and Human Performance.* Upper Saddle River: Prentice Hall.

Widman, L.E., Loparo, K.A. & Nielsen, N.R. (1989). *Artificial Intelligence, Simulation & Modelling.* New York: Wiley & Sons.

Wiedemann, R. et al. (ohne Jahresangabe). *VC Human Factor-Konzept.* Vereinigung Cockpit e.V. (Hrsg.), laufende Aktualisierung.

Wiegmann, D.A. & Shappell, S.A. (2003). *A Human Error Approach to Aviation Accident Analysis.* Burlington: Ashgate.

Wilpert, B., Maimer, H., Miller, R., Fahlbruch, B., Baggen, R., Gans, A., Leiber, I. & Szameitat, S. (1997). *Umsetzung und Erprobung von Vorschlägen zur Einbeziehung von Human Factors (HF) bei der Meldung und Ursachenanalyse in Kernkraftwerken.* Schriftenreihe Reaktorsicherheit und Strahlenschutz, Band BMU-1998-505, Bonn: Bundesminister für Umwelt, Naturschutz und Reaktorsicherheit.

Winograd, T. (1972). *Understanding Natural Language.* San Diego: Academic Press.

Winston, P.H. (1992). *Artificial Intelligence.* Reading: Addison-Wesley.

Wöhe, G. (1996). *Einführung in die allgemeine Betriebswirtschaftslehre.* 19. Auflage. München: Verlag Vahlen.

Woodhead, N. (1990). *Hypertext & Hypermedia.* Reading: Addison-Wesley.

Woods, D.D. & Roth, E.M. (1988). Cognitive Systems Engineering. In Helander, M. (Ed.), *Handbook of Human Computer Interaction* (S. 3–43). Amsterdam: Elsevier.

Young, R.M. (1983). Surrogates and Mappings: Two Kinds of Conceptual Models for Interactive Devices. In Gentner, D. & Stevens, A.L. (Eds.) (1983). *Mental Models.* New York: Psychology Press, 35–52.

Zimbardo, P.G. & Gerrig, R. (2008). *Psychologie.* Berlin: Springer.

Zimolong, B. (1990): Fehler und Zuverlässigkeit. In Hoyos, C.G. & Zimolong, B. (Hrsg.), *Ingenieurpsychologie.* Enzyklopädie der Psychologie, Band 2, Göttingen: Hogrefe, 313–345.

Normen und Standards

Im Folgenden finden sich fachspezifische und fachübergreifende Empfehlungen, *Technische Berichte, Normen* und *Standards*. Die Verbindlichkeit ist unterschiedlich geregelt. Für fachspezifische Standards sollen nur exemplarisch einige ausgewählte Dokumente aus einzelnen Anwendungsbereichen dienen. Diese Dokumente werden im Allgemeinen regelmäßig aktualisiert. Sie sollten zur Nutzung auf verfügbare Aktualisierungen überprüft werden.

IAEA: International Atomic Energy Association

IAEA INSAG 4 (1991).	*Safety Culture.*
IAEA INSAG 13 (1999).	*Management of Operational Safety in Nuclear Power Plants.*
IAEA INSAG 15 (2002).	*Key Practical Issues in Strengthening Safety Culture.*
IAEA NS-G-2.4 (2001).	*The Operating Organization for Nuclear Power Plants – Safety Guide.*
IAEA NS-G-2.11 (2006)	*System for the Feedback of Experience from Event in Nuclear Installations.*
IAEA TECDOC 1057 (1998).	*Experience in the Use of Systematic Approach to Training (SAT) for Nuclear Power Plant Personnel.*
IAEA TECDOC 1063 (1999).	*World Survey on Nuclear Power Plant Personnel Training.*
IAEA TECDOC 1141 (2000).	*Operational Safety Performance Indicators for Nuclear Power Plants.*
IAEA TECDOC 1170 (1999).	*Analysis Phase of Systematic Approach to Training (SAT) for Nuclear Plant Personnel.*
IAEA TECDOC 1329 (2002).	*Safety Culture in Nuclear Installations: Guidance for Use in the Enhancement of Safety Culture*

ISO: International Organization for Standardization

mit EN: Europäische Norm (durch CEN oder CENELEC)
und DIN: Deutsches Institut für Normung

DIN EN ISO 6385:2004. *Grundsätze der Ergonomie für die Gestaltung von Arbeitssystemen.*

DIN EN ISO 9241:1993–2002. *Ergonomische Anforderungen für Bürotätigkeiten*
   mit Bildschirmgeräten.

   DIN EN ISO 9241-1:2002. *Allgemeine Einführung.*

   DIN EN ISO 9241-2:1992. *Anforderungen an die Arbeitsaufgaben; Leitsätze.*

   DIN EN ISO 9241-3:1993. *Anforderungen an visuelle Anzeigen.*
      (ersetzt durch ISO 9241-302, -303, -304, -305, -307)

   DIN EN ISO 9241-4:1999. *Anforderungen an die Tastatur.*
      (zurückgezogen)

   DIN EN ISO 9241-5:1999. *Anforderungen an Arbeitsplatzgestaltung und Körperhaltung.*

   DIN EN ISO 9241-6:2001. *Leitsätze für die Arbeitsumgebung.*

   DIN EN ISO 9241-7:1998. *Anforderungen an visuelle Anzeigen bezüglich Reflexionen.*
      (ersetzt durch ISO 9241-302, -303, -305, -307)

   DIN EN ISO 9241-8:1998. *Anforderungen an die Farbdarstellungen.*
      (ersetzt durch ISO 9241-302, -303, -305)

   DIN EN ISO 9241-9:2002. *Anforderungen an Eingabemittel, ausgenommen Tastaturen.*
      (zurückgezogen)

   DIN EN ISO 9241-10:1996. Grundsätze der Dialoggestaltung.
      (ersetzt durch ISO 9241-110)

   DIN EN ISO 9241-11:1999. *Anforderungen an die Gebrauchstauglichkeit; Leitsätze.*

   DIN EN ISO 9241-12:2000. *Informationsdarstellung.*

   DIN EN ISO 9241-13:2000. *Benutzerführung.*

   DIN EN ISO 9241-14:2000. *Dialogführung mittels Menüs.*

   DIN EN ISO 9241-15:1999. *Dialogführung mittels Kommandosprachen.*

   DIN EN ISO 9241-16:2000. *Dialogführung mittels direkter Manipulation.*

   DIN EN ISO 9241-17:2000.*Dialogführung mittels Bildschirmformularen.*
      (ersetzt durch ISO 9241-143)

DIN EN ISO: 9241:2006–2008. *Ergonomie der Mensch-System-Interaktion.*

   DIN EN ISO 9241-20:2009. *Leitlinien für die Zugänglichkeit der Geräte und Dienste in*
         der Informations- und Kommunikationstechnologie.

   DIN EN ISO 9241-100:2010. *Überblick über Normen zur Software-Ergonomie.*

   DIN EN ISO 9241-110:2008. *Grundsätze der Dialoggestaltung.*

DIN EN ISO 9241-129:2011. *Leitlinien für die Individualisierung von Software.*

DIN EN ISO 9241-143:2012. *Formulardialoge.*

DIN EN ISO 9241-151:2008. *Leitlinien zur Gestaltung von Benutzungsschnittstellen für das World Wide Web.*

DIN EN ISO 9241-154:2013. *Sprachdialogsysteme.*

DIN EN ISO 9241-171:2008. *Leitlinien für die Zugänglichkeit von Software.*

DIN EN ISO 9241-210:2011. *Prozess zur Gestaltung gebrauchstauglicher interaktiver Systeme.*

DIN EN ISO 9241-300:2009. *Einführung in die Anforderungen an elektronische optische Anzeigen.*

DIN EN ISO 9241-302:2009. *Terminologie für elektronische optische Anzeigen.*

DIN EN ISO 9241-303:2012. *Anforderungen an elektronische optische Anzeigen.*

DIN EN ISO 9241-304:2009. *Prüfverfahren zur Benutzerleistung für elektronische optische Anzeigen.*

DIN EN ISO 9241-305:2009. *Optische Laborprüfverfahren für elektronische optische Anzeigen.*

DIN EN ISO 9241-306:2009. *Vor-Ort-Bewertungsverfahren für elektronische optische Anzeigen.*

DIN EN ISO 9241-307:2008. *Analyse- und Konformitätsverfahren für elektronische optische Anzeigen.*

DIN EN ISO 9241-308:2008. *Surface-conduction electron-emitter displays (SED).*

DIN EN ISO 9241-309:2008. *Anzeigen mit organischen, Licht emittierende Dioden.*

DIN EN ISO 9241-310:2010. *Sichtbarkeit, Ästhetik und Ergonomie von Bildelementdefekten.*

DIN EN ISO 9241-400:2007. *Grundsätze und Anforderungen für physikalische Eingabegeräte.*

DIN EN ISO 9241-410:2012. *Gestaltungskriterien für physikalische Eingabegeräte.*

DIN EN ISO 9241-910:2011. *Rahmen für die taktile und haptische Interaktion.*

DIN EN ISO 10075:2000–2004. *Ergonomische Grundlagen bezüglich psychischer Arbeitsbelastung.*

DIN EN ISO 10075-1:2000. *Allgemeines und Begriffe.*

DIN EN ISO 10075-2:2000. *Gestaltungsgrundsätze.*

DIN EN ISO 10075-3:2004. *Grundsätze und Anforderungen an Verfahren zur Messung und Erfassung psychischer Arbeitsbelastung.*

DIN EN ISO 13407:2000. *Benutzer-orientierte Gestaltung interaktiver Systeme.*
(ersetzt durch ISO 9241-210)

DIN EN ISO 14915:2003. *Software-Ergonomie für Multimedia-Benutzungsschnittstellen.*
DIN EN ISO 14915-1:2003. *Gestaltungsgrundsätze und Rahmenbedingungen.*
DIN EN ISO 14915-2:2003. *Multimedia-Navigation und Steuerung.*
DIN EN ISO 14915-3:2003. *Auswahl und Kombination von Medien.*

DIN EN ISO 14971:2012. *Medizinprodukte - Anwendung des Risikomanagements auf Medizinprodukte*

ISO/TR 16982:2002. *Ergonomie der Mensch-System-Interaktion.
Methoden zur Gewährleistung der Gebrauchstauglichkeit,
die eine benutzer-orientierte Gestaltung unterstützen.*

ISO 31000:2009. *Risikomanagement - Allgemeine Anleitung zu den Grundsätzen
und zur Implementierung eines Risikomanagements.*

DIN 33402:1984-2008. *Ergonomie – Körpermaße des Menschen.*
DIN 33402-1:2008. *Begriffe, Messverfahren.*
DIN 33402-2:2005. *Werte.*
DIN 33402-3:1984. *Bewegungsraum bei verschiedenen Grundstellungen
und Bewegungen.*

DIN 44300:1985. *Informationsverarbeitung – Begriffe.*
(Dokument zurückgezogen)

DIN EN 60601-1:2013: *Medizinische elektrische Geräte -
Teil 1: Allgemeine Festlegungen für die Sicherheit
einschließlich der wesentlichen Leistungsmerkmale.*

DIN EN 60812:2006: *Analysetechniken für die Funktionsfähigkeit von Systemen-
Verfahren für die Fehlzustandsart- und –auswirkungsanalyse
(FMEA).*

DIN EN 62366:2008: *Medizinprodukte - Anwendung der Gebrauchstauglichkeit
auf Medizinprodukte.*

ISO/IEC 2382:1976-2012. *Informationstechnik – Begriffe.*
ISO/IEC 2382-1:1993. *Teil 1: Grundbegriffe.*

MIL: Militärische Standards

MIL-P-1629:1949. *Procedures for Performing a Failure Mode, Effects and Criticality Analysis (FMECA).* (außer Kraft; nur historische Quelle)

MIL-STD-1472G:2012. *Department of Defense Design Criteria Standard: Human Engineering.*

MIL-STD-2525C: 2008. *Department of Defense Interface Standard: Common Warfighting Symbology*

Organisationen und Verbände

Im Folgenden werden *Organisationen* und *Verbände* genannt, die sich direkt oder indirekt mit der Erforschung und Anwendung gebrauchstauglicher Mensch-Computer-Systeme auseinandersetzen. Diese Liste erhebt keinen Anspruch auf Vollständigkeit. Die Verantwortlichkeit für die Inhalte der Webseiten liegt allein bei den Anbietern, die die Inhalte bereithalten. Der Autor hat keinen Einfluss auf Gestaltung und Inhalte der Webseiten der aufgelisteten Organisationen und macht sich deren Inhalte nicht zu Eigen. Der Autor schließt jegliche Haftung für Schäden materieller oder immaterieller Art aus, die direkt oder indirekt aus der Nutzung der genannten Websites entstehen.

BAST....................Bundesanstalt für Straßenwesen
www.bast.de

BAuA ....Bundesanstalt für Arbeitsschutz und Arbeitsmedizin
www.baua.de

BMU....................Bundesministerium für Umwelt, Naturschutz, Bau und Reaktorsicherheit
www.bmub.bund.de

BMVI ....Bundesministerium für Verkehr
www.bmvi.de

BFU ....Bundesstelle für Flugunfalluntersuchung
www.bfu-web.de

BSU ....Bundesstelle für Seeunfalluntersuchung
www.bsu-bund.de

Destatis ....Statistisches Bundesamt
www.destatis.de

DGBMT ....Deutsche Gesellschaft für Biomedizinische Technik im VDE
www.vde.com/de/fg/dgbmt

DIN .... Deutsches Institut für Normung e.V.
www.din.de

DOD.................... United States Department of Defense
www.defense.gov

DOT .... United States Department of Transportation
www.dot.gov

EU .... Europäische Union
europa.eu

EUB.................... Eisenbahnunfall-Untersuchungsstelle des Bundes
www.eisenbahn-unfalluntersuchung.de

FDA.................... United States Food and Drug Administration
www.fda.gov

GI .... Gesellschaft für Informatik e.V.
www.gi.de

IAEA .... International Atomic Energy Agency
www.iaea.org

ICAO................... International Civil Aviation Organization
www.icao.int

IMO.................... International Maritime Organization
www.imo.org

ISO .... International Organization for Standardization
www.iso.org

Juris .... Juris GmbH, Das Rechtsportal
www.juris.de

NTSB .... National Transportation Safety Board
www.ntsb.gov

NASA.................. National Aeronautics and Space Administration
www.nasa.gov

OECD ....Organisation for Economic Co-operation and Development
                       www.oecd.org

VDA ....Verband der Automobilindustrie e.V.
                       www.vda.de

VDE......................Verband der Elektrotechnik, Elektronik Informationstechnik e.V.
                       www.vde.com

VDI.......................Verein Deutscher Ingenieure e.V.
                       www.vdi.de

Abkürzungen

Im Folgenden finden sich einige wichtige *Abkürzungen*, die im Buch und im Fachgebiet häufiger verwendet werden. Weitere Abkürzungen und Informationen zu den Begriffen finden sich im Verzeichnis von Organisationen und Verbänden, im Glossar sowie über den Index.

AA .... Accident Analysis

ABS .... Antiblockiersystem

ACT .... Adaptive Character of Thought

ACU .... Artificial Cognitive Unit

ADREP .... Accident/Incident Data Reporting

AHRC .... Agency for Healthcare Research and Quality

AI .... Accident Investigation

AI .... Artificial Intelligence

AR .... Augmented Reality (Erweiterte Realität)

ASRS .... Aviation Safety Reporting System

AtG .... Atomgesetz

ATHEANA .... A Technique for Human Event Analysis

AtSMV .... Atomrechtliche Sicherheitsbeauftragten- und Meldeverordnung

AWS .... Abstandswarnsystem

BAH .... Berganfahrhilfe

BAuA .... Bundesanstalt für Arbeitsschutz und Arbeitsmedizin

BHB .... Betriebshandbuch

CCA .... Cause-Consequence Analysis

CEN .... Comité Européen de Normalisation (Europäisches Komitee für Normung)

CENELEC .... Comité Européen de Normalisation Électrotechnique
(Europäisches Komitee für elektrotechnische Normung)

CIRAS .... Confidential Incident Reporting & Analysis System

CIRS .... Critical Incident Reporting Systems

CIT .... Critical Incident Technique

CREAM .... Cognitive Reliability and Error Analysis Method

CRM .... Crew Resource Management

CTA .... Contextual Task Analysis

DETAM .... Dynamic Event Tree Analysis Method

DYLAM .... Dynamic Event Logic Analytical Methodology

EASA .... European Aviation Safety Agency
                          (Europäische Agentur für Flugsicherheit)

ECFA .... Events und Causal Analysis

ECFA+ .... Events und Conditional Factors Analysis

ESOP .... Emergency Standard Operating Procedure

ETA .... Event Tree Analysis

ETTO .... Efficiency-Thoroughness Trade-Off

EU .... Europäische Union

FAS .... Fahrerassistenzsystem

FCAPS .... Fault-Management, Configuration-Management, Accounting-
                          Management, Performance-Management, Security-Management

FLA .... Fernlichtassistent

FMEA .... Failure Mode and Effects Analysis

FMS .... Flight Management System

FORDEC .... Facts, Options, Risks, Decisions, Execution, Control/Check

FRAM .... Functional Resonance Analysis Method

FTA .... Fault Tree Analysis

GEA .... Ganzheitliche Ereignisanalyse

GPS .... General Problem Solver

GPS .... Global Positioning System

GRS .... Gesellschaft für Anlagen- und Reaktorsicherheit GmbH

HAZOP .... Hazards and Operability Studies

HEAM .... Human Error and Accident Management

HERA .... Human Error in Air Traffic Management

HFA .... Human Factors Analysis

HFACS .... Human Factors Analysis and Classification System

HFIT .... Human Factors Investigation Tools

HIS .... Human Interactive System

HTA .... Hierarchical Task Analysis

HUD .... Head-up Display

IAEA .... International Atomic Energy Agency

IAS .... Incident Analysis Systems

IBSC .... Intention-Based Supervisory Control

ICAO .... International Civil Aviation Organization

INES .... International Nuclear and Radiological Event Scale

JAR .... Joint Aviation Requirements

JAR-OPS .... Joint Aviation Requirements Operations

JCA .... Job Competency Analysis

JTA .... Job and Task Analysis

KI .... Künstliche Intelligenz

KZG .... Kurzzeitgedächtnis

LBA .... Luftfahrt-Bundesamt

LTA .... Less Than Adequate

LZG .... Langzeitgedächtnis

MABA-MABA ..... Men are better at – Machines are better at

MARS .... Major Accident Reporting System

MEA .... Means-Ends-Analysis

MM .... Markov Model(ing)

MORT .... Management Oversight Risk Tree

MTO .... Mensch – Technik – Organisation

NTSB .... National Transportation Safety Board

NV .... Night Vision

PFD .... Primary Flight Display

PFS .... Prozessführungssystem

PRISMA .... Prevention and Recovery Information System for Monitoring and Analysis

PSA .... Probabilistic Safety Assessment

RCA .... Root Cause Analysis

RESA .... Reaktorschnellabschaltung

RMS .... Risk Management System (Risikomanagementsystem)

SA .... Situation Awareness

SAA .... Störfallablaufanalyse

SAT .... Systematic Approach to Training

SMM .... Shared Mental Model

SMORT .... Safety Management Organization Review Technique

SMS .... Safety Management System (Sicherheitsmanagementsystem)

SOAR .... State, Operator and Result

SOL .... Sicherheit durch organisationelles Lernen

SOP .... Standard Operating Procedure

SPAD .... Bow Ties and Storybuilder

SRS .... Safety Reporting Systems

SSA .... Shared Situation Awareness

STAMP .... Systems-Theoretic Accident Modelling and Processes

STEP .... Sequentially Timed Events Plotting Method

TIS .... Task Interactive System

TUI .... Tangible User Interface

VC .... Vereinigung Cockpit

VR .... Virtual Reality (Virtuelle Realität)

WBA .... Why-Because-Analysis

Glossar

Die nachfolgend beschriebenen *Fachbegriffe* werden hinsichtlich ihrer Bedeutung im Kontext von Prozessführung erläutert. Die Begriffe können in anderen Bereichen auch andere Bedeutungen besitzen. *Kursiv* gedruckte Begriffe sind selbst wieder im Glossar beschrieben. Quellen für die Begriffe und ihre Definitionen finden sich im jeweiligen Kapitel dieses Buches oder in den dort referenzierten Quellen.

Akteur: Mensch *(Operateur)* oder Maschine (Computer)

Aktor: Wandler oder Antriebselement (Motor), der elektrische Signale in Bewegung oder andere physikalische Größen umsetzt (auch Aktuator genannt)

Alarm: Meldung des *Prozessführungssystems* einer möglichen *Gefahr* im Prozessverlauf

Arbeitssystem: System, welches das Zusammenwirken eines einzelnen oder mehrerer Arbeitender/Benutzer mit den Arbeitsmitteln umfasst, um die Funktion des Systems innerhalb des Arbeitsraumes und der Arbeitsumgebung, unter den durch die Arbeitsaufgaben vorgegebenen Bedingungen, zu erfüllen (DIN EN ISO 6385:2004)

auditiv: hörbar

Aufgabe: Organisation und die zeitliche und räumliche Abfolge der Arbeitsaufgaben einer Person oder die Kombination der gesamten menschlichen Arbeitshandlungen eines Arbeitenden/Benutzers in einem *Arbeitssystem* (DIN EN ISO 6385:2004)

Ausgabe: Übermittlung von Information von einem *interaktiven System* an die *Benutzer*

Ausgabegerät: *Computerperipherie* zur *Ausgabe* von Information an die *Benutzer*

Ausgabetechnik: Methode zur *Ausgabe* von Information mit Hilfe von *Ausgabegeräten* vom *Prozessführungssystem* zum *Benutzer*

Automatik: autonom ablaufende Systemfunktion

Automation: Konzepte, Architekturen und Technologien für die Realisierung von *Automatiken* im Rahmen der *Automatisierung*

Automatisierung: Entwicklung und Einführung von *Automation*

Bedienoberfläche: *Benutzungsoberfläche*

Beanspruchung: die unmittelbare (nicht langfristige) Auswirkung der psychischen *Belastung* im Individuum in Abhängigkeit von seinen jeweiligen überdauernden und augenblicklichen Voraussetzungen, einschließlich der individuellen Bewältigungsstrategien (ISO 10075-1:2000)

Belastung: Gesamtheit aller erfassbaren Einflüsse, die von außen auf den Menschen zukommen und auf ihn einwirken (ISO 10075-1:2000)

Benutzer: hier *Operateur* eines *Prozessführungssystems*

Benutzungsoberfläche: der vom *Benutzer* wahrnehmbare und bedienbare Teil einer *Benutzungsschnittstelle*

Benutzungsschnittstelle: die den *Benutzern* angebotenen und benutzbaren Interaktionsmöglichkeiten eines Anwendungssystems sowie den dazugehörigen *Unterstützungssystemen*

Cognitive-Engineering: auch „Cognitive-Systems-Engineering" genannt; systematisches, benutzerzentriertes Entwickeln von *Mensch-Maschine-Systemen* unter besonderer Berücksichtigung der menschlichen kognitiven Fähigkeiten und Grenzen

Computerperipherie: externe Zusatzgeräte eines Computersystems wie *Eingabegeräte*, *Ausgabegeräte*, externe Speicher und Netzwerkkomponenten

Decision-Ladder: Prozess des Erkennens der Abweichung und des Zustandes, der Planung und der korrektiven Handlungen in Form einer auf- und absteigenden Leiter (Rasmussen, 1994)

Design: Lehre von der Gestaltung

Dialog: Kommunikationsverlauf zwischen Mensch und Mensch oder zwischen Mensch und Computer (Maschine)

Eingabe: Übermittlung von Information von einem *Benutzer* an ein *interaktives System*

Eingabearmatur: metaphorische *Eingabetechnik* zur Nachbildung physischer Armaturen (z.B. Drehknöpfe, Schalter, Schieberegler)

Eingabegerät:	*Computerperipherie* zur *Eingabe* von Information in ein *interaktives System*
Eingabetechnik:	Methode zur *Eingabe* von Information vom *Benutzer* zum *interaktiven System* mit Hilfe von *Eingabegeräten* (z.B. Maus, Tastatur, Joystick)
Ereignis (allgemein):	Situation, bei der äußere Einflüsse (Umwelt, externe *Akteure*) oder innere Einflüsse (Prozessdynamik, *Automatiken*, *Operateure*) zu wahrnehmbaren Zustandsänderungen in einem zu führenden dynamischen System *(Prozess)* führen, die für die kontrollierte Führung des Prozesses durch *Operateure* oder *Automatiken* von besonderer, vor allem auch sicherheitskritischer Bedeutung sind oder werden können
Ereignis (speziell):	Verkettung von Ursachen und Wirkungen ausgehend von betrachteten Kernursachen *(Root Causes)* über mehrere, auch parallel ablaufende Zustandsketten bis zu betrachteten intermediären oder finalen sicherheitskritischen Zuständen und ihren Auswirkungen
Ergonomie:	Lehre von der Analyse und Gestaltung menschengerechter Arbeit (Wissenschaft oder Lehre von der Arbeit)
Ermüdung:	als Folge von Tätigkeit auftretende, reversible Minderung der Leistungsfähigkeit eines Organs (lokale Ermüdung) oder des Gesamtorganismus (zentrale Ermüdung); bei Übermüdung, Erschöpfung oder längerfristigen Ermüdungen sprechen wir auch von *Fatigue*
Evaluation:	hier Methode der benutzerzentrierten Validierung von Systemeigenschaften
Expertensystem:	Computerprogramm, in dem menschliche Problemlösefähigkeiten modelliert wurden
Fatigue:	Erschöpfung
Fehler:	Vorkommnisse, bei denen bei vorhandenen Fähigkeiten eine geplante Folge von Aktivitäten und Regulationen nicht das beabsichtigte Resultat liefert, sofern die Abweichungen vom beabsichtigen Resultat nicht auf Einflüsse anderer *Akteure* zurückzuführen sind
Fehlhandlung:	bei vorhandenen Qualifikationen vereinzelt, als seltene *Ereignisse* widerfahrende Mängel in der Ausführung bzw. Regulation von Handlungen

Fehlfunktion: bei vorhandenen Funktionalitäten vereinzelt, als seltene Ereignisse widerfahrende Mängel in der Ausführung bzw. Regulation von Funktionen

Gebrauchstauglichkeit: Ausmaß, in dem ein Produkt durch bestimmte *Benutzer* in einem bestimmten Nutzungskontext genutzt werden kann, um bestimmte Ziele effektiv, effizient und zufriedenstellend zu erreichen (DIN EN ISO 9241-11:1999)

Gefahr: subjektiv empfundene oder objektiv vorhandene Bedrohung

Handlungsfehler: Folge einer *Fehlhandlung*

Handlungsraum: (auch virtueller) Raum mit wahrnehmbaren und manipulierbaren Objekten

Handlungssystem: System, das einen *Handlungsraum* realisiert und auf Grundlage von *Direkter Manipulation* mit *Benutzern* in Beziehung tritt

Haptik: Fühlbarmachen von Information

Hardware-Ergonomie: Teil der klassischen *Ergonomie*, mit dem Ziel der benutzer- und aufgabengerechten Gestaltung von *Computerperipherie* und Computerarbeitsplätzen

Informatik: Wissenschaft von der Erfassung, Verarbeitung, Darstellung, Speicherung und Verteilung von Information mit Hilfe von Computersystemen (Computerwissenschaft)

Informationskodierung: hier mediale Umwandlung von Information zur *Eingabe* und *Ausgabe* in *interaktiven Systemen*

Intention-Based Supervisory Control: *Supervisory Control* auf der Grundlage von Intentionen; Mensch und Maschine kennen dabei die gegenseitigen Ziele und können sich so besser überwachen und unterstützen

Interaktion: Aktion mit einer Wechselwirkung zwischen *Benutzer* und Computer

Interaktionsdesign: interdisziplinäres Gebiet, vor allem aus *Informatik* und *Design* entwickelt, das sich mit der Gestaltung multimedialer *interaktiver Systeme* und dort insbesondere mit der Gestaltung der *Benutzungsschnittstelle* beschäftigt

Interaktionsform: stereotype (standardisierte) Kommunikations- oder Handlungssequenz zur *Eingabe* und *Ausgabe* von Information, die *Eingabetechniken* mit *Ausgabetechniken* in definierten Abfolgebedingungen verknüpft

Interaktives Medium: computerbasiertes *Medium*, das mit einem *Benutzer* durch gegenseitige Wechselwirkung in Beziehung tritt

Interaktives System: Computersystem, das mit einem *Benutzer* durch gegenseitige Wechselwirkung in Beziehung tritt

Interaktivität: Wechselwirkung zwischen *Benutzer* und Computersystem

Interlock: Mechanismus, der die Aktivierung von Systemfunktionen gegenseitig verriegelt (Schaltsperre), um Fehlanwendungen zu verhindern

Kode (Code): Abbildung von Bedeutungen in *Zeichen* und umgekehrt

Kommandosystem: *Gestaltungsmuster* für *interaktive Systeme*, das eine *formale Sprache* als *Interaktionsform* anbietet

Kommunikation: Informationsaustausch zwischen zwei oder mehreren Akteuren durch den Austausch von *Nachrichten*

Kommunikationskanal: *Medium*, über das im Rahmen einer *Kommunikation Nachrichten* ausgetauscht werden

Langeweile: quantitative oder qualitative Unterforderung, mit dem Gefühl, zu wenig zu tun zu haben (Quantität) oder bei der Arbeit zu wenig gefordert zu werden (Qualität)

Medium: Vermittler

Mensch-Computer-Interaktion: *Interaktion* zwischen Menschen und Computern

Mensch-Computer-Kommunikation: *Kommunikation* zwischen Menschen und Computern

Mensch-Computer-System: Gesamtsystem bestehend aus Mensch, Computer und einer Umgebung

Mensch-Maschine-Kommunikation: *Kommunikation* zwischen Menschen und Maschinen

Mensch-Maschine-System: Gesamtsystem, bestehend aus Mensch, Maschine und einer Umgebung

Mensch-Mensch-Kommunikation: *Kommunikation* zwischen Menschen

Modelle, Mentale: mentale Abbildungen und Mechanismen, die Menschen befähigen, Beschreibungen von Zweck, Form, Funktion, beobachteten und zukünftigen Zuständen von Systemen und Prozessen zu generieren

Metapher: Verbildlichung, Analogie

Metaphorik: Verwendung von *Metaphern* für *interaktive Systeme* durch analoge Abbildung von Objekten der realen Welt und ihren Relationen (Bezügen) in die virtuelle Welt

Mockup: unvollständiges oder nicht funktionales Modell einer *Benutzungsoberfläche* für die frühzeitige (formative) *Evaluation*

Monotonie: Zustand herabgesetzter psychophysischer Aktiviertheit in reizarmen Situationen bei länger andauernder Ausführung sich häufig wiederholender gleichartiger und einförmiger Arbeiten

Multimediales interaktives System: *Interaktives System*, das über mehrere sensorische Kanäle mit einem *Benutzer* in Beziehung tritt

Multimediales System: System, das über mehrere sensorische Kanäle mit einem *Benutzer* in Beziehung tritt

Multimedialität: Verwendung mehrerer, sensorischer und motorischer Kanäle (Medien) zur Realisierung einer *Benutzungsschnittstelle*

Natürliche Sprache: *Sprache* der normalen *Mensch-Mensch-Kommunikation*

olfaktorisch: riechbar

Operateur: menschlicher *Akteur* in der *Prozessführung*

Prozess: dynamischer Verlauf in einem System mit *Ereignissen* und Zustandsänderungen

Prozessführung: Überwachung und Steuerung von *Prozessen* durch zielgerichtete Maßnahmen durch die Tätigkeit von *Operateuren* mit Hilfe von *Prozessführungssystemen*

Prozessführungssystem (als Technik): Arbeitsmittel zur arbeitsteiligen *Prozessführung* zwischen Mensch *(Operateur)* und Maschine *(Automation)*. Heutzutage ist dies i.allg. ein *interaktives System*

Prozessführungssystem (als Arbeitssystem): *Arbeitssystem*, welches das Zusammenwirken eines einzelnen oder mehrerer *Operateure* mit den technischen Mitteln zur *Prozessführung* umfasst, um die Funktion des Systems unter den durch die Arbeitsaufgaben vorgegebenen Bedingungen zu erfüllen

Prozessführungssystem   **(als Mensch-Maschine-System):** *Mensch-Maschine-System,*
das es ermöglicht, einen *Prozess* zweckorientiert und zeitgerecht
sicher zu überwachen und zu steuern; die menschlichen und die
maschinellen Funktionen und Einflussmöglichkeiten überlappen
sich dabei in einer Weise, dass Mensch und Maschine gemeinsam und im Notfall jeweils alleine in der Lage sind, den *Prozess*
in einem sicheren Zustand zu halten oder in einen solchen zu
überführen

Resilience-Engineering: systematisches, benutzerzentriertes Entwickeln von robusten
*Mensch-Maschine-System*en unter besonderer Berücksichtigung
der Betriebssicherheit

Restrisiko: technisches und politisches Konstrukt einer Menge aller vorhandener, aber nicht bekannter oder nicht betrachteter *Risiken*

Risiko: Produkt aus Wahrscheinlichkeit des Eintretens eines *Ereignisses*
und seiner Tragweite (Schäden); die Wahrscheinlichkeit und die
Tragweite können dabei subjektiv oder objektiv festgestellt worden sein

Root Cause: erste (früheste) betrachtete Ursache (Kernursache) für ein bestimmtes *Ereignis*

Sättigung, psychische: Zustand der nervös-unruhevollen, stark affektbetonten Ableh-
nung einer sich wiederholenden Tätigkeit oder Situation, bei der
das Erleben des „Auf-der-Stelle-Tretens" oder des „Nicht-
weiter-Kommens" besteht

Sensor: Detektor oder Messfühler, der physikalische Größen in elektrische Signale umsetzt

Shortcuts: Abkürzungen im Wahrnehmungs- und Handlungsprozess unter
Umgehung eines umfassenden Analyse- und Entscheidungspro-
zesses (Rasmussen, 1984)

Sicherheit: theoretisches Komplement von *Risiko* (Abwesenheit bestimmter
Risiken); subjektives oder kulturelles Konstrukt der Annahme
geringer und damit praktisch vernachlässigbarer *Risiken*

Sicherheitskritische Systeme: Systeme mit hohem Risikopotenzial

Sicherheitsmanagement: organisatorische Methoden und Maßnahmen zum Betrieb eines
sicherheitskritischen Systems zur Vermeidung von Risiken über
das akzeptierte Restrisiko hinaus

Situation Awareness: umfassende Wahrnehmung und Verständnis einer Situation unter Vorhersage der weiteren Entwicklung

Situationsgewahrsamkeit: weniger gebräuchliche deutsche Übersetzung für *Situation Awareness*

Software-Ergonomie: Wissenschaft von der benutzer- und anwendungsgerechten Analyse, Modellierung, Gestaltung und Evaluation softwarebasierter *interaktiver Systeme*

Soziotechnisches System: *Arbeitssystem* in dem die Aufgaben mittels eines technischen Teilsystems (Anlagen, Produktionsmaterialien, technische Randbedingungen, räumliche Gegebenheiten) und eines sozialen Teilsystems (Organisationsmitglieder, formale und informelle Beziehungen) durchgeführt werden

Sprache: Menge ableitbarer, korrekter Sätze auf Grundlage einer Grammatik; bei natürlichen Sprachen auch Menge der akzeptierten Sätze

Spracheingabe: Erfassung gesprochener oder geschriebener *Sprache* durch ein *interaktives System*

Störfall: *Ereignis*, bei dem das Eintreten von Schäden auf Material- und Betriebsschäden begrenzt bleibt

Stress: subjektiver Zustand, der aus der Befürchtung entsteht, dass eine stark aversive, zeitlich nahe und subjektiv lang andauernde Situation nicht vermieden werden kann, bei der die Person erwartet, dass sie nicht in der Lage ist oder sein wird, die Situation zu beeinflussen oder durch Einsatz von Ressourcen zu bewältigen (Greif, 1989)

Symbol: *Zeichen* samt seiner zugehörigen Bedeutung

Synästhesie: Verschmelzen mehrerer, sensorischer *Wahrnehmungen* zu einer Gesamtwahrnehmung

Tätigkeit: Vorgänge, mit denen Menschen ihre Beziehungen zu *Aufgaben* und ihren Gegenständen, zueinander und zur Umwelt verwirklichen (Hacker, 1986)

Unfall: Ereignis mit dem Eintreten von Schäden für Personen oder Umwelt

Usability-Engineering: systematisches, benutzer-, aufgaben- und kontextzentriertes Entwickeln von *Mensch-Maschine-Systeme*n unter besonderer Berücksichtigung der *Gebrauchstauglichkeit*

Vigilanz, herabgesetzte:	bei abwechslungsarmen Beobachtungstätigkeiten langsam entstehender Zustand mit herabgesetzter Signalentdeckungsleistung
Visualisierung:	Sichtbarmachung von Information
visuell:	sichtbar
Zeichen:	Bedeutungsträger

Index

Im folgenden Index sind Haupteinträge **fett** und Glossar- sowie Abkürzungseinträge *kursiv* gedruckt.

Z

Zeichen 66, **89**, 103, 129, 131, 218, 224, *331*

Zeichensysteme 89, 92, 103

Zeichenträger 89

Zeigeinstrument 233

Zeitbedingungen 111

Zeitdruck 57, 219

Ziel-Ertrag-Matrix 206

Zugriffsgeschwindigkeit 84, 86

Zugriffsorganisation 84

Zulassung 251, 278

Zulassungsbehörde 251, 252, 278, **280**

Zuschreibung 22

Zustand 121, 122

   Ist- 127, 186

   Soll- 127, 186

Zustandsanalyse 138, **142**

Zustandsänderung 140, 185, 186

Zustandsbewertung 269

Zustandsraum 95, 140, 199

Zuverlässigkeit **15**, 17, 23, 157, 231, 251, **253**

   menschliche 16

   organisationale 147, 253

   technische 16

Zweck 2, 11, **123**, 327